Markus Helmerich | Katja Lengnink |
Gregor Nickel | Martin Rathgeb (Hrsg.)

Mathematik Verstehen

Markus Helmerich | Katja Lengnink |
Gregor Nickel | Martin Rathgeb (Hrsg.)

# Mathematik Verstehen

Philosophische und Didaktische Perspektiven

VIEWEG+
TEUBNER

Bibliografische Information der Deutschen Nationalbibliothek
Die Deutsche Nationalbibliothek verzeichnet diese Publikation in der
Deutschen Nationalbibliografie; detaillierte bibliografische Daten sind im Internet über
<http://dnb.d-nb.de> abrufbar.

Dr. Markus Helmerich
Universität Siegen
Fachbereich Mathematik
Didaktik der Mathematik
Walter-Flex-Str. 3
57068 Siegen
helmerich@mathematik.uni-siegen.de

Prof. Dr. Katja Lengnink
Universität Siegen
Fachbereich Mathematik
Didaktik der Mathematik
Walter-Flex-Str. 3
57068 Siegen
lengnink@mathematik.uni-siegen.de

Prof. Dr. Gregor Nickel
Universität Siegen
Fachbereich Mathematik
Funktionalanalysis und Philosophie der Mathematik
Walter-Flex-Str. 3
57068 Siegen
nickel@mathematik.uni-siegen.de

Dipl.-Math. Martin Rathgeb
Universität Siegen
Fachbereich Mathematik
Philosophie und Geschichte der Mathematik
Walter-Flex-Str. 3
57068 Siegen
rathgeb@mathematik.uni-siegen.de

1. Auflage 2011



Lektorat: Ulrike Schmickler-Hirzebruch | Barbara Gerlach

Vieweg+Teubner Verlag ist eine Marke von Springer Fachmedien.
Springer Fachmedien ist Teil der Fachverlagsgruppe Springer Science+Business Media.
www.viewegteubner.de

Umschlaggestaltung: KünkelLopka Medienentwicklung, Heidelberg
Gedruckt auf säurefreiem und chlorfrei gebleichtem Papier.
Printed in Germany

ISBN 978-3-8348-1395-4

# Vorwort

**Mathematik Verstehen** – in die Thematik möge ein längeres literarisches Zitat einstimmen, in dem auf eindrückliche Weise die zugleich faszinierende wie erschreckende Wirkung geschildert wird, die ein mathematischer Text für den vergeblich um ein Verstehen bemühten Betrachter[i] haben kann:

> „Was er sah war sinnverwirrend. In einer krausen (...) Schrift (...) bedeckte ein phantastischer Hokuspokus, ein Hexensabbat verschränkter Runen die Seiten. Griechische Schriftzeichen waren mit lateinischen und mit Ziffern in verschiedener Höhe verkoppelt, mit Kreuzen und Strichen durchsetzt, ober- und unterhalb waagrechter Linien bruchartig aufgereiht, durch andere Linien zeltartig überdacht, durch Doppelstrichelchen gleichgewertet, durch runde Klammern zusammengefaßt, durch eckige Klammern zu großen Formelmassen vereinigt. Einzelne Buchstaben, wie Schildwachen vorgeschoben, waren rechts oberhalb der umklammerten Gruppen ausgesetzt. Kabbalistische Male, vollständig unverständlich dem Laiensinn, umfaßten mit ihren Armen Buchstaben und Zahlen, während Zahlenbrüche ihnen voranstanden und Zahlen und Buchstaben ihnen zu Häuptern und Füßen schwebten. (...) Sonderbare Silben, Abkürzungen geheimnisvoller Worte waren überall eingestreut, und zwischen den nekromantischen Kolonnen standen geschriebene Sätze und Bemerkungen in alltäglicher Sprache, deren Sinn gleichwohl so hoch über allen menschlichen Dingen war, daß man sie lesen konnte, ohne mehr davon zu verstehen, als von einem Zaubergemurmel.“[1]

So oder ähnlich dürften wohl die meisten beim Blick auf einen mathematischen Text empfinden, auch wenn sie dies nicht mit so treffenden Worten ausdrücken könnten wie Thomas Mann. Daneben gibt es allerdings auch noch diejenigen, in deren „fremdartigem Köpfchen dies alles Sinn und hohes, spielendes Leben ha[t]“. Folgen wir dieser Beschreibung, so scheint für die einen das ‚Verstehen‘ der Mathematik eine spielerische Selbstverständlichkeit zu sein, so dass es gar nicht als Problem, im Extremfalle nicht einmal als Phänomen in Erscheinung tritt; und für die anderen liegt das ‚Verstehen‘ so sehr außerhalb alles Vorstellbaren, dass jeder Versuch dahin zu gelangen von vornherein als aussichtslos erscheint. ‚Mathematik verstehen‘ wäre entweder trivial oder unmöglich. Dem zum Trotz gibt es zumindest drei Gründe, sich um ein Verstehen von Mathematik zu bemühen und darüber hinaus ‚Mathematik Verstehen‘ zu reflektieren:

1. Mathematik lebt auf *jeder* Ebene – spätestens ab der Grundschule und bis zum wissenschaftlichen Forschungsprozess – von dem rätselhaften Übergang zwischen Unverständnis und Durchblick. Wer als Schüler/in das (versetzungsrelevante Haupt)fach Mathematik nicht von vornherein abschreiben will, wird sich darum bemühen, etwas zu ‚verstehen‘. Und wer verantwortlich Mathematik unterrichtet, wird sich darum bemühen, dass dieses ‚Verstehen‘ nicht nur in einer regelkonformen Bewältigungsstrategie besteht (etwa dem stumpfsinnigen Abarbeiten eines vorgegebenen Rezepts), muss also nach den Bedingungen für ein ‚echtes Verstehen‘ fragen.

[i] Man möge den Herausgeberinnen die männliche Form nachsehen; hier wie auch im gesamten Band mögen sich stets beide Geschlechter angesprochen fühlen.

[1] Thomas Mann: Königliche Hoheit. In ders.: Gesammelte Werke, Bd. II, Frankfurt a. M. 1960, S. 242.

2. Moderne Gesellschaften, die bereits in ihren Grundlagen so wesentlich von der Mathematik abhängen, können sich ein fast global verbreitetes Nichtverstehen der Mathematik auf Dauer gar nicht leisten, ohne das Abgleiten in eine Diktatur von Experten oder – schlimmer noch – Expertensystemen zu riskieren.
3. Schließlich: Wer unsere Zeit, aber auch wesentliche Kapitel der menschlichen Kulturgeschichte besser verstehen will, tut gut daran, auch nach einem Verständnis für das jahrtausendealte, kulturprägende Menschheitsprojekt Mathematik zu suchen.

Der hier schon zu Tage getretene, mehrfache Sinn kann in die folgenden Fragen übersetzt werden, zu denen der vorliegende Band einen Beitrag leisten möchte:

1. Zunächst: Wie ist der Vorgang des Verstehens eines mathematischen Sachverhalts adäquat zu beschreiben? – Und darauf
2. in fachdidaktischer Absicht aufbauend: (Wie) können wir das Lehren und Lernen von Mathematik verstehen, vielleicht sogar verbessern?
3. In philosophischer Perspektive weitergefragt: Erlaubt uns eine Charakterisierung des Verstehensprozesses innerhalb der Mathematik ein genaueres Verstehen dessen, was Mathematik eigentlich ausmacht; und wie können wir die Mathematik in ihrer Rolle als speziellen Modus der Weltbegegnung besser verstehen?
4. Schließlich: Wie lässt sich *Mathematik als Ganze* umfassender verstehen, und was trägt ein solches Verstehen zu einem Verständnis von menschlichem Verstehen allgemein bei?

Ganz bewusst werden hier also Blicke auf die Mathematik aus fachdidaktischer und aus philosophischer Perspektive kombiniert. Lässt sich doch einerseits ohne ein vertieftes Verständnis für den Gegenstand Mathematik seine Lehr- und Lernbarkeit kaum angemessen untersuchen; und eröffnet andererseits eine Analyse spezifischer Charakteristika des Lernprozesses in der Mathematik auch neue Wege, den Gegenstand selbst, also die Mathematik philosophisch zu verstehen.

Eine solche Komposition der Perspektiven erprobte unter internationaler Beteiligung von ca. 80 Teilnehmern vornehmlich aus Mathematikphilosophie und -didaktik, aber auch aus der Schul- und Industriepraxis die **11. Tagung zur Allgemeinen Mathematik: Mathematik verstehen – philosophische und didaktische Aspekte** vom 3. bis 5. Dezember 2009 an der Universität Siegen. In vier Hauptvorträgen und ca. 25 Sektionsvorträgen wurden vielfältige Aspekte des Themas diskutiert, wodurch es zu einem ausgesprochen fruchtbaren Austausch zwischen Mathematikphilosophie und -didaktik kam.

Die Tagung und damit auch dieser Band zum **Mathematik Verstehen** stehen in einer Tradition von Tagungen, die in Darmstadt durch die Frage nach einer ‚Allgemeinen Mathematik' als Mathematik für die Allgemeinheit begonnen wurde, und die nun in Siegen fortgeführt wird. Ziel ist, das Verhältnis von Mensch und Mathematik in den Blick zu nehmen. Dabei wird ein interdisziplinärer Diskurs über Fragen nach Sinn und Bedeutung von Mathematik sowie nach ihren Zielen, Zwecken und Geltungsansprüchen für die Gesellschaft erörtert. Im Rahmen dieser Tagungsreihe sind bereits drei Bücher erschienen, die sowohl didaktische wie philosophische, inner- und außermathematische Perspektiven umfassen: „Mathematik und Mensch" (2001), „Mathematik und Kommunikation" (2002) sowie „Mathematik präsentieren, reflektieren, beurteilen" (2005).[2]

[2] Verlag Allgemeine Wissenschaft, Mühltal.

11. TAGUNG ALLGEMEINE MATHEMATIK

# MATHEMATIK VERSTEHEN PHILOSOPHISCHE UND DIDAKTISCHE PERSPEKTIVEN

UNIVERSITÄT SIEGEN, ARTUR-WOLL-HAUS
3.-5. DEZEMBER 2009

VERANSTALTER:
PROF. DR. KATJA LENGNINK, UNIV. SIEGEN
PROF. DR. GREGOR NICKEL, UNIV. SIEGEN
PROF. DR. RUDOLF WILLE, TECHNISCHE U. DARMSTADT

http://www.uni-siegen.de/fb6/didaktik/veranstaltungen/allgmath09/

Das thematische Spektrum des vorliegenden Bandes ist in vier Hauptteile gegliedert. Der erste Teil präsentiert philosophische Perspektiven auf das Verstehen von Mathematik und durch Mathematik. Dabei geht es zunächst in den Kapiteln von Oliver Scholz und Werner Stegmaier um eine grundlegende Verständigung über Phänomen und Begrifflichkeit des Verstehens mit Ausblicken auf die spezielle Situation der Mathematik. Wie diffizil es ist, sich auf die Sonderzeichen eines mathematischen Essays einzulassen und sich auf ihre Bedeutung zu einigen, zeigt Martin Rathgeb, während Gregor Nickel das allgemein vorherrschende Nichtverstehen der Mathematik als gesellschaftliche Problematik diskutiert. Reinhard Winkler thematisiert Ebenen der Mathematik und des Verstehens innerhalb der Mathematik, Rainer Kaenders und Ladislav Kvaz charakterisieren linguistisch eine ‚Tiefe' des mathematischen Verständnisses. Rudolf Wille schließlich beschreibt Mathematik als Abstraktion semantischer Strukturen.

Im zweiten Teil werden didaktische Ansätze vorgestellt, wie **Verstehen im Mathematikunterricht ermöglicht** werden kann, auf welche Weise also ein Verstehen bei den Lernenden unterstützt werden könnte. Hierzu werden von Peter Gallin und Diana Meerwaldt praxisnahe Konzepte für einen Unterricht formuliert. Im Kern geht es dabei um ein dialogisches Lernen und das ‚Philosophieren' im Mathematikunterricht, die ein vertieftes Verstehen ermöglichen. Klaus Rödler, Franz Picher und Ekkehard Kroll zeigen in ihren Kapiteln auf, wie Verstehen bestimmter Teilgebiete der Mathematik durch Materialien, besondere Reflexionsanlässe und Software gestützt werden kann.

Im dritten Teil des Buches geht es darum, den **Mathematikunterricht zu verstehen** diesen also in seinen Bedingungen, Möglichkeiten und den aktuellen Entwicklungen zu analysieren. Direkt auf den Unterricht bezogen sind die Artikel von Udo Käser und Tabea Schimmöller. So beschreibt Käser systematische Schülerfehler und ihre unterrichtlichen Hintergründe, Schimmöller geht auf Schülerverstehen zum Begriff der Unendlichkeit ein. In seinem Kapitel erläutert Martin Winter anhand des Wurzelziehens am Wurzelbrett, dass Verstehen unterschiedliche Ebenen und Tiefen betreffen kann. Eher bildungstheoretischer und bildungspolitischer Natur sind die letzten drei Kapitel dieses Teils. Sebastian Schorcht geht es darum, Mathematikunterricht aus Lehrerperspektive zu verstehen. Werner Peschek bearbeitet die Frage, wie das Österreichische Zentralabitur verstehensorientiert gestaltet werden kann und Andreas Vohns widmet sich dem Mathematikverstehen aus Sicht der Bedeutung, die das Fach für die Allgemeinheit entfalten kann.

Die Kapitel des vierten Teils präsentieren schließlich **Außenperspektiven auf das Verstehen von Mathematik**, der Gegenstand stellt sich so in indirekter, gleichwohl aufschlussreicher Perspektive dar. So zeigt Martin Lowsky den für die Mathematik essentiellen Vorgang der Abstraktion im Spiegel der schönen Literatur, rücken Eva Müller-Hill und Susanne Spies die Rolle ästhetischer Kriterien und Urteile für die mathematische Wissenschaftspraxis in den Fokus, analysiert Dennis Sölch das Verstehen aus der Perspektive der Erziehungsphilosophie Whiteheads, und beschreiben schließlich Uwe V. Riss und Vasco A. Schmidt mathematisches Denken und Handeln vor dem Hintergrund industrieller Praxis.

Insgesamt zeigt sich ein vielgestaltiges Bild, das gerade von der Vielfalt der aufeinander bezogenen Perspektiven profitiert: „Mathematik verstehen" ist zu vielfältig und zu wichtig für die Allgemeinheit, um es nur den Mathematikern zu überlassen aber auch zu schwierig, um es ganz ohne sie zu versuchen.

Unser Dank gilt Karl Heinrich Hofmann (Darmstadt) für das Tagungs-Plakat und die Abdruckerlaubnis in diesem Band, Sabine Grüber und Achim Klein (Siegen) für unschätzbare Unterstützung der redaktionellen Arbeit, Ulrike Schmickler-Hirzebruch (Wiesbaden) für die stets angenehme Betreuung seitens des Vieweg + Teubner Verlages. Schließlich gilt unser Dank auch allen Vortragenden der Tagung und den Autoren dieses Bandes für produktives gemeinsames Nachdenken und eine unkomplizierte Kooperation.

Siegen, am 15. September 2010

Markus Helmerich, Katja Lengnink, Gregor Nickel, Martin Rathgeb

# Inhaltsverzeichnis

## III Mathematikunterricht verstehen 165



## IV Außenperspektiven auf das Verstehen von Mathematik 235

# Teil I

# Philosophische Perspektiven auf das Verstehen von Mathematik und durch Mathematik

# 1 Verstehen verstehen

OLIVER R. SCHOLZ

**Für Nadja R.**

Die Bemerkung des Philosophen Paul Ziff „to understand understanding is a task to be attempted and not to be achieved today, or even tomorrow“[1] hat auch nach vierzig Jahren ihre Berechtigung nicht verloren. Dies gilt für das Verstehen im Allgemeinen; es gilt im Besonderen für das Verstehen in der Mathematik, dessen gründliche Untersuchung noch in den Anfängen steckt. Ich möchte im Folgenden einen kleinen Beitrag zu beiden Aufgaben leisten.[2]

## 1.1 Verstehen

Das Wort „verstehen“ entstammt der Alltagssprache. Wie diese Tagung zeigt, wird es auch in der Mathematik häufig und gerne verwendet. Andere Disziplinen zeigen, dass der Verstehensbegriff in vielen Wissenschaften an prominenter Stelle erscheint; entgegen einem verbreiteten Vorurteil ist dies auch in den Naturwissenschaften der Fall.[3] Der Verstehensbegriff sollte – neben dem Begriff des Wissens und dem Begriff der epistemischen Rechtfertigung – als Leitbegriff einer allgemeinen Erkenntnistheorie anerkannt werden: „the complete epistemologist owes us an account of understanding“.[4] In jedem Falle verdient der Begriff des Verstehens einen Platz in der Erkenntnistheorie der Mathematik und in der Mathematikdidaktik.

Der Gebrauch des Wortes „verstehen“ ist sehr vielfältig und infolgedessen nicht leicht zu überblicken. Bei einseitiger Beispieldiät und Missdeutung drohen deshalb irreführende Bilder und Modelle der Phänomene. Um dies zu vermeiden, möchte ich zunächst eine Übersicht über die Verwendung des Verstehensbegriffs gewinnen. Mit einer Metapher von Gilbert Ryle kann man von einer logischen Geographie des Begriffs des Verstehens sprechen.[5] Ich gehe dabei in zwei Schritten vor. (A) In einem ersten Schritt untersuche ich das Verb „verstehen“. (B) In einem zweiten Schritt analysiere ich Zuschreibungen von Verstehen mittels ganzer Sätze.

**(A) Das Verb „verstehen“.** Wenn wir uns dem Verb „verstehen“ und seiner Semantik zuwenden, ist zunächst eine kategoriale Unterscheidung zu beachten: die Unterscheidung zwischen Dispositionen und Episoden.

---

[1] [Ziff1972, S. 20]; vgl. [Rosenberg1981, S. 29]

[2] Um der Übersichtlichkeit willen fasse ich meine Hauptthesen in nummerierten Sätzen zusammen (siehe unten).

[3] Belege findet man u. a. in [Cooper1994] und [Cooper1995].

[4] [Cooper1994, S. 1]

[5] vgl. [Ryle1949, S. 7f., u. ö.]

(1) „Verstehen" wird zumeist in einem *dispositionalen* Sinne verwendet.
Typischerweise beziehen wir uns auf eine Potentialität, genauer: auf Fähigkeiten oder Fertigkeiten zu kognitiven Leistungen, wenn von Verstehen die Rede ist.

(2) Der Begriff des Verstehens bezeichnet primär eine große und weitverzweigte Familie von Fähigkeiten bzw. Fertigkeiten zu kognitiven Leistungen.

Verstehen ist eine Form des Erkennens oder der Kognition; aber es unterscheidet sich signifikant von Wissen. Während Wissen nach der Standardanalyse wahre gerechtfertigte Überzeugung ist, also Wahrheit, Überzeugung und Rechtfertigung voraussetzt, erfordert Verstehen keine dieser drei Bedingungen. Aussagen können unabhängig von ihrer Wahrheit oder Falschheit verstanden werden; und natürlich brauchen wir eine Aussage auch nicht zu glauben (geschweige denn gerechtfertigter Weise zu glauben), um sie zu verstehen. Darüber hinaus können wir zahllose Dinge verstehen – Personen, Bilder, Spiele, Institutionen, Befehle und Bitten – wenngleich diese weder wahr noch falsch sein können. „Verstehen" hat also von vornherein einen viel weiteren Anwendungsbereich als „wissen".[6]

„Verstehen" ist ein vielseitiger und flexibler Terminus, der sowohl (a) für Fähigkeiten, als auch (b) für Ausübungen dieser Fähigkeiten sowie (c) Resultate der Ausübungen dieser Fähigkeiten verwendet werden kann. Primär bezeichnet „Verstehen" komplexe Fähigkeiten, die sich auf vielfältige Weise manifestieren können. In Analogie zu Ryles Rede von mehrspurigen Dispositionen[7] werde ich deshalb von mehrspurigen oder vielspurigen Fähigkeiten oder Fertigkeiten sprechen.

(3) Jede Form des Verstehens ist eine vielspurige Fähigkeit.
So ist etwa das Verstehen einer Sprache eine mehrspurige Fähigkeit, die sich auf vielerlei Weise manifestieren kann. Wer Chinesisch versteht, kann typischerweise die meisten der folgenden Dinge: auf chinesische Äußerungen richtig reagieren; chinesische Sätze äußern; chinesische Wörter erklären; chinesische Texte lesen; Chinesisch schreiben; chinesische Ausdrücke übersetzen und paraphrasieren; etc.

(4) Verstehen kann sich im Verhalten manifestieren, aber auch in anderen geistigen Zuständen.

(5) Verstehen ist eine holistische Angelegenheit
Wenn jemand etwas (= $x$) in einem bestimmten Bereich versteht, dann versteht er auch einen ganzen Hof von Dingen um $x$ herum. Wer etwas versteht, kann in diesem Bereich Verbindungen und größere Zusammenhänge erkennen. Mit anderen Worten:

(6) Jede Form des Verstehens ist eine produktive und projektive Fähigkeit.

(7) Zu jeder Form des Verstehens gehört die Fähigkeit, Regeln folgen zu können.
Verstehen schließt ein Fortsetzenkönnen ein. Wer etwas versteht, kann das, was er damit kann, auf ähnliche neue Fälle anwenden.

(8) Verstehen ist in der richtigen Weise, gleichsam in der richtigen Richtung fortsetzen können. Wer etwas in einem Bereich versteht, kann sich in diesem Bereich orientieren, findet sich in diesem Bereich zurecht.

Gelegentlich verwenden wir „verstehen" – grammatisch gesehen – auch *episodisch*. Das zeigt sich daran, dass wir Zeitangaben hinzufügen: „Jetzt verstehe ich"; „Plötzlich hat er es verstanden"; etc. Diese Redeweisen können jedoch in die Irre führen, wenn sie dazu verführen, das

[6] vgl. [GoodmanElgin1988, S. 161]

[7] [Ryle1949]

Verstehen mit einem eigentümlichen Akt, Vorgang oder Ereignis gleichzusetzen. (Da diese Versuchung bei manchen Formen des mathematischen Verstehens besonders groß ist, kommen wir unten darauf zurück.) Halten wir schon jetzt als generellen Befund fest: Das Verstehen kann von charakteristischen psychischen und physiologischen Erscheinungen begleitet werden; beispielsweise können bestimmte Formen des Verstehens von lebhaften Vorstellungsbildern oder euphorischen Gefühlen begleitet sein. Die Fähigkeit und die Leistung des Verstehens dürfen jedoch nicht mit diesen Begleiterscheinungen identifiziert oder verwechselt werden. In Form von Thesen:

(9) Psychische und physiologische Begleiterscheinungen sind nicht hinreichend für Verstehen.

(10) Psychische und physiologische Begleiterscheinungen sind auch nicht notwendig für Verstehen.

Das Verb „verstehen“ hat eine *Erfolgsgrammatik*; das heißt: ohne besonderen Zusatz heißt „verstehen“ stets soviel wie „richtig verstehen“ (neutraler Sinn), „richtig verstehen können“ (dispositionaler Sinn) bzw. „richtig verstanden haben“ (episodischer Sinn).[8]

(11) Das Verb „verstehen“ ist ein Wort mit Erfolgsgrammatik, kurz: ein Erfolgswort.

Etwas zu verstehen ist eine Leistung oder Errungenschaft; wer etwas versteht, kann etwas richtig machen.

Dem Verb „verstehen“ kann sinnvoll das Hilfsverb „versuchen zu“ beigesellt werden. Das deutet daraufhin, dass das Verstehen zumindest partiell und indirekt willentlicher Kontrolle unterliegt. Man kann versuchen, etwas zu verstehen, sich bemühen und anstrengen, es zu verstehen. Vielleicht scheitert man bei dem Versuch; vielleicht ist der Versuch von Erfolg gekrönt. Der Grad des Erfolges wird in vielen Fällen eine Funktion der Anstrengung sein.

(12) Verstehensversuche können in einer Richtig-Falsch-Dimension bewertet werden.

Es gibt klare Fälle von Richtigverstehen; noch offensichtlicher ist, dass es klare Fälle von Falschverstehen gibt.

(13) Verstehen ist eine graduelle Angelegenheit.

Verstehen ist keine Entweder-Oder-Angelegenheit, sondern eine Sache des Mehr oder Minder. Da „Verstehen“ primär Fähigkeiten bezeichnet, ist dies nicht verwunderlich; denn man kann Fähigkeiten und Fertigkeiten ja in einem geringerem oder in einem höherem Maße besitzen. Allerdings heben wir unter den Graden des Verstehens gerne zwei besondere Werte heraus:

(i) das ideale oder vollkommene Verstehen (ein Grenzwert, der in manchen Fällen nicht erreicht werden kann) und

(ii) das im jeweiligen Kontext zureichende Verstehen (ein Schwellenwert, der kontextuell festgelegt ist).

(14) Bei Fähigkeiten und Fertigkeiten ist kategorial zwischen vier Dingen zu unterscheiden:

(a) der Fähigkeit selbst,
(b) dem Träger der Fähigkeit,
(c) dem Vehikel der Fähigkeit (und seiner Struktur) und
(d) den verschiedenen Ausübungen der Fähigkeit.[9]

[8] vgl. [Ryle1949, Kapitel V]; [Vendler1967, S. 97-121]; [Vendler1994, S. 14]; [GoodmanElgin1988, S. 166ff.]

[9] Zu diesen Unterscheidungen vgl. [Kenny1975, S. 10]; [Kenny1989, S. 71f.] und [Scholz1999a, S. 287-289]. Besonders der Träger und das Vehikel der Fähigkeit werden häufig miteinander vermengt.

Der Träger des Verstehens, das Verstehenssubjekt, ist die gesamte Person; ihr ist das Verstehen zuzuschreiben. Das Vehikel dieser Fähigkeit, d. h. der physische Bestandteil, aufgrund dessen der Träger der Fähigkeit diese besitzt und ausüben kann, ist das Gehirn. (Allerdings wissen wir heute, dass für viele kognitive Fähigkeiten Rückkopplungen zwischen Gehirn und dem übrigen Körper wesentlich sind.)

**(B) Zuschreibungen von Verstehen.** Man sollte das Verb „verstehen" aber nicht nur isoliert analysieren und mit anderen Verben vergleichen, sondern auch im Zusammenhang verstehenszuschreibender Sätze untersuchen. Die meisten von ihnen lassen sich einem der drei folgenden Schemata zuordnen:

(V-S 1) Ein Subjekt *S* versteht [+ direktes Objekt].
(V-S 2) Ein Subjekt *S* versteht [+ indirekter Fragesatz].
(V-S 3) Ein Subjekt *S* versteht, dass *p*.

Neben diesen Fremdzuschreibungen in der 3. Person verwenden wir natürlich auch Selbstzuschreibungen in der 1. Person:

(V-S 1*) Ich verstehe [+ direktes Objekt].
(V-S 2*) Ich verstehe [+ indirekter Fragesatz].
(V-S 3*) Ich verstehe, dass *p*.

Anhand dieser Schemata lassen sich weitere zentrale Fragen zur philosophischen Grammatik von „verstehen" entwickeln, die auf fruchtbare Fragen einer allgemeinen Theorie des Verstehens führen.

**Subjekte des Verstehens.** In allen der drei Schemata kommt ein Subjekt *S* vor. Was kann für *S* eingesetzt werden? Wer oder was kann etwas verstehen? Welchen Subjekten kann man Verstehensleistungen zuschreiben? Unstrittig ist, dass wir von Personen zu Recht sagen können, dass sie etwas verstehen (oder missverstehen). In den traditionellen Verstehenstheorien ist in der Regel nur von Personen als Verstehenssubjekten die Rede.

In den Kognitionswissenschaften werden heute die folgenden Fragen bezüglich möglicher Verstehenssubjekte debattiert: Ist es sinnvoll, Subsystemen von Personen (z. B. Gehirnen, Modulen in Gehirnen o. ä.) Verstehen zuzuschreiben? Sind wir berechtigt, Maschinen, Computern oder Robotern Verstehensleistungen der einen oder anderen Art zuzuschreiben? Verstehen Computer oder computergestützte Roboter die Symbole, mit denen sie operieren? Darüber hinaus wird kontrovers diskutiert, ob es sinnvoll und berechtigt ist, Tieren gewisse Formen des Verstehens zuzuschreiben.

In der Mathematik stellen sich in diesem Zusammenhang die folgenden Fragen: Verstehen Computer Beweise? Versteht ein Computer, der im Rahmen eines Computerbeweises eingesetzt wird, den fraglichen Beweis?

**Objekte des Verstehens.** Gehen wir nun von dem ersten Satzschema aus.
(V-S 1) Ein Subjekt *S* versteht [+ direktes Objekt].
Die typischen Verstehensobjekte können unter eine der folgenden Klassen subsumiert werden:
(1.a) einzelne ***Personen*;**
(1.b) Kollektive von Personen;

(2.a) ***intentionale Einstellungen*** von Personen;[10]
(2.b) Systeme von intentionalen Einstellungen;
(3.a) (individuelle und kollektive) ***Handlungen*;**
(3.b) Systeme von (individuellen und kollektiven) Handlungen;
(4.a) einzelne ***Situationen*;**
(4.b) die Gesamtsituation;
(5.a) ***Produkte*** von Handlungen (Artefakte, Zeichen, Texte etc.);
(5.b) Systeme von Handlungsprodukten;
(6.a) ***Regeln*** und regelkonstituierte Gebilde;[11]
(6.b) Systeme von Regeln und regelkonstituierten Gebilden;
(7.a) einzelne ***natürliche Ereignisse, Prozesse und Mechanismen***; (7.b) Gesetze.[12]
Traditionelle Theorien des Verstehens und Interpretierens, wie sie unter dem Titel „Hermeneutik“ entwickelt wurden, haben sich zumeist auf einen Teilbereich von (5.a) konzentriert, nämlich auf Texte. In der archäologischen Hermeneutik kamen Bilder, Skulpturen, Bauten u. a. hinzu. Darüber hinaus wurde oft gesehen, dass das Verstehen von Texten von dem Verstehen von Personen und ihren intentionalen Einstellungen (etwa kommunikativen Absichten) nicht immer klar getrennt werden kann. Aber in ihrem gesamten Umfang ist eine Theorie des Verstehens bis heute noch nicht in Angriff genommen worden. Sie ist ein Teil der allgemeinen Erkenntnistheorie, der noch auszuarbeiten ist.

**Verstehen und Fragen.** Wenden wir uns nun dem zweiten Schema zu:
(V-S 2) Ein Subjekt *S* versteht [+ indirekter Fragesatz].
Die unterschiedlichen Fragen, die an das Verb „verstehen“ angehängt werden können, kann man schrittweise näher spezifizieren.

Betrachten wir zunächst die Fragewörter, die zu „verstehen“ passen:

(V-F 1) *S* versteht, was ...
(V-F 2) *S* versteht, warum ...
(V-F 3) *S* versteht, wozu ...
(V-F 4) *S* versteht, wie ...

Die Verbindungen „verstehen, wann“, „verstehen, wo“ u. ä. kommen wohl nur in besonderen Ausnahmefällen vor. Es wäre jedoch voreilig, auf eine solche Liste wie (V-F 1) bis (V-F 4) unmittelbar eine Typologie von Verstehensformen zu gründen, also etwa:

- Verstehen-was;
- Verstehen-warum;
- Verstehen-wozu;
- Verstehen-wie.

Dazu scheinen schon zu viele Fragen durch Fragesätze mit einem anderen Fragewort paraphrasierbar. Um nur ein Beispiel anzuführen: Statt „Warum trat das Ereignis *e* ein?“ kann man genauso gut fragen „Was war die Ursache für das Ereignis *e*?“, „Welche Ursache hatte das Ereignis *e*?“ etc.

[10] Dazu gehören Überzeugungen, Wünsche und Ähnliches.
[11] Z. B. Spiele, Praxen, Institutionen.
[12] Moravcsik 1979 geht kurz auf den Fall des Verstehens von Naturgesetzen ein [Moravcsik1979, S. 210].

Vielleicht kann man aber Fragetypen zu Verstehensformen zusammenfassen, wenn die indirekten Fragesätze weiter vervollständigt werden. Dafür können wir unsere Liste der potentiellen Verstehensobjekte heranziehen. Wir erhalten dann Aufzählungen wie:

- *S* versteht, was *F* ist;
- *S* versteht, was *H* getan hat;
- *S* versteht, was *H* gesagt hat;
- etc.

oder:

- *S* versteht, warum das Ereignis *e* eintrat;
- *S* versteht, warum *H* das-und-das getan hat;
- *S* versteht, warum *H* das-und-das gesagt hat;
- etc.

oder:

- *S* versteht, wie *x* entstanden ist;
- *S* versteht, wie *x* funktioniert;
- *S* versteht, wie es möglich ist, dass *p*;
- etc.

Auf diese Weise könnte man zu einer brauchbareren Typologie von Fragearten und entsprechenden Verstehensarten gelangen, indem man z. B. statt pauschal von Verstehen-wie zu sprechen, differenzierter von

- Verstehen-wie-*x*-entstanden ist;
- Verstehen-wie-*x*-funktioniert;
- Verstehen-wie-*x*-möglich-ist;
- etc.

spricht.

Es gibt enge Zusammenhänge zwischen Verstehen und Fragen:

(15) Verstehen von *x* geht typischerweise mit der Fähigkeit einher, Fragen zu *x* beantworten zu können.

(16) Verstehen von *x* geht typischerweise mit der Fähigkeit einher, neue Fragen zu *x* stellen zu können.

**Erklären und Verstehen.** Die vorstehenden sprachlichen Beobachtungen lassen die Droysen-Dilthey-These von einem Gegensatz von Erklären und Verstehen als künstlich und unplausibel erscheinen. Erinnern wir uns: Seit Johann Gustav Droysen und Wilhelm Dilthey hatte man vielfach so geredet, als bezeichne „Verstehen" primär eine Methode, die in einem Oppositionsverhältnis zur Methode des Erklärens stünde. Dies wollen wir nun prüfen: (a) Trifft die Behauptung zu, dass Verstehen und Erklären einen *Gegensatz* bilden? Und: (b) Trifft die Behauptung zu, dass sie gegensätzliche *Methoden* darstellen?

Beide Fragen sind zu verneinen? Zum einen ist es schief, das Verstehen selbst als Methode zu bezeichnen. Richtig ist vielmehr: In Fällen, in denen sich ein Verstehen nicht unmittelbar einstellt (wo infolgedessen interpretiert werden muss), können Methoden zur Anwendung kommen, die ein Verstehen ermöglichen sollen. Es ist also sinnvoll, von Interpretationsmethoden oder Methoden der Verstehensermöglichung zu sprechen. Das „Verstehen“ selbst als Methode zu bezeichnen, ist dagegen ein Kategorienfehler.[13] Und was die Methoden der Verstehensermöglichung, der Interpretation, angeht, so gibt es hierbei natürlich nicht eine einheitliche Methode, sondern eine Vielzahl heterogener Verfahren. Fazit:

(17) Das Verstehen selbst ist keine Methode; und Methoden der Interpretation gibt es nur in der Mehrzahl, nicht in der Einzahl.

Zum anderen bilden Verstehen und Erklären keinen Gegensatz. Schon der sprachliche Befund, aber auch sachliche Erwägungen legen vielmehr die folgende These nahe:

(18) Erklären und Verstehen sind Korrelativbegriffe; jeder Form des Erklärens entspricht eine Form des Verstehens und umgekehrt.

Typischerweise geht Verstehen mit der Fähigkeit einher, Erklärungen geben zu können. Und: Erklärungen führen, wenn sie erfolgreich sind, zu Verstehen.[14]

**Stufen des Verstehens.** Auch bei konstantem Verstehensobjekt kann von Verstehen noch in vielfältiger Weise die Rede sein. Typischer Weise ist es möglich, diese Verstehensformen nach dem Muster von Stufen oder Ebenen des Verstehens zu ordnen. Für das Verstehen von Artefakten[15], von Bildern[16], von Argumentationen[17] und von sprachlichen Äußerungen[18] sind solche Stufenmodelle bereits entwickelt worden.

**Verstehen und Interpretation.** Fragwürdige Modelle des Verstehens wurden durch eine zu starke Assimilation der Begriffe „Verstehen“ und „Interpretation“ begünstigt. Die beiden Begriffe sind zwar miteinander verwandt, aber keineswegs identisch. Vor allem wäre es ein Fehler, alles Verstehen nach dem Modell von Interpretation, von Deutung aufzufassen.

Manches verstehen wir mühelos, gleichsam unmittelbar. Das heißt, natürlich nicht, dass für diese Verstehensleistung nichts gelernt werden musste. Aber wer die entsprechende Verstehensfähigkeit erworben hat, versteht das Verstehensobjekt mühelos.

Anderes verstehen wir nicht mühelos. Wenn wir ein Verstehensobjekt nicht im ersten Anlauf verstehen, können wir versuchen, es dennoch zu verstehen. Die bewussten zielgerichteten Tätigkeiten nennen wir mit einem generischen Ausdruck „Interpretieren“; das Ergebnis oder Produkt dieser Tätigkeiten nennen wir „Interpretation“.

Aus welchen Gründen sind manche Dinge schwer zu verstehen? Die Verstehensschwierigkeiten, die zu überwinden sind, können recht unterschiedlicher Art sein. In der Vor- und Frühgeschichte der Hermeneutik wurde dafür oft der Terminus „obscuritas“ (Dunkelheit) verwendet.

[13] M. E. wurde dieser Fehler dadurch begünstigt, dass das Wort „verstehen“ von einigen Autoren des 19. und 20. Jahrhunderts abwechselnd im alltagssprachlichen Sinne, manchmal auch in einem viel engeren, technischen Sinne verwendet wurde: nämlich im Sinne von „einfühlendes Verstehen“ oder „Einfühlung“. Von einer Methode der Einfühlung kann man nun durchaus sinnvoll sprechen. Ob diese Methode eine auf alle Verstehensobjekte sinnvoll anwendbare und zu angemessenen Resultaten führende Methode ist, steht natürlich auf einem anderen Blatt. (Siehe dazu etwa [Schurz2004, S. 156f.] mit weiteren Angaben.)

[14] Vgl. u. a. [vonKutschera1981, S. 86 unter Rückgriff auf S. 80-84]; [Schurz1988, S. 243ff. und S. 256ff.]; [Cooper1994, S. 20], sowie [Scholz1999a, S. 8ff.].

[15] [Scholz2002]

[16] [Scholz1991, S. 130-136]; ausführlicher dazu: [Scholz1998]; [Scholz2004, S. 163-188].

[17] [Scholz2000]

[18] [Künne1981]; [Scholz1999a, Teil III, besonders S. 291-312]

Da dieses Wort nur ein metaphorischer Ausdruck für Unverständlichkeit bzw. Schwerverständlichkeit ist, wäre eine Berufung auf Dunkelheit als Erklärung für die Verstehensschwierigkeit zirkulär und somit nichtssagend. Sehen wir uns also nach informativeren Kennzeichnungen der Verstehensschwierigkeiten um. Ich möchte drei nennen:[19]

(a) Das Verstehensobjekt mutet verwickelt, intrikat, *kompliziert* an.
Denken Sie an einen verschachtelten Satz von Immanuel Kant oder von Karl Kraus oder an einen langen mathematischen Beweis. In diesem Falle kann die Aufgabe der Interpretation als Analyse beschrieben werden.
(b) Das Verstehensobjekt mutet *inkohärent* an.
In diesem Falle besteht die Aufgabe der Interpretation in einer Betrachtung des Kontextes und einer Einbettung in einen kohärenten Zusammenhang.
(c) Das Verstehensobjekt ist unterbestimmt oder gar *unbestimmt.*
In diesem Falle besteht die Aufgabe der Interpretation in der genaueren Artikulation und gegebenenfalls Vervollständigung.

Mit dem Sammelbegriff „Interpretation" werden recht unterschiedliche Tätigkeiten sowie deren Resultate bezeichnet.[20] Das ist vor dem Hintergrund unserer Untersuchungen nicht verwunderlich; denn, dass etwas eine Interpretationstätigkeit ist, heißt nicht mehr als, dass es sich um eine Tätigkeit handelt, deren Ziel es ist, etwas, das nicht unmittelbar verstanden wurde, zu verstehen. Da dies bei unterschiedlichen Verstehensobjekten und aufgrund unterschiedlicher Verstehensschwierigkeiten vorkommt, verwundert es nicht, dass mit „Interpretation" heterogene Tätigkeiten bezeichnet werden.

Ein Punkt verdient noch besonders hervorgehoben zu werden:

(19) Einige der Tätigkeiten, die mit „Interpretation" bezeichnet werden, sind Erklärungen.[21] Auch aus diesem Grund wäre es abwegig, einen Gegensatz zwischen Erklären und Verstehen zu behaupten.

## 1.2 Verstehen in der Mathematik

In diesem Teil soll deutlich werden, dass unsere allgemeinen Untersuchungen zum Verstehen auch etwas Licht in das Verstehen in der Mathematik bringen können. Eine Theorie des mathematischen Verstehens kann mehrere unterschiedlich weitreichende Ziele verfolgen: (1) deskriptive Ziele; (2) explanatorische Ziele[22] sowie (3) pädagogische und didaktische Ziele. Ich beschränke mich auf Anmerkungen zu (1) und (3).

**Objekte.** Wir können mathematische Probleme und Lösungen dieser Probleme verstehen. Wir können mathematische Begriffe und die unterschiedlichen Arten von mathematischen Sätzen verstehen, die bei der Lösung mathematischer Probleme Verwendung finden und dabei unterschiedliche Rollen spielen: Definitionen, Axiome, Postulate, Theoreme, Vermutungen, Gleichungen und Ungleichungen. Wir können formale und informelle Beweise verstehen. Wir können

[19] Das Folgende im Anschluß an Rosenberg 1981.
[20] Dazu u. a. [Bühler1999].
[21] vgl. z. B. [Bühler1999]
[22] vgl. [Avigad2008b, S. 329]

Diagramme, geometrische Figuren und visuelle Repräsentationen von Beweisen verstehen. Wir können Regeln, Kalküle (Zeichenspiele) und Algorithmen verstehen. Wir können mathematische Methoden verstehen. Schließlich können wir komplexe mathematische Strukturen und die dafür ersonnenen Theorien, ja sogar ganze Gebiete der Mathematik verstehen.[23] (Ob man sagen kann, dass jemand die gesamte Mathematik versteht, können wir getrost dahingestellt lassen.)

**Beweise verstehen.** Das Verstehen von Beweisen ist ein in mehrfacher Hinsicht interessanter Fall. Zum einen ist das Beweisen zentral für die mathematische Erkenntnis. Aber die Bedeutung von Beweisen geht darüber hinaus: „Der Beweis hat eben nicht nur den Zweck, die Wahrheit eines Satzes über jeden Zweifel zu erheben, sondern auch den, eine Einsicht in die Abhängigkeit der Wahrheiten voneinander zu gewähren.“[24]

**Komponenten und Stufen des Verstehens von Beweisen.** Anzustreben ist eine funktionale Analyse in Teilleistungen und Teilfähigkeiten. Als Heuristik kann man dafür die Arten möglicher Fehler heranziehen. Jeder charakteristischen Form des Nichtverstehens oder Missverstehens entspricht eine Stufe des Verstehens.

(a) $S$ weiß, dass $C$ die Konklusion des Beweises ist, dass $P_1 \ldots, P_n$ die Prämissen und $S_1, \ldots, S_n$ die Schritte des Beweises sind;
(b) $S$ weiß, dass die Regeln $R_1, \ldots, R_n$ herangezogen werden müssen, um den Beweis zu führen; $S$ weiß, welche Regel welchen Schritt rechtfertigt und auf welche früheren Schritte und welche Prämissen man sich dabei stützen muss;
(c) $S$ kann den Beweis führen;
(d) $S$ kann den Beweis oder Teile des Beweises auf verwandte Probleme anwenden.[25]

**Mathematisches Verstehen und das „Heureka!“-Erlebnis.** Zum Abschluss möchte ich auf einen Einwand eingehen, der schon lange in der Luft liegt. Verstehen kann nicht in Fähigkeiten bestehen, so lautet der Einwand, da man häufig etwas plötzlich versteht. Jeder kennt solche „e“; und zahllose Anekdoten berichten von plötzlichen Einsichten und Entdeckungen. Der Volksmund hat dafür suggestive Metaphern: Im Deutschen sagt man „es ging ihm ein Licht auf“, „er erfasste es mit einem Schlag“, im Englischen spricht man von „getting it in a flash“. Ist Verstehen also nicht doch eher ein besonderer geistiger Akt, ein eigentümliches geistiges Ereignis, als eine Fähigkeit?

Dieser verbreiteten Vorstellung können die folgenden Diagnosen entgegenhalten werden:

(a) Oft fungieren Äußerungen der Art „Jetzt verstehe ich“, „Jetzt weiß ich weiter“, „Jetzt kann ich's“ als eine Art Signal für den Beginn des Verstehens. Die Äußerung ist dabei kein Bericht über ein verstehensgarantierendes inneres Erlebnis, sondern eine sogenannte Ausdrucksäußerung.[26]
(b) Das Signal alleine kann in jedem einzelnen Falle trügen. Ob ich wirklich verstehe, bemisst sich nicht danach, was zum Zeitpunkt des Erlebnisses oder der zugehörigen Ausdrucksäußerung in mir geschah, sondern danach, was ich im Folgenden zu leisten vermag, was ich kann.

[23] Zu den Verstehensobjekten in der Mathematik vgl. [Avigad2008a, S. 313] und [Avigad2008b, S. 318 und S. 321].
[24] [Frege1884, S. 2 (= 1986, S. 14)]
[25] In Anlehnung an [Moravcsik1979, S. 206]
[26] Mit dem Erwerb von bestimmten Fähigkeiten erwerben wir nach und nach auch die Fähigkeit, den Anfang des Verständnisses mehr oder weniger verlässlich zu datieren und zu äußern.

(c) Was sich in der Tat plötzlich ereignen kann, ist der Wegfall eines Verstehenshindernisses. Oft hindert uns zum Beispiel eine Denkblockade daran, die richtige Lösung eines Problems zu finden. Diese Schwierigkeit kann in einem Augenblick überwunden werden. Das bedeutet aber nicht, dass das Verstehen, das durch die Überwindung des Hindernisses ermöglicht wird, ein plötzliches mentales Ereignis ist.

(d) Es kommt hinzu, dass die meisten mathematischen Beweise nicht auf einen Schlag verstanden werden können. Das Verstehen eines Beweises erfordert oft jahrelange Vorbereitungen. Und heutzutage können viele Beweise nur noch mit der Hilfe von Computern durchgeführt werden.[27]

(e) Der gegenteilige Eindruck beruht auf einseitiger Beispieldiät. Die Denker, denen die Geistesgeschichte das Bild von einem direktem Erfassen mit einer Art geistigem Auge oder einer Art intellektueller Anschauung „verdankt", allen voran Platon und René Descartes, haben sich an einem bestimmten Typ von geometrischen Beweisen orientiert.[28]

**Eine ontologische Konsequenz.** Das Nachdenken über Verstehen hat viele Philosophen, aber auch Nicht-Philosophen dazu verführt, eigentümliche Zwischenobjekte zu hypostasieren, wie ich das nennen möchte, und als Folge davon eigentümliche Relationen oder Akte, die den Kontakt zu diesen Zwischenobjekten gewährleisten sollen. Ein Beispiel: Da man, anstatt zu sagen „Ich habe verstanden, was er gesagt hat", sich auch so ausdrücken kann „Ich habe den Sinn seiner Rede verstanden", glaubt man, wesentlich für dieses Verstehen seien erstens eine Entität namens „der Sinn dieser Rede" (und unzählige weitere Entitäten für andere Reden) und zweitens ein eigentümlicher Akt des Erfassens dieser eigentümlichen Entität. Man handelt sich damit Fragen ein, die nur schwer und vielleicht gar nicht zu beantworten sind. Was ist dieser Sinn für ein Ding? Und wie viele davon gibt es? Was für eine Beziehung ist das Erfassen? Kann es eine kausale Beziehung sein, wenn das eine Relatum (der Sinn) ein abstrakter Gegenstand ist? Wenn es sich nicht um eine kausale Beziehung handelt, was für eine Beziehung ist es dann?

Zum Glück ist dieses Vorgehen, wenn man unserer Analyse folgt, überflüssig. In Sätzen wie „Ich habe verstanden, was er gesagt hat" ist „was er gesagt hat" nicht als Relativsatz aufzufassen („...das, was er gesagt hat"), sondern als indirekter Fragesatz: Wer verstanden hat, was jemand gesagt hat, hat bestimmte Fähigkeiten, insbesondere kann er die Frage „Was hat er gesagt?" korrekt beantworten. In analoger Weise kann man das Postulieren von müßigen Zwischenobjekten auch bei anderen Formen des Verstehens vermeiden.

**Lernen und Verstehen.** Ich schließe mit Bemerkungen zum Verhältnis von Lernen, Verstehen und Wissen sowie mit pädagogischen Konsequenzen, die sich daraus ergeben.

(20) Zu jedem Lernen gehört wesentlich Verstehenlernen.

Natürlich lernen wir auch Einzelfakten, wenn wir etwas lernen; aber vor allem lernen wir etwas zu verstehen. Wir erwerben vielspurige Fähigkeiten, und wir lernen sie auf neue Anwendungsfälle hin fortzusetzen.

(21) Verstehen ist schwerer zu vermitteln als Wissen.

Die Mathematik leidet unter einem großen Vorurteil: der Genietheorie des mathematischen Verstehens. Damit soll nicht geleugnet sein, dass es in puncto Mathematik große Begabungsunterschiede gibt; noch soll die Existenz genialer Mathematiker geleugnet werden. Wenn ich von

[27] Darauf weist auch [Winchester1990, S. 66] hin.

[28] vgl. [Winchester1990, S. 66f.]

der Genietheorie des mathematischen Verstehens spreche, meine ich etwas anderes: Während wir bei allen anderen menschlichen Aktivitäten ein kontinuierliches Spektrum von Kompetenzen annehmen, glauben viele im Falle der Mathematik an eine scharfe Zweiteilung der Menschheit: auf der einen Seite die wenigen Auserwählten, die Mathematik-Genies, die mathematische Probleme und ihre Lösungen rasch und mühelos erfassen, auf der anderen die vielen Ausgestoßenen, die Mathematik-Idioten, die schicksalhaft und irreparabel unfähig sind, das Heiligtum zu betreten.

Diese Mystifikation des mathematischen Verstehens hat negative Auswirkungen im Mathematikunterricht: Der Lehrer orientiert sich nur an den allerbesten Schülern. Die für elementare Formen des mathematischen Verstehens relevanten Fähigkeiten werden nicht genügend eingeübt. Die meisten Schüler sind so bald abgehängt und frustriert; sie finden den Anschluss bei den voraussetzungsreicheren Formen des mathematischen Verstehens nicht mehr.

Nur wenn man sich klarmacht, dass mathematisches Verstehen in Fähigkeiten besteht, und sich klarmacht, welche Teilfähigkeiten im Einzelnen konstitutiv für eine bestimmte Form und Stufe des mathematischen Verstehens sind, und genügend Zeit, Sorgfalt und Kontrolle aufwendet, um diese Fähigkeiten zu vermitteln, kann man ein guter Lehrer der Mathematik sein.

# Literatur

[Avigad2008a] Avigad, J. (2008): Computers in Mathematical Inquiry. In: Mancosu, P. (Hrsg.), 2008, *The Philosophy of Mathematical Practice*, Oxford, S. 317-353.

[Avigad2008b] Avigad, J. (2008): Understanding Proofs. In: Mancosu, P. (Hrsg.), 2008, *The Philosophy of Mathematical Practice*, Oxford, S. 317-353.

[Bühler1999] Bühler, A. (1999): Die Vielfalt des Interpretierens. In: *Analyse & Kritik* 21, S. 117-137.

[Cooper1994] Cooper, N. (1994): Understanding. In: *Proceedings of the Aristotelian Society*, Suppl. Vol. LXVIII, S. 1-26.

[Cooper1995] Cooper, N. (1995): The Epistemology of Understanding. In: *Inquiry* 38, S. 205-215.

[Föllesdal1981] Föllesdal, D. (1981): Understanding and Rationality. In: *Meaning and Understanding*, herausgegeben von Herman Parret und Jacques Bouveresse, Berlin & New York, S. 154-168.

[Frege1884] Frege, G. (1884): *Die Grundlagen der Arithmetik*, Breslau; Centenarausgabe, mit ergänzenden Texten kritisch herausgegeben von Christian Thiel, Hamburg 1986.

[GoodmanElgin1988] Goodman, N.; Elgin, C. Z. (1988): *Reconceptions in Philosophy, and Other Arts and Sciences*, London.

[Kenny1975] Kenny, A. J. P. (1975): *Will, Freedom and Power*, Oxford.

[Kenny1989] Kenny, A. J. P. (1989): *The Metaphysics of Mind*, Oxford.

[Künne1981] Künne, W. (1981): Verstehen und Sinn: eine sprachanalytische Betrachtung. In: *Allgemeine Zeitschrift für Philosophie* 6, S. 1-16.

[vonKutschera1981] Kutschera, F. v. (1981): *Grundfragen der Erkenntnistheorie*, Berlin & New York.

[Mancosu2008] Mancosu, P. (Hrsg.)(2008): *The Philosophy of Mathematical Practice*, Oxford.

[Moravcsik1979] Moravcsik, J. M. E. (1979): Understanding. In: *Dialectica* 33, S. 201-216.

[Nemirow1995] Nemirow, L. E. (1995): Understanding Rules. In: *The Journal of Philosophy* 92, S. 28-43.

[Rosenberg1981] Rosenberg, J. F. (1981): On Understanding the Difficulty in Understanding Understanding. In: *Meaning and Understanding*, herausgegeben von Herman Parret und Jacques Bouveresse, Berlin & New York, S. 29-43.

[Ryle1949] Ryle, G. (1949): *The Concept of Mind*, London.

[Scholz1991] Scholz, O. R. (1991): *Bild, Darstellung, Zeichen*, Freiburg und München: Karl Alber.

[Scholz1998] Scholz, O. R. (1998): Was heißt es, ein Bild zu verstehen? In: Sachs-Hombach, K.; Rehkämper, K. (Hrsg): *Bild – Bildwahrnehmung – Bildverarbeitung*, Wiesbaden: Deutscher Universitätsverlag, S. 105-117.

[Scholz1999a] Scholz, O. R. (1999): *Verstehen und Rationalität. Untersuchungen zu den Grundlagen von Hermeneutik und Sprachphilosophie*, Frankfurt am Main: Klostermann; 2., durchgesehene Auflage 2001.

[Scholz1999b] Scholz, O. R. (1999): Verstehen. In: Sandkühler, H. J. (Hrsg.): *Enzyklopädie Philosophie*, Hamburg: Verlag Felix Meiner, Sp. 1698-1702.

[Scholz2000] Scholz, O. R. (2000): Was heißt es, eine Argumentation zu verstehen? In: Lueken, G.-L. (Hrsg): *Formen der Argumentation*, Leipzig: Leipziger Universitätsverlag, S. 161-176.

[Scholz2002] Scholz, O. R. (2002): Was heißt es, ein Artefakt zu verstehen? In: Siebel, M. (Hrsg): *Kommunikatives Verstehen*, Leipzig: Leipziger Universitätsverlag, S. 220-239.

[Scholz2004] Scholz, O. R. (2004): *Bild, Darstellung, Zeichen*, Frankfurt am Main: Klostermann; 2., vollständig überarbeitete Auflage.

[Schurz1988] Schurz, G. (Hrsg.) (1988): *Erklären und Verstehen in der Wissenschaft*, Oldenbourg, München.

[Schurz2004] Schurz, G. (2004): Erklären und Verstehen: Tradition, Transformation und Aktualität einer klassischen Kontroverse. In: *Handbuch der Kulturwissenschaften, Band 2: Paradigmen und Disziplinen*, Stuttgart und Weimar, S. 156-174.

[Searle1984] Searle, J. R. (1984): *Minds, Brains and Science*, Cambridge.

[Vendler1967] Vendler, Z. (1967): *Linguistics in Philosophy*, Ithaca, N.Y.

[Vendler1984] Vendler, Z. (1984): Understanding People. In: *Culture Theory,* herausgegeben von Shweder, R. A.; LeVine, R.A. Cambridge, S. 200-213.

[Vendler1994] Vendler, Z. (1994): Understanding Misunderstanding. In: *Language, Mind and Art. Essays in Appreciation and Analysis, in Honor of Paul Ziff*, Dordrecht, S. 9-21.

[Winchester1990] Winchester, I. (1990): Understanding Mathematical Proof – Beyond „Eureka!" In: *Interchange* 21, S. 65-71.

[Wittgenstein1953] Wittgenstein, L. (1953): *Philosophische Untersuchungen*, Oxford.

[Wittgenstein1956] Wittgenstein, L. (1956): *Bemerkungen über die Grundlagen der Mathematik*, Oxford.

[vonWright1971] Wright, G. H. v. (1971): *Explanation and Understanding*, Ithaca, N.Y.

[Zagzebski2001] Zagzebski, L. T. (2001): Recovering Understanding. In: *Knowledge, Truth, and Duty. Essays on Epistemic Justification, Responsibility and Virtue*, Oxford, S. 235-251.

[Ziff1972] Ziff, P. (1972): Understanding. In: ders.: *Understanding Understanding*, Ithaca & London, S. 1-20.

# 2 Orientierung durch Mathematik

WERNER STEGMAIER

Die alltägliche Orientierung arbeitet mit individuellen Standpunkten, Horizonten, Perspektiven, Anhaltspunkten, Wertungen, Spielräumen des Zeichengebrauchs u. a., um sich auf immer neue Situationen einstellen und sie bewältigen zu können. Die Mathematik dagegen gebraucht explizit definierte Zeichen nach explizit fixierten Regeln, um eine allgemein gültige Richtigkeit der Orientierung zu erzielen; sie schließt alle Spielräume des Verstehens. Dazu sieht sie von den Bedingungen der alltäglichen Orientierung ab. Sie bleiben jedoch Bedingungen auch ihres Gebrauchs als Orientierungsmittel: ihre Anwendung ist wieder nur in Spielräumen möglich, und ihre Zusammenhänge sind individuell wiederum nur begrenzt nachvollziehbar. Im Folgenden wird in 12 Punkten dargestellt, was „Mathematik verstehen" in der Sicht einer Philosophie der Orientierung heißt.[1] Die Punkte 1. – 10. führen die dafür relevanten Grundzüge der Orientierung ein, die Punkte 11. – 12. ziehen daraus die Konsequenzen für das Verstehen von Mathematik.

## 2.1 Verstehen

Man hat in der Sicht einer Philosophie der Orientierung dann etwas verstanden, wenn man in seiner Orientierung, wie man sagt, ‚damit etwas anfangen kann'. Das kann man wörtlich nehmen: Man kann dann von sich aus etwas zu tun beginnen, was einem sinnvoll erscheint. Womit man etwas anfangen kann, hat Sinn, Sinn für die eigene Orientierung. Orientierung ist ihrerseits die Leistung, sich in einer Situation zurechtzufinden, um Handlungsmöglichkeiten, also ‚Anfänge' auszumachen, durch die sich die Situation bewältigen lässt. Man sucht, wie man sagt, in ihr ‚Halt', und dass man Halt sucht, bedeutet, dass man ständig befürchtet, in seiner Orientierung zu Fall zu kommen oder in Verfall zu geraten. Orientierung ist immer gefährdet, steht meist unter Zeitdruck und braucht oft Mut.

**Methodische Erläuterung:** Die Philosophie geht, wie Immanuel Kant in der „Transzendentalen Methodenlehre" seiner *Kritik der reinen Vernunft*, Abschnitt „Die Disziplin der reinen Vernunft im dogmatischen Gebrauche", klar gemacht hat, von ‚gegebenen Begriffen' aus. Das heißt: Sie greift Begriffe aus dem alltäglichen Sprachgebrauch auf, versucht deren Bedeutungen zu bestimmen und für ihre Zwecke festzulegen; dabei kann sie die Bedeutungen erweitern oder einschränken. Sie muss, um anfangen zu können, schon eine hinreichend verständliche Sprache voraussetzen. Das muss auch die Mathematik. Sie gibt, so Kant, jedoch „das glänzendste

[1] Werner Stegmaier, Philosophie der Orientierung, Berlin/New York 2008. Vgl. hier alles Nähere. Eine kurze systematische Übersicht zum Buch gibt Peter Moser in [Moser2009]. Einige Passagen dieses Beitrags sind, gekürzt, der Philosophie der Orientierung [PO] entnommen.

Beispiel einer sich, ohne Beihilfe der Erfahrung, von selbst glücklich erweiternden reinen Vernunft"[2], indem sie ihre Begriffe ‚konstruiert', d. h. gänzlich von sich aus festlegt. Sie schafft sich einen völlig eigenen Sprachgebrauch, kann dann aber auch den alltäglichen – darunter Begriffe wie ‚Verstehen' und ‚Sinn' – nicht hinreichend verdeutlichen. Verdeutlichung ist nach Kant einerseits durch ‚Definitionen', andererseits durch ‚Expositionen' möglich. Definitionen sollen unabhängig von der jeweiligen Situation völlig explizit sein (was ebenfalls an Grenzen stößt), Expositionen in der jeweiligen Situation, in der sich vieles implizit oder ‚von selbst versteht', hinreichend explizit. Mathematik *definiert* Begriffe, Philosophie *exponiert* Begriffe. Für die gegebenen Begriffe der Philosophie gilt nach Kant im Unterschied zu den konstruierten der Mathematik: „Man bedient sich gewisser Merkmale nur so lange, als sie zum Unterscheiden hinreichend sind; neue Bemerkungen dagegen nehmen welche weg und setzen einige hinzu, der Begriff steht also niemals zwischen sicheren Grenzen. Und wozu sollte es auch dienen, einen solchen Begriff zu definiren, da, wenn z. B. von dem Wasser und dessen Eigenschaften die Rede ist, man sich bei dem nicht aufhalten wird, was man bei dem Worte Wasser denkt, sondern zu Versuchen schreitet, und das Wort mit den wenigen Merkmalen, die ihm anhängen, nur eine Bezeichnung und nicht einen Begriff der Sache ausmachen soll, mithin die angebliche Definition nichts anders als Wortbestimmung ist. Zweitens kann auch, genau zu reden, kein a priori gegebener Begriff definirt werden, z. B. Substanz, Ursache, Recht, Billigkeit etc. Denn ich kann niemals sicher sein, daß die deutliche Vorstellung eines (noch verworren) gegebenen Begriffs ausführlich entwickelt worden, als wenn ich weiß, daß dieselbe dem Gegenstande adäquat sei. Da der Begriff desselben aber, so wie er gegeben ist, viel dunkele Vorstellungen enthalten kann, die wir in der Zergliederung übergehen, ob wir sie zwar in der Anwendung jederzeit brauchen: so ist die Ausführlichkeit der Zergliederung meines Begriffs immer zweifelhaft und kann nur durch vielfältig zutreffende Beispiele v e r m u t h l i c h, niemals aber a p o d i k t i s c h gewiß gemacht werden. Anstatt des Ausdrucks Definition würde ich lieber den der E x p o s i t i o n brauchen, der immer noch behutsam bleibt, und bei dem der Kritiker sie auf einen gewissen Grad gelten lassen und doch wegen der Ausführlichkeit noch Bedenken tragen kann."[3] Da Orientierung ein Alltagsproblem ist, muss die Alltagssprache auch Worte und in diesem Sinn ‚gegebene Begriffe' für sie haben. Sie müssen sich durch immer neuen Gebrauch eingespielt haben, der sich von Situation zu Situation bewährt haben und weiter bewähren muss. Jeder ist frei, so oder anders zu reden und dabei auch neue Redeweisen ins Spiel zu bringen, zugleich aber darauf angewiesen, dass andere sie verstehen und auf sie eingehen. So kommt es in immer neuen Situationen zu immer neuen Abstimmungen über den Sprachgebrauch im doppelten Sinn: zu einer ständigen Abstimmung der Kommunizierenden aufeinander und dabei zur ständigen Abstimmung über die Plausibilität einer Sprechweise für den jeweils andern. Daher lässt sich an den Sprechweisen, die sich durch zahllose Sprecher in zahllosen Sprechsituationen durchgesetzt haben, ablesen, wie die alltäglichen Bedürfnisse der Orientierung plausibel zum Ausdruck kommen. Eine Philosophie der Orientierung wird darum zum einen phänomenologisch vorgehen, also möglichst vorurteilslos zu beobachten versuchen, wie die Orientierung und insbesondere die menschliche Orientierung arbeitet, zugleich aber auch sprachphänomenologisch, also die Sprache beobachten, die sich zu Problemen der Orientierung eingespielt hat. Dabei können wiederum Etymologien aufschluss-

[2] KrV A 712/B 740 bzw. [KrV, S. 612f.]
[3] KrV A 728/B 757 bzw. [KrV, S. 624]

reiche Hinweise geben, ohne dass sie darum schon so etwas wie eine ‚ursprüngliche‘ und darum ‚eigentliche‘ Bedeutung angeben würden (s. u.).

## 2.2 Verstehen von Sinn

Wenn Sinn das ist, was eine Orientierung instandsetzt, etwas mit etwas anzufangen, so bedeutet das: er richtet meine Orientierung so aus, dass ich *von mir aus* etwas anfangen, etwas zu tun beginnen kann. Sinn macht mich zum Subjekt einer Entscheidung über ihn – oder stellt meine Entscheidungsfähigkeit in Frage. Zum Beispiel sagt jemand etwas, und ich will und kann ‚sinnvoll‘ daran anschließen – oder nicht, Musik erklingt, und ich will und kann auf sie tanzen – oder nicht, jemand entwickelt ein mathematisches Problem, und ich will und kann es weiterführen – oder nicht. Der Anfang ist dabei niemals ein absoluter, sondern, wie eingeführt, ein Anfang in einer jeweiligen Orientierung. Mit ihm findet die jeweilige Orientierung zugleich den Anschluss an ihre Umwelt und an ihre eigenen früheren Orientierungen; das erste erweitert die Orientierung, das zweite macht die Erweiterung plausibel.

**Etymologische Erläuterung:** Etymologisch erscheint das Wort ‚Sinn‘ nur im Deutschen und Niederländischen. Es hatte hier den Sinn von ‚Gang‘, ‚Reise‘, ‚Weg‘, verstand sich also unmittelbar aus dem Zusammenhang der Orientierung. Dieser Sinn hat sich noch erhalten in der Wendung ‚in diesem Sinn fortfahren‘. ‚Sinn‘ ist danach eine Richtung, die man eingeschlagen hat und weiterverfolgt, während man alles übrige ‚beiseite‘ lässt, und was nun in dieser Richtung liegt, ‚hat‘ oder ‚macht‘ Sinn, das übrige nicht.[4] Was in einer Richtung liegt, passt so zusammen, dass man weiterkommt, dass es einen ‚Weg‘ weist, auf dem man sich ‚bewegen‘ kann. Sinn wird dabei erst eröffnet, ‚ergibt sich‘ erst, ist noch nicht bestimmt. ‚Sinnen‘ hieß im Althochdeutschen außer ‚gehen‘ und ‚reisen‘ auch ‚streben‘ und ‚begehren‘, ‚sinnen auf etwas‘. Mit ihm hängt ‚senden‘, ‚auf die Reise schicken‘ zusammen; ein ‚Gesinde‘ war zunächst eine Reisebegleitung oder Gefolgschaft. Dieses ‚senden‘ floss wiederum mit einer anderen germanischen Wurzel ‚sent‘ zusammen, die ebenfalls ‚eine Richtung nehmen‘, ‚eine Fährte suchen‘ bedeutete; von ihr ging auch lateinisch ‚sentire‘, ‚fühlen‘, ‚wahrnehmen‘ aus und ‚sensus‘, der ‚Sinn‘ im Sinn von Sinnesorganen, die auf spezifische Reize, Bilder, Töne, Gerüche usw. ausgerichtet sind, also ebenfalls selektiv ‚sinnen‘. Auch der Sinn von Worten, Sätzen, Texten, Geschichten für die Orientierung lässt sich so verstehen: als der Sinn, den sie für jemand ‚bekommen‘, wenn er sie hört oder liest, die Richtung, in die seine Vorstellungen durch sie gewiesen werden. Man versteht, sagt man, ‚etwas in diesem Sinn‘ oder ‚in dieser Richtung‘, und schließt dabei stets mögliche Alternativen, also Entscheidungen ein.[5]

---

[4] vgl. [Simon1989, S. 233]
[5] vgl. [PO, S. 181f.]

## 2.3 Verstehen von Sinn in der Orientierung: Passung von Anhaltspunkten

Orientierung ist stets Orientierung *über* eine Situation *in* dieser Situation selbst, die Übersicht, die sie über die Situation gewinnt, also von der situativen Fähigkeit dazu abhängig. Das macht die Suche nach Halt prekär. Die Orientierung verschafft sich ihn durch ‚Anhaltspunkte'. Das deutsche Wort ist sehr sprechend: Ein Anhaltspunkt ist ein ‚Halt' an einem ‚Punkt' der Situation, den die Orientierung in ihr selbst ausmacht und an den sie ‚sich' zu ‚halten' entscheidet; sie tut das auf Distanz und mit Vorbehalt, wartet so weit wie möglich zusätzliche Anhaltspunkte ab. Sie wählt ihre Anhaltspunkte auch nicht aufgrund einer bewussten und überlegten Entscheidung; denn im Zug der ersten Erschließung der Situation hat sie noch gar keine ‚handfesten' Alternativen und erst recht keine wohlerwogenen Gründe. Die Orientierung ‚stößt' vielmehr auf Anhaltspunkte, ‚findet' sie, ‚verfällt' auf sie – mehr oder weniger ‚zufällig': sie könnte immer auch auf andere stoßen. Damit sie auf Anhaltspunkte verfallen kann, müssen diese auf irgendeine Weise ‚auffallen'. Was wem auffällt, hängt von den jeweiligen Bedürfnissen ab, ein Jäger orientiert sich im Gelände anders als ein Spaziergänger, beiden fällt anderes auf. Bei dem, was ihr auffällt, ‚hält' die Orientierung dann auf einen Moment ‚an', ‚hält sich mit ihm auf' und kann in ihrer Suchbewegung wieder zu ihm zurückkehren. Mit solchen Anhaltspunkten kann sie ‚etwas anfangen', in der Regel dann, wenn mehrere hinreichend zusammenpassen: Wenn mehrere Anhaltspunkte für die jeweilige Orientierung in der jeweiligen Situation zusammenpassen, sich also zu einem Zusammenhang ausrichten, kurz: ein Muster bilden, ergibt sich für sie Sinn.

**Zusammenfassende Bestimmung des Anhaltspunkts im Sprachspiel des Halts:** Der Anhaltspunkt der Orientierung ist ein ‚Punkt', den sie selbst ausmacht. Sie ‚hält' in ihrer Bewegung bei ihm ‚an', ‚hält sich' mit ihm ‚auf' und ‚hält' ihn ‚fest', jedoch nur so, dass sie ihn ‚im Auge behält'. Sie ‚hält sich' zu ihm ‚auf Distanz', ‚hält sich zurück', ihn sogleich ‚für' haltbar ‚zu halten', sondern setzt sich zu ihm in ein ‚Verhältnis', in dem sie ihn ‚gegen' weitere Anhaltspunkte ‚halten' und so über seine ‚Haltbarkeit' entscheiden kann. Anhaltspunkte der Orientierung bleiben ‚unter Vorbehalt'.[6]

## 2.4 Spielräume im Verstehen von Sinn

Dass man etwas als Anhaltspunkt nimmt, sich dabei aber vorbehält, ob und wie weit man ihm folgen wird, heißt, dass man sich ‚an' etwas orientiert: Anhaltspunkte lassen Spielräume im Verstehen. Orientierung arbeitet im Ganzen mit Spielräumen. Das gilt nicht nur für die Orientierung in der Natur, sondern auch für die Orientierung in der Gesellschaft. Auch das, was man von anderen hört und liest, lässt Spielräume im Verstehen, und selbst gegenüber Normen und Gesetzen (z. B. dem Verbot für Fußgänger, beim ‚Rot' einer Ampel die Straße zu überqueren) kann man sich Spielräume vorbehalten. Unternehmer(innen) haben Handlungsspielräume am Markt, Politiker(innen) Entscheidungsspielräume in Belangen der Gesellschaft, Richter(innen) ‚Ermessensspielräume' bei der Heranziehung von Gesetzen, Wissenschaftler(innen) bei der Einschätzung von Evidenzen usw. Ein Spielraum ist ein Raum und doch kein Raum, und darin gibt es ein Spiel

[6] vgl. [PO, S. 226-237]

und doch kein Spiel, jedenfalls beim ‚Handlungs-, Entscheidungs- und Ermessensspielraum'; in der Verbindung von ‚Raum' und ‚Spiel' verschiebt sich der Sinn beider Begriffe; ‚Spielraum' ist eine Metapher, die nicht mehr als solche auffällt. Ein Handlungs-, Entscheidungs- oder Ermessensspielraum ist ein durch Regeln begrenzter ‚Raum' des Verhaltens, in dem ein nicht diesen Regeln gehorchendes ‚spielerisches' Verhalten, ein in diesem Sinn von Regeln freies ‚Spiel' möglich wird, ohne die Metaphern ‚Spiel' und ‚Raum' also eine geregelte Grenze ungeregelten Verhaltens. ‚Innerhalb' der Grenze kann das Verhalten wiederum Regeln folgen, doch es sind dann nicht die, die ihm Grenzen setzen, sondern eigene Regeln.

**Etymologische Erläuterung:** Das Wort ‚Spielraum' wurde im Deutschen zunächst militärisch gebraucht: ein Spielraum war der buchstäbliche Raum, der einem Geschoß im Geschützrohr bleiben muss, damit es seinen freien Flug antreten kann. Dieser Raum muss, wenn der Schuss ins Ziel treffen soll, genau bemessen sein, die Kugel darf im Rohr weder zu viel noch zu wenig Spielraum – oder, wie man auch sagte, ‚Luftraum', ‚Windspiel', ‚Spielung' – haben. Einen solchen Spielraum muss auch eine Tür in ihrem Rahmen, ein Rad in seinem Lager haben usw., alles, was sich im ‚Rahmen' von etwas bewegen können soll. Weil hier zwei voneinander unabhängige Elemente zusammenpassen müssen, ist er aber kaum präzise zu errechnen. Er muss letzlich erprobt werden, und das müssen erst recht die Spielräume, die Eltern ihren Kindern, Lehrer(innen) ihren Schüler(innen), Vorgesetzte ihren Mitarbeitern, Regierende den Regierten lassen und lassen müssen. Sie stehen nicht fest, sondern können sich mit der Zeit verändern. Eine Zeit lang versuchte man auf den Zusatz ‚-raum' zu verzichten und nur von ‚Spiel' zu sprechen und von ‚Spielraum' statt dessen als Raum eines Theaterspiels. Doch setzte sich nach dem *Grimmschen Wörterbuch* diese Redeweise nicht durch. Nie gebraucht wurde ‚Spielraum' offenbar im Sinn eines Raums zum Spielen für Kinder; hier redet man von ‚Spielzimmer' oder ‚Spielplatz' im Freien. Am meisten, so das *Grimmsche Wörterbuch*, wurde im Deutschen ‚Spielraum' „in freierer weise gebraucht" als „der umkreis, innerhalb dessen sich jemand oder etwas entfalten, bethätigen, wirken kann". Ein solcher Freiraum kann, wie das Beispiel von Eltern, Lehrer(inne)n, Vorgesetzten und Regierenden zeigt, gewährt werden, man kann ihn sich aber auch durch eigenes Tun mit der Zeit schaffen und vergrößern.[7]

## 2.5 Beweglichkeit der Orientierung in Spielräumen

Ihre Spielräume ermöglichen der Orientierung Beweglichkeit und sind selbst beweglich. Sie verdankt sie ihrer Grundstruktur: Orientierung geht stets von einem Standpunkt aus, von dem aus sich ein Horizont eröffnet; der Spielraum zwischen Standpunkt und Horizont ist die Perspektive. Standpunkt und Horizont der Orientierung sind gegeneinander beweglich. Man kann von einem Standpunkt aus engere und weitere Umkreise ins Auge fassen, einmal auf etwas ‚hinblicken', um es in einem engeren Horizont, dann von ihm ‚aufblicken', um es in einem weiteren Horizont zu sehen. Man kann aber auch den Blick auf etwas festhalten und dabei den Standpunkt verändern, z. B. um es herumgehen. Auch wenn Horizont und Standpunkt prinzipiell voneinander abhängig sind, der Horizont sich mit dem Standpunkt verändert, kann man seinen Standpunkt doch in einem Horizont verändern, ohne dass der Horizont sich merklich verändert, und ebenso

[7] vgl. [PO, S. 221f.]

von einem festgehaltenen Standpunkt aus den Horizont erweitern und verengen. Bei der Veränderung des Standpunkts tut sich von einem gewissen Punkt an aber ein anderer Horizont auf, in dem man dann auch seinen Standpunkt neu orientieren muss. Standpunkt und Horizont stehen so gleichsam in einem elastischen Verhältnis; sie können sich auseinanderziehen und zusammenrücken und, wenn ihr bisheriges Verhältnis überzogen ist, plötzlich in ein neues springen. So werden Perspektivenverschiebungen und Perspektivenwechsel möglich.[8] Perspektivenverschiebungen und Perspektivenwechsel werden alltäglich problemlos vollzogen, sind logisch und mathematisch aber nicht oder nur schwer zu erfassen. Logik und Mathematik sind ihrerseits spezifische Standpunkte und Horizonte oder Perspektiven der Orientierung, man kann sie einnehmen oder nicht. Sofern eine Philosophie der Orientierung solche Perspektivenverschiebungen und Perspektivenwechsel denkbar macht, hat sie einen weiteren Horizont als Logik und Mathematik und alle übrigen Wissenschaften und geht ihnen in diesem Sinn voraus.

## 2.6 Kommunikation des Verstehens

Wissenschaften müssen, um allgemeine Geltung zu erlangen, kommuniziert werden. Kommunikation ist in der Sicht einer Philosophie der Orientierung Orientierung an anderer Orientierung: auch und gerade für die Orientierung anderer hat man nur Anhaltspunkte, anhand derer man sich über sie orientiert. Man kann nie letztlich *wissen*, was eine andere oder ein anderer denkt und will, man kann dabei stets ‚hereinfallen' (und man kann letztlich noch nicht einmal wissen, was man selbst denkt, und auch auf sich selbst immer wieder auf sich hereinfallen[9]). Dennoch ist man weitestgehend auf die Orientierung an anderer Orientierung angewiesen, kann man sich nur des geringsten Teils dessen selbst versichern, woran man sich orientiert, muss ‚sich', wie man sagt, ‚auf andere verlassen', also die eigene Orientierung verlassen und auf die anderer vertrauen, die ihrerseits dasselbe tun. Man beruhigt sich meist damit, wenn sich die andern so verhalten wie man selbst, und ist beunruhigt, wenn das nicht der Fall ist, prüft dann die Situation von neuem (schaut z. B. noch einmal auf den Fahrplan oder achtet auf die Durchsagen, wenn alle andern auf dem andern Bahnsteig stehen als man selbst). Wissenschaften sind Orientierungen, auf die wir uns heute am ehesten verlassen.

## 2.7 Orientierung in Zeichen

Im Unterschied zur bloßen *Interaktion* z. B. durch Blicke, Gesten oder Berührungen verläuft *Kommunikation* über Sprachzeichen (zumindest kann man Interaktion und Kommunikation so unterscheiden, was aber auch anders möglich ist). Sprachzeichen schließen an bloße Anhaltspunkte an. Zwischenstufen sind ‚markante' Anhaltspunkte, die besonders auffallen: ein herausragender Berggipfel, ein Obelisk in der Mitte eines Platzes, ein Loch in einer Wand, scharfe Gesichtszüge, eine rauhe oder eine schrille Stimme. Markante Anhaltspunkte ‚markieren' eine Situation und können selbst wieder markiert werden, z. B. durch ein *X* auf der Wand oder einen Kreis auf einer Karte oder die Konturierung einer Figur auf einem Bild; das *X*, das in der

[8] vgl. [PO, S. 214f.]

[9] vgl. Friedrich Nietzsche, Zur Genealogie der Moral, Vorrede 1.

Mathematik zum Zeichen des Unbekannten geworden ist, markiert durch den Kreuzungspunkt seiner Linien genau den Anhaltspunkt, auf den die Orientierung seine Umgebung verkürzt. Solche Markierungen können vom jeweiligen Anhaltspunkt in der jeweiligen Situation gelöst und so zu Zeichen werden, die sich in unterschiedlichen Situationen, also allgemein verwenden lassen. Sie werden zunächst zu Bildzeichen, ‚icons', wie sie heute an Verkehrsknotenpunkten, in Gebrauchsanweisungen, in Computerprogrammen usw. verwendet werden. Wird auch auf die Bildlichkeit verzichtet oder verliert die Bildlichkeit ihre Kenntlichkeit, werden Markierungen zu Chiffren, aus denen die Anhaltspunkte nicht mehr zu entnehmen sind, an die sie anschlossen. Das gilt für mathematische ‚Ziffern' (die sich von ‚Chiffren' ableiten[10]) und (mehr oder weniger) auch für Schriftzeichen. Schriftzeichen sind gezeichnete, aus bloßen Strichen bestehende Zeichen, die in allen Kulturen aus markanten Bildern hervorgegangen sind, sie in manchen auch noch erkennen lassen, in anderen nicht. Als ‚bloße', bildlose Zeichen sind sie besonders auffällig und attraktiv. Nachdem der Sinn des einmal von ihnen Dargestellten verblasst ist, erscheinen sie als willkürlich, ‚arbiträr' im Verhältnis zum Bezeichneten. Sie bekommen ihren Sinn dann nicht mehr vom Bezeichneten, sondern nur noch durch ihre Unterscheidung von anderen Zeichen oder durch ihre Stelle in einem Zeichensystem. Mit der Arbitrarität der Zeichen wird ein Zeichensystem autonom gegenüber den Situationen, in denen es verwendet wird; mit Hilfe autonomer Zeichensysteme löst sich die Orientierung weitgehend von der Situation und verschafft sich dadurch neue Spielräume in ihr; der Gebrauch autonomer Zeichensysteme kürzt sie ab. Er ermöglicht nicht nur eine schnelle und kommunikable Fixierung von Übersichten über Situationen, sondern, weil ihrerseits unübersichtlich werdende Zeichenmengen sich leicht wieder durch Zeichen abkürzen lassen, auch unbegrenzte Verallgemeinerungen und damit immer weiter reichende Übersichten. Die Orientierung in Zeichen ist eine Weltabkürzungskunst, die die Verfügung über die Welt unermesslich erleichtert, und so ist die Orientierung des Menschen denn auch weitgehend eine Orientierung in Zeichen.[11]

## 2.8 Notwendigkeit von Spielräumen auch im Verstehen von Sprachzeichen

An ihren autonomen Zeichen hat die Orientierung etwas, das in ihr stehenbleibt: man kann etwas ‚in' Zeichen festhalten und in anderen Situationen ‚wieder darauf zurückkommen'. Aber eben weil die Zeichen stehenbleiben, die Situationen sich aber unablässig wandeln, muss der Gebrauch der Zeichen Spielräume lassen, damit sie in neuen Situationen in einem neuen Sinn verwendet werden können. Die in ihrem Sinn scheinbar feststehenden Zeichen müssen in ihrem Gebrauch mit der Zeit Verschiebungen zulassen, müssen ihrerseits beweglich sein. Das setzt auch im Gebrauch von Zeichen Spielräume voraus: wir können in begrenzter Zeit nur eine begrenzte Anzahl von Zeichen lernen, müssen diese begrenzte Zahl aber in unbegrenzt vielen möglichen Situationen verwenden und können das eben dann, wenn ihr Sinn Spielräume lässt. Sinnverschiebungen

[10] Aus mittellat. ‚cifra' über das altfrz. ‚cifre', ‚Null', das über das arab. ‚sifr' aus dem altind. ‚sunya-m', ‚leeres Zeichen' kommt. Bei der Einführung der arabischen Stellenwert-Notation für die Zahlen hat die europäischen Nutzer offenbar vor allem die Null beeindruckt und den Namen für das ganze System geprägt, in den ersten Jahrhunderten sogar noch gegen die explizite Kritik der Fachleute. Den Hinweis verdanke ich Gregor Nickel.

[11] vgl. [PO, S. 271-274]

sind aber ihrerseits nur in jeweils begrenzten Spielräumen möglich; nur so werden die Zeichen kontinuierlich, nämlich immer nur ein wenig anders verstanden.[12]

## 2.9 Hinreichendes Verstehen von Zeichen durch Einschränkung der Spielräume ihres Gebrauchs

In der alltäglichen Orientierung werden Zeichen zumeist nicht aufgrund von expliziten Definitionen verstanden, sondern aus situativen Kontexten. Verabredet man, sich auf dem Greifswalder Bahnhof zu treffen, der für den Personenverkehr übersichtlicherweise nur zwei Gleise nutzt, von denen aus man einander gut sehen kann, genügt es zu sagen, ‚Treffen wir uns am Bahnhof'; auf dem Berliner Hauptbahnhof wird man erheblich mehr sagen müssen. Man schränkt dann die Spielräume der Zeichen durch weitere Zeichen, die ihrerseits Spielräume lassen, so weit ein, dass die Spielräume einander hinreichend begrenzen, die jeweiligen Zeichen in der jeweiligen Situation hinreichen eindeutig machen (‚Bahnhof' → ‚Hauptbahnhof' → ‚Hoch/Tief' → ‚Bahnsteig' → ‚Abschnitt'). Das in der alltäglichen Orientierung genutzte Verfahren wechselseitiger Einschränkung von Spielräumen jeweiliger Zeichen in jeweiligen Situationen ist offensichtlich ein weit komplexeres Verfahren als die situationsunhängige Definition konstruierter Zeichen und ist ebenso offensichtlich dennoch leichter zu handhaben. Situationsunabhängige Definitionen konstruierter Zeichen (nicht nur mathematische, sondern z. B. auch juristische) sind für uns in der Regel schwerer verständlich.

## 2.10 Überprüfung des Verstehens von Zeichen

Ob man die Zeichen anderer hinreichend verstanden hat, zeigt sich nicht darin, dass man sie identisch wiederholen kann, sondern darin, dass man selbst mit ihnen etwas anfangen kann (s. o. 2.1). Das wiederum zeigt sich darin, dass man sie in Spielräumen *anders* gebrauchen kann. Man kann dann (a) etwas im Sinn der anderen *tun*, die Zeichen also in ein Handeln umsetzen, durch das die anderen ihren Sinn bestätigt sehen, oder (b) den Sinn, in dem die anderen die Zeichen gebraucht haben, auf eigene Weise darstellen oder (c) den Sinn auf andere Sachzusammenhänge übertragen oder (d) den Zeichengebrauch in demselben Sinn selbstständig weiterentwickeln. In allen Fällen handelt es sich um Transferleistungen, Weiterentwicklungen des Sinns in mehr oder weniger großen Spielräumen.

## 2.11 Orientierung durch Mathematik: Schließung der Spielräume des Verstehens, Absehen von den Bedingungen der Orientierung

Weil Mathematik es nicht mit Lebenssituationen zu tun hat, gibt sie selbst keine Orientierung. Sie kann jedoch ein Orientierungsmittel sein. Die alltägliche Orientierung vollzieht in alltäglichen

[12] vgl. [PO, S. 274-282]

Lebenssituationen nur rudimentäre mathematische Operationen. Denn mathematische Operationen werden rasch unübersichtlich und müssen dann verschriftlicht werden, was in alltäglichen Lebenssituationen ebenso rasch an Grenzen stößt. So ist Mathematik weitestgehend nur als Wissenschaft unter spezifischen Bedingungen und aufgrund einer spezifischen Ausbildung möglich. Unter den Wissenschaften hat sie wiederum einen Sonderstatus. Es ist strittig und kann hier strittig bleiben, ob sie einen Gegenstand außer sich hat und wenn ja, wie er anzusetzen wäre. Unstrittig ist jedoch, dass die Mathematik die Wissenschaft ist, die all ihre Zeichen und alle Regeln der Verknüpfung dieser Zeichen explizit einführt und vollständig definiert. Dadurch aber schließt sie alle Spielräume des Verstehens im Gebrauch ihrer Zeichen, lässt keinen individuellen Sinn, keine individuelle Bedeutsamkeit ihrer Zeichen, keine individuelle Ausrichtung der Orientierung durch sie zu; soweit ihre Zeichen individuelle Bedeutsamkeit haben, z. B. ein(e) Mathematiker(in) besonders Fibonacci-Zahlen liebt, ist das mathematisch irrelevant. So und nur so wird an Stelle der individuellen Ausrichtung der Orientierung durch Zeichen eine allgemeine Richtigkeit und vollkommene Zuverlässigkeit des Zeichengebrauchs möglich. Mit der Schließung aller Spielräume des Verstehens wird aber auch von den Bedingungen der Möglichkeit der Orientierung abgesehen: die Mathematik kann nur dadurch absolut gewiss und vollkommen allgemeingültig sein, dass sie die stets situativen Bedingungen der stets individuellen Orientierung gleichgültig macht. Sie ist insofern (aber nur insofern) der genaue Gegensatz einer Philosophie der Orientierung. Und dennoch hat sich die europäische Philosophie in ihrer zweitausendjährigen Geschichte mit Vorliebe am systematischen und alternativenlosen Zeichengebrauch der Mathematik orientiert.

**Historische Erläuterung:** Das hielt an bis zu Kant, der damit brach, und ist im 20. Jahrhundert in der an Frege, Russell und den frühen Wittgenstein anschließenden Analytischen Philosophie unkritisch wiedergekehrt; der späte Wittgenstein ist dagegen selbstkritisch zu einer Philosophie der Orientierung an Zeichen übergangen,[13] was Russell denn auch nicht mehr verstand. In ihrem Streben, zu absoluter Gewissheit nach dem Maßstab der Mathematik zu kommen, wird die Philosophie jedoch paradox: Denn sucht sie absolute Gewissheit nicht nur im Zeichengebrauch, sondern *mit Hilfe* eines absolut richtigen Zeichengebrauchs auch im Sinn des Seins oder der Welt oder des Lebens oder, wie im Fall der Analytischen Philosophie, der Sprache über all das, muss sie ebenfalls von den situativen Bedingungen der individuellen Orientierung absehen und verzichtet damit auf deren kritische Klärung, die nach ihrem herkömmlichen Selbstverständnis zu ihren elementaren Aufgaben gehört. Sie gibt sich als kritische Philosophie selbst auf, fällt damit hinter ihren Forschungsstand zurück und verfällt in Metaphysik, die ihrerseits alle Bedingungen der Orientierung überschreitet, um ein Unbedingtes, An-sich-Seiendes und Ewiges zu suchen, und sucht nun im Gebrauch von Zeichen nach so etwas wie an sich bestehenden Bedeutungen und an sich guten Argumenten.

[13] vgl. insbesondere den §504 von Wittgensteins *Philosophischen Untersuchungen*: „Wenn man aber sagt: ‚Wie soll ich wissen, was er meint, ich sehe ja nur seine Zeichen', so sage ich: ‚Wie soll *er* wissen, was er meint, er hat ja auch nur seine Zeichen'." und dazu [Stegmaier2001].

## 2.12 Rückbindung der Mathematik an die Bedingungen der Orientierung

Der Sinn der Wissenschaft überhaupt für die Orientierung ist ihre kritische Disziplinierung. Im Gegenzug leistet, was heute besonders hervortritt, aber immer schon galt, die Kunst eine kreative Desorientierung.[14] Beide müssen einander nicht ausschließen: Kreative Desorientierungen können zu Neuorientierungen führen, die dann wieder der kritischen Disziplinierung unterworfen werden können.[15] Das gilt auch für die Mathematik: etwa die Wahl von Axiomen und Definitionen wie auch die Entdeckung von Beweiswegen erfordern kreative Spielräume (die mit der mathematischen Formulierung einer Theorie oder eines Beweises jedoch wieder geschlossen werden). Wenn die Mathematik selbst keine Orientierung geben kann, weil sie von konkreten Orientierungssituationen vollkommen abgelöst ist, so kann doch eben die Ablösung von konkreten Orientierungssituationen ein Orientierungsmittel sein. Das gilt schon von Zeichen der Sprache und von Begriffen des Denkens, die *bis zu einem gewissen Grad* von Orientierungssituationen abgelöst sind, und dann auch von der mit *weitestgehend* von Orientierungssituationen abgelösten Begriffen arbeitenden herkömmlichen Metaphysik, die nach wie vor ihren Sinn für die Orientierung behält.[16] Von Orientierungssituationen abgelöste Begriffe können, metaphorisch gesprochen, Brücken von einer Orientierungssituation zu einer anderen Orientierungssituation bilden, müssen dazu aber, um für die Orientierung brauchbar zu bleiben, an beiden Enden in der alltäglichen Orientierung verankert sein. Für die Mathematik bedeutet das:

**a: Die Verankerung auf der einen Seite** Die Zeichen der Mathematik und ihr Gebrauch müssen mit mehr oder weniger Mühe individuell gelernt werden. Dabei zeigt sich bei den Individuen eine jeweils unterschiedliche, immer aber begrenzte Kraft zur Einsicht in die mathematischen Zusammenhänge (wäre sie unbegrenzt und von Anfang an unbegrenzt gewesen, hätte es keinen Fortgang der mathematischen Forschung gegeben und gäbe es ihn weiterhin nicht). Das alternativenlose Verstehen der Mathematik lässt sich nicht, auch nicht logisch erzwingen, es muss sich einstellen, muss gelingen, muss glücken, und wird dann als evident erlebt – oder nicht. Evidenz aber ist wiederum etwas Individuelles und Situatives, sie kann von anderen evoziert, aber nicht doziert werden, und sie ist nicht mehr zu überprüfen, es sei denn an weiteren Evidenzen. Die Bedingungen der Möglichkeit, Mathematik zu verstehen, sind letztlich also wiederum individuelle und situative, sind also die beschriebenen Bedingungen der Möglichkeit der alltäglichen Orientierung.

**b: Die Brücke** Mathematik kann denen, die sich auf sie verstehen, wieder leicht und selbstverständlich werden wie anderen die alltägliche Orientierung. Sie entwickeln Routinen, von denen die alltägliche Orientierung im ganzen durchzogen ist und durch die sie sich stabilisiert[17], auch in der für andere nur schwer zugänglichen Mathematik. Sie können im Idealfall eine souverä-

[14] vgl. [PO, S. 507-528]

[15] Nietzsche hat für diese Einheit von Wissenschaft und Kunst den Begriff ‚fröhliche Wissenschaft' geprägt. Vgl. [Stegmaier2008], [Stegmaier2010a], [Stegmaier2010b].

[16] vgl. [PO, S. 645-656]

[17] vgl. [PO, S. 291-320]

ne mathematische Orientierung entwickeln, die sie befähigt, leicht Brücken zwischen mehr oder weniger weit auseinander liegenden Orientierungssituationen zu bauen.

**c: Die Verankerung auf der andern Seite** ‚Fängt' man aber mit der Mathematik etwas ‚an', gebraucht man sie als Orientierungsmittel, so werden ihre Zeichen wieder auf etwas anderes unabhängig von ihnen Gegebenes (z. B. das, was man dann die ‚Natur' nennt) angewendet, und dabei eröffnen sich unvermeidlich auch wieder Spielräume der Interpretation (etwa darin, was als Kraft, Masse, Raum und Zeit in der mechanistischen bzw. der relativistischen Physik oder als Teilchen bzw. als Welle in der Quantenphysik verstanden wird usw.[18] In ihren Anwendungen kehrt die Mathematik wieder unter die Bedingungen der Orientierung zurück. Nur unter ihnen ist Orientierung durch Mathematik möglich.

# Literatur

[KrV] Kant, I., Kritik der reinen Vernunft. Hrsg. v. Wilhelm Weischedel, Darmstadt 1956.

[Moser2009] Moser, P., Werner Stegmaier entwickelt eine umfassende Philosophie der Orientierung, Information Philosophie 2009/5 (Dezember 2009), S. 101-104.

[PO] Stegmaier, W., Philosophie der Orientierung, Berlin/New York 2008.

[Simon1989] Simon, J., Philosophie des Zeichens, Berlin/New York 1989.

[Stegmaier2001] Stegmaier, W., Zwischen Kulturen. Orientierung in Zeichen nach Wittgenstein, in: Lütterfelds, W.; Salehi, D. (Hrsg.): „Wir können uns nicht in sie finden". Probleme interkultureller Verständigung und Kooperation, Wittgenstein-Studien 3 (2001), S. 53-67.

[Stegmaier2008] Stegmaier, W., Gaia scienza, arte della filosofia (Fröhliche Wissenschaft als Kunst der Philosophie), trad. di Carla Danani, in: Totaro, F. (Hrsg.), Veritá e prospettiva in Nietzsche, Roma 2008, S. 77-93.

[Stegmaier2010a] Stegmaier, W., Die Wissenschaft auf dem Boden des Lebens. Nietzsches Wissenschaftskritik im V. Buch seiner Fröhlichen Wissenschaft, erscheint in: Buchholz, M. B.; Gödde, G. (Hrsg.), Wissenschaft, Forschung und Therapeutik. Die Grundfrage nach der Wissenschaftlichkeit, Bd. I, 2010.

[Stegmaier2010b] Stegmaier, W., Der Tod Gottes und das Leben der Wissenschaft. Nietzsches Aphorismus vom tollen Menschen im Kontext seiner *Fröhlichen Wissenschaft*, in: Nielsen, C.; Venturelli, A. (Hrsg.), Die Ankündigung eines ‚Todes Gottes' und die Wissenschaftsfrage. Aspekte der Aktualität Nietzsches, Berlin / New York 2010, S. 1-16.

[Ulmer u.a. 1987] Ulmer, K.; Häfele, W.; Stegmaier, W., Bedingungen der Zukunft. Ein naturwissenschaftlich-philosophischer Dialog, Stuttgart-Bad Cannstatt 1987.

[18] vgl. [Ulmer u.a. 1987]

# 3 Zeichen defizient verstehen
# George Spencer Browns Zeichen sehen und mit Josef Simon verstehen

MARTIN RATHGEB

## 3.1 Einleitung: Von der philosophischen Optik zum mathematischen Objekt

> „Das Mathematische bildet einen Kreis von Interpretationen. Dadurch bildet es ein geschlossenes Ganzes, und es kann sich die Frage nach dessen Bedeutung stellen; sie liegt außerhalb der Mathematik, als Antwort auf die Frage, was Mathematik sei." [PdZ89, S. 60]

Die *Philosophie des Zeichens* (1989) von Josef Simon liefert vorliegender Untersuchung nicht nur die Rede von einem „Kreis von Interpretationen", sondern zudem die Perspektive auf ein Objekt. Bevor ich auf dieses eingehe, werde ich jene und die thematische Fokussierung zunächst charakterisieren und dafür drei Zitate besprechen. – Die Philosophie Simons ist eine Fundamentalphilosophie, die beim Zeichen und dem gelingenden Gebrauch von Zeichen ansetzt. Für diesen Ansatz spricht, dass klassische Erste Philosophien wie Metaphysik (und die Ontologie im Speziellen) in Zeichen formuliert und gedeutet werden müssen, aber umgekehrt nicht ontologisch festgelegt ist, *was* ein Zeichen und *wofür* ein Zeichen Zeichen ist; weiter bleibt jeder Versuch sprachlicher Fixierung von ‚Zeichen' einerseits auf Zeichen, andererseits darauf angewiesen, dass diese verstanden werden: „Ein von der Art des Verstehens abgetrenntes Zeichen existiert nicht."[1] Zeichenphilosophie geht also der Ontologie und Sprachphilosophie voraus und bekommt sich selbst – im Sinne einer produktiven petitio principii – in den Blick, weil sie sich selbst als ein weiter ausdeutbares Zeichen gilt. Dabei tragen die beiden Wortpaare ‚Zeichen/Bedeutung' und ‚Verstehen/Nichtverstehen' folgende Bedeutungen und geben damit die vier grundlegenden Zeichen an:

> „Ein Zeichen ist das, was wir verstehen. Insofern wir ein Zeichen verstehen, fragen wir nicht, *was* es bedeutet. [...] Die Bedeutung eines Zeichens ist das Zeichen, das wir als Antwort auf die Frage nach der Bedeutung verstehen. Es ist die Interpretation des Zeichens. [...] Im vollkommenen Verstehen [...] tritt kein Zeichen und

[1] [PdZ89, S. 61] – vgl. [Borsche1992, S. VII-IX] sowie [Simon1992, S. 195-219] bzgl. einer Zusammenfassung des Simon'schen Ansatzes und [Schönrich1991] bzgl. einer kritischen Rezension. Bemerkenswerterweise gehören nicht nur sprachliche Zeichen zum Thema der Zeichenphilosophie.

> keine Frage nach ‚seiner' Bedeutung ins Bewußtsein. Das Zeichen und seine Interpretation sind dann *eins*. [...] Das Nichtverstehen hält im Lesen inne. Es fragt nach der Bedeutung und damit nach einem anderen Zeichen, das *für* das unverstandene stehen, es erklären soll." [PdZ89, S. 39]

Beim Nichtverstehen als „defiziente[m] Modus des Verstehens"[2] wird ein Zeichen nur als Zeichen erkannt, nicht aber seine Bedeutung; beim *vollkommenen Verstehen* wird die Bedeutung unmittelbar erfasst und insofern das Zeichen nicht eigens bemerkt. Verstehensproblemen liegt also ein *defizientes Verstehen* zu Grunde; solches unvollständige Verstehen verlangt Interpretationsarbeit, um die Fragen, die sich stellen, zu beseitigen. Insofern wird eine Hermeneutik des Nichtverstehens betrieben[3] und gilt als Bedeutung eines Zeichens das Zeichen, das die jeweils vorliegenden Fragen beantwortet. Simon geht es dabei zunächst ganz *allgemein* um Zeichen. Für mathematische Zeichen gelten noch Besonderheiten, von denen zwei im Folgenden besprochen werden. Das ist einerseits der Unterschied zwischen unmittelbar verstandenen und mittelbar verstandenen Zeichen,[4] andererseits der Unterschied zwischen Zeichen und Sachen.

> „Der außerhalb der Mathematik vorhandene *asymmetrische* Unterschied zwischen ‚unmittelbar' und ‚mittelbar' verstandenen Zeichen, der den gewöhnlichen Satz ausmacht, soll [innerhalb ihrer; M.R.] durch Reduktion getilgt werden." [PdZ89, S. 57]

Im Allgemeinen werden also unbekannte Zeichen mittels bekannter nur erschlossen; in der Mathematik werden solche rückbindenden Interpretationsbögen – ‚x' bedeutet ‚y' – zudem gedreht und damit zu *Interpretationskreisen* geschlossen – so gilt gleichermaßen: ‚y' bedeutet ‚x'.[5] Diesen speziell mathematischen Umgang mit Zeichen charakterisiert Simon anhand von ‚=' und dessen symmetrischer Verwendungsweise in Gleichungen.[6] Neben den *Gleichungen* als Interpretationskreisen im Kleinen und der *Mathematik* insgesamt als einem großen Kreis von Interpretationen[7] sollen im Folgenden – ob Simon selbst diese Instanzen bedachte, darf dahingestellt bleiben – als Interpretationskreise, d. h. jeweils als ein geschlossenes Ganzes, des Weiteren gelten: einerseits Definitionen, d. i. eine Verallgemeinerung definierender Gleichungen, und andererseits mathematische Teilbereiche, d. i. eine Spezialisierung der Mathematik insgesamt. In der Mathematik werden *Definitionen* folgendermaßen als Anweisungen gelesen: Verstehe unter diesem nichts anderes als jenes![8] Mit diesem Fokus auf Gleichsetzen, d. i. der Gebrauch von

---

[2] [PdZ89, S. 41] – vgl. dort weiter, dass beim *vollkommenen Nichtverstehen* kein Zeichen augenfällig wird und damit auch kein Zeichen und also keine Bedeutungsfrage vorhanden ist.

[3] vgl. [Borsche1992, S. VIII]: „Nicht das Verstehen ist erklärungsbedürftig, sondern das jeweilige Nichtverstehen."

[4] vgl. [Simon1998] bzgl. „Vermittlung von Unmittelbarkeit und Vermittlung im Verstehen".

[5] vgl. Stegmaier in diesem Band darüber, *dass* Spielräume im Verstehen mathematischer Zeichen (weitgehend) geschlossen sind. – M.E. trägt am *wie* der Schliessung die angesprochene Symmetrisierung der Interpretationsbögen zu Interpretationskreisen einen großen Anteil.

[6] vgl. das Kapitel „Dasselbe und Verschiedenes", d. i. [PdZ89, S. 57-59]. – In [LoF69] wird für ‚=' neben der Lesart von Gleichungen als Äquivalenzen, die für die Kapitel 2 bis 11 gilt, für Kapitel 12 die Lesart von Gleichungen als Konfusionen vorgeschlagen; vgl. [LoF69, S. 5 und S. 69]. In vorliegendem Aufsatz wird die erste Lesart thematisiert. – vgl. [Hölscher2009, S. 60f.] bzgl. weiterer Binnendifferenzierung von ‚='in [LoF69].

[7] vgl. [PdZ89, S. 60] bzw. das Eingangszitat vorliegender Arbeit.

[8] vgl. [LoF69, S. 77-84] bzgl. des injunktiven Charakters von Mathematik; insb. [LoF69, S. 80] bzgl. der Symmetrie von Benennungen sowie , ='. – Die Formel *nichts anderes (als)* wird in der Philosophie – bspw. in der Kapital-Schrift

Zeichen zunächst als verschiedene dann als dasselbe,[9] wird in vorliegendem Aufsatz für zwei Kapitel eines Essays ein Programm verfolgt, das zum Thema des Textes, d. i. Unterscheiden und Bezeichnen, gerade dual angelegt ist. Des Weiteren bestehen die *Teilbereiche* der Mathematik aus Interpretationskreisen, die zu einem Metakreis bzw. einem ihnen gemeinsamen Kontext zusammengeschlossen sind. Neben Arithmetik und Geometrie sind dafür auch die Graphen- und die Funktionentheorie beispielhaft. Insbesondere sind in jedem Kalkül verschiedene Setzungen in einen (definierenden) Zusammenhang gebracht und bilden damit einen speziellen – zumindest syntaktischen – Kontext: Drin ist alles, was nicht raus fällt; die Axiomatisierung des Körpers reeller Zahlen ist sogar bis auf Isomorphie eindeutig. Damit ist vom Thema unmittelbar vs. mittelbar verstandener Zeichen – und darin den rückbindenden Interpretationsbögen und geschlossenen Interprationskreisen – übergeleitet auf Zeichen vs. Sachen:

> „Wir machen diesen Unterschied [zwischen Zeichen und Sachen; M.R.], indem wir etwas als Zeichen, etwas anderes als davon unterschiedene Sache *bezeichnen*, sofern wir etwas nicht ‚unmittelbar' verstehen. Wenn wir ‚unmittelbar' verstehen, stellt sich nicht die Frage, als *was* wir etwas verstehen. Insofern ist der *Unterschied* zwischen Sache und Zeichen immer eine Sache der mehr oder weniger gelingenden Interpretation." [PdZ89, S. 76]

Auch dabei geht es Simon zunächst ganz allgemein um Zeichen und die Überschätzung der Möglichkeit eines direkten Zugangs zu ihren Sachen. Ein „ontologische[r] Anspruch[.] im Denken" ist seines Erachtens nur für die Mathematik zu rechtfertigen, da einzig in ihr „die Zeichen in ihrer Isomorphie mit den Sachen schon die Sachen selbst sein sollen"[10]; mit anderen Worten: Im „Hintergrund" eines mathematischen Zeichens steht seine Sache, und deren Vordergrund wird nur beim defizienten Verstehen bemerkt.[11] Insofern können gerade mathematische Zeichen – deren Verstehensspielräume geschlossen sind – vollkommen und unmittelbar verstanden werden, doch sind die Fähigkeiten der Individuen dazu jeweils begrenzt.[12]

Auf die Bemerkungen zu der philosophischen Optik und den interessierenden Themen lasse ich nun eine knappe Beschreibung des mathematischen Objektes folgen. Die *Laws of Form* (1969) von George Spencer Brown sind ein Essay über die Gesetzmäßigkeiten zweiwertiger Unterscheidungen und einwertiger Bezeichnungen.[13] Das Thema der *Laws* ist für Wissenschaft fundamental; diesbezüglich komme der Autor selbst zu Wort:

> „The calculus of indications consists of a set of ways of indicating one or the other of the two states distinguished by the first distinction, so we shall be able to find an application of it to indicative forms of any clear distinction of this kind. It must, for

von K. Marx – häufig reduktiv und damit (v)erklärend gebraucht; für Nikolaus von Kues ist das *Nichtandere* („non aliud") das dreieinige Prinzip bzw. die treffendste Bezeichnungsweise für (den christlichen) Gott; vgl. seine Schrift „De li non aliud" (1462).

[9] vgl. [PdZ89, S. 59]: „Es gilt das principium identitatis indiscernibilium, aber die Ununterscheidbarkeit beruht auf dem Verstehen *als* dasselbe."

[10] [PdZ89, S. 144]

[11] vgl. [PdZ89, S. 57]

[12] vgl. [PdZ89, S. 57] sowie Stegmaier in diesem Band.

[13] Bemerkenswerterweise ist die Unterscheidung zwischen Unterscheidung und Bezeichnung als Bezeichnung einwertig, doch gilt sie der Unterscheidung zweier Werte.

example, apply to cases where doors can be open or shut, or where switches can be on or off, or where lines can be clear or blocked. It will also apply to a language structure on which sentences can be true or false." [LoF69, S. 112]

Den zwölf Kapiteln zzgl. Endnoten gehen drei Texte voran – das sind eine Bemerkung zum Ansatz, ein Vorwort und eine Einleitung – und folgen zwei Anhänge sowie zwei Register nach.[14] Die behandelte Mathematik ist zunächst die zu einer Booleschen Algebra gehörige Arithmetik, in der nur mit Boole'schen Konstanten gerechnet wird, und schließlich der Ansatz zu einer Theorie sog. paradoxer Gleichungen. Damit kann der Essay als Alternative zur *Principia Mathematica* von A. N. Whitehead und B. Russell gelesen werden: Das circulus-vitiosus-Verbot der *Principia* verhindert in der Logik unnötigerweise die Behandlung sog. nicht-linearer Gleichungen, die in gewissem Sinne paradox zu sein scheinen; gerade an ihnen war Brown jedoch als „response to certain unsolved problems in engineering"[15] interessiert. Der präsentierte Kalkül für eine Boolesche Algebra mit zweiwertiger Arithmetik, d. i. der „calculus of indications", zzgl. der Überlegungen seiner Erweiterung um sog. Brown'sche Werte dient ihm als theoretisches Fundament seiner ingenieurstechnisch praktischen Lösung. Innermathematische Anwendungen der *Laws* sind von Brown und anderen mittlerweile für Logik, Zahlen-, Graphen- und Knotentheorie gezeigt worden. Auch ist die Palette ihrer außermathematischen Anwendungen lang; um nur einige zu nennen: in der Kybernetik, Soziologie, Psychotherapie und gender-Forschung.[16]

Der *Laws*-Text enthält zunächst eine Einführung seiner, z. T. unkonvenionellen Zeichen und Sachen und damit eine Einführung in seine Mathematik: So werden Zeichen alltäglicher Orientierung bei expliziter Schließung der Interpretationsspielräume formal (re-)konzeptualisiert.[17] Denn mit *Unterscheidung* („distinction") und *Bezeichnung* („indication") werden in Kapitel 1 zwei gewöhnliche Zeichen aufgegriffen: Das erste wird definiert, für das zweite werden zwei Gesetze formuliert. In Kapitel 2 werden diese Formulierungen formalisiert: Dafür wird zunächst eine Sache generiert und in deren Vordergrund dann eine Notationsebene etabliert; der Text bietet dem Leser diesbezüglich Illustrationen an. Die Formalisierung wird unter Verwendung eines weiteren Zeichens in Kapitel 3 kalkülisiert: Dafür werden die Formeln direkt zu Initialen und indirekt zu Transformationsregeln eines Kalküls für eine binäre Arithmetik endlicher Arrangements. Der Kalkül wird in Kapitel 4 von außen betrachtet und in Kapitel 5 zu einem Kalkül seiner Algebra erweitert. Dieser Kalkül wird in Kapitel 6 innen, in Kapitel 7 von außen und in Kapitel 8 bis 10 im Hinblick auf seine Arithmetik untersucht. Kapitel 11 ist Überlegungen zu algebraischen Gleichungen vorbehalten, die durch kein endliches arithmetisches Arrangement gelöst werden können; diese Erwägungen stehen außerhalb des Kalküls und gelten der Beseitigung einer Beschränkung in der Definition aus Kapitel 1. Dagegen werden in Kapitel 12 die

[14] In späteren Ausgaben sind weitere Texte hinzugekommen: [LoF08] ist um sieben Texte zu Anwendungen in der Mathematik erweitert, [LoF97] dagegen um sechs Texte, die verschiedene – didaktische, philosophische, weltanschauliche, mathematische – Kontexte erläutern.

[15] [LoF69, S. vii]

[16] vgl. [Hölscher2009, S. 18-21] sowie [Lau2006, S. 20-22] bzgl. Rezeptionsgeschichte. – vgl. [Hölscher2009, S. 207-299] und [Lau2006, S. 112-198] bzgl. Anwendungen, Deutungen und Kontexte und für die *Laws*-Rezeption bei Niklas Luhmann zudem noch [Hennig2000].

[17] Die Isolation der *Laws*-Mathematik von der Wirklichkeit bzw. alltäglicher Orientierung ist also nicht absolut, sondern vermittelt. Für Brown ist die Frage nach der Bedeutung eines Interpretationskreises daher *nicht* genuin nichtmathematisch; vgl. [PdZ89, S. 60] bzw. das Eingangszitat vorliegender Arbeit.

beiden Gesetze des ersten mehrmals neu gerechtfertigt.[18]

In vorliegendem Aufsatz geht es nicht um Anwendungen der sog. Laws of Form, sondern um eine mathematik-philosophisch motivierte, kleinschrittige Lektüre des zweiten und dritten Kapitels der *Laws of Form.* Dort erfolgt die Formung der Zeichen auf unerwartet detaillierte Weise und „systematisch an den Schnittstellen zwischen Semiotik, Pragmatik, Syntax und Semantik“[19]. Dabei ist Brown zwar um ein transparentes Vorgehen bemüht – die Anweisungen erfolgen seines Erachtens „clear and unambiguous“ –, doch gesteht er zugleich ein, dass die „elegance in the calculus“ auf Kosten der Eleganz „in the descriptive context“[20] geht. Der Klappentext von [Hölscher2009] konstatiert diesbezüglich lapidar: Der Text wird „seit seinem Erscheinen 1969 als schwer verständlich und höchst kryptisch eingestuft“.[21]

Die weitere Beschäftigung mit [LoF69] folgt nicht dem Vorgehen im Text, sondern einer Einladung Browns an den Leser:

> „He [der Leser; M.R.] may wander at will, inventing his own illustrations, either consistent or inconsistent with the textual commands.“ [LoF69, S. 79]

So werden die beiden sog. primitiven Gleichungen zunächst aus ihrem Kontext in der Zeichenebene gelöst und im Lichte der Zeichenphilosophie Simons als Zeichenerklärungen thematisiert. Dabei werden in Abschnitt 3.2 vier Zeichen erkannt und noch weiter unterteilt. Aus der paarweisen Gleichsetzung der vier Zeichen wird in Abschnitt 3.3 ein Modell für die Zeichenkombinationen entwickelt. In Abschnitt 3.4 werden die beiden Gleichungen als Interpretationskreise – genauer: als mathematische Definitionen – gelesen und in je zwei Interpretationsbögen zerlegt; das führt zum Rechenkonzept der *Laws*. Abschließend kommt in Abschnitt 3.5 doch noch in Betracht, auf welche Weise Brown eine Sachebene etabliert und Signale als Zeichen darauf bezieht; insbesondere erscheint dabei das Grundzeichen der *Laws* in vier verschiedenen Lesarten.

## 3.2 Zeichenanalyse: Zwei primitive Gleichungen

In diesem Abschnitt werden zwei *Laws*-Zitate betrachtet und jeweils einem Dreischritt unterzogen. Denn im Kontext gewöhnlicher Zeichen tritt jeweils ein unverstandenes Zeichen auf. Schnell zeigt sich, dass am fremden Zeichen weitere Zeichen hervortreten. Eine Analyse des Zeichens – bis in Abschnitt 3.3 hinein – führt dann auf zwei elementare Zeichen, die insbesondere kontextunabhängig deutbar sind und aus deren Zusammenhang sich die Bedeutung des fremden Zeichens insgesamt leicht[22] ergibt. Bemerkenswerterweise liegt die Führung bei dieser Suche – so ist in der Simon'schen Zeichenphilosophie behauptet – in der Kompetenz der Zeichen.[23] Folgende Tabelle enthält die beiden Zitate, die vorliegender Untersuchung das Thema konkret vorgeben:

[18] vgl. [Orchard1975] bzgl. einer knappen Zusammenfassung mit Kontextbestimmung.

[19] [Hölscher2009, S. 87]

[20] [LoF69, S. 82]

[21] Über dieses „merkwürdige Paradoxon“, dass gerade Mathematik „durch Transparenz verschleiernd ist“, ist allgemeiner zu lesen bei Nickel in diesem Band.

[22] Das ist ein heikler Punkt; der Leser urteile hierüber selbst.

[23] vgl. [Schönrich1991]

| „Now, by axiom 1, $\overline{\;\;}|\overline{\;\;}| = \overline{\;\;}|$. Call this the form of condensation.“ | „Now, by axiom 2, $\overline{\overline{\;\;}|}| = \quad$ . Call this the form of cancellation.“ |
|---|---|
| *Kondensationsform* [LoF69, S. 5] | *Aufhebungsform* [LoF69, S. 5] |

Die Zeilen „$\overline{\;\;}|\overline{\;\;}| = \overline{\;\;}|$“ und „$\overline{\overline{\;\;}|}| = \quad$“[24] der beiden Zitate in der Tabelle[25] sind jeweils als Zeichen zu erkennen, insofern sie durch die Zeilenwechsel „als etwas aus seiner Umgebung Isoliertes verstanden“[26] werden; damit ist folgende Minimalforderung an Zeichen erfüllt: „Zumindest muß an einem Zeichen verstanden sein, daß es Zeichen ist, so daß es einen *Sinn* hat, d. i. eine Richtung weist, nach *seiner* Bedeutung zu fragen“[27]. Die weitere Interpretationsarbeit, d. h. der zweite und dritte Schritt in der Analyse der beiden Zeichen, erfolgt in diesem Abschnitt explizit und kleinschrittig unter besonderer Verwendung der Kapitel 10 bis 13 von [PdZ89]. Dabei kann von einer Hermeneutik des Nichtverstehens gesprochen werden, insofern sich das Nichtverstehen – glücklicherweise – erst auf der Basis eines Verstehens einstellt; das gelungene Verstehen ist also vorgängig, das Nichtverstehen wird daran zum (Epi-)Phänomen.

Die beiden *Formen* „$\overline{\;\;}|\overline{\;\;}| = \overline{\;\;}|$“ und „$\overline{\overline{\;\;}|}| = \quad$“ werden defizient verstanden. Denn der Leser stockt in der Lektüre, weil er zwar Zeichen erkennt, doch nicht deren Bedeutungen; ihm zwingt sich die Frage nach der Bedeutung auf und damit „nach erklärenden Einschüben und Diskursen“[28]. Das Nichtverstehen bzw. die offene Bedeutung wird ihm zum Problem. Ein solches „Problem löst sich auf, wenn es gelingt, etwas so anzusehen, daß es keine unverstandenen Teile hat“; insofern gilt es bei der Interpretation eines Zeichens eine „Einteilung [zu finden], in der das Ganze verstehbar wird“[29]. Solche Einteilungen ergeben sich laut Simon von selbst:

> „Bestimmte Zeichen *geschehen* als Schlüsselzeichen für einen umfassenden Text.“ [PdZ89, S. 52]

Werden die beiden Formen auf diese Weise als *Sätze*[30] gelesen und insofern als minimale Texte, so tritt ‚=‘ von selbst – d. i. die zweite Station im Dreischritt – als Schlüsselzeichen auf den Plan. Denn die Verwendung eines solchen Zeichens ist der Leser aus anderen Kontexten gewöhnt und zudem erfolgt direkt *vor* der Kondensationsform mit folgenden Worten die Einführung von ‚=‘ als Zeichen:

---

[24] Die LaTeX-Kommandos für Sonderzeichen hat Achim Klein mir dankenswerterweise geschrieben.

[25] Durch das zweifach zitierte „by“ wird auf einen Zusammenhang zwischen den beiden genannten Formen und sog. Axiomen verwiesen; dabei sind jene spezielle Auslegungen dieser, wobei die neu eingeführten Zeichen die Interpretationsspielräume verengen (sollen).

[26] [PdZ89, S. 55]

[27] [PdZ89, S. 53]

[28] [PdZ89, S. 39] – Das Innehalten sollte den Lesefluss nicht prinzipiell verhindern, denn gerade die weitere Lektüre könnte die drängenden Fragen beantworten; vgl. [LoF69, S. 79]: „if the reader does not follow the argument at any point, it is never necessary for him to remain stuck at that point until he sees how to proceed. We cannot fully understand the beginning of anything until we see the end.“

[29] [PdZ89, S. 55]

[30] *Satz* steht hier für einen „Schritt im Verstehen“, d. h. für einen „Übergang [...] vom Thema, als etwas in seiner Bedeutung Fraglichem, zu einer befriedigenden Antwort. [...] Der so verstandene Satz ist nicht ein Teil der Sprache, sondern die der Sprache als Lautsprache *vorausliegende* (transzendentale) Struktur des Bewußtseins als Zeichenverstehen“ [PdZ89, S. 51]. – *Satzteil* wird dementsprechend verwendet.

> „Let a sign ‚=‘ of equivalence be written between equivalent expressions.“ [LoF69, S. 5]

Also ist ‚=‘ ein *Äquivalenzzeichen* und damit in der Schlüsselrolle für die Interpretation der beiden Formen. Diese zerfallen insofern in je zwei von ‚=‘ zusammengehaltene Satzteile und werden dabei als Gleichungen erkannt und in [LoF69] speziell *primitive Gleichungen* genannt.

Der jeweils links von ‚=‘ gelegene Satzteil gibt ein Zeichen – vergleichsweise eine Frage – vor, auf das rechtsseitig die Bedeutung – eine Antwort – folgt; insofern lässt sich der Satz als explizite Definition lesen.[31] Dabei weist das bekannte Zeichen ‚explizite Definition‘ dem Interpretationsversuch der unbekannten Zeichen die Richtung.[32] Werden die Formen in diesem Sinne als Bedeutungsexplikationen gelesen, so beantworten sie die beiden Fragen: Was bedeutet ‚⌉⌉‘?, Was bedeutet ‚⌉⌉‘?.

> „In der Mathematik steht das Gleichheitszeichen zwischen einem Zeichen und dem es interpretierenden Zeichen.“ [PdZ89, S. 56]

Für den Fall einer definierenden Gleichung sei angemerkt:

> „Auch eine Definition muß Zeichen enthalten, die im Kontext ‚schlicht‘, d. h. ohne Frage nach ihrer Bedeutung gebraucht werden.“ [PdZ89, 50]

Werden also die primitiven Gleichungen als explizite Definitionen gelesen, so werden dabei ihre rechten Seiten behandelt, als seien sie bereits verständlich. Ihre Schlichtheit wird in Abschnitt 3.3.2 thematisiert werden, doch sei sie vorübergehend weiter vorausgesetzt. Wird insofern ‚⌉‘ als bekanntes und elementares Zeichen genommen, so kann erneut „nach der Bedeutung eines Satz*teiles* [gefragt werden; M.R.]. Es besteht dann die Vermutung, daß die Variation dieses Teilzeichens zum Verständnis des ganzen Satzes führe.“[33]

Bei Thematisierung der linken Satzteile, d. i. nun die letzte Station im Dreischritt, geschieht ‚⌉‘ als Schlüsselzeichen.[34] Die Lesart der primitiven Gleichungen lautet dann: In der Kondensationsform stehen linksseitig zwei ‚⌉‘ nebeneinander, d. i. ‚⌉⌉‘, und befindet sich rechtsseitig ein ‚⌉‘; in der Aufhebungsform stehen linksseitig zwei ‚⌉‘ ineinander, d. i. ‚⌉⌉‘, und befindet sich rechtsseitig kein ‚⌉‘, d. i. ‚ ‘. Im Originaltext wird mittels des Zeichens ‚die konkave Seite‘ eine *Innenseite* am cross ausgewiesen; das Resultat sei illustriert durch ‚innen⌉‘.[35] Zur Vereinfachung der Schreibweise sei für die Abschnitte 3.2, 3.3 und 3.4 hiermit festgelegt, dass ‚cross‘ der Name für das Zeichen ‚⌉‘ ist,[36] ‚Doppelcross‘ der Name für ‚⌉⌉‘ und ‚void‘ der

[31] vgl. [PdZ89, S. 51 und S. 50]

[32] vgl. Nickel in diesem Band bzgl. Blaise Pascals „Regeln für die Definition“.

[33] [PdZ89, S. 51]

[34] vgl. [PdZ89, 52]: „Bestimmte Zeichen *geschehen* als Schlüsselzeichen für einen umfassenden Text.“

[35] vgl. Abschnitt 3.5 vorliegender Arbeit. – Eine Bemerkung sei hier allerdings zur Bezeichnung ‚Innenseite‘ eines cross bereits gemacht: Generell ist ‚⌉‘ ein Zeichen für eine Sache; es ist die Bezeichnung eines Zustands einer Unterscheidung. Für die Definition der Innenseite wird ‚⌉‘ selbst als eine Sache in der Zeichenebene betrachtet, nämlich als Illustration einer dort getroffenen Unterscheidung; eine Seite dieser geknickten Linie wird als die innere bezeichnet.

[36] vgl. [LoF97, vii]: „Der Name des Tokens der Markierung der Unterscheidung [ist im Englischen; M.R.] *cross*“; in vorliegendem Aufsatz soll es auch im Deutschen bei ‚cross‘ bleiben – in jedem casus und für jeden numerus.

Name für ‚ ‘. Die für die beiden Formen vorgeschlagene Lesart lautet – zusammengefasst und mit zwei Anmerkungen versehen:

1. Zwei *nebeneinander* gestellte cross sind bei Brown äquivalent zu einem cross; mit Simon formuliert sind sie dasselbe Zeichen wie ein cross. Denn es werden Zeichen bezüglich ihrer Bedeutung identifiziert: Im Hinblick auf eine Bedeutung gibt es nur ein Zeichen; eine etwaige Verschiedenheit ist nur Schein.

2. Zwei *ineinander* gestellte cross sind bei Brown äquivalent zu keinem cross, mit Simon formuliert sind sie dasselbe Zeichen wie kein cross. Im Hinblick auf das Doppelcross der Aufhebungsform werden zwei Bezeichnungen eingeführt: ‚Innenseite‘ eines cross und weiter ‚leeres cross‘ für ein cross, auf dessen Innenseite kein cross liegt.

3. In den primitiven Gleichungen werden rechts von ‚=‘ An- bzw. Abwesenheit eines cross als voneinander verschiedene Zeichen, d. h. als Zeichen verschiedener Bedeutung, gelesen; denn dem anderen Fall, dass sie nämlich als nur vordergründig verschiedene Zeichen mit hintergründig gemeinsamer Bedeutung und damit als nur *ein* Zeichen gelesen werden,[37] gilt Browns Interesse nicht.

4. In den primitiven Gleichungen ist links von ‚=‘ die Lage zweier cross zueinander – nebeneinander bzw. ineinander – durch das Erfülltsein bzw. das Nichterfülltsein einer einzigen Relation bestimmt: Das geht durch die Relation der *Beinhaltung* („continence“). Dahingehend ist in der Aufhebungsform durch die ineinander gestellten cross das Erfülltsein, in der Kondensationsform dagegen durch die nebeneinander gestellten cross das Nichterfülltsein der Beinhaltungsrelation illustriert.[38]

Bemerkenswerterweise können die primitiven Gleichungen so gelesen werden, dass linksseitig durch das Nicht- bzw. Erfülltsein der Beinhaltungsrelation je eine 2-stellige Verknüpfung zwischen cross illustriert wird oder gleichermaßen je eine Art, auf welche ein cross auf einem anderen operiert: In der Kondensationsform ist ein cross neutral bzw. die Operation idempotent, in der Aufhebungsform ist ein cross invers zum anderen bzw. die Operation selbstinvers. Der folgende Abschnitt gilt der Vermittlung einer bislang nur vorausgesetzten Unmittelbarkeit im Verstehen der beiden schlichten Zeichen ‚⏋‘ und ‚ ‘.

## 3.3 Zeichensynthese: Ein Modell für die primitiven Gleichungen

### 3.3.1 Vorbemerkung zur Interpretation

Brown ist nicht an einer mengentheoretischen Modellierung der schlichten Zeichen gelegen. Denn sein eigener Ansatz ist fundamentaler als dieses Konzept, insofern ‚$\in$‘ und ‚$\subset$‘ spezielle binäre Unterscheidungen sind. Die Möglichkeit einer unterscheidungsbasierten Zahlenarithmetik illustriert er in [LoF97, S. 130-138]; bemerkenswert ist insbesondere:

> „My basic contribution to mathematics has been to discover the fundamental particles from which numbers and other, simpler, elements of mathematical systems can be made.“ [LoF97, S. 131]

[37] vgl. [PdZ89, 58] und Abschnitt 3.4 vorliegender Arbeit.

[38] vgl. [LoF69, 6]

Darin liegt auch eine Antwort auf die kritische Frage: Warum werden die schlichten Zeichen, die später zu den Grundzeichen eines Kalküls werden, überhaupt gedeutet? Dahinter steckt die These, dass durch jede (nicht-formale) Modellbildung ein Kalkül an Allgemeinheit verliert. Für vorliegenden Aufsatz sei zunächst gesagt, dass seiner mathematik-philosophischen Lektüre nicht an (einer Erweiterung) der Allgemeinheit des *Laws*-Kalküls gelegen ist, sondern an einem Verständnis der Konzeption des Textes. In den *Laws* werden – das ist in Abschnitt 3.1 skizziert – formale Zeichen zum Zwecke der präzisen Indikation nicht-formaler Zeichen, die als vollkommen verständlich gelten und damit *Sachen* sind, eingeführt und diese Formalisierung wird daraufhin noch eigens kalkülisiert – soweit zum Vorgehen Browns in [LoF69, S. 1-11]; dagegen thematisiert der Autor in [LoF69, S. xi-xx und S. 112f.] das Zusammenspiel von Kalkül und Interpretation zudem von der anderen, also von beiden Seiten aus. Laut Brown geht manche mathematische Einsicht nicht tief genug um als Durchblick gelten zu können, weil sie sich allein auf syntaktische – und damit notationsabhängige – Verknüpfungen bzw. Zeichenmanipulationen in einem Kalkül stützt.[39] Für Brown ist es also ein grundsätzliches Anliegen mit dem Rechnen nicht gleich in einer Algebra zu beginnen, sondern die zugehörige Arithmetik zu kennen, d. h. den Hintergrund zu erkennen und zu erkunden, dem die Werte der Algebra entstammen: „ordinary arithmetic is a richer ground for investigation than ordinary algebra“[40]. Daher generiert er auch seine Algebra nicht einfach nur durch die Angabe von Initialen und Regeln für Formation und Transformation, sondern er entwickelt zunächst eine Arithmetik aus den seines Erachtens einfachst möglichen Grundprinzipien: Das ist insbesondere die Idee / die Vorstellung / das Konzept („idea“) der binären Unterscheidung sowie die Möglichkeit Markierungen zu setzen und diesbezüglich Bezeichnungen vergeben und weiterhin verwenden zu können. Aus diesem Dreischritt verschiedener Handlungen *markieren – benennen – nennen* wird erst das Konzept der Substitution und damit das der Kalkulation als wertinvarianter Zeichenmanipulation gewonnen und nachfolgend algebraisiert. Ein solches Entfalten erfolgt durch das Sammeln und Bedenken von Erfahrungen.[41]

Für Brown liegt die Überzeugungskraft der *Laws* in der beim Leser geweckten Aufmerksamkeit gegenüber eigenem Handeln und sind Kalküle, zumal algebraische, weder Dreh- noch Angelpunkt noch der angestammte Ausgang lohnenswerter Beschäftigung, da ihre Rechenregeln und deren Sicherheit inhaltlichen Überlegungen entnommen und für sich allein höchstens defizient verständlich sind.[42] Das ist auch in der Struktur seines mathematischen Essays berücksichtigt, insofern in Kapitel 12 durch den „Re-entry into the form“ der in Kapitel 1 und 2 genommene *entry*[43] in die *form* neu zum Thema wird.[44] Die Allgemeinheit des *Laws*-Kalküls erfährt also durch die Deutung keine wesentlichen Einbußen, weil er überhaupt nur zur Darstellung inhaltlicher Überlegungen zum Konzept von Unterscheidungen und Bezeichnungen eingerichtet wurde: Nicht der Kalkül wird interpretiert, sondern umgekehrt ist er Browns Kalkülisierung einer Inter-

[39] vgl. „Introduction“, „ Notes“ zu Kapitel 11, „Appendix 1“ und „Appendix 2“, d. i. [LoF69, S. xi-xx, S. 97-102, S. 107-111 und S. 112-135]. – Bemerkenswertesweise gilt auch für Simon, dass Zeichen nur im Anschluss an Vorwissen verständlich sind.

[40] [LoF69, S. 96]

[41] Damit setzt er an der gleichen Stelle an wie bspw. Paul Lorenzen in [Lorenzen1973]; vgl. [Hölscher2009, S. 25f.] bzgl. des Anliegens eine Theorie praktisch zu fundieren.

[42] vgl. „Notes“ zu den Kapiteln 3, 4 und 8, d. i. [LoF69, S. 84f., S. 85-87 und S. 93-96].

[43] vgl. [Lau2006, S. 32] bzgl. Übersetzungen von entry: Anfang, Beginn, Ursprung, Einsatz.

[44] vgl. „Notes“ zu Kapitel 12, d. i. [LoF69, S. 102-106].

pretation von „the idea of distinction and the idea of indication“[45]; vgl. dazu [LoF69, S. 112]:

> „The author‘s previous journey was in the opposite direction, from the forms of interpretation [...], towards the form of indication from which they arise.“

### 3.3.2 Interpretation zweier schlichter Zeichen

Die sog. *Turingmaschine*[46] ist ein Paradigma der theoretischen Informatik. In vorliegendem Aufsatz soll dieses Konzept nach weitgehender Entschlackung dabei helfen, die Zeichen ‚cross‘ und ‚void‘ sowie deren Bedeutungen zu illustrieren: Zur *Orientierung* ist daher nur als black box ein Rechner TMO vorzustellen, der mittels eines Programmtextes zu Aktionen – nämlich lesen, schreiben, shiften – und Zustandsänderungen angewiesen wird.[47] Diesem Ansatz, der an Vorverständnisse anzuknüpfen versucht, kommt entgegen, dass Brown selbst den Leser der *Laws* mittels der *injunktiven Methode* zu Zeicheninterpretationen und Zeichenmanipulationen anleitet sowie zu eigenen *Illustrationen* einlädt.[48]

Zur Konzeption eines (algorithmisches) Interpretationsmodells für die primitiven Gleichungen wird also eine Lesart gewählt, welche die Zeichenverknüpfungen (Syntax) derart mit Bedeutungen (Semantik) belegt, dass ein zumindest vorläufiges, frageloses Verstehen erreicht wird: Die Terme links und rechts des Äquivalenzzeichens werden als Programmtexte interpretiert, die den Zustand kodieren, in welchen die TMO durch Befolgung der Anweisungen versetzt wird (Pragmatik). So gelten die Terme als Zeichen für die Endzustände, deren Übereinstimmung durch die Gleichung behauptet wird. Es sei weiter vorgegeben: Die TMO durchläuft die Terme nur einmal von links nach rechts, insofern auf jedes Lesen ohne Schreibaktion ein Rechtsshift folgt; das Termende gebe damit die Termination von außen vor. Der durch die Eingabe der rechten Seite der Aufhebungsform, d. i. cross, erhaltene Endzustand heiße *Cross*; bei Eingabe der (leeren) rechten Seite der Aufhebungsform, d. i. void, dagegen terminiert die TMO in dem Zustand, den sie zu Anfang bereits hatte: Er heiße *Void*.

In [LoF69] heißen solche Programmtexte ‚Arrangements‘, das sind also Kombinationen mehr oder minder vieler cross, die bzgl. der Relation der Beinhaltung betrachtet werden. Ein Arrangement wird ‚Ausdruck‘ genannt, falls es als Zeichen für den kodierten Endzustand gelesen wird, d. i. der *Wert* des Ausdrucks. Eine ‚Gleichung‘ ist Zeichen für die *Äquivalenz* zweier Ausdrücke. Die Kondensations- und Aufhebungsform sind die beiden primitiven Gleichungen, deren Terme[49] bereits vier Arrangements vorstellen, die auch als je zwei gleiche Ausdrücke zu lesen sind; cross und void sind die beiden ‚einfachen Ausdrücke‘.[50]

---

[45] [LoF69, S. 1]

[46] vgl. [Schöning2001, S. 81] bzgl. der Definition einer Turingmaschine.

[47] Ein Notationsproblem ist offensichtlich: ‚⏋⏋‘ und ‚⏋⏋‘ (ineinander) werden jeweils als Kombination zweier ‚⏋‘ gelesen, doch ist auf dem Schreib-Lese-Band einer Turingmaschine nur das Nebeneinander einzelner Zeichen des Alphabets möglich. Doch ist zumindest dieses Problem noch leicht lösbar: Für die cross-Kombinationen ist nämlich eine Übersetzung in Klammer-Kombinationen möglich. Die Kondensationsform hat dann die Gestalt ‚()()‘, die Aufhebungsform dagegen ‚(())‘, dabei ist {‚(‘, ‚)‘} das Alphabet. – Die Möglichkeit der formalen Explikation einer *Laws*-Turingmaschine interessiert allerdings nicht weiter.

[48] vgl. [LoF69, S. 77-84] sowie [Lau2006, S. 23-29] und [Hölscher2009, S. 32-35]. – vgl. [Mehrtens1990] bzgl. Rede vs. Sprache in der Mathematik.

[49] Die Terme sind – mit Simon formuliert – Satzteile.

[50] In den *Laws* wird cross durch die Benennung ‚einfacher Ausdruck‘ zu einem speziellen Ausdruck; void dagegen

*Kondensationsform* ⅂⅂ = ⅂: Der Satzteil links des Gleichheitszeichens wurde gelesen als zwei cross, die einander nicht beinhalten. Das Gleichheitszeichen verlangt eine Interpretation von cross und Nicht-Beinhaltung, so dass die beiden Programme den gleichen Effekt haben. Folgende Lesart erfüllt diesen Zweck: Die TMO geht bei (Eingabe von) cross (für jeden Momentanzustand) in den Zustand Cross. Denn dann ist die Wiederholung des cross-Befehls redundant: Endzustand ist Cross.

*Aufhebungsform* ⅂⅂ = : Der Satzteil links des Gleichheitszeichens wurde gelesen als ein cross, das in einem cross beinhaltet ist. Folgende Lesart von cross, void und Beinhaltung erfüllt den gewünschten Zweck: Rechtsseitig erfolgt keine Eingabe, also ist dort Void durch void kodiert.[51] Linksseitig wird das beinhaltete cross in obigem Sinne interpretiert: Die TMO liest dieses cross, geht in Cross und rückt eine Position nach rechts. Dort liest sie das beinhaltende cross und geht – wie durch die behauptete Äquivalenz verlangt – in Void. Unter der Vereinbarung, dass die Zustandsmenge der TMO nur aus Cross und Void besteht,[52] soll das beinhaltende cross als Befehl zum Zustandswechsel (und Rechtsshift) interpretiert werden: Also ist Void wie behauptet Endzustand.

Doch stellt sich die Frage, ob cross hierbei zweifach erkannt[53] werden muss: einmal als beinhaltetes leeres cross, einmal als beinhaltendes nicht-leeres cross.

### 3.3.3 Rückfragen an die Interpretation

Im Folgenden wird das TMO-Modell auf *Konsistenz* getestet: Ein leeres cross bringt die TMO unabhängig vom Momentanzustand in Cross; void dagegen führt zu Void genau dann, wenn Void schon gilt. Doppelcross wird gelesen als leeres cross beinhaltet in einem nicht-leeren cross. Ist cross also nicht nur *ein* Zeichen, insofern bzgl. leerer und nicht-leerer cross zu unterschieden ist oder ist dieser Unterschied irrelevant – Spielt void hierin die Schlüsselrolle? –, kann ein leeres cross wahlweise deskriptiv und instruktiv gelesen werden?[54]

Die *Aufhebungsform* gibt void rechtsseitig als Zeichen vor. Mit void als Schlüsselzeichen kann linksseitig der Unterschied zwischen beinhaltendem und nicht-beinhaltendem cross getilgt werden: Das leere cross beinhaltet void.[55] So zerfällt das Doppelcross folgendermaßen: void ist beinhaltet in einem cross, das in einem cross beinhaltet ist. Kodiert Doppelcross auch dann noch Void? Ja. Denn bei void, die TMO startet insofern eine Position weiter links, bleibt sie zunächst in Void; das beinhaltende, doch leere cross verlangt diesbezüglich einen Zustandswechsel: Die TMO geht in Cross. Damit ist im Modell zunächst gezeigt, dass ein leeres cross Zeichen für Cross

wird dadurch (vermutlich) – das hängt ab von der Interpretation des *Form*-Begriffs – überhaupt erst (nachträglich) zu einem Ausdruck, weil es zuvor (vermutlich) nicht als Arrangement galt.

[51] Der Verzicht auf ein Zeichen gelingt nicht immer als Zeichen: So ist es im Kontext einer TM üblich mit Blank, d. i. ein kleines leeres Quadrat, eigens ein Zeichen für das Ausbleiben eines Zeichens zu setzen. Dagegen ist im TMO-Modell die leere Eingabe, d. i. void, als Zeichen für den Anfangszustand, d. i. Void, leicht zu verstehen und die Pause in der Musik deutlich zu vernehmen.

[52] Zur Orientierung kann auch ein anderes Begriffspaar bemüht werden: *Grundzustand* für Void und *Anregungszustand* für Cross.

[53] vgl. [PdZ89, S. 61]: „Aber die Lesart *erkennt* erst das Zeichen.“

[54] In Abschnitt 3.5 dieser Arbeit wird auf diese Fragen erneut eingegangen werden.

[55] Die Beinhaltungsrelation zwischen cross sei demnach auch für ein einzelnes cross gültig: Das (anwesende) cross beinhaltet ein abwesendes und ist in einem abwesenden beinhaltet.

ist auch dann, wenn es gelesen wird als *cross, das void beinhaltet.* Als nächstes und letztes Zeichen ist das nicht-leere cross zu lesen; es weist einen Zustandswechsel an: Die TMO geht damit in Void. Doppelcross bleibt also Zeichen für Void. Damit ist die Ausgangsfrage dieses Abschnittes beantwortet: Beide cross der Aufhebungsform können als Anweisung zum Zustandswechsel gelesen werden; cross ist *ein* Zeichen.

Die Lesart, für welche void in der Aufhebungsform ein schlichtes Zeichen mit Schlüsselrolle ist, zeigt auch die *Kondensationsform* neu: Behauptet wird die Äquivalenz zwischen ⏋⏋, d. i. nun folgendermaßen zu lesen: ein *cross, das ein void beinhaltet,* ist nicht beinhaltet in einem *cross, das ein void beinhaltet*, und ⏋, d. i. entsprechend: ein *cross, das ein void beinhaltet.* Dies lässt sich als Prototyp für einen allgemeinen Fall auffassen: Nicht-Beinhaltung lässt ein Arrangement in Teile zerfallen; diese können als eigene Programme betrachtet werden und kodieren insofern entweder Cross oder Void; diesbezüglich wird vereinbart, dass Zeichen für Cross solche für Void dominieren.[56] Daran schließen sich weitere Fragen an, die hier nur noch formuliert nicht aber verfolgt werden:[57] Muss in den primitiven Gleichungen generell void als Zeichen berücksichtigt werden? Muss das Doppelcross eigentlich folgendermaßen gelesen werden: void, cross, void, cross, void (, void, ...)[58]?

Die Konsistenz zwischen deskriptivem und instruktivem Aspekt von cross kann – für vorgeschlagene Lesart – die Gleichung ⏋ = ⏋ zeigen: links die Anweisung zum Zustandswechsel – ausgehend von void für Void im Inneren von cross –, rechts die Bezeichnung von Cross durch cross.[59]

## 3.4 Interpretationskreise: Das Kalkulationskonzept

Für Simon besteht eine „Eigenart der Mathematik [darin] Verschiedenes als dasselbe zu interpretieren [und damit] Reduktion von Mannigfaltigkeit"[60] zu gebieten.[61] Dieser Eigenart wird im Folgenden nachgespürt. In expliziten Definitionen der Mathematik erfolgt die Anweisung: Verstehe unter diesem nichts anderes als jenes! Damit geht die vorausgegangene Asymmetrie eines Interpretationsbogens – ‚x' bedeutet ‚y', d. i. die Nennung von ‚y' als Bedeutung von (und damit Erklärung für) ‚x' – zwischen dem zunächst unverstanden gewesenen (dem dann interpretierten ‚x') und dem bereits verstanden gewesenen (dem interpretierenden ‚y') Zeichen verloren. Damit sind beide Zeichen schlicht und vollkommen verstanden; sie sind (ihre eine, ihre eigene) Bedeutung. Also ist es gerade in der Mathematik möglich durch Interpretationen Zeichen aneinander zu fügen und solche Zeichenketten zu schließen:

---

[56]vgl. [LoF69, S. 14f.] bzgl. dieser Festlegung im Kanon „Rule of dominance". – Bspw. ist ‚⏋⏋⏋' ein Zeichen für Cross. Es gilt also ⏋⏋⏋ = ⏋; vgl. [LoF69, S. 9].

[57]In Abschnitt 3.5 werden sie als irrelevant für die *Laws* zu erkennen gegeben.

[58]Wieviel void ist ein void? Ein void ist nur dort, wo wider Erwarten kein Zeichen auftritt. Dieses Fehlen sollte nicht unmotiviert weiter untergliedert werden. Also ist nur *ein* void, wo Zeichen fehlen; die Klammer ist unnötig. – vgl. [Weiss2006, S. 85 und S. 97-99] bzgl. einer Notation, bei welcher in der Notationsebene void, d. h. leerer Raum, weit weniger augenfällig ist, da cross anders illustriert wird.

[59]vgl. [Kauffman2005, S. 177f.] aber auch Abschnitt 3.5 vorliegender Arbeit.

[60][PdZ89, S. 57]

[61]vgl. Riss und Schmidt in diesem Band. – In [LoF69] bedeuten verschiedene Arrangements als Ausdrücke betrachtet nur je einen von zwei Werten.

„In mathematischen Gleichungen hat das interpretierende Zeichen seinerseits seine Interpretation in dem interpretierten: (a = b) = (b = a). Es bilden sich *Kreise* von Interpretationen: $3 = 2+1 = 5-2 = 3$." [PdZ89, S. 57]

Die erste Termkette lautet in Worten: (a = b) wird interpretiert durch (b = a); und damit weiter: Das Zeichen (a = b) hat die Interpretation bzw. Bedeutung (b = a); also: Das Zeichen, dass b die Bedeutung von a ist, hat die Bedeutung, dass a die Bedeutung von b ist; oder: Die Möglichkeit a durch b zu interpretieren ist die (Konsequenz der) Möglichkeit b durch a zu interpretieren. In diesem Sinne ist zunächst b die Bedeutung von a, *weil* a die Bedeutung von b ist, und gilt damit letztlich: b ist die Bedeutung von a, *genauso wie* a die Bedeutung von b ist; alternativ: Es ist b nichts anderes als a. Gleichsetzungen – allgemeiner: Definitionen – symmetrisieren in der Mathematik vermittelte und unvermittelte Zeichen, schließen Interpretationsbögen und generieren damit *Interpretationskreise*.[62] Offensichtlich ist die zweite, die arithmetische Termkette andersgeartet. Auch in der Partitionierung $3 = 2+1$, $2+1 = 5-2$ und $5-2 = 3$ ist sie nicht zu lesen als Argumentation für $3 = 3$ per Transitivität von ‚='. Denn anders als $2+1 = 5-2$ gilt dies für Gewöhnlich als fundamental; mit anderen Worten: Es gilt $2+1 = 5-2$ wegen $2+1 = 3$ und $3 = 5-2$ zzgl. Transitivität von ‚='. Beachtenswerterweise ist die Behauptung „Identical expressions express the same value."[63] erst das fünfte Theorem der *Laws*-Mathematik. Bezogen auf eine cross-Kombination $x$ läuft die Argumentation für $x = x$ so: Ausgehend von $x$ werden erlaubte Transformationsschritte zunächst gemacht und dann wieder rückgängig gemacht; also ist $x$ via wertinvarianter Umformungen von $x$ aus zu erreichen und die behauptete Identität gezeigt – insofern ist Identität als vermittelt konzipiert.[64] Dass ‚3' – wie zuvor schon ‚a' – in der zweiten Termkette ganz links und ganz rechts steht, ist mit „*Kreise* von Interpretationen" auch nicht (nur) gemeint. Als springender Punkt muss gelten, dass in der zweiten Termkette ‚$2+1$' und ‚$5-2$' gleichermaßen für das ‚b' der ersten stehen können. Denn das sind jeweils die vermittelten Zeichen; in ‚$2+1 = 3$' und ‚$5-2 = 3$' durch ‚3', in ‚b = a' durch ‚a'. Durch die nichts-anderes-als-Vermittlung eignen sie sich also selbst zur Interpretation von ‚3' bzw. ‚a'; sie sind nun selbst unmittelbar verstandene und schlichte Zeichen: Das einzelne ‚b' kann damit für ‚$2+1$' und ‚$5-2$' zugleich stehen und die zweite Termkette ist eine Instanz der ersten.

Die primitiven Gleichungen von Kapitel 2 der *Laws* werden in Abschnitt 3.2 als explizite Definitionen gelesen – wofür ‚cross' und ‚void' als schlichte Zeichen gelten –, in Abschnitt 3.3 als implizite Definitionen genommen – wodurch die gesetzte Unmittelbarkeit im TMO-Modell wiederum selbst vermittelt ist: Das Gleichheitszeichen wird beide Male als *Setzungszeichen* und *Relationszeichen* gelesen.[65] In Kapitel 3 der *Laws* wird vereinbart, dass und wie ein Arrangement aus drei und mehr cross (aufeinander bezogen durch die Beinhaltungsrelation) als Ausdruck gelesen werden kann. Damit ist die Frage verbunden, welche der vielgestaltig möglichen Ausdrücke miteinander äquivalent sind, also denselben Endzustand kodieren, und ob es zwischen ihnen

[62] vgl. [LoF69, S. 80] bzgl. einer Bemerkung, die zu dieser Lesart von Gleichungen passt.

[63] [LoF69, S. 20]

[64] Dem Beweis ist in [LoF08, S. 17] die Fussnote beigegeben: „Previous authors had to take $x = x$ as axiomatic. I am the first author to prove it from his axioms. – Author, 2000 06 27."

[65] vgl. [PdZ89, S. 50]: Insbesondere in Definitionen wird „an jedem noch so ‚schlichten' Zeichengebrauch eine Nuance von Individualität deutlich, so daß man sagen kann, daß die Extreme der Unterscheidung in Sätze, die über ‚etwas', [d. s. implizite Definitionen; M.R.] und Bedeutungsexplikationen, die über den Sprachgebrauch redeten, [d. s. explizite Definitionen; M.R.] sich als Abstraktionen darstellen." – vgl. [PdZ89, S. 69-75] über „Semantische Positionen".

Übergänge gibt, also ausgezeichnete wertinvariante Änderungen der Arrangements. Eine semantische Lesart von ‚=' hat das TMO-Modell initiiert; die pragmatische Lesart von Arrangements bezogen auf die Frage, welche Konsequenz die Ersetzung eines Programms bzw. Programmteils durch ein anderes hat, führt auf das Konzept des *Kalkulierens* („Calculation"), d. h. des regelgeleiteten Rechnens; dafür wird ein eigenes Zeichen eingeführt:

> „Let a sign '$\rightharpoonup$' stand for the words 'is changed to'." [LoF69, S. 8]

In der Mathematikdidaktik werden am Gleichheitszeichen verschiedene Bedeutungen unterschieden:[66] Dort wird die Interpretation von ‚=' als *Operationszeichen* – d. i. die Aufgabe-Ergebnis-Deutung – auf ein Verständnis als Relationszeichen und Setzungszeichen ausgeweitet; das ist zunächst ein früher arithmetischer Standpunkt, dann eine fortgeschrittene arithmetische und insbesondere die algebraische Sicht. In diesem Sinne mussten auch bei Simon Interpretationsbögen erst noch zu Interpretationskreisen geschlossen werden. Von Brown dagegen wird ‚=' in Kapitel 2 sogleich als symmetrisches Relationszeichen eingeführt, als Setzungszeichen verwendet und erst in Kapitel 3 als (symmetrisches) Operationszeichen gelesen.[67] Den beiden primitiven Gleichungen werden also vier Transformationsschritte entnommen: $\overline{\ }|\overline{\ }| \rightharpoonup \overline{\ }|$; $\overline{\ }|\overline{\ }| \leftharpoondown \overline{\ }|$; $\overline{\overline{\ }|}| \rightharpoonup \quad$ ; $\overline{\overline{\ }|}| \leftharpoondown \quad$ .

Die Iteration der Transformationsschritte baut Arrangements auf bzw. ab; dass dies wertinvariant erfolgt, ist durch den Kanon „Hypothesis of simplification" festgelegt. Dafür seien zwei Beispiele angegeben:[68]

1. $\overline{\ }| \rightharpoonup \overline{\ }|\overline{\overline{\ }|}| \rightharpoonup \overline{\ }|\overline{\ }|\overline{\overline{\ }|}| \rightharpoonup \overline{\overline{\overline{\ }|}|}|\overline{\ }|\overline{\overline{\ }|}|$, also $\overline{\ }| = \overline{\overline{\overline{\ }|}|}|\overline{\ }|\overline{\overline{\ }|}|$;
2. $\overline{\overline{\ }|\overline{\ }|\overline{\ }|\overline{\overline{\ }|}|}| \rightharpoonup \overline{\overline{\ }|\overline{\ }|\overline{\overline{\ }|}|}| \rightharpoonup \overline{\overline{\ }|\overline{\overline{\ }|}|}| \rightharpoonup \overline{\overline{\ }|}| \rightharpoonup \quad$ , also $\overline{\overline{\ }|\overline{\ }|\overline{\ }|\overline{\overline{\ }|}|}| = \quad$ .

Dabei stellt sich die Frage: Landet die vereinfachende – Zeichen verkürzende – Kalkulation unabhängig von der Reihenfolge der Transformationen beim selben schlichten Zeichen; also: entweder jeweils bei ‚cross' oder jeweils bei ‚void'? Die positive Antwort wird im Theorem „Agreement"[69] gegeben. Die Formalisierung der Brown'schen Substitutions-Interpretation lautet für zwei cross-Kombinationen $A, B$: Es gilt $A = B$ genau dann, wenn $A \rightharpoonup B$ genau dann, wenn $A \leftharpoondown B$; dabei können die Pfeile für mehrere Transformationen stehen. Darin zeigt sich der Umgang mit *Demselben und Verschiedenem*: Die Ausdrücke $A$ und $B$ sind gemäß Simon dasselbe Zeichen.

> „Verschiedene Zeichen, die als dasselbe gedeutet werden, sind dadurch als ein Zeichen gedeutet." [PdZ89, S. 58]
>
> „Wenn man nach der Bedeutung verschiedener Zeichen fragt und *eine* Antwort genügt, handelt es sich nicht um zwei Zeichen mit ‚derselben' Bedeutung, sondern um

[66] Das erfolgt aus stoffdidaktischem Interesse bei [Kieran1981] sowie [Winter1982] und verfolgt bei [Prediger2008] ein diagnostisches Anliegen.

[67] Das Gleichheitszeichen wird erst in Kapitel 4 der *Laws* als reflexiv und transitiv erwiesen.

[68] Beachte dazu [PdZ89, S. 45]: „Beispiele müssen verstanden werden und können in ihrer Fraglosigkeit nicht Beispiele für Nichtverstandenes sein. Sie haben damit *nichts gemeinsam.*"

[69] [LoF69, S. 14]

> dasselbe Zeichen. Indem man die Zeichen nicht verstanden hatte, hatte man auch dies nicht verstanden.“ [PdZ89, S. 49]

Aus der Perspektive Simons betrachtet, sind die Ausdrücke Browns – wie auch in Abschnitt 3.3 formuliert – Zeichen, deren Sachen die beiden Werte sind; dagegen tritt ein Ausdruck nur dann als Arrangement auf, wenn er selbst als Sache betrachtet wird. Eine solche Sache wiederum kann als Signal für eine (nicht-notwendigerweise von ihr verschiedene) Sache – und damit als Zeichen – gebraucht werden. Bemerkenswert ist diesbezüglich folgende Stelle in den *Laws*:

> „Expressions of the same value can be identified.“ [LoF69, S. 20]

Dieses sechste Theorem der *Laws* nämlich kann m.E. als expliziter Hinweis darauf gelesen werden, dass es bei der *Laws*-Mathematik in erster Linie um die *Werte* geht, d. h. um die Sachen hinter den Zeichen, und damit um die beiden Seiten der zu Grunde liegenden Unterscheidung; Arrangements sind als Ausdrücke nur Mittel zu diesem Zweck. Zwischen vollkommen verstandenen Ausdrücken, die den gleichen Wert haben, dürfen daher die nur vordergründigen Unterschiede verschwinden: Die zunächst nur äquivalenten Ausdrücke werden identifiziert.[70] Wer vollkommen versteht, der sieht unbemerkt durch die Zeichenebene hindurch und insofern die Sachebene unmittelbar dargestellt.

Das bereits zitierte Zahlenbeispiel für Interpretationskreise „$3 = 2 + 1 = 5 - 2 = 3$“ könnte in der *Laws*-Mathematik zum Beispiel $\overline{\ \ }| = \overline{\ \ }|\overline{\ \ }| = \overline{\ \ }|\overline{\overline{\ \ }|}| = \overline{\ \ }|$ lauten; mit den ursprünglichen Interpretationsbögen $\overline{\ \ }|\overline{\ \ }| \rightharpoonup \overline{\ \ }|$ und $\overline{\ \ }|\overline{\overline{\ \ }|}| \rightharpoonup \overline{\ \ }|$; weitere Vorstufe zur letzten Transformation ist naürlich $\overline{\overline{\ \ }|}| \rightharpoonup$ .

Die Gültigkeitsbereiche bzw. Erzeugnisse von initialen Gleichungen können als Metakreise bzw. gemeinsame Kontexte von Interpretationskreisen gelten; dazu ein Beispiel aus den *Laws*:

> „Call the calculus limited to the forms generated from direct consequences of these initials the primary arithmetic.“ [LoF69, S. 11]

Die im Zitat genannten Initialen sind die primitiven Gleichungen mit einer syntaktischen Lesart des Äquivalenz-, Gleichheits- und Identitätszeichens; weiter erfolgt die Generierung durch (iterierte) Anwendung der vier erlaubten Transformationsschritte; und es ist wegen „direct“ verboten, in den arithmetischen Kalkül Variablen einzubeziehen. Die sog. primäre Arithmetik ist zur Illustration folgenden Zitats gerade reichhaltig bzw. komplex genug:

> „Jedes Zeichen hat in der Mathematik beliebig viele, aber nicht beliebige Bedeutungen, und jedes ist die Bedeutung von beliebig vielen, aber nicht von beliebigen anderen Zeichen. $3 = 4 - 1 = 5 - 2 = 6 - 3$ und unendlich so weiter, aber nicht $= 4$.“ [PdZ89, S. 58]

In der primären Arithmetik gibt es zwar im vorgeschlagenen Sinne unendlich viele Arrangements, die als Ausdrücke genommen allesamt äquivalent und daher zu identifizieren sind, doch

[70] Sie werden als dasselbe gedeutet, weil das eine Zeichen die Bedeutung des anderen ist und umgekehrt. – vgl. dazu [PdZ89, S. 59]: „Es gilt das principium identitatis indiscernibilium, aber die Ununterscheidbarkeit beruht auf dem Verstehen *als* dasselbe.“

gibt es genau einen Wert, zu dessen Ausdrücken keine Äquivalenz besteht. Dahingehend gäbe es in einem einwertigen und damit entarteten Kalkül nicht die Möglichkeit das Zahlenbeispiel adäquat zu illustrieren.

## 3.5 Zeichenhandeln: Zwischen Zeichen und Sachen

Die beiden Zeichenaspekte von ‚⌉‘, d. i. einerseits der *deskriptive* Charakter als Name für einen Zustand, andererseits der *instruktive* Charakter als Anweisung zu einer Zustandsänderung, werden in Abschnitt 3.3 positiv auf Konsistenz getestet. Zu dem *pragmatischen* – weil instruktivem – Zug dieses vornehmlich semantischen Zeichens gesellt sich in Abschnitt 3.4 ein ebensolcher im vornehmlich syntaktischen Zeichen ‚=‘, d. i. die Lesart ‚⇀‘, d. h. die Lesart als werterhaltende Transformation der Kalkulation. Im vorgeschlagenen TMO-Modell werden ‚cross‘ und ‚void‘ gleichberechtigt behandelt, nämlich beide als schlichte Zeichen. In Kapitel 2 der *Laws* ist dem allerdings nicht so: An ‚void‘ wird die Bedeutung ‚Void‘ erst durch ‚cross‘ vermittelt; dieser semiotische Unterschied wird im Folgenden näher beleuchtet.[71] Insofern sollte – in Simon'schem Sinne – der primäre Interpretationsbogen der Aufhebungsform illustriert werden durch ‚ = ⌉⌉‘, also durch die Umkehrung der Brown'schen Formulierung. Denn im nicht-formalen Begleittext wird zunächst für die rechte Seite der modifizierten Gleichung eine Lesart festgelegt, die dann die Bedeutung der linken Seite ist. Die vier Anweisungen, die in den *Laws* ‚⌉‘ und ‚⌉⌉‘ interpretieren, werden zunächst zitiert und dann erläutert:

> „Let any token be intended as an instruction to cross the boundary of the first distinction.
>
> Let the crossing be from the state indicated on the inside of the token.
>
> Let the crossing be to the state indicated by the token.
>
> Let a space with no token indicate the unmarked state.“ [LoF69, S. 5]

Zunächst gilt es die verwendeten Ausdrücke bereitzustellen. Zu Beginn des zweiten *Laws*-Kapitels soll der Leser im Absatz „Construction“ eine Unterscheidung zweier Zustände mit einer Grenze dazwischen treffen[72] und sie im Absatz „Content“ benennen mit ‚die erste Unterscheidung‘. Einer der Zustände, das sind im TMO-Modell die beiden Endzustände, wird im Absatz „Knowledge“ durch ‚⌉‘ markiert und nicht-formal benannt mit „marked state“, d. i. Cross. Damit ist eine Sachebene etabliert, deren Zeichenebene noch weiterentwickelt wird. Kopien der Markierung werden im Absatz „Name“ nicht-formal benannt mit „token [of the mark; M.R.]“, d. i. cross. Ob Original oder Kopie ist ‚⌉‘ selbst nicht anzusehen (Indifferenz!), nur seinem Auftreten im Text: Der erste Gebrauch erfolgt als Original, d. h. als mark; vorläufig ist jedes spätere Auftreten zu verstehen als Nennung des Namens, d. h. als token, und damit als Indikation

[71] Die primitiven Gleichungen alternativ zu illustrieren und damit dem Originaltext nicht streng zu folgen, hat seinen Anreiz gerade darin, am entwickelten Verständnis die andere Vermittlung gegenlesen zu können: Wo liegen die Unterschiede und von welcher Bedeutung sind sie? Damit ist gelingenden Falls auf die Intention des Autors zu schließen.

[72] vgl. [LoF69, S. 84] bzgl. der Gefahr, die Formulierungen vorschnell zu interpretieren bzgl. einer aktiven vs. passiven Rolle des Lesers am Geschehen im Text: Beispielsweise soll „draw a distinction“ nichts anderes bedeuten als „let a distinction be drawn“ u. ä. Formulierungen.

des markierten Zustands; für diesen gibt es also ein formales Zeichen.[73] Im Absatz „Instruction“ wird zunächst der Zustand, der nicht markiert ist, („the state not marked“) nicht-formal benannt mit „unmarked state “, d. i. Void. Damit führt die vierte der oben zitierten Anweisungen ersichtlich ‚void‘ als Zeichen für Void ein; die vorausgehenden drei Anweisungen bereiten es vor und liefern insbesondere ein movens dafür, dass ‚ ‘, mit Simon gesprochen, überhaupt als Schlüsselzeichen geschehen kann! Alternativ zu der *deskriptiven* und der *markierenden* Funktion von ‚⏋‘ wird nämlich eine *instruktive* vereinbart; die Vermittlung zwischen den beiden Lesarten leistet eine weitere, d. i. die *distinktive*. Damit stehen für ‚⏋‘ vier Lesarten zur Verfügung: mark, token, cross und distinction.[74] In den vorausgegangenen Abschnitten blieb mark wie auch die gesamte Sachebene der *Laws* außer Betracht; nur in Abschnitt 3.2 wurde distinction, d. h. ‚⏋‘ als eine Sache in der Zeichenebene angedeutet, nämlich als Illustration einer dort getroffenen Unterscheidung; in Abschnitt 3.3 wurde die Unterscheidung zwischen token (deskriptiv) und cross (instruktiv) getroffen und beschrieben, doch war von „token“ nichts eigens die Rede. Die token/cross-Doppeldeutigkeit ist in „cross“ allerdings genauso (unscheinbar) wie in ‚⏋‘ aufbewahrt und kann durch die Lesart angezeigt werden: einerseits als Substantiv *a/the cross*, andererseits als Imperativ des Verbs *to cross*.[75] Mit dem Leser wird also vereinbart, ‚⏋‘ selbst als Unterscheidung in der Notationsebene zu lesen. Bei der ersten Unterscheidung wurde ein Zustand markiert und anschließend benannt; diesmal wird nicht eigens eine Seite markiert, sondern das token selbst in seiner asymmetrischen Gestalt thematisiert.[76] Auch das ermöglicht es daran einen Bezugspunkt zu setzen: Mittels des Zeichens „concave side“ am token wird für jedes token eine Innenseite ausgewiesen; das sei illustriert durch ‚innen⏋‘ und mit folgender Bemerkung versehen. Aus der Definition von *konvex* und *konkav* für Teilmengen von Vektorräumen – bezogen auf die Blattebene als $\mathbb{R}^2$ – folgt, dass die konkave Seite am cross konvex ist; damit gilt per Definition weiter, dass ihr Komplement konkav ist. Also könnte mit ‚Innenseite eines tokens‘ auch das Komplement der Innenseite des tokens bezeichnet sein. Die Charakterisierung einer Seite als konkav entstammt aber (vermutlich) einem anderen Kontext: In der Architektur bzw. naiven Beschreibung von Spiegeln wird die Seite mit dem kleineren Öffnungswinkel als konkav bezeichnet.[77] Dementsprechend wird ‚⏋‘ als geknickte bzw. eingebuchtete Linie gelesen; d. i. insbesondere weniger voraussetzungsreich als in ‚⏋‘ wie zunächst vorgeschlagen den gemeinsamen Rand einer konvexen Teilmenge mit ihrem konkaven Komplement – mehr oder minder in Erinnerung an die Grenze der ersten Unterscheidung – illustriert zu sehen.

Damit ist ein Stand an Informiertheit erreicht, der es erlaubt das obige Zitat zu interpretieren; das soll heißen: den Anweisungen Folge zu leisten.[78] Zunächst soll das token (nun auch) Anweisung dafür sein, die Grenze der ersten Unterscheidung zu kreuzen bzw. zu überqueren; (und nur)

---

[73] Im TMO-Modell dagegen ist ein Unterschied zwischen ‚Void‘ und ‚void‘ augenscheinlich.

[74] vgl. [LoF69, S. 82]: „an author of mathematics must take [. . . ] great pains to make his injunctions mutually permissive“.

[75] vgl. [LoF97, S. vii]

[76] Der Symmetrie von und Symmetrisierung durch ‚=‘ stehen damit drei Asymmetrien gegenüber: Das ist zunächst ‚⇀‘, weiter ‚⏋‘ (in seiner Gestalt) und die dadurch vermittelte Richtungsweisung in der Instruktion; vgl. [LoF69, S. 10 und S. 80f.].

[77] Ich danke Stephan Packard für diesen Hinweis.

[78] Bemerkenswerterweise ist in der Literatur strittig, *wie* das zu tun ist. Ich schlage eine Argumentation vor, die m.E. durch den ersten Kanon „Convention of intention“ nicht verboten sondern erlaubt ist: „what is not allowed is forbidden“ [LoF69, S. 3].

in dieser Funktion sei ,⏋‘ benannt mit ,cross‘; diese Namensgebung erfolgt im Absatz „Operation“. Die cross-Lesart führt auf die Frage: Von wo nach wo soll die Überquerung erfolgen? Darauf geben die beiden nächsten Sätze im Zitat eine knappe Antwort. Die Überquerung erfolgt von dem Zustand weg, der auf der Innenseite des cross angezeigt wird – ich lese in diesem „indicated“ ein *wenn* mit –, in den Zustand, den das cross angezeigt – ich lese in diesem „indicated“ ein *dann* mit. Im Falle zweier sich beinhaltender token/cross zeigt sich, wie in der Aufhebungsform bezeugt, die (neue) Möglichkeit den unmarkierten Zustand zu indizieren: Auf der Innenseite des beinhaltenden [token/]cross ist durch das token[/cross] ein Zustand indiziert, d. i. der markierte, und das [token/]cross veranlasst die Überquerung der Grenze der ersten Unterscheidung; d. h.: Durch das beinhaltende [token/]cross ist dann der unmarkierte Zustand indiziert.[79] Die vierte Anweisung erlaubt daraufhin den rezessiven Hinweis durch void auf Void. Im Falle eines einzelnen token/cross dagegen, ist auf seiner Innenseite – zumindest zunächst – kein Zustand indiziert und sind die Anweisungen dahingehend nicht anwendbar. Weil token[/cross] den markierten Zustand indiziert, – so könnte nämlich ein Einwand lauten – werde im Rückschluss durch [token/]cross die Grenze in den markierten Zustand hinein und daher vom unmarkierten Zustand her überschritten. Darin kann zwar ein movens zur vierten der oben zitierten Anweisungen gesehen werden, doch ist void damit gemäß Kanon 1 nicht bereits als Schlüsselzeichen auf der Innenseite eines einzelnen ,⏋‘ gerechtfertigt; auch die Bezeichnung „empty cross“ kann nur scheinbar dafür sprechen.[80] Auch die zweite zitierte Anweisung – wie die dritte[81] – als implizite Definition, d. h. als Zuweisung eines Wertes an die Innenseite, zu interpretieren, wird anscheinend durch ihre Formulierung nicht nahegelegt. Ein einzelnes token kann zwar als cross gelesen werden – die Frage nach dem Woher der Überquerung muss – in vorgeschlagener Lesart – aber offen bleiben bzw. kann nicht vernünftig gestellt werden, insofern die Innenseite eines leeren token[/cross] nicht als Ausdruck akzeptiert ist.[82] Für diese Interpretation spricht, dass Brown im Beweis – und dessen Kontext – zu Theorem 3 in Kapitel 4, d. i. [LoF69, S. 15-18], in der Zeichenebene ein Markierungs-Verfahren benutzt, bei welchem er die Innenseiten leerer cross nicht als Indikator des unmarkierten Zustands kennzeichnet und damit vermutlich auch nicht in diesem Sinne verwendet.

Auf welche Weise Brown eine Sachebene etabliert und *Signale* („signal[s]“) als Zeichen darauf bezieht, kam in vorliegendem Aufsatz kaum in Betracht. Stattdessen wurden die beiden primitiven Gleichungen aus ihrem Kontext in der Zeichenebene herausgelöst und zunächst nur aus der Perspektive Simons thematisiert. Dabei stellten sich Fragen und wurden Antworten versucht, die durch die Anweisungen in [LoF69] zum Teil nicht auftreten oder auch anders beantwortet werden: So wurde in Abschnitt 3.5 mehr oder minder ausführlich skizziert, dass die Verbindung zwischen Zeichen und Sachen in den *Laws* so geartet ist, dass ,void‘ erst durch ,token/cross‘ mit ,Void‘ vermittelt und damit als schlichtes Zeichen etabliert wird: Die angesprochene Einseitigkeit zwischen ,cross‘ und ,void‘ gilt auf der Zeichenebene, dagegen ist die Sachebene *heterologisch*

[79] Im Beispiel des Doppelcross ist für das beinhaltende [token/]cross die wenn-Bedingung erfüllt und erfolgt im dann-Teil die Zuweisung des erreichten Wertes an es – bzw. an das Zeichen Doppelcross insgesamt.

[80] In [Kauffman2005, S. 177f.] allerdings wird diese Lesart gewagt. – Die durch Kanon 1 gewiesenen Grenzen sind nicht immer deutlich; vgl. [Hölscher2009, S. 101]: ,Außenseite‘ sei – anders als in der Literatur *zu* den *Laws* gehandhabt – *in* den *Laws* keine erlaubte Bezeichnung! – Doch verstößt dagegen dann auch Brown; vgl. [LoF69, S. 16]: „outside“.

[81] vgl. [LoF69, S. 79]

[82] Zwei token[/cross], die sich nicht beinhalten, als zwei [token/]cross zu interpretieren, bringt keine weiteren Einsichten. – Ein Vergleich von void mit Null könnte lauten: Es wird void als Zahl, nicht aber als Ziffer gebraucht.

konzipiert:[83] In der Aufhebungsform ‚⌉⌉ =  ‘ ist die Äquivalenz zwischen nicht-Etwas[84] einerseits und nichts, d. i. nicht Void sondern void, andererseits nur deswegen im Vordergrund, d. h. auf Zeichenebene, möglich und sind die Zeichen selbst überhaupt nur insofern als Zeichen möglich, weil im Hintergrund, d. h. auf Sachebene, der unmarkierte Zustand Void das Andere zum markierten Zustand Cross als dem Einen; getrennt und zusammengehalten durch die Grenze. Die Innenseite eines leeren cross ist nicht (explizit genug) als Indikator für Void erlaubt worden. – Vorliegende Untersuchung einiger Zeichen der *Laws of Form* von George Spencer Brown, eines mathematischen Essays über zweiwertige Unterscheidungen und einwertige Bezeichnungen, erfolgte im Lichte der Zeichenphilosophie Josef Simons – den beiden Autoren gebührt das Schlusswort:

> „Sich auf Unterschiede verstehen heißt, Zeichen in ihrem Unterschied zu anderen Zeichen verstehen. Es geht, wenn man schon Erkenntnisvermögen und Bezeichnungsvermögen unterscheidet, zuletzt um das Bezeichnungsvermögen.“
> [PdZ89, S. 76f]

> „We must abandon existence to truth, truth to indication, indication to form, and form to void.“ [LoF69, S. 101]

# Literatur

[–A–] PRIMÄRQUELLEN [TitelJahr]

[LoF69] Spencer Brown, G.: Laws of Form. George Allen and Unwin, London 1969.

[LoF97] Spencer Brown, G.: Laws of Form – Gesetze der Form. Bohmeier, Leipzig 1997. [(autorisierte) Übersetzung: Thomas Wolf]

[LoF08] Spencer Brown, G.: Laws of Form. Bohmeier, Leipzig $^5$2008.

[PdZ89] Simon, J.: Philosophie des Zeichens. Walter de Gruyter, Berlin [u.a.] 1989.

[–B–] SEKUNDÄRQUELLEN [AutorJahr]

[Borsche1992] Borsche, T.; Stegmaier, W.: *Vorwort*; in Borsche, T.; Stegmaier, W. (Hrsg.): Zur Philosophie des Zeichens. Walter de Gruyter, Berlin [u.a.] 1992, S. VII-XIII.

[Hennig2000] Hennig, B.: *Luhmann und die Formale Mathematik*; in Merz-Benz, P.-U.; Wagner, G. (Hrsg.): Die Logik der Systeme. Zur Kritik der systemtheoretischen Soziologie Niklas Luhmanns. Universitätsverlag Konstanz, Konstanz 2000, S. 157-198.

[Hölscher2009] Hölscher, T.; Schönwälder-Kuntze, T.; Wille, K. (Hrsg.): George Spencer Brown. Eine Einführung in die „Laws of Form“. VS Verlag für Sozialwissenschaften, Wiesbaden $^2$2009.

[83] vgl. [Rickert1924] zum Rickert'schen heterologischen Denkprinzip, bei welchem von der Gleich-Ursprünglichkeit des „Einen“ mit dem „Anderen“ und dem „Das Eine *und* das Andere“ ausgegangen wird; vgl. dies mit dem nullten Kanon „Koproduktion“ [LoF97, S. ix] und der Bemerkung über eine „dreifache Identität“ [LoF97, S. xviii]; vgl. dazu [Hölscher2009, S. 41-43].

[84] In dieser Lesart von ‚⌉⌉‘ gilt das leere token als ein *Etwas*, das vom beinhaltenden cross *negiert* wird; vgl. [LoF69, S. 114] bzgl. ‚⌉‘ als Negator des Beinhalteten.

[Kauffman2005] Kauffman, L.H.: *Das Prinzip der Unterscheidung*; in Baecker, D. (Hrsg.): Schlüsselwerke der Systemtheorie. VS Verlag für Sozialwissenschaften, Wiesbaden 2005, S. 173-190.

[Kieran1981] Kieran, C. (1981): *Concepts associated with the equality symbol*; in Educational Studies in Mathematics 12 (3), S. 317-326.

[Lau2006] Lau, F.: Die Form der Paradoxie. Carl-Auer, Heidelberg $^{2}$2006.

[Lorenzen1973] Lorenzen, P.; Schwemmer, O.: Konstruktive Logik. B.I.-Wissenschaftsverlag, Mannheim [u.a.] 1973.

[Mehrtens1990] Mehrtens, H.: Moderne – Sprache – Mathematik. Suhrkamp, Frankfurt am Main 1990.

[Orchard1975] Orchard, R. (1975): *ON THE LAWS OF FORM*; in International Journal of General Systems, 2: 2, S. 99-106.

[Prediger2008] Prediger, S.: *„... nee, so darf man das Gleich doch nicht denken!“*; in Barzel, B.; Berlin, T.; Bertalan, D.; Fischer, A. (Hrsg.): Algebraisches Denken. Festschrift für Lisa Hefendehl-Hebeker. Franzbecker, Hildesheim 2008, S. 89-99.

[Rickert1924] Rickert, H.: Das Eine, die Einheit und die Eins. Bemerkungen zur Logik des Zahlbegriffs. J.C.B. Mohr, Tübingen $^{2}$1924.

[Schöning2001] Schöning, U.: Theoretische Informatik – kurzgefasst. Spektrum Akademischer Verlag, Heidelberg [u.a.] $^{4}$2001.

[Schönrich1991] Schönrich, G. (1991): *Optionen einer Zeichenphilosophie*; in Philosophische Rundschau 38, S. 178-200.

[Simon1992] Simon, J.: *Bemerkungen zu den Beiträgen zur Philosophie des Zeichens*; in Borsche, T.; Stegmaier, W. (Hrsg.): Zur Philosophie des Zeichens. Walter de Gruyter, Berlin [u.a.] 1992, S. 195-219.

[Simon1998] Simon, J.: *Von Zeichen zu Zeichen. Zur Vermittlung von Unmittelbarkeit und Vermittlung des Verstehens*; in Simon, J.; Stegmaier, W. (Hrsg.): Fremde Vernunft. Zeichen und Interpretation IV Suhrkamp, Frankfurt am Main 1998, S. 23-51.

[Weiss2006] Weiss, C.: Form und In-Formation. Zur Logik selbstreferentieller Strukturgenese. Königshausen & Neumann, Würzburg 2006.

[Winter1982] Winter, H. (1982): *Das Gleichheitszeichen im Mathematikunterricht der Grundschule*; in Mathematica Didactica 5, S. 185-211.

# 4 Mathematik – die (un)heimliche Macht des Unverstandenen

GREGOR NICKEL

Die Mathematiker sind eine Art Franzosen: redet man zu ihnen, so übersetzen sie es in ihre Sprache, und dann ist es alsobald ganz etwas anderes. Johann Wolfgang von Goethe

Was der Geheimrat noch ironisch als ein harmloses Phänomen scheiternder Salon-Konversation beschreiben konnte, hat sich zu einem universalen Phänomen der Moderne ausgeweitet. Mathematik redet über (fast) alle wesentlichen gesellschaftlichen Belange mit, meistens jedoch auf eine völlig unverständliche Weise, und irgendwie hat man das Gefühl, dass die mathematische Beschreibung nicht mehr (genau) das trifft, was ursprünglich anlag. Die Situation ist gegenüber Goethes Salon noch insofern verschärft, als die Mathematik nicht mehr brav abwartet, bis sie auf das eine oder andere Thema angesprochen wird; vielmehr spricht sie selbst als erste und definiert die Agenda. Darüber hinaus kann ihr selbst der mathematikaffine Konversationspartner nicht einmal mehr in ihre Anfangsgründe folgen.

Der vorliegende Aufsatz versucht sich an einer Skizze dieses Phänomens. Im ersten Abschnitt werden wir den problematischen Begriff des „Mathematik verstehens" quasi 'von seiner Rückseite' aus betrachten; hierbei zeigt sich in der Mathematik eine merkwürdige Ambivalenz zwischen einer Verpflichtung auf größtmögliche Transparenz und einer real vorliegenden, weitgehenden Unverständlichkeit. Im zweiten Abschnitt wird die weitgehende Mathematisierung moderner Gesellschaften exemplarisch angeführt, um im dritten Teil den daraus resultierenden, tiefgreifenden Verlust an Autonomie nochmals vorzuführen. Strategien für einen Umgang mit dieser Problematik sind vielfältig, bislang allerdings kaum überzeugend.

## 4.1 Mathematik wird im Wesentlichen nicht verstanden

Setzen wir in einem schlichten Sinne voraus, dass einen mathematischen Sachverhalt versteht, wer mit den entsprechenden Begriffen und Methoden 'richtig' operieren kann, und wer nötigenfalls auch aktiv weitere Mathematik anschließen kann, so gilt offenbar: *Der allergrößte Teil der Mathematik*[1] *ist für den allergrößten Teil der Menschheit völlig unverständlich.* Dies gilt

[1] Das Quantum 'bemisst' sich hierbei nicht nach der Häufigkeit der einzelnen Verwendung; es wird also beispielsweise der wiederholte aktuale Gebrauch elementarer Arithmetik nicht als jeweils verschieden betrachtet. Dass alle – auf die verschiedenste Weise kontextualisierten und durchgeführten – lebensweltlichen Verwendungen 'derselben' Rechnung $2+2=4$ hier identifiziert und zu *einem* Teilstück der Mathematik zusammengefasst werden, ist natürlich selbst ein typisch mathematisches Vorgehen.

nicht etwa nur für die mathematischen Laien, sondern gerade auch für die in der mathematischen Fachwissenschaft Tätigen. In einem für Außenstehende kaum bekannten, geschweige denn nachvollziehbaren Ausmaß sind die mathematischen Subdisziplinen füreinander unverständlich geworden. Betrachtet man einen mathematischen Text aus einer fremden Subdisziplin, so ist oft nur noch erkennbar, *dass* es sich um Mathematik handelt, *warum* jedoch ein fragliches Theorem stimmen könnte und *welches seine Bedeutung* im jeweiligen Kontext ist, bleibt völlig unklar. Darüber hinaus wird oft noch nicht einmal der syntaktische oder ein minimal semantischer Gehalt der Aussage deutlich. Innerhalb der in ca. 60 große Rubriken (00-XX bis 97-XX) mit jeweils etwa einem Dutzend Subrubriken (z. B. 47-00 bis 47-06 und 47A bis 47S) und wiederum jeweils etwa einem Dutzend Subsubrubriken (z. B. 47D03 bis 47D99) eingeteilten Systematik des Mathematischen Zentralblattes dürfte sich der durchschnittliche Fachwissenschaftler bestenfalls in drei Sub(sub)rubriken so gut auskennen, dass Publikationen ohne größere Vorbereitung gelesen werden können. Entsprechend ist den meisten Mathematikern die Situation allzu vertraut, dass ein mathematischer Vortrag bereits ab dem zweiten Satz – also nach der Begrüßungsformel – nur noch einigen wenigen Spezialisten verständlich ist, und dass das gesamte übrige Fachpublikum zu Analphabeten degradiert wird.[2] Nicht einmal die Problemstellung des Vortrages wird auch nur in groben Zügen verständlich, ganz zu schweigen von den präsentierten Lösungen oder den verwendeten Methoden. Entsprechend ausgeprägt ist das Leidensvermögen des mathematischen Fachpublikums; die Frustrationstoleranz gegenüber dem kompletten Nicht-Verstehen zählt vermutlich zu den wichtigen Schlüsselqualifikationen der mathematischen Grundbildung.

Dieses Phänomen steht in einem merkwürdigen Kontrast dazu, dass die Mathematik wie keine andere Wissenschaft darauf besteht, *alle* ihre verwendeten Methoden und Begriffe zu explizieren.[3] Scheinbar folgt doch eine mathematische Darstellung weitgehend den Regeln, die schon Blaise Pascal in *De l'art de persuader* formulierte[4]:

> Regeln für die Definition:
>
> 1. Keines der Dinge zu definieren versuchen, die von sich selbst her so bekannt sind, dass man keine noch klarere Ausdrücke hat, um sie zu erklären.
> 2. Keinen der etwas dunklen oder mehrdeutigen Ausdrücke ohne Definition zulassen.
> 3. In der Definition der Ausdrücke nur vollkommen bekannte oder schon erklärte Wörter verwenden.
>
> Regeln für die Axiome:
>
> 1. Keines der notwendigen Prinzipien zulassen, ohne gefragt zu haben, ob man es anerkennt, wie klar und evident es auch sein möge.
> 2. Zu den Axiomen nur von sich selbst her vollkommen evidente Dinge fordern.

Die einzige Stelle, an der hier noch Streit oder Unklarheiten, also Unverständnis aufkommen könnte, beseitigt, so scheint es, die mathematische Moderne. Axiome werden (nur noch) als implizite Definitionen angesehen, Definitionen nicht als Wesensbestimmungen, sondern als reine

[2] Vgl. die plakative Schilderung in [Beutelspacher1996].
[3] vgl. Werner Stegmaier in diesem Band.
[4] vgl. *De l'art de persuader* 740; dieses und das folgende Zitat nach [Schobinger1974, S. 86].

Sprachregelungen; keines der verwendeten Zeichen benötigt also einen externen Bezug, und sei dies die Evidenzerfahrung des Lesers. Betrachten wir auch Pascals Regeln für die Beweise:

1. Keines der Dinge zu beweisen versuchen, die von sich selbst her so evident sind, dass man nichts Klareres mehr hat, um sie zu beweisen.
2. Alle etwas dunklen Behauptungen beweisen und zu ihrem Beweis nur sehr evidente Axiome oder schon anerkannte oder bewiesene Behauptungen verwenden.
3. Immer im Geist die Definitionen an die Stelle der Definierten setzen, um sich nicht durch die Mehrdeutigkeit der Ausdrücke täuschen zu lassen, welche die Definitionen eingeschränkt haben.

Die hier formulierten Regeln drücken noch immer sehr genau die idealisierten Leitlinien einer mathematischen Argumentation aus. Strikt befolgt sollten sie eigentlich die Selbst-verständlichkeit einer jeden mathematischen Darlegung erzwingen. Nichts, was nicht von sich her evident ist, müsste dabei einfachhin geglaubt werden, *jede* Behauptung wäre beweispflichtig, wobei die Beweise ihrerseits nur auf Evidentes bzw. nach den Regeln Bewiesenes und auf klar abgegrenzte Begriffe mit stets identischer Bedeutung zurückgreifen dürfen. Der hier idealisierte Gestus der Mathematik ist darüber hinaus strikt anti-autoritär; es wird scheinbar ein absolut fairer Diskurs einer idealen Diskursgemeinschaft geführt ohne jeden Autoritäts-Bonus.[5]

Die Wirkung dieses Bemühens um absolute Klarheit ist allerdings – wie oben beschrieben – weitgehend gegenteilig: 'Das kann man einem Außenstehenden nicht erklären' ist allzu oft die Antwort auf eine interessierte Nachfrage. Avancierte Mathematik wird (möglicherweise genau wegen ihres Bemühens um Transparenz) völlig esoterisch. Das ist besonders irritierend, weil gerade *nicht* gesagt wird, dass es sich in der Mathematik um Geheimnisse handelt, die nur einem – wie auch immer – ausgewählten Kreis von Eingeweihten verständlich sein *können*. Ganz im Gegenteil: Man betont, dass das zum Verstehen Nötige vollständig, genau und klar gesagt wird.[6] In einführenden Werken heißt es etwa im Vorwort zuweilen sinngemäß, dass 'keine mathematischen Inhalte vorausgesetzt werden', allenfalls eine 'gewisse Vertrautheit mit mathematischer Begriffsbildung'. Ein Blick in unterschiedliche mathematische Publikationen zeigt jedoch, dass offenbar Wesentliches *nicht* (explizite) gesagt wird[7] und allenfalls auf Rückfragen hin immer wieder nachgeliefert werden könnte. Unter anderem ist es diese implizite Kenntnis der im jeweiligen Kontext 'trivialen' Konzepte, Voraussetzungen, Sprech- und Schlussweisen, die dem Anfänger fehlt, so dass sich ihm stets neu die Frage stellt, was man hier zeigen 'muss', und was man voraussetzen 'darf'. Sicherlich gibt es keinen quer durch alle mathematischen Disziplinen gültigen Standard der Präzision, worauf nicht zuletzt Imre Lakatos zurecht hinweist. Vor

[5] Vgl. dazu im Detail [Nickel2007]. Kein geringerer als David Hilbert hatte übrigens den Bildungswert der Mathematik vorwiegend in „ethischer Richtung" gesehen, insofern sie „das Selbstvertrauen zum eigenen Verstand [weckt], die kritische Urteilskraft, welche den wahrhaft gebildeten von dem im blossen Autoritätsglauben Befangenen unterscheidet" [Hilbert1988, S. 3f.].

[6] Die Unverständlichkeit der Mathematik grenzt sich insofern wesentlich von der Unverständlichkeit anderer literarischer Gattungen ab; vgl. [Schumacher2000].

[7] Mit Bezug auf die Terminologie Reinhard Winklers (vgl. seinen Beitrag in diesem Band) kann man formulieren, dass dies *sogar* für die Mikro-Ebene gilt. Mitteilungen auf der Meso- und Makro-Ebene, die für ein umfassendes Verstehen sicherlich essentiell wären, werden oft gar nicht oder nur sehr knapp und verklausuliert publiziert. So werden beispielsweise heuristische Bemerkungen im Wesentlichen nur mündlich kommuniziert.

dem Hintergrund der historischen Erfahrung, dass zu 'bewiesenen' Theoremen Gegenbeispiele gefunden werden, thematisiert er die Frage, ob es jenseits der fehlbaren Beweise 'absolute' Beweise gibt und charakterisiert – ironisierend – die Antwort der Mathematiker aus verschiedenen Subdisziplinen:

> *Anwendungsorientierte Mathematiker* pflegen sich dadurch aus dieser Klemme zu retten, daß sie verschämt aber standhaft glauben, die Beweise der *reinen Mathematiker* seien 'vollständig' und würden *tatsächlich* beweisen. Die reinen Mathematiker wissen das jedoch besser – sie haben diese Achtung nur vor den 'vollständigen Beweisen' der *Logiker*[8].

Lakatos unterscheidet für die historische Genese mathematischer Konzepte grob drei Phasen, eine präformale, eine formale und eine postformale. Dabei stellt die 'formale' Phase – im historischen Beispiel des Euler'schen Polyedersatzes ist dies nach Lakatos die Formalisierung in der Sprache der linearen Algebra – eine recht gute Realisierung absoluter Beweise zur Verfügung; allerdings kann anschließend 'postformal' erneut gefragt werden, ob die Formalisierung überhaupt die Problemstellung der präformalen Phase verlustfrei abbildet. Wir finden also auch innerhalb der mathematischen Wissenschaft die Goethe'sche Sprachverwirrung: selbst Mathematiker sind einander Franzosen.

Ob es solche absoluten, vollständigen, durchformalisierten Beweise überhaupt gibt, können wir hier offen lassen. Vermutlich dient die 'absolute' Formulierung ohnehin nur als Ideal, wird nur als potentiell möglich benötigt. Ein mathematischer Text verspricht, an jeder Stelle auf Nachfrage die jeweils nötige Präzisierung *nach*liefern zu können. Für das Verstehen hat die formalisierende Präzisierung unter Umständen ohnehin einen negativen Effekt. Philip J. Davis und Reuben Hersh machen diesen Umstand an Hand eines plakativen Beispiels deutlich[9], das sie aus dem prominenten Grundlagenwerk des Logizismus, der *„Principia Mathematica"*, entnehmen; vgl. Abbildung 4.1. Nur wenig überspitzt ließe sich also das merkwürdige Paradoxon konstatieren: Mathematik ist durch Transparenz verschleiernd.

Wie dem auch sei, es ist sicherlich nicht immer, vermutlich sogar sehr selten die fehlende Präzision, die zum Verstehen fehlt. Was genau aber dem um Verständnis ringenden Leser oder Zuhörer eigentlich fehlt, ist gar nicht so leicht zu sagen. Im Erfolgsfalle, also *nachdem* sich ein Verstehen des Inhalts eingestellt hat, erscheint es u. U. tatsächlich so, als wäre alles Nötige explizite ausgedrückt worden, als hätte tatsächlich gar kein Spielraum für Missverständnisse bestanden.[10]

---

[8] [Lakatos1979, S. 23]

[9] vgl. [DavisHersh1981, S. 334]

[10] Dass sich ein mathematischer Text ähnlich wie beim Abarbeiten eines Computerprogramms tatsächlich durch das schrittweise Befolgen der Setzungen, Befehle und Berechnungen erschließt, gilt *de facto* nur in primitiven Modellsituationen. Ob das Verstehen im Ernstfall nur an der übergroßen Zahl der trivialen Einzelschritte scheitert, oder aber wesentlich synthetische, aktive Konstruktionen des Lesers unverzichtbar sind, können wir hier offen lassen; vgl. [Nickel2010].

$*54{\cdot}42.\ \vdash :: \alpha \in 2 . \supset :. \beta \subset \alpha .\ !\beta . \beta \neq \alpha . \equiv . \beta \in \iota``\alpha$

*Dem.*

$\vdash . *54{\cdot}4 .\ \supset \vdash :: \alpha = \iota`x \cup \iota`y . \supset :.$

$\beta \subset \alpha . \exists ! \beta . \equiv : \beta = \Lambda . \vee . \beta = \iota`x . \vee . \beta = \iota`y . \vee . \beta = \alpha : \exists ! \beta :$

$[*24{\cdot}53{\cdot}56 . *51{\cdot}161] \quad \equiv : \beta = \iota`x . \vee . \beta = \iota`y . \vee . \beta = \alpha \qquad (1)$

$\vdash . *54{\cdot}25 . \mathrm{Transp} . *52{\cdot}22 . \supset \vdash : x \neq y . \supset . \iota`x \cup \iota`y \neq \iota`x . \iota`x \cup \iota`y \neq \iota`y :$

$[*13{\cdot}12]\ \supset \vdash : \alpha = \iota`x \cup \iota`y . x \neq y . \supset . \alpha \neq \iota`x . \alpha \neq \iota`y \qquad (2)$

$\vdash . (1) . (2) . \supset \vdash :: \alpha = \iota`x \cup \iota`y . x \neq y . \supset :.$

$\beta \subset \alpha . \exists ! \beta . \beta \neq \alpha . \equiv : \beta = \iota`x . \vee . \beta = \iota`y :$

$[*51{\cdot}235] \quad \equiv : (\exists z) \cdot z \in \alpha . \beta = \iota`z :$

$[*37{\cdot}6] \quad \equiv : \beta \in \iota``\alpha \qquad (3)$

$\vdash . (3) . *11{\cdot}11{\cdot}35 . *54{\cdot}101 . \supset \vdash . \mathrm{Prop}$

$*54{\cdot}43.\ \vdash :. \alpha , \beta \in 1 . \supset : \alpha \cap \beta = \Lambda . \equiv . \alpha \cup \beta \in 2$

*Dem.*

$\vdash . *54{\cdot}26 . \supset \vdash :. \alpha = \iota`x . \beta = \iota`y . \supset : \alpha \cup \beta \in 2 . \equiv . x \neq y .$

$[*51{\cdot}231] \quad \equiv . \iota`x \cap \iota`y = \Lambda .$

$[*13{\cdot}12] \quad \equiv . \alpha \cap \beta = \Lambda \qquad (1)$

$\vdash . (1) . *11{\cdot}11{\cdot}35 . \supset$

$\vdash :. (\exists x , y) . \alpha = \iota`x . \beta = \iota`y . \supset : \alpha \cup \beta \in 2 . \equiv . \alpha \cap \beta = \Lambda \qquad (2)$

$\vdash . (2) . *11{\cdot}54 . *52{\cdot}1 . \supset \vdash . \mathrm{Prop}$

From this proposition it will follow, when arithmetical addition has been defined, that 1 + 1 = 2.

Abbildung 4.1: "Russell and Whitehead were pioneers in a program to reduce mathematics to logic. Here, after 362 pages, the arithmetic proposition $1 + 1 = 2$ is established."

Für die mathematischen Laien hilft die Formalisierung jedenfalls überhaupt nicht, und unsere Behauptung, dass der größte Teil der Mathematik völlig unverständlich bleibt, gilt ohnehin *a fortiori*. Dies wäre eine ebenso evidente wie banale, im übrigen keineswegs nur für die Mathematik gültige Feststellung: Die meisten Menschen verfügen nicht über wissenschaftliche Spezialkenntnisse. Die These gilt aber auch noch *nach* einer Einschränkung auf die für die jeweilige Person 'relevanten' Bereiche der Mathematik – und dies oft genug beginnend mit der Schulzeit. Als Teil einer modernen Gesellschaft hängen Individuen in kollektiven wie individuellen Belangen in höchstem Maße von implementierter Mathematik ab. Einige wenige Beispiele sollen dies in der folgenden Sektion belegen.

## 4.2 Mathematik – Macht – Gesellschaft

*Moderne Gesellschaften werden durch Mathematik – indirekt via Technik, aber auch direkt durch mathematisch kodifizierte soziale Regeln – in zunehmendem Maße geprägt.* In Robert Musils (1880-1942) Jahrhundertroman *„Der Mann ohne Eigenschaften"* wird diese kulturprägende Kraft der Mathematik in all ihrer Ambivalenz auf unvergleichliche Weise beschrieben. In der

Mathematik, so heißt es dort,

> liegen die Quellen der Zeit und der Ursprung einer ungeheuerlichen Umgestaltung. (...) [W]enn Licht, Wärme, Kraft, Genuß, Bequemlichkeit Urträume der Menschheit sind, – dann ist die heutige Forschung nicht nur Wissenschaft, sondern ein Zauber, (...) eine Religion, deren Dogmatik von der harten, mutigen, beweglichen, messerkühlen und -scharfen Denklehre der Mathematik durchdrungen und getragen wird[11].

Die wissenschaftlich-technische Prägung der Lebenswelt kann allerdings, so fährt Musil fort, auch als Verlustgeschichte beschrieben werden, in der gilt,

> daß die Mathematik wie ein Dämon in alle Anwendungen unseres Lebens gefahren ist. (...) [A]lle Leute, die von der Seele etwas verstehen müssen, (...) bezeugen es, daß sie von der Mathematik ruiniert worden sei und daß die Mathematik die Quelle eines bösen Verstandes bilde, der den Menschen zwar zum Herrn der Erde, aber zum Sklaven der Maschine macht.

Diese „in ihrer Jugend- und Schulzeit schlechte[n] Mathematiker" charakterisieren den Einfluss der Mathematisierung auf das Gemüt schließlich folgendermaßen:

> Die innere Dürre, die ungeheuerliche Mischung von Schärfe im Einzelnen und Gleichgültigkeit im Ganzen, das ungeheure Verlassensein des Menschen in einer Wüste von Einzelheiten, seine Unruhe, Bosheit, Herzensgleichgültigkeit ohnegleichen, Geldsucht, Kälte und Gewalttätigkeit, wie sie unsre Zeit kennzeichnen, sollen nach diesen Berichten einzig und allein die Folge der Verluste sein, die ein logisch scharfes Denken der Seele zufügt!

Ob man sich der obigen Wertung anschließt oder nicht, lassen wir dahingestellt. Es kommt uns hier nur darauf an, in welchem Ausmaß Mathematik die moderne Lebenswelt prägt, und – speziell – dass es im Wesentlichen nicht verstandene Mathematik ist. Wir wollen diese These hier nur durch wenige Beispiele illustrieren.

- Kein behandelnder Arzt versteht tatsächlich etwas von den mathematischen Strukturen und Sätzen, die die Entwicklung der von ihm verwendeten bildgebenden Verfahren – Ultraschall, Magnetresonanz-Tomographie etc. – überhaupt erst ermöglicht haben, und die in den Geräten technisch-naturwissenschaftlich wie auch algorithmisch implementiert wurden. Damit ist es bei der Diagnose kaum möglich, anders als empirisch-explorativ zwischen 'Realität', 'Abbildung' und 'Artefakt' zu unterscheiden. Die vertraute Vorgehensweise, ein unbekanntes System (Patient) mit einem wohlbekannten (Diagnostik) zu untersuchen, wird ersetzt durch die wechselseitige Beeinflussung zweier unverstandener Systeme (Patient und Diagnostik) und der Beobachtung und 'Interpretation' des Effekts.

- Der Betrieb einer technischen Großanlage, etwa eines Kernkraftwerks, erfolgt bei keinem der leitenden Ingenieure unter Einschluss eines echten Verstehens der relevanten Mathematik.

[11] Für dieses und die folgenden Zitate [Musil1981, S. 38f.].

- Moderne Gesellschaften sind wesentlich durch komplizierte, mathematisch kodifizierte soziale Regelsysteme geprägt; Beispiele sind demokratische Wahlverfahren (man betrachte nur den Streit um das sog. negative Stimmengewicht oder den Zuschnitt von Wahlbezirken), Rentenfinanzierung, Steuersysteme, wirtschaftspolitische Maßnahmen. Hierbei verstehen in aller Regel weder die Stimmbürger noch ihre Repräsentanten im Parlament auch nur grobe Züge der implementierten Mathematik.

- Im Finanzsystem konnte nicht zuletzt in der unmittelbaren Vergangenheit beobachtet werden, wie nicht verstandene, auf mathematischen Regeln basierende Finanz-Produkte ganze Volkswirtschaften gefährden können. Auf individueller Ebene ist wohl kaum ein Bankkunde in der Lage, kompliziertere Angebote bei Anlage- oder Kredit-Entscheidungen vergleichend zu beurteilen.

- In einer als überkomplex wahrgenommenen Welt werden zunehmend schlichte Zahlen als Bewertungs-Kriterien herangezogen; man denke nur an ökonomische Kenngrößen wie das BIP oder diverse Idices der Wirtschaftsforschungsinstitute (bei denen zuweilen aus Änderungen im Prozentbereich weitreichende Folgerungen abgeleitet werden). Kennzahlen dominieren inzwischen auch die Selbstbeobachtung der Wissenschaften; ganz krude, wenn die Beträge eingeworbener Drittmittel verglichen werden, nur wenig subtiler in diversen 'Rankings' oder den Kennzahlen der 'Bibliometrie'. Solche Kennzahlen haben den unschätzbaren 'Vorteil', paarweise miteinander verglichen werden zu können; unermesslich schwierige Bewertungs-Fragen werden so trivialisiert. Wer aber weiß, *wie* dort 'gemessen' wird, oder diskutiert gar im Detail, welche alternativen Bewertungsmaßstäbe mit welcher Auswirkung möglich wären?

Auch andere kulturelle bzw. gesellschaftliche Subsysteme (etwa Kirchen, Rechtssystem, Künste, 'lifestyle') gestalten die gesellschaftliche Realität in tiefgreifender Weise, bestimmen kollektive wie individuelle Entscheidungen, ohne dass dabei die beteiligten Personen oder Gruppen die entsprechende Logik verstünden.[12] Anders formuliert stellen diese Subsysteme der Gesellschaft – so wie die Mathematik auch – unverstandene Orientierungs-Ressourcen zur Verfügung. Eine wichtige Differenz zur Mathematik könnte darin gesehen werden, dass ihre Wirksamkeit kontrollierbarer und eindeutiger zu sein scheint: Eine korrekte Rechnung funktioniert, so scheint es, zuverlässiger als eine moralische, juristische oder modische Verhaltensmaxime. Der Einfluss der genannten und anderer 'weicherer' Logiken auf das individuelle wie kollektive Verhalten sollte allerdings nicht unterschätzt werden. Eine weitere Differenz betrifft das 'Versprechen der Transparenz im Prinzip', das die Mathematik gibt – ganz im Gegensatz etwa a) zur Religion, die immer auch eine Spannung von Glauben und Wissen thematisieren muss, b) zur Kunst, der es u. U. gerade darauf ankommt durch provokative Unverständlichkeit zu wirken, oder c) zur Mode, die mit dem Begriff des Verstehens gar nicht, also nicht einmal im negativen Sinne umgeht.[13] Ist die Gültigkeit einer Norm umstritten, so hat eine Logik, die 'im Prinzip'

[12] Diese Überlegungen sind angeregt durch die Thesen in Roland Fischers Vortrag auf der Siegener Tagung „Mathematik Verstehen".

[13] Inwiefern Moral sich auf eine ähnliche Begründungspflicht wie die Mathematik einlassen müsste, beantworten die verschiedenen ethischen Theorien sehr unterschiedlich; vgl. [Nickel2006b].

für alle 'vernünftig Denkenden' nachvollziehbar ist, im Diskurs eine außerordentlich starke Position, sofern man ihr diese Eigenschaft zugibt und überhaupt zum Diskurs bereit ist.[14] Strittig wäre dann allenfalls der nicht-mathematische Übergang von der lebensweltlichen Problematik zur mathematischen Formalisierung, oder in einem Modewort ausgedrückt, die jeweilige 'Modellierung'[15]. Insofern Macht sich gerade nicht mit Erklären und Verstehen aufhält, also auf freiwillige Zustimmung angewiesen wäre, sondern auf Befehlen basiert, bei denen es allenfalls auf Befolgen, aber kaum auf ein Einverständnis ankommt, bezieht Mathematik ihre Macht – einmal abgesehen vom Funktionieren der Technik – aus ihrer Kombination von realer Unverständlichkeit und potentieller Trivialität. Aber auch noch mathematik-intern lässt sich ein autokratischer Zug nachweisen, steht das Befehlen geradezu im Zentrum des sprachlichen Duktus der Mathematik; Herbert Mehrtens charakterisiert dies treffend:

> Die Setzungen der Mathematik haben den Charakter von Befehlen, die Theoreme und Schlußfolgerungen sollen immer zwingende Folge der Befehlssysteme sein. Das macht den eigenartigen Charakter dieser Sprache aus; sie besteht aus Befehlen, die das Setzen von Zeichen regeln. Die Gewißheit der Mathematik liegt in ihrer befehlsmäßig zwingenden Struktur[16].

## 4.3 Problemanzeige – und Strategien des Umgangs

Wenn die oben skizzierte Situation auch nur in groben Zügen mit der gesellschaftlichen Realität übereinstimmt, so folgen sowohl auf individueller wie auch auf kollektiver Ebene dramatische Verluste an Einfluss- und Kontrollmöglichkeiten und damit an der Fähigkeit, verantwortlich zu handeln. So gehen dem Individuum Entscheidungskompetenzen gegenüber mathematikbasierter Technik und mathematisch implementierten gesellschaftlichen Normen und Regeln verloren.[17]

[14] Auf den agonalen Charakter der Logik weist schon Friedrich Nietzsche deutlich hin, vgl. [Nickel2006a].

[15] Vgl. dazu [Nickel2007].

[16] [Mehrtens1993, S. 101]

[17] Eine vergleichbare Problematik wird seit längerem im Rahmen der Technikphilosophie (vgl. etwa [Postman1992]) diskutiert; auch hier geht es um einen Autonomie-Verlust im Gefolge einer zunächst für eine Erweiterung von Handlungsmöglichkeiten entwickelten Technik, die schließlich weder verstanden noch beherrscht werden kann. Sicherlich gibt es Überschneidungen mit unserem Thema, zumal die Mathematik über den Dreischritt Mathematik-Naturwissenschaft-Technik ohnehin als 'Theoriesprache' beteiligt ist. Ich möchte jedoch an dieser Stelle Mathematisierung und Technisierung durch zwei Spezifika voneinander abgrenzen, die beide in der materiellen Basis der Technik begründet sind. Zum einen gibt es zur Technik intuitive, experimentelle etc. Zugangswege, die es dem Benutzer ermöglichen, eine ziemlich zuverlässige Orientierung im Umgang mit einem technischen Gerät zu erwerben, ohne die Konstruktion des Gerätes zu verstehen oder auch nur zu kennen. Ein souveräner Umgang durch 'Bastelei', also ohne ein Verständnis für die Konstruktion, scheint für rein mathematische Strukturen deutlich schwieriger (am ehesten funktioniert noch eine quasi-empirische Handhabung der Computertechnik), wenn nicht unmöglich. So wird dieser 'lebensweltliche' Umgang mit der Technik – gerade *durch* zunehmende Mathematisierung – erschwert; wer ist etwa noch in der Lage, sein Auto, seine Uhr, sein Radio selbst zu reparieren? Zum anderen können (unerwünschte) Effekte technischer Apparate der 'Irrationalität' der Materie oder des menschlichen Personals zugeschrieben werden, und sie fallen damit, so scheint es, aus dem Verantwortungsbereich des Konstrukteurs heraus; das 'Restrisiko' einer technischen Großanlage kann so der Materie oder dem 'menschlichen Faktor' zugeschrieben werden. Diese 'irrationale' Seite steht in der Mathematik, die ja als ausschließlich auf der menschlichen Ratio begründet erscheint, (zumindest vordergründig) nicht zur Verfügung.

Ebenso verlieren die Gesellschaft und deren demokratisch legitimierte Repräsentaten ihre Kompetenzen gegenüber Experten, die wiederum häufig von nicht (ganz) verstandener, implementierter Mathematik abhängen. Die Situation verschärft sich noch dadurch, dass deskriptive und normative Funktionen der Mathematik allzu leicht verwechselt werden. Wenn die mathematische Regelsetzung, beispielsweise durch Kenngrößen im ökonomischen Bereich, mit der 'Messung' einer objektiv gegebenen Realität verwechselt wird, kommen alternative Beurteilungs- und damit Handlungsmöglichkeiten überhaupt nicht mehr in Betracht.

Dabei wird – einem gängigen, schulmathematisch geprägten Vorurteil folgend – die Flexibilität und Wandlungsfähigkeit der Mathematik dramatisch unterschätzt. Mathematik stellt sich, dem Vorurteil gemäß, als ein in Form und Inhalten im Wesentlichen konstantes Hilfsmittel dar, Probleme zu strukturieren und (damit) zu lösen. In der Tat kann der Einsatz der Mathematik das Verhältnis zu einer als komplex erfahrenen 'Welt' strukturieren und damit vereinfachen. Im Gegensatz zu diesem Zerrbild erzeugt Mathematik jedoch – in wachsendem Maße – zunächst für sich selbst neue Resultate, aber auch Methoden und Fragestellungen.[18] Damit stellt sie aber auch der Gesellschaft neue Strukturen und Regeln zur Verfügung und verursacht damit zugleich eine zusätzliche gesellschaftliche Binnenkomplexität. Hernach löst sie im besten Falle Probleme, die wir ohne die Mathematik gar nicht hätten.

Schließlich wird auch im Wissenschaftssystem selbst ein Unbehagen an der Deutungshoheit nicht verständlicher Mathematik artikuliert. An dieser Stelle soll nur *ein* aktuelles Beispiel angeführt werden. In einem Themenband der Zeitschrift *Aus Politik und Zeitgeschichte*, der das Jahr 2009 als Krisenjahr beleuchtet, widmet sich Max Otte dem völligen Versagen der Wirtschaftsforschung angesichts der Aufgabe, die Finanzkrise vorauszusagen bzw. Strategien zu ihrer Bewältigung zu liefern:

> Im Jahr 2009 wandten sich in Deutschland 83 bekannte Ökonomen (...) mit einem Aufruf an die Öffentlichkeit, die Lehre von der Wirtschaftspolitik an den Universitäten zu retten. Zu sehr werde auf mathematische Modelle gesetzt, so dass das Denken über wirtschafts- und ordnungspolitische Fragestellungen mehr und mehr in den Hintergrund gerate. (...) Die Gefahr ist groß, dass die Priesterkaste der mathematischen Ökonomen auch in Zukunft grundlegende ordnungspolitische Zusammenhänge ignoriert und sich in esoterischen Modellen ergeht, während draußen in der Welt bereits die nächste Blase entsteht[19].

Seine Kritik an einer Mathematisierung der Volkswirtschaftslehre erscheint dabei fast wie eine Neuauflage der Polemik Goethes gegen Newton. Deutlich wird jedenfalls die Sorge einer (noch?) nicht vollständig mathematisierten Disziplin vor einem Verlust der Deutungs- und Entscheidungskompetenzen.

Eine Strategie des Umgangs mit der skizzierten Problemlage könnte, wie gerade gesehen, darauf abzielen, die Legitimität mathematischer Regelsetzungen und Beschreibungskompetenzen radikal in Frage zu stellen, und mit Nachdruck nicht-mathematische Alternativen ins Spiel bringen. Diese an passender Stelle durchaus sinnvolle Strategie wollen wir hier nicht weiter betrachten, sondern abschließend Umgangsweisen anführen, die das Faktum der Mathematisierung

[18] Bereits Georg Cantor weist auf dieses kreative Potential der Mathematik in seiner dritten These zur Promotion deutlich hin: „In re mathematica ars proponendi quaestionem pluris facienda est quam solvendi."

[19] [Otte2009]

akzeptieren, und die versuchen, sie produktiv in die Gesellschaft zu integrieren. Zunächst kann mit einem gewissen Recht darauf hingewiesen werden, dass Mathematik im historischen Verlauf schrittweise trivialisiert wird. Mathematische Techniken, die für einen ägyptischen Rechenmeister noch kostbares Herrschaftswissen waren, werden heute – im allgemeinen sogar erfolgreich – an Grundschüler vermittelt. Der optimistischen Sicht, dass sich der mathematische Fortschritt im Laufe der Zeit hinreichend trivialisiert, steht jedoch die Beobachtung eines zunehmenden Fortschrittstempos entgegen. In gleicher Weise konkurrieren die systematisierende und damit Kompliziertes vereinfachende[20] Potenz der Mathematik mit ihrer Fähigkeit zum stetigen Hervorbringen neuer Strukturen und Probleme. Auch hier dürfte derzeit die Bilanz eher zu Ungunsten eines fortschreitenden Verstehens der Mathematik ausfallen.

Im Gefolge einer formalistisch verengten Mathematikauffassung könnte man versucht sein, lediglich auf ein Verständnis für die vorausgesetzte Axiomatik, bzw. im Anwendungskontext auf die Modellierung zu achten und die anschließende mathematische Arbeit unbesehen den Experten bzw. Rechenmaschinen zu überlassen. Schließlich kann man das unvermeidliche Nicht-Verstehen 'technischer' Details, aber auch ganzer Theoriegebäude, die gleichwohl für die gesellschaftliche Realität bestimmend sind, akzeptieren und dennoch nach einer Weise der Integration suchen, die Beurteilungs- und damit Handlungs-Spielräume sichert. In dieser Weise reagiert offenbar eine Fachdidaktik, die betont, dass an den allgemeinbildenden Schulen über das Wissen um operative Verfahren hinausgehend ein Reflexionswissen vermittelt werden muss.[21] Auch wenn es gerade im Mathematischen 'technische' Details – komplizierte Rechnungen etc. – gibt, die für ein hinreichendes, reflektierendes Verständnis nicht gekannt werden müssen, stellt sich die Frage nach den Grenzen einer solchen 'Urteilsfähigkeit unter Verzicht auf das Handwerk'. Jedenfalls kann eine Reflexion über Mathematik kaum ohne die Unterstützung derjenigen gelingen, die Mathematik im technischen Detail wie auch in fachstrategischer Dimension betreiben. Es ist also die mathematische Fachwissenschaft selbst aufgefordert zu einer *sachgemäßen* Popularisierung;[22] wenn es dabei allerdings nicht nur um fachpolitische Propaganda gehen soll, müsste sich die Mathematik auch kritische Rückfragen gefallen lassen, müsste sie sich auf einen Dialog einlassen, der bei allen Beteiligten Lernprozesse und ggf. Änderungen bewirkt. Vielleicht würde sie sich selbst dabei aus einer ganz ungewohnten Perspektive als Ganze verstehen lernen.

# Literatur

[Beutelspacher1996] Beutelspacher, A.: In Mathe war ich immer schlecht. Vieweg, Braunschweig 1996.

[DavisHersh1981] Davis, P. J.; Hersh, R.: The Mathematical Experience. Birkhäuser, Boston, Basel, Stuttgart 1981.

[Enzensberger2001] Enzensberger, H. M.: Zugbrücke außer Betrieb: Mathematics – A Cultural Anathema. A K Peters, Wellesley MA 2001.

[Hilbert1988] Hilbert, D.: Wissen und mathematisches Denken. Vorlesung ausgearbeitet von Wilhelm Ackermann. Hrsg. von Bödigheimer, C.-F. Göttingen 1988.

[Lakatos1979] Lakatos, I.: Beweise und Widerlegungen. Vieweg, Braunschweig 1979.

[20] vgl. den Abschnitt über „Theoriebauer und Problemlöser" im Aufsatz von Reinhard Winkler in diesem Band.

[21] vgl. den Aufsatz von Peschek in diesem Band

[22] vgl. etwa das Plädoyer Hans Magnus Enzensbergers in [Enzensberger2001].

[Mehrtens1993] Mehrtens, H.: *Nachwort* In: Barrow, J. D.: Warum die Welt mathematisch ist. Campus, Frankfurt am Main 1993, S. 101.

[Musil1981] Robert Musil: Der Mann ohne Eigenschaften. (Hrsg. von Adolf Frisé) Rowohlt, Berlin 1981.

[Nickel2006a] Nickel, G.: *Zwingende Beweise – zur subversiven Despotie der Mathematik.* In: Dietrich, J.; Müller-Koch, U. (Hrsg.): Ethik und Ästhetik der Gewalt. mentis Verlag, Paderborn 2006, S. 261-282.

[Nickel2006b] Nickel, G.: *Ethik und Mathematik – Randbemerkungen zu einem prekären Verhältnis.* Neue Zeitschrift für Systematische Theologie u. Religionsphilosophie **47** (2006), S. 412-429.

[Nickel2007] Nickel, G.: *Mathematik und Mathematisierung der Wissenschaften – Ethische Erwägungen.* In: Berendes, J.: Autonomie durch Verantwortung. mentis Verlag, Paderborn 2007, S. 319-346.

[Nickel2010] Nickel, G.: *Proof – Some Notes on a Phenomenon between Freedom and Enforcement.* Erscheint in: Löwe, B.; Müller, T. (eds.): PhiMSAMP. Philosophy of Mathematics: Sociological Aspects and Mathematical Practice. College Publications, London 2010, S. 281-291.

[Otte2009] Otte, M.: *Die Finanzkrise und das Versagen der modernen Ökonomie.* Aus Politik und Zeitgeschichte **52** (2009), S. 9-16.

[Postman1992] Postman, N.: Das Technopol. S. Fischer, Frankfurt am Main 1992.

[Schobinger1974] Schobinger, J. P.: Kommentar zu Pascals Reflexionen über die Geometrie im Allgemeinen. Schabe und Co, Basel 1974.

[Schumacher2000] Schumacher, E.: Die Ironie der Unverständlichkeit. Suhrkamp, Frankfurt am Main 2000.

# 5 Der Organismus der Mathematik – mikro-, makro- und mesoskopisch betrachtet

REINHARD WINKLER

## 5.1 Ein weitverbreitetes Missverständnis (Käsemathematik)

Als Einstieg wähle ich folgenden Dialog zwischen einem Mathematiker (M) und einem Nichtmathematiker (N), wie ich ihn in dieser oder einer ähnlichen Variante schon unzählige Male erlebt habe:

N: Forschen in der Mathematik?! In der Mathematik ist doch schon alles bekannt! Kann man denn da überhaupt etwas Neues entdecken?

M: Sehr viel sogar; mehr denn je zuvor!

N: Darunter kann ich mir nichts vorstellen. Kann man das an einem Beispiel erklären?

M: In den 90er Jahren wurde der berühmte sogenannte *Große Fermat* bewiesen, dass es nämlich keine positiven ganzzahligen Lösungen der Gleichung $a^n + b^n = c^n$ mit $n \geq 3$ gibt.

N: Und wozu ist das gut?

M: Ist es nicht großartig, dass diese Behauptung, die Pierre de Fermat um die Mitte des 17. Jahrhunderts aufstellte, nach etwa 350 Jahren nun endlich bewiesen wurde? Seither hatten sich die größten Mathematiker vergebens an diesem Problem versucht. Und nun, in unserer Zeit, ist Andrew Wiles, teils zusammen mit Richard Taylor, doch eine Lösung gelungen. Es war bis zu diesem Zeitpunkt vielleicht das prominenteste offene mathematische Problem überhaupt. Aber es gibt noch andere ähnliche Beispiele, wie etwa die Poincarésche Vermutung. Doch die ist nicht so leicht zu erklären.

Meist enden ähnliche Gespräche über Mathematik etwa an diesem Punkt, ohne dass der Nichtmathematiker von der Sinnhaftigkeit mathematischer Forschung, ja mathematischer Tätigkeit generell überzeugt werden konnte. Ich glaube nicht, dass dem Laien Blindheit für die Großartigkeit unserer Wissenschaft vorzuwerfen ist, wenn hier keine befriedigendere Kommunikation zustande kommt. Ich sehe als Ursache eher ein stark verkürztes Bild von der Mathematik, welches auch Fachleute oft zeichnen, weil ihnen eine angemessenere Darstellung ihres Faches zu viel Mühe macht – und das obwohl Mathematik nur betreiben kann, wer geistige Mühen sonst keineswegs scheut. Ich will versuchen, den Ursachen dieses eigentümlichen Phänomens auf den Grund zu gehen.

Im Falle des obigen Dialogs über den Fermat-Wiles-Taylorschen Satz wird die Mathematik implizit als ein weitgehend homogener Block dargestellt, in dem sich – wie im Käse – hin und wieder erratische Löcher als Unbekanntes auftun, die zu füllen in manchen Fällen offenbar unglaublich schwierig ist. Die Heroen des Faches werden bei dieser Betrachtungsweise durch die Schwierigkeit der von ihnen gelösten Probleme definiert. Durch singuläre Gipfelleistungen, meist von Einzelkämpfern oder Kleingruppen, werden die Löcher im Käse nach und nach gestopft, und der Mathematik bleiben immer weniger offene Fragen zur Behandlung. Gegenwärtig fallen einem neben der bereits gelösten Poincaré-Vermutung vor allem die sechs weiteren Millenniumsprobleme ein (darunter die Riemannsche Vermutung und das P-NP–Problem), aber auch zahlentheoretische Klassiker wie die Goldbachsche Vermutung oder die Unendlichkeit der Primzahlzwillinge. Doch was bleibt, wenn irgendwann auch diese Fragen gelöst sind?

Natürlich wissen wir, dass dieses Bild der Mathematik ihrem Wesen nicht gerecht wird; und nicht nur der Gödelschen Sätze wegen, die ja garantieren, dass immer mathematische Fragen offen bleiben werden. Doch sind halbherzige Erklärungen wie der eingangs skizzierte Dialog schwer als positiver Gegenentwurf zur Käsemathematik einzustufen. Ein solcher sollte helfen beim Verstehen von Mathematik als Ganzer wie auch in der Vielfalt ihrer Teilaspekte. Das ist natürlich schwieriger, als einen vorliegenden Entwurf zu kritisieren oder gar zu karikieren, wie ich es oben getan habe. Dennoch will ich mich an einer Darstellung von Mathematik versuchen, die, wenn auch sicherlich nicht allen, so doch einigen interessanten Aspekten gerecht wird.

## 5.2 Drei Betrachtungsweisen der Mathematik

### 5.2.1 Der makroskopische Blick

Ich beginne mit einem Blick aus der Ferne, sowohl historisch als auch thematisch. Obwohl beachtliche mathematische Erkenntnisse schon aus älteren Epochen und aus den unterschiedlichsten Quellen hervorgehen, wird es für uns erstmals in der klassischen griechischen Antike spannend. Denker wie Pythagoras von Samos und Thales von Milet überschreiten mit ihren sehr stark philosophisch geleiteten Lehren und mathematischen Beiträgen für uns als erste die Schwelle zwischen sagenumwobenem Mythos und historisch abgesicherter Existenz. Mustergültig zusammengefasst wurden die Leistungen dieser Epoche im 3. Jh.v.Chr. von Euklid in seinem wirkungsmächtigen Lehrbuch, den *Elementen*. Deutlich zu unterscheiden sind darin die Gebiete Arithmetik und Geometrie. Jahrtausendelang galt Euklids Werk als verbindlich. In Europa kam es erst in der frühen Neuzeit zu Fortschritten, die wesentlich darüber hinausgingen. Descartes und seine Zeitgenossen stellten durch Einführung von Koordinatensystemen in der analytischen Geometrie eine Verbindung her zwischen der Geometrie einerseits und Algebra und Zahlentheorie andererseits. Etwas später revolutionierten Newton und Leibniz in ihrer Differential- und Integralrechnung diese Perspektive. Ihre systematische Untersuchung der unendlich kleinen Größen beschäftigte die nachfolgenden Generationen, allen voran Euler mit seiner *Introductio in Analysin Infinitorum* (1748). Im darauffolgenden Jahrhundert schenkte der früh tragisch ums Leben gekommene Galois der Algebra völlig neue Visionen. Auch von ganz anderen Aufgabenstellungen kommend wuchsen der Mathematik neue Teilgebiete zu. Für wahrscheinlichkeitstheoretische Untersuchungen bedeutender Vorgänger aus mehreren Jahrhunderten schuf erst im 20. Jahrhundert Kolmogorov einen gemeinsamen Rahmen auf Basis der damals noch recht jungen Maßtheorie. Somit hatte endlich auch die Stochastik am Kern der traditionellen Mathematik angedockt. Zur vertiefenden Einsicht entstanden gänzlich neue Gebiete wie die Topologie, die sehr schnell sowohl mit der Geometrie, der Analysis (Funktionalanalysis) als auch mit der Algebra völlig neuartige und extrem fruchtbare Verbindungen einging. An den unterschiedlichsten Problemen in traditionellen Teilen der Mathematik hatte sich parallel dazu das Interesse an den Grundlagen der Mathematik entzündet. Die Beiträge von Boole, Cantor, Peano, Frege, Hilbert, Russell, Gödel und anderen wirkten auch auf die Philosophie sehr stark ein. Gleichzeitig erwiesen sich mathematische Logik und Mengenlehre als wertvoll für unterschiedliche Teilgebiete der Mathematik wie Algebra, Analysis, Kombinatorik, Topologie etc.

Mit diesen Reminiszenzen will ich nicht mit Wohlbekanntem langweilen. Ich möchte damit auf einen Aspekt aufmerksam machen, der überall deutlich ins Auge springt, sobald er einmal bewusst gemacht ist: Es sind nicht die Lösungen offener Probleme, die wir im großen Abstand als die entscheidenden Errungenschaften wahrnehmen. Es ist vielmehr das Wechselspiel zwischen dem Aufblitzen neuer, großer Ideen einerseits und deren Integration in den Korpus der bereits bestehenden Mathematik andererseits. Denn erst vermittels neuer Zu- und Übergänge zwischen vertrauten Bereichen werden neue Ressourcen und Kräfte entfesselt.

### 5.2.2 Der mikroskopische Blick

Doch lässt sich Mathematik in ihrer Besonderheit nicht allein durch großräumige Erzählungen aus ihrer Geschichte erfassen. Will man ihr gerecht werden, hat man sich auch jenem Spezifikum zuzuwenden, das sie am deutlichsten von anderen Wissenschaften unterscheidet. Und das ist die besondere Rolle der axiomatischen oder auch logisch-deduktiven Methode.

Natürlich mache ich es mir nicht zur Aufgabe, diese Methode hier ausführlich vorzustellen, wie das in Lehrbüchern der mathematischen Logik, insbesondere der Beweistheorie geschieht. Ihr Hauptergebnis, der Gödelsche Vollständigkeitssatz der Prädikatenlogik erster Stufe, verleiht der Mathematik generell eine Sonderstellung. Indem er garantiert, dass jede logisch zwingende Beweisführung auf einige wenige, klar definierte und elementare Schlussfiguren zurückgeführt werden kann, hat er gewissermaßen die Elementarkräfte der Mathematik identifiziert als jene logischen Prinzipien, mit deren Hilfe das gesamte mathematische Universum aufgebaut wird. Die Mathematik schafft es somit, ihre eigene Methode gleichzeitig zu ihrem Gegenstand zu machen, nämlich als Gegenstand der mathematischen Logik, eines ihrer Teilgebiete.

So sehr die Einzelerkenntnisse aus der mikroskopischen Perspektive auch beeindrucken (und gerade Philosophen würdigen üblicherweise diese Aspekte besonders), so missfällt eine zu mikroskopische Sichtweise wiederum vielen Fachmathematikern. Denn sie leistet einer Überformalisierung Vorschub, zu der manche von ihnen sich geradezu wie der sprichwörtliche Teufel zum Weihwasser stellen. Um diese Haltung nachvollziehbar zu machen, will ich nun eine Perspektive einnehmen, die zwischen der makro- und der mikroskopischen liegt und die gänzlich neuartige Strukturen erkennen lässt.

### 5.2.3 Der mesoskopische Blick

Es geht dabei um das, was Fachmathematikern am wichtigsten ist, weil es sie am unmittelbarsten betrifft. Vergleichbar dazu liegt die klassische Mechanik etwa auf halbem Weg zwischen Kosmologie und Elementarteilchenphysik, und im Gegensatz zu diesen beiden extremen makro- bzw.

mikroskopischen Bereichen entspricht die Mechanik unseren aus der Alltagserfahrung gewonnenen Intuitionen von der Welt am ehesten.

Noch ein anderer Vergleich liegt nahe, nämlich der mit Kunst, z.B. mit Musik. Angesichts eines großen Werkes wie einer Oper oder einer Symphonie ist es auf der makroskopischen Ebene geradezu trivial, die Grobgliederung in Akte bzw. in Sätze wahrzunehmen, vielleicht auch noch in einzelne Szenen bzw. in Abschnitte wie Exposition, Durchführung etc. Auch bedarf es keiner umfassenden musikalischen Bildung, um in einer Partitur mikroskopische Elemente wie einzelne Noten und vielleicht noch die Tonart einzelner Akkorde zu identifizieren. Wenn ein Musikwerk als besonders herausragend empfunden wird, so liegt seine Wirkung aber kaum allein an der Zahl und Reihenfolge seiner Teile im Großen oder an der Häufung einzelner ganz besonders schräger Harmonien im Kleinen. Es liegt eher an der überzeugenden Art, wie Motive, musikalische Themen und generell die Teile in allen Größenmaßstäben sich zu einem Ganzen fügen, indem sie Bezüge zwischen vordergründig weit auseinanderliegenden Elementen herstellen. Solche Phänomene zu analysieren und auf den Punkt zu bringen, ist im konkreten Einzelfall meist eine sehr schwierige und anspruchsvolle Aufgabe. Erst an ihr zeigt sich tiefes Musikverständnis.

Anstatt nach allgemeinen Erklärungen zu suchen, will ich ein Beispiel für eine Parallele in der Mathematik bringen: den Begriff der Kompaktheit. In seiner klassischen Variante bezieht er sich auf die reelle Analysis und bezeichnet eine gewisse Eigenschaft von Mengen reeller Zahlen (in diesem Spezialfall sind es genau jene Teilmengen, die sowohl beschränkt als auch abgeschlossen sind). Kompakte Mengen dürfen zwar unendlich sein; als so wichtig erweisen sie sich aber deshalb, weil im Umgang mit ihnen mancherlei möglich ist, was man von endlichen Mengen gewohnt ist, nicht aber von beliebigen unendlichen.

Der Kern der Kompaktheit hat sich als ein topologischer herauskristallisiert. Aber nicht nur in Topologie und Funktionalanalysis tritt Kompaktheit prominent auf. Sie tut es in allen anderen Gebieten, die ich bisher erwähnt habe: In der Geometrie hat man es in der Mehrzahl der Fälle mit kompakten oder wenigstens lokalkompakten Objekten zu tun. Die Stochastik beruht auf Wahrscheinlichkeitsmaßen, deren $\sigma$-Additivität so gut wie immer mehr oder weniger offensichtlich Kompaktheit als (einen) tieferen Grund hat. In der Zahlentheorie und Algebra erweisen sich z.B. die $p$-adischen Zahlen und, allgemeiner, pro-endliche Strukturen nicht zuletzt deshalb als so nützlich, weil sie kompakt sind. In der unendlichen Kombinatorik lassen sich wesentliche Elemente der Ramseytheorie als Anwendung von Kompaktheit verstehen. Und in der mathematischen Logik spielt der sogenannte Kompaktheitssatz eine sehr wichtige Rolle im Zusammenhang mit dem bereits erwähnten Vollständigkeitssatz. Immer geht es bei der Kompaktheit um Übergänge zwischen endlich und unendlich, auch wenn diese in ganz unterschiedlichen Zusammenhängen und scheinbar weit auseinanderliegenden Teilgebieten auftreten. Dadurch entsteht eine auch ästhetisch sehr ansprechende Klammer über weite Teile der Mathematik hinweg.

Auch andere Beispiele ließen sich ausbreiten, wo sich in ähnlicher Weise eine Art Leitmotiv quer durch die Mathematik zieht. Ich nenne die Antagonismen diskret – kontinuierlich, algebraisch – geometrisch, Eigenschaft (Prädikat) – Objekt (Menge), formal – intuitiv oder Paradigmen, die in gewissen Teilgebieten ubiquitär hervortreten wie Randomisierung oder Diagonalisierung.

Zwar muss an dieser Stelle vieles Andeutung bleiben, doch geht es in allen Fällen um sehr grundlegende Ideen. Vielfältige Erscheinungsformen erweisen sich als Ausprägungen des immer wieder Gleichen: einer Idee als konstanter Größe im vielgestaltigen Wandel der mathematischen Objekte. Dies zu erkennen schafft jene Denkökonomie, die einen der wichtigsten Werte der Mathematik darstellt.

## 5.3 Mathematik als Organismus

### 5.3.1 Metapher

Will man dem Wesen der Mathematik gerecht werden, müssen jedenfalls samt ihren fließenden Übergängen berücksichtigt werden. Dabei entsteht das Bild eines Organismus, dessen Funktion auf einem klar definierbaren Kern an Gesetzmäßigkeiten basiert, welche die offizielle Methode der Mathematik definieren und gleichsam als die physikalischen und chemischen Grundlagen des Organismus wirken. Das war Gegenstand des mikroskopischen Blicks. Makroskopisch betrachtet besteht der Organismus aus Körperteilen, sprich Teilgebieten, zwischen denen unzählige Verbindungen in höchst komplexer, doch grundsätzlich weitgehend offensichtlicher Weise eine Einheit herstellen. Das eigentlich interessante Geschehen spielt sich aber, der mesoskopischen Ebene entsprechend, in einer Art Stoffwechsel der Ideen ab, der den gesamten Organismus durchzieht. Dies hat zur Folge, dass jeder Teil nicht nur auf seine jeweiligen makroskopischen Nachbarn wirkt, sondern – ähnlich dem Blutkreislauf – die Nährstoffe in Gestalt anpassungsfähiger Ideen überall hinbringt. Der Organismus ist gesund, wenn alle Systeme harmonisch ineinandergreifen.

Das Bild eines Organismus taucht auch in Bourbakis programmatischem Artikel[1] auf, dessen deutsche Übersetzung[2] den Titel *Die Architektur der Mathematik* trägt. Dieser Text erklärt die Sicht einer Gruppe führender Mathematiker des 20. Jahrhunderts auf ihre Wissenschaft und ist sicherlich einer der wichtigsten zum Wesen der modernen Mathematik. Der architektonische Blick betont eine Hierarchie fundamentaler mathematischer Strukturen. Im Vergleich dazu möchte ich mit der Metapher des Organismus die Aufmerksamkeit darauf lenken, dass Ideen sehr wandlungsfähig und flexibel sind. Um in einem neuen Umfeld zu wirken, müssen sie nicht erst durch ganze Hierarchien klettern. Das Assoziationsvermögen des Mathematikers arbeitet unmittelbarer. Damit soll aber keineswegs ein Widerspruch zu Bourbaki konstruiert, sondern lediglich das Bild um einen weiteren Aspekt ergänzt werden.

### 5.3.2 Analyse

Nüchterner und weniger metaphorisch gesprochen, könnte man auch Gegenstand, Inhalt und Methode der Mathematik unterscheiden:

Gegenstand der Mathematik sind unsere Vorstellungen von den Begriffen, die in den verschiedenen Teilgebieten der Mathematik zutage treten. Diesen Gegenstand erfasst man am besten mit jenem Blick, den ich den makroskopischen genannt habe. Wie es die historische Rückschau auf die Entwicklung der mathematischen Teilgebiete gezeigt hat, ist dieser Gegenstand nicht a priori vorgegeben, sondern entfaltet sich im Laufe der Geschichte. Als Inhalt der Mathematik, also als Kern dessen, was im schöpferischen Prozess geschaffen und dann weiterentwickelt wird, möchte ich die mathematischen Ideen ansehen. Ich meine dies so, wie ich es als mesoskopischen Blick bezeichnet und an entsprechender Stelle am Beispiel der Kompaktheit erläutert habe. Die Methode der Mathematik schließlich habe ich bereits explizit angesprochen, und zwar im Kontext des mikroskopischen Blicks.

---

[1] [Bourbaki1948]

[2] [Otte1974]

Von entscheidender Bedeutung sind die Wechselwirkungen zwischen diesen drei Aspekten und die dabei vonstatten gehenden Transformationen. Tritt zum Beispiel eine neue mathematische Idee auf, so muss sie zuallererst der mathematischen Methode zugänglich gemacht werden. Präzision im Begriff und Lückenlosigkeit in den Beweisführungen sind dabei für das Fortleben der Idee unerlässlich. Wir können diesen Vorgang auch als das Ineinandergreifen von meso- und mikroskopischer Ebene interpretieren. Hat die Idee auf solche Weise das Säuglingsalter überstanden, kann es sein, dass sie sich als ganz besonders tragfähig erweist. Im Extremfall kann sie Kristallisationspunkt eines neuen mathematischen Teilgebietes werden. Dies wäre eine Transformation von der meso- zur makroskopischen Ebene. Ideen können aber auch als neue Bindeglieder zwischen Teilgebieten in Erscheinung treten und somit den Zusammenhalt der Mathematik als Einheit stärken. In einigen Fällen kommt es sogar zu direkten Vermittlungen zwischen mikro- und makroskopischer Ebene. Als Beispiel bereits erwähnt wurde die mathematische Logik, insbesondere die Beweistheorie, wo die Methode der Mathematik zum Gegenstand wird.

### 5.3.3 Mathematischer Fortschritt

Egal ob man bei der Metapher vom Organismus der Mathematik an ein Individuum denkt oder an eine Spezies – interessant sind Entwicklung bzw. Evolution. In seiner Breite vollzieht sich mathematischer Fortschritt vorwiegend in Form allmählicher, kleiner, kollektiver Errungenschaften. Im Vergleich dazu selten kommt es zu plötzlichen, spektakulären Durchbrüchen, die Einzelpersonen zuzuschreiben sind. Selbst bei individuellen Pionierleistungen allerersten Ranges wie etwa jenen von Galois oder Gödel besteht kaum ein Zweifel daran, dass, hätten die beiden nie gelebt, ihre Einsichten sich uns trotzdem aufgetan hätten, wenn auch etwas später und nach ein paar zusätzlichen Irrwegen der Ideengeschichte. Die Entwicklung des mathematischen Organismus hätte also vielleicht kurzfristig etwas andere, weniger direkte Bahnen genommen. An der Tendenz zur Ausgewogenheit hätte das aber nichts geändert. Auf lange Sicht trachtet die Mathematik nämlich unmerklich, aber unablässig nach Klarheit und Einfachheit. Beispiele dafür gibt es auf elementarer Ebene (welch komplizierte Fallunterscheidungen bleiben uns etwa in der elementaren Algebra durch die Einbeziehung negativer Zahlen erspart!) wie auf fortgeschrittener (jedes moderne Lehrbuch ist voll von kurzen und übersichtlichen Beweisen von Resultaten, deren historisch erster Beweis so kompliziert war, dass er nur von den ersten Spezialisten der Epoche nachvollzogen werden konnte).

Entsprechend besteht die Arbeit des Mathematikers, sofern sie redlich betrieben wird, in einem beständigen Nachjustieren des Ideengeflechtes mit dem Ziel, die Ideen möglichst natürlich und überschaubar zur Geltung zu bringen. Keine geringere Rolle als Originalartikel aus der neuesten Forschung in Fachjournalen spielen dabei der Mathematikunterricht von der Grundschule bis zur universitären Lehre, vorzügliche Lehrbücher, die Erkenntnisse aus längeren Zeiträumen übersichtlich zusammenfassen, und sogar Initiativen zur Popularisierung. Überspitzt lässt sich sagen: Der Fortschritt in der Mathematik besteht in der allmählichen Trivialisierung von Kompliziertem. Wenn dies gelingt, so keineswegs nur durch neue Genieblitze, sondern vor allem dadurch, dass sich in der Mathematik langsam ein neuer Gesichtspunkt durchsetzt, weil er sich schlussendlich als der adäquate erweist. Oftmals fungiert ein solcher als verbindendes Element zwischen verschiedenen Teilgebieten, die an dieser Stelle besonders fruchtbar zusammenwirken. Mathematischer Fortschritt findet also keineswegs nur in Form pionierartiger Eroberung von Neuland statt, sondern viel häufiger in Form von Vernetzung und Vertiefung von bereits Bekanntem.

Zweifellos lassen sich ähnliche Phänomene nicht nur in der Mathematik ausmachen, sondern in allen Bereichen, wo es etwas zu verstehen gilt. Doch nur bei der Mathematik bestimmen sie ihr innerstes Wesen so tiefgreifend. Nicht immer jedoch findet Mathematik in der beschriebenen und idealtypischen Weise statt. Manchmal erkrankt ihr Organismus. Einher geht dies mit der Förderung von Zerrbildern. Diese können auf den verschiedenen Ebenen (mikro-, meso- und makroskopisch) entstehen. Das ist Gegenstand des folgenden Abschnitts.

## 5.4 Pathologie der Mathematik

### 5.4.1 Pathologie auf mikroskopischer Ebene (Nichtmathematik)

Auf mikroskopischer Ebene, d.h. was die mathematische Methode betrifft, lassen sich Missbildungen leicht benennen und explizieren. Denn, wie schon mehrmals betont, die Methode der Mathematik lässt sich als axiomatische, logisch-deduktive mit relativ überschaubarem Aufwand so explizit machen, wie es nur erwünscht ist. Worum es dabei im Wesentlichen geht, kann man durchaus verstehen, ohne einen Beweis des Gödelschen Vollständigkeitssatzes zu studieren. Wer hingegen dieses Wesentliche nicht verstanden hat, kann nicht Mathematik im eigentlichen Sinne betreiben. Nicht die detailverliebte Beherrschung eines formalen Systems ist dabei entscheidend, sondern die Einsicht in das Wesen folgerichtigen Schließens. Das sollte ein wichtiges Ziel im mathematischen Schulunterricht sein. Wenn es nicht erreicht wird, stellt sich die Frage, woran das liegt. Den wichtigsten Grund sehe ich in der weit verbreiteten Überbetonung einzelner, meist sehr spezieller Formalismen, je nach gerade aktuellem Stoffgebiet. Verbunden damit ist ein unzulässig eingeschränktes Bild von der mathematischen Methode. Beim Schüler entsteht nämlich der Eindruck, gewisse Regeln der Zeichenmanipulation seien die unumstößlichen Grundgesetze der Mathematik, nicht die universellen Regeln des logischen Schließens. Das geht so weit, dass Schüler und Studenten oft Unsicherheit äußern, wenn sie eine Aufgabe nicht in Form einer schematischen Rechnung gelöst haben, sondern, so wie es das Ziel der meisten sinnvollen Aufgabenstellungen ist, durch inhaltlich und logisch korrekte Argumentation. Da ich mich schon an früherer Stelle recht ausführlich mit der fragwürdigen Rolle des Formalismus im Mathematikunterricht befasst habe[3], will ich mein Augenmerk hier auf andere Aspekte richten. Zu diesem Zweck wechseln wir von der mikroskopischen zur mesoskopischen Betrachtungsweise.

### 5.4.2 Pathologie auf mesoskopischer Ebene (nurphilosophische Mathematik)

Wer sich wissenschaftstheoretisch mit Mathematik auseinandersetzt, verschafft sich vermutlich zuallererst Einblick in die Methode der Mathematik, macht sich also mit der mikroskopischen Ebene vertraut – um bei der Diktion aus Abschnitt 5.2 zu bleiben. Reich ist dabei die Ernte. Wer wäre auch nicht fasziniert von den fundamentalen Beiträgen von Frege, Russell und Whitehead, Brouwer, dem Hilbertschen Programm und seiner Überwindung durch Gödels Unvollständigkeitssatz? Begleitet werden diese Errungenschaften z.B. auch noch von der Sprachphilosophie

[3] [Winkler2007a]

Wittgensteins sowie seinen Äußerungen zur Philosophie der Mathematik (worin man sich andererseits auch verlieren kann).

Übersehen wird dabei aber leicht, dass die Großbaustellen der Mathematik selbst schon lange nicht mehr diese Grundlagenfragen betreffen. Das tut der Tatsache keinen Abbruch, dass Mathematiker auch heute weiterhin große Leidenschaft für jene Aspekte ihrer Wissenschaft aufbringen, die auch philosophisch so viel zu bieten haben. Die Verlagerung der mathematischen Forschung ist aber ein unzweifelhaftes Indiz dafür, dass mittlerweile vieles geklärt ist und die Mathematik auch abseits ihrer logischen und philosophischen Grundlagenfragen vielfältige Reize zu bieten hat. Diese Vielfalt zur Kenntnis zu nehmen, ist Voraussetzung für ein abgerundetes Bild einer organischen Mathematik.

So wie die Kunsttheorie sich an der Kunst zu orientieren hat und nicht umgekehrt (der Künstler interessiert sich für die Kunsttheorie so wie der Vogel für die Ornithologie), muss die Philosophie der Mathematik vom Phänomen Mathematik ausgehen und kann Mathematik nicht eigenmächtig definieren. Unter den drei von mir beschriebenen Betrachtungsweisen der Mathematik ist die mesoskopische zweifellos die vielfältigste und deshalb für den Nichtmathematiker am schwierigsten nachvollziehbare. Entsprechend häufig begegnet man Einschätzungen der Mathematik, die von einem mikro- oder makroskopischen Übergewicht geprägt sind bei gleichzeitiger Vernachlässigung des Mesoskopischen.

Doch so wie es eine typische *déformation professionnelle* unter Philosophen ohne fachmathematische Erfahrung gibt – nämlich den mesoskopischen Blick zu vernachlässigen – fallen auch Mängel in der Reflexion der Mathematik auf, die unter Fachmathematikern weit verbreitet sind. Hierauf bezieht sich der folgende Unterabschnitt.

### 5.4.3 Pathologie auf makroskopischer Ebene (Randmathematik)

Der moderne Wissenschaftsbetrieb zwingt unter dem Vorwand von Zielen, die für sich genommen durchaus allgemeine Zustimmung verdienen mögen, die einzelnen Akteure sehr häufig zu einem Verhalten mit höchst fragwürdigen Auswirkungen auf das Gesamtsystem. Der erfrischenden Polemik[4] von Konrad Paul Liessmann zu diesem und verwandten Themen ist auf allgemeiner Ebene wenig hinzuzufügen. Dennoch gibt es einige Aspekte, die aus mathematischer Sicht besondere Aufmerksamkeit verdienen, weil sie erklären, inwiefern und warum mathematische Forscher häufig den makroskopischen Blick aus den Augen verlieren. U.a. hängt dies damit zusammen, dass die Mathematik offene Probleme in einer Präzision formulieren kann, die in anderen Disziplinen kaum vorkommt. Manche Probleme entfalten daher eine ganz besondere Prominenz. Folgt man der populären Unterscheidung zwischen Theorienbauern und Problemlösern, bevorzugt das eindeutig die Problemlöser. Theorienbauer vermitteln vorwiegend zwischen meso- und makroskopischer Ebene, Problemlöser zwischen meso- und mikroskopischer. Bei wirklich schwierigen und lange offenen Problemen scheint der Unterschied wenig relevant. So ist z.B. Andrew Wiles' Lösung des Fermatschen Problems nicht deshalb so großartig, weil wir nun wissen, dass wir ganze Zahlen $a, b, c, n$ mit gewissen Eigenschaften nie finden werden, sondern weil Wiles viel großräumigere Zusammenhänge geklärt, gewissermaßen eine eigene Theorie gebaut hat. Folgender Vergleich mit der Literatur soll sinngemäß auf den Mathematiker Gian-Carlo Rota

[4] [Liessmann2006]

zurückgehen: Die vordringliche Aufgabe von Mathematikern besteht ebensowenig im Beweisen von Theoremen, wie Schriftsteller es nicht primär darauf anlegen, Sätze zu schreiben. Auf bescheidenerem Niveau jedoch lässt sich mit der Problemlöserei hervorragend ein selbstgenügsamer Publikationsbetrieb ankurbeln. Sehr spezielle Kleinprobleme werden von einem Kollegen in einer Arbeit gestellt, von einem anderen in einer anderen Arbeit für einen noch spezielleren Fall behandelt, in einer dritten Arbeit, die vielleicht wieder vom ersten Kollegen stammt, auch noch für eine Variante des speziellen Falls etc. Sehr überzeugende Gedanken zur fortschreitenden Aufspaltung mathematischer Teilgebiete finden sich gegen Ende eines bedeutenden Artikels von John von Neumann[5] (von dem es auch eine deutsche Übersetzung[6] gibt), in dem er das Verhältnis der Mathematik zur Empirie auf sehr differenzierte Weise erörtert.

Der Theorienbauer auch auf einem kleinen Gebiet findet eine andere Situation vor. Sein Bestreben ist es, ein übersichtliches und einheitliches Bild der Zusammenhänge zu entwerfen. Häufig wird sich herausstellen, dass eine organische Theorie aufgeht in bereits erforschten größeren Zusammenhängen, welche von der betriebsamen Gemeinschaft der Spezialisten jedoch geflissentlich ignoriert werden, um die ungestörte Lage des Gebietes am Rand der Mathematik nicht zu gefährden. Die Einsichten des Theorienbauers werden, sofern sie mangels Neuigkeitswertes überhaupt publiziert werden können, weniger zitiert, weil sie einen Gegenstand abrunden, anstatt neue Probleme in die Welt zu setzen, an die andere anschließen könnten. Die Karriereaussichten für kleinräumige Theorienbauer sind also deutlich schlechter als für kleinräumige Problemlöser. Beide bringen die Weltmathematik nicht weiter. Die Theorienbauer halten immerhin die Tradition einer organischen Mathematik hoch, werden dafür aber kaum belohnt.

Ich will meine (relative) Vorliebe fürs Theorienbauen durch die Geschichte der Mathematik untermauern. Die Mehrzahl der allergrößten Mathematiker verdankt, auch dann wenn sie große Einzelresultate erzielten, ihren dauerhaften Ruhm den neuen Perspektiven, die sie geschaffen haben – sei es durch Erfindung ganzer Teilgebiete oder durch die Herstellung neuer, revolutionierender Zusammenhänge. Auch wenn sich zweifellos Ausnahmen dieser von mir behaupteten Tendenz finden lassen (Euler, der nicht zuletzt durch die Quantität seiner Einzelresultate wirkt, mag die prominenteste sein), so lade ich dazu ein, meine These anhand einer längeren Liste der größten Namen zu bedenken: Epochale Wirkung in der Mathematik basiert vorwiegend auf der Erschließung neuer Perspektiven; Einzelresultate sind nur ein Vehikel, um diese Perspektiven durchzusetzen. Selbst Gödel, dessen veröffentlichtes Opus sich im Wesentlichen auf ein paar spektakuläre Theoreme beschränkt, löste damit nicht nur offene Probleme, sondern eröffnete einen vollkommen neuen Blick auf die Grundlagen der Mathematik. Gleichzeitig bestätigt sich an diesem Beispiel nochmals besonders deutlich, dass sich der Unterschied zwischen Problemlösern und Theorienbauern mit zunehmendem Niveau immer mehr auflöst.

---

[5] [von Neumann1947]

[6] [Otte1974]

## 5.5 Konsequenzen für die Ausgangsfragen der Tagung

### 5.5.1 Was bedeutet es, einen mathematischen Sachverhalt zu verstehen?

Aus meinen Ausführungen ergeben sich sehr zwanglos Antworten auf diese wie auch auf die anderen Fragen, welche Ausgangspunkt für die Tagung *Allgemeine Mathematik* im Dezember 2009 an der Universität Siegen waren. Es geht beim Verstehen eines mathematischen Sachverhalts darum, einen möglichst umfassenden Kontext wahrzunehmen; in erster Linie auf makro- und mesoskopischer, unter Umständen aber auch auf mikroskopischer Ebene. Als Beispiel zur Illustration möge nochmals der Gödelsche Unvollständigkeitssatz dienen. Makroskopisch ragt zunächst seine Bedeutung für das Hilbertsche Programm heraus, indem er die Grenzen von dessen Durchführbarkeit aufzeigte. Seine Konsequenz, dass Wahrheit und formale Beweisbarkeit nicht dasselbe sind, ist sogar von großer philosophischer Tragweite. Wegen der extrem weitreichenden Gültigkeit der Unvollständigkeitsaussage strahlt der Satz aber auch auf einzelne Teile der Mathematik aus, auf einige sogar recht direkt. Mesoskopisch stechen Ideen wie Diagonalisierung (Lügnerparadoxon), Gödelisierung (Codierung von Formeln durch natürliche Zahlen) oder die Formalisierbarkeit des Beweisbarkeitsprädikates ins Auge. Wer es ganz genau wissen möchte, wird sich aber schließlich auch auf mikroskopischer Ebene darauf einlassen, wie die Gödelisierung in einem ganz konkreten formalen System funktioniert.

### 5.5.2 Wie entsteht Verstehen von Mathematik im Lernprozess?

Um Verstehen von Mathematik, wie ich es soeben umrissen habe, entstehen zu lassen, geht es um die Erschließung von Kontexten. Diese können sich natürlich nicht schlagartig in ihrer ganzen Komplexität offenbaren. Die drei Perspektiven (makro-, meso- und mikroskopisch) müssen dennoch in sinnvoller Weise Hand in Hand gehen. Z.B. kann die makroskopische Perspektive als Motivation dienen. Fragen, die sich daraus ergeben, können auf einer mesoskopischen Ebene greifbarer werden, bis sich auf mikroskopischer Ebene hinreichend konkrete Aufgaben finden lassen, an denen der Lernende sich eigenständig versuchen kann. Wahrscheinlich wird er, gemessen an einer umfassenderen Sicht, nur partielle Lösungen finden. Es ist aber wünschenswert, dass diese wieder auf die meso-, wenn nicht gar makroskopische Ebene hochgehoben und dort interpretiert werden, damit ein möglichst reicher Kontext entsteht. Der häufigste Fehler im real existierenden Schulunterricht besteht darin, dieses Hochheben zu vernachlässigen und sich mit der mikroskopischen Ebene zu begnügen, d.h. mit der vorwiegend formalen Abhandlung isoliert anmutender Aufgabentypen. An anderer Stelle[7] habe ich dies an einigen konkreten Beispielen illustriert.

### 5.5.3 (Wie) können wir Mathematikunterricht verstehen?

Einige den Mathematikunterricht betreffende Selbstverständlichkeiten erscheinen im Modell der Mathematik als Organismus und der drei Perspektiven in neuem Lichte. Mathematikunterricht soll eine Anleitung zu einer sinnvollen Route zwischen den drei Perspektiven sein. Die wohl

[7] [Winkler2007a]

schwerlich in ein Rezept zu gießende Kunst des Unterrichtens besteht in der feinen Balance zwischen zielführender Anleitung und stimulierendem Freiraum. Zu viel Anleitung engt den Blick des Lernenden ein, zu viel Freiraum überlässt ihn der Orientierungslosigkeit. Es fällt auf, dass vor allem gegenüber begabten Schülern und Studenten der Vorsprung des Lehrenden oft vorwiegend auf der (mikroskopischen) Ebene der technischen Geläufigkeit liegt. Genuin mathematische Begabung zeigt sich aber vor allem auf der mesoskopischen Ebene. Bei gutem Unterricht gelingt es dort oft leichter, Verstehen zu fördern, das sich dann auch auf die anderen Ebenen fortpflanzen kann. Schwache Lehrer hingegen neigen dazu, auf der mikroskopischen Ebene zu verharren, um den dort vorhandenen Vorsprung, an dem die ganze fachliche Autorität hängt, nicht zu gefährden.

### 5.5.4 Wie lässt sich Mathematik als Ganzes verstehen?

In Abschnitt 5.3 habe ich die Mathematik mit einem Organismus verglichen, in dem mikro-, meso- und makroskopische Funktionen in ausgewogener Weise zusammenspielen. Um Wiederholungen zu vermeiden, will ich hier noch einen anderen Aspekt hinzufügen. Und zwar schlage ich eine philosophische Haltung vor, die ich psychologischen Platonismus nennen möchte. *Psychologisch* nenne ich ihn deshalb, weil ich die mathematischen Objekte weder empiristisch als unmittelbares Abbild der Wirklichkeit begreife, noch metaphysisch als ewig unveränderliche Entitäten im Sinne der Ideenlehre Platons. Für mich sind die mathematischen Objekte ans menschliche Bewusstsein gebunden und insofern psychologischer Natur. Dennoch haftet der Mathematik etwas an, was an Platons Vorstellung von den ewigen Ideen gemahnt. Und das ist das Empfinden des Mathematikers, trotz aller Freiheit in der Wahl seines Gegenstandes nicht vollkommen beliebig über seine Objekte verfügen zu können. Denn sind diese einmal etabliert, entwickeln sie eine unerbittliche Härte und Widerstandskraft, der nicht mehr mit Subjektivität beizukommen ist. Besonders beeindruckt dabei, wie problemlos die Kommunikation zwischen Mathematikern mit demselben Spezialgebiet gelingt. Äußerungen über einen höchst abstrakten, scheinbar fiktiven, jedoch gemeinsamen Gegenstand, die dem Außenstehenden völlig unverständlich anmuten, sind für den Kollegen so klar, als ginge es um eine alltägliche Mitteilung über Selbstverständliches. Wo, wenn nicht hier, ist der Begriff *Intersubjektivität* am Platze? Ich deute dieses Phänomen dahingehend, dass uns die Evolution, so wie mit Armen und Beinen, auch mit der Anlage zur Entfaltung eines gewissen Repertoires an Vorstellungen ausgestattet hat. Kaum einem Einzelnen gelingt es, all diese Vorstellungen auch tatsächlich zu entfalten. In der Mathematik jedoch kann man es damit weiter bringen als irgendwo sonst. Und die Beschäftigung mit formal (objektiv) übereinstimmenden Begriffen generiert auch übereinstimmende subjektive Vorstellungen und Intuitionen. Die Platonische Welt der absoluten Ideen wird also zur Welt der im Menschen angelegten subjektiven Vorstellungen, die in der Mathematik präzisiert und systematisch nach ihren logischen Beziehungen untersucht werden.[8] Damit ist auch schon das Wichtigste zur letzten Frage gesagt:

[8] [Winkler2007b]

### 5.5.5 Was trägt ein solches Verstehen zu menschlichem Verstehen allgemein bei?

Gewiss berührt die Mathematik nicht sämtliche Aspekte des Menschseins. Hinsichtlich der kognitiven Möglichkeiten unserer Spezies ist die Mathematik aber im höchsten Maße universell. In diesem Sinne bewährt sie sich also nicht nur als angewandte Mathematik bei der Bewältigung der Aufgaben, die in der Welt von außen auf uns zukommen. Als reine Mathematik gibt sie uns Aufschluss vor allem auch über den Menschen. In einer ganz gewissen Hinsicht geht sie dabei tiefer als andere Disziplinen. Ich darf dazu mit Nietzsche schließen. Zweifellos bringt man von den großen Philosophen gerade ihn kaum mit Mathematik in Verbindung. Waren doch das Künstlerische, Ästhetische, Moralische und Psychologische viel eher seine Themen als das Wissenschaftstheoretische oder gar Systematische. Umso bezeichnender ist das nachfolgende Zitat von ihm, zu dem es in einem früheren Band der vorliegenden Schriftenreihe in einem sehr empfehlenswerten Artikel[9] schon einmal Ausführlicheres zu lesen gab. Es handelt sich bei dem Zitat um Abschnitt 246 der *Fröhlichen Wissenschaft*:

*Mathematik. – Wir wollen die Feinheit und Strenge der Mathematik in alle Wissenschaften hineintreiben, so weit dies nur irgend möglich ist, nicht im Glauben, dass wir auf diesem Wege die Dinge erkennen werden, sondern um damit unsere menschliche Relation zu den Dingen festzustellen. Die Mathematik ist nur das Mittel der allgemeinen und letzten Menschenkenntnis.*[10]

## Literatur

[Bourbaki1948] Bourbaki, N.: The architecture of mathematics. Amer. Math. Monthly 57.4, S. 221-232, 1950.

[Liessmann2006] Liessmann, K. P.: Theorie der Unbildung. Paul Zsolnay Verlag, Wien 2006.

[von Neumann1947] Neumann, J. v.: The mathematician. In: Neumann, J.v., Collected Works, Volume I. Pergamon Press, S. 1-9, 1961. Erstabdruck in: The works of the mind, S. 180-197. Hrsg: R.B. Heywood. University of Chicago Press, Chicago 1947.

[Nietzsche1980] Nietzsche, F.: Werke. Kritische Gesamtausgabe. Hrsg: Colli, G. und Montinari, M.. dtv – de Gruyter, München/Berlin/New York 1980.

[Otte1974] Otte, M. (Hrsg.): Mathematiker über die Mathematik. Springer-Verlag, Berlin/Heidelberg/New York 1974.

[Radbruch2001] Radbruch, K.: *Die Mathematik ist nur das Mittel der allgemeinen und letzten Menschenkenntniss* (Nietzsche). In: Mathematik und Mensch. Darmstädter Texte zur Allgemeinen Wissenschaft 2, S. 161-172. Hrsg: Lengnink, K., Prediger, S. und Siebel, F.. Mühltal Verlag Allg. Wiss.-HRW e.K., Darmstadt 2001.

[Winkler2007a] Winkler, R.: Sinn und Unsinn des Rechnens im Mathematikunterricht. Didaktikhefte der ÖMG 39, S. 155-165. Österreichische Mathematische Gesellschaft, Wien 2007. Auch http://www.dmg.tuwien.ac.at/winkler/pub/.

[Winkler2007b] Winkler, R.: What is mathematics? – a subjective approach. In: The language of Sciences – ISSN 1971-1352. Polimetrica, Monza 2007. Deutsche Originalversion: Was ist Mathematik? – Ein subjektiver Zugang, http://www.dmg.tuwien.ac.at/winkler/pub/.

[9] [Radbruch2001]

[10] [Nietzsche1980]

# 6 Mathematisches Bewusstsein

RAINER KAENDERS und LADISLAV KVASZ

## 6.1 Einleitung

Wenn jemand sagt, dass ein Bus um 9 Uhr abfährt – weiß man es dann? Angenommen, man ist darüber unterrichtet, dass die Busse unter der Woche immer zur vollen Stunde abfahren – von 7 Uhr morgens bis 7 Uhr abends, weiß man es dann mit dem Wissen um diese allgemeine Regel besser, dass der Bus um 9 Uhr abfährt? Macht es einen Unterschied, ob man den Fahrplan erstellt, den Bus lenkt oder nur mitfährt, um sich dieser Tatsache bewusst zu sein?

Was ist die Lösung der Gleichung $3x^2 - 54x + 243 = 0$? Ist es 9? Was bedeutet es, sich der Lösung bewusst zu sein? Meint dies, das Ergebnis durch Anwendung der $pq$-Formel zu bestimmen? Oder erstellt man eine Wertetabelle? Betrachtet man den Graphen der Funktion mit Hilfe eines graphikfähigen Taschenrechners? Oder löst man die Aufgabe sogar mit einem Computer-Algebra-System? Führt man eine quadratische Ergänzung durch? Ist einem klar, dass 9 die einzige Lösung sein muss, da es die $x$-Koordinate des Scheitelpunktes der Parabel gegeben durch den Graphen der Funktion $f(x) = 3x^2 - 54x + 243$ beschreibt? Oder hat man sich gar vergegenwärtigt, dass $f$ und $f'$ eine gemeinsame Nullstelle haben? Schaut man sich möglicherweise die kritischen Stellen der reellen Funktion $f(x) = x^3 - 27x^2 + 243x$ an? Man könnte sich fragen, wann ein Feuerwerkskörper, der beinahe vertikal mit Steigung 54 und einer Geschwindigkeit von 69,048 m/s in den Himmel geschossen wird, seinen höchsten Punkt erreicht.

In dem Moment, in dem ein Kind das Licht der Welt erblickt, wird mit diesem auch ein persönlicher mathematischer Kosmos geboren, der fortan zu expandieren beginnt. Doch ein Apfel wächst nicht ausschließlich – er verändert auch seinen Geschmack. Wenn alles gut geht: von sauer zu süß. Ebenso hat der persönliche mathematische Kosmos eines Menschen eine Qualität, die auf seine ‚Reife' hindeutet. Dies ist eine Qualität dessen, was wir *mathematisches Bewusstsein* (mathematical awareness) nennen wollen.

Warum eine solche Begrifflichkeit? Sie erlaubt, die unterschiedlichen Charakteristika mathematischen Bewusstseins zwischen diagrammatischer und symbolischer, zwischen intuitiver und formaler Herangehensweise und letztlich zwischen Komplexität und Schlichtheit zu unterscheiden. Will man diese Gegensätze begrifflich fassen, genügt es weder, ausgewählte Inhalte noch verschiedene Typen von Problemen und Prozessen aufzulisten, die jemand beherrschen sollte. Denn Inhalte können ganz unterschiedlich bearbeitet werden – vom Hersagen geeigneter Wörter bis zu tiefem Verständnis – und alle Arten von Aufgaben können entweder durch Nachahmung oder aber durch originelle eigene Ideen gelöst werden. Da wir einen Kontrast beobachten können zwischen von Bildungsplanern beabsichtigten, von Lehrern unterrichteten und von Schülern schließlich rezipierten (mathematischen) Curricula (‚intended, taught and attained curriculum'), ist es für die Ausarbeitung neuer Lehrpläne unabdingbar, Lernziele nicht nur durch Themen, durch die Beherrschung von Techniken und Fertigkeiten sowie Kompetenzen zu skizzieren, sondern vielmehr die Qualität und Tiefe der Auseinandersetzung, in welcher diese zur Verfügung stehen, in den Blick zu nehmen. Erst, wenn die Tiefe der Auseinandersetzung durch die Lernziele beschrieben wird, kann die Frage danach gestellt werden, welche didaktischen Wege zum Erreichen dieser Ziele zu- oder abträglich sind. Wir denken, dass unsere Begrifflichkeit zu mathematischem Bewusstseins dieses Problem zu klären hilft.

## 6.2 Mathematikunterricht als Bildung

Wie kann Tiefe im Umgang mit Mathematik konzeptualisiert werden? Nicht wenige Mathematiker sind der Ansicht, dass mathematische Tiefe durch den Grad der mathematischen Genauigkeit und Strenge charakterisiert wird. Auch außerhalb der Mathematik ist es eine weit verbreitete Auffassung, dass das Erlernen von Mathematik gleichzusetzen wäre mit einer stets fortschreitenden formalen Präzisierung. Freudenthal[1] formuliert dies folgendermaßen:

> *„System builders know one level of mathematical rigor and often they manage to stick to this one during a course of many years. All below this level, which is their own, they consider as fake, and all above as highbrow. Active mathematics, however, knows many levels of rigor, and good teaching should respect them. ... Every level knows its own honesty and rigor, which cannot be enforced in teaching, if the student has not reached this level.“*

Schon im rein mathematischen Denken hat Polya[2] den zentralen Stellenwert anderer Erkenntniswege wie Induktion und Analogie aufgezeigt und damit besonders während der New-Math-Bewegung die weit verbreitete Auffassung von Mathematik als rein deduktiver Wissenschaft in Zweifel gezogen. Bei einer Überbetonung der Exaktheit als Maß für die Tiefe mathematischer Einsicht wird der wesentliche Beitrag mehr heuristischer Herangehensweisen und Tätigkeiten von geringerer Genauigkeit, wie das Zeichnen von Graphen, die numerische Annäherung, das Experimentieren von Hand oder mit Hilfe von Computer-Algebra-Systemen bzw. dynamischer Geometriesoftware bei mathematischen Auseinandersetzung nicht hinreichend erfasst.

Ein anderes Extrem besteht darin, jedes solches Wissen – sei es das Ergebnis einer Berechnung, sei es am Graphen abgelesen, sei es durch Computersoftware zustande gekommen oder sei es das Ergebnis einer strengen Argumentation – als gleichwertig zu akzeptieren[3]. Durch die Outputorientierung der letzten Jahre steht heutzutage die Differenzierung nach Kompetenzen im Vordergrund, die Unterscheidung nach verschiedenen epistemologischen Qualitäten (insbesondere von Exaktheit) wird dieser Sichtweise untergeordnet. Dabei wird die mathematische Tiefe an der Komplexität des praktischen Problems bemessen, mit welchem die/der Lernende sich möglicherweise eines Tages konfrontiert sieht. Sie/er bedarf der entsprechenden Kompetenz, um in der spezifischen hypothetischen Anforderungssituation zweckmäßig zu reagieren (siehe etwa die OECD/PISA – Definition von *mathematical literacy*[4]). Mathematik wird in erster Linie als

[1] [Freudenthal1971, S. 427]
[2] [Polya1954]
[3] [Kaenders2009]
[4] [Blum2003, S. 24]

ein Werkzeug zur (kreativen) Lösung praktischer Probleme unterschiedlicher Schwierigkeit betrachtet. Dabei entsteht die Tiefe jedoch weniger durch die Mathematik selbst, als vielmehr doch die Komplexität einer hypothetischen Anforderungssituation aus der Praxis.[5]

## 6.3 Mathematisches Bewusstsein

Zur Beschreibung mathematischer Tiefe scheint uns ein anderer und differenzierterer Ansatz notwendig, der die erlernten Fähigkeiten im Bereich mathematischen Wissens, Denkens und Handelns umfasst. Dieser Ansatz beruht ebenfalls auf einer Entwicklung in der Mathematikdidaktik, zu der Caleb Gattegno[6] einen wesentlichen Anstoß gegeben hat. Nach lebenslanger Erfahrung mit mathematischen Lernprozessen bei Kindern kommt er zu dem Schluss: „Only awareness is educable in Man". Dies ist auch der Ansatz, den wir hier verfolgen möchten: Mathematiklernen begreifen wir als die Bildung eines mathematischen Bewusstseins. In der Umgangssprache tritt der Begriff Bewusstsein in zwei Bedeutungen auf: als die momentane Erfahrung verschiedener mentaler Zustände (wie im englischen ‚consciousness' oder in ‚bei Bewusstsein sein' und ‚bewusstlos') oder aber als all dasjenige, dessen wir uns bewusst sind, d. h. was uns überhaupt mental zugänglich ist (wie in ‚awareness' und ‚ein Bewusstsein schaffen' oder ‚das Sein bestimmt das Bewusstsein'). Die erste dieser beiden Bedeutungen kann man als psychologisch und die zweite als epistemologisch verstehen. *Mathematisches Bewusstsein* verstehen wir dabei als einen epistemologischen und nicht als psychologischen Begriff, d. h. als die Totalität all der mathematischen Aspekte, auf die wir einen mentalen Zugriff haben. Hier für könnte man auch das sperrigere Wort ‚Bewusstheit' verwenden, das jedoch keine entsprechende Verbkonstruktionen wie ‚bewusst sein' oder ‚bewusst machen' besitzt.

Pierre van Hiele[7], der sich bei der Einführung der verschiedenen Niveaustufen des Denkens explizit auf Gattegno bezieht, spielt für unseren Ansatz eine wichtige Rolle. Sind auch die van Hiele Niveaus vornehmlich auf den Lern*prozess* bezogen, so hat er dabei die Ergebnisse des Lernprozesses im Blick. Diese sind für ihn über linguistische Mittel wahrnehmbar und sind nicht nur Vorstellungen *von* der Mathematik sondern bilden den *Kern* der Mathematik selbst:

> *„The term ‚level of thinking' naturally implies emphasis on psychological aspects. Certainly the levels are signifcant for the psychology of man, but in education special attention must be paid to communication. There the most important thing is not the way of thinking, but the results of thinking, results that are fixed in speaking and writing. This is not only important for mathematics instruction, still they also have an important implication for mathematics itself."*[8]

Weitere Autoren haben Versuche unternommen, eine Qualität der Auseinandersetzung in verschiedenen mathematischen Bereichen zu beschreiben, die über die Formulierung von Wissen, Fertigkeiten und Kompetenzen hinausgeht. Nicht immer werden dabei mathematische Denkaktivitäten von Fertigkeiten wie Techniken und Werkzeugkompetenz abgegrenzt. So hat Arcavi[9]

[5] vgl. z. B. die Beschreibung der *technological pragmatists*[Ernest1991]

[6] [Gattegno1987]

[7] [vanHiele1986]

[8] [vanHiele1986, S. 109]

[9] [Arcavi1994]

das Konzept des *symbol sense* formuliert, das er als Erweiterung der Idee des *number sense*[10] einführt, um verschiedene Dimensionen algebraischen Verständnisses deutlich zu machen. In den Gebieten der Arithmetik und Algebra hilft dieser Ansatz das angestrebte Bewusstsein zu beschreiben.

> „*By symbol sense I mean a very general ability to extract mathematical meaning and structure from symbols, to encode meaning efficiently in symbols, and to manipulate symbols effectively to discover new mathematical meaning and structure.*"[11]

In der Geometrie hat Hewitt[12] mit *geometrical awareness* ein ähnliches Konzept vorgestellt. Auch er verweist für eine allgemeinere Auffassung des Begriffs *awareness* auf Gattegno[13]. Doch vermeidet er eine explizite Definition, indem er auf den täglichen Gebrauch des geometrical awareness Begriffs *Bewusstsein* anspielt und eine ‚Huhn-oder-Ei-Situation' erkennt: „*where I place my attention affects what I become aware of, and what I am already aware of affects where I place my attention.*" Ähnlich zu unserer Auffassung, Bewusstsein als Beschaffenheit des persönlichen mathematischen Kosmos zu betrachten, versteht auch Hewitt dieselbe als Essenz des Mathematikerdaseins:

> „*However, there is also the positive reason which is that by educating awareness the mathematician inside a student is being educated which would not be the case if everything were treated as if it were to be memorized.*"[14]

Unsere Perspektive auf mathematisches Bewusstseins baut auf Gattegnos Ansatz auf und sieht sich in Übereinstimmung mit sowohl den van Hieleschen Niveaustufen des Denkens als auch mit *number-* und *symbol sense* wie auch mit *geometrical awareness*. Da wir die Entwicklung der Mathematik selbst als ein linguistisches Phänomen verstehen[15], sehen wir wie van Hiele, dass auch die Qualität mathematischen Bewusstseins notwendigerweise eine linguistisch wahrnehmbare Eigenschaft einer Person darstellt. Unsere Sichtweise erlaubt Probleme, die aus der Isolation der vielen Teildisziplinen der Mathematik entstehen, zu formulieren und zu analysieren. Daher gehen wir davon aus, dass:

- mathematisches Bewusstsein ein *ganzheitliches* Konzept ist, welches Ansätze wie *number sense* in der Arithmetik, *symbol sense* in der Algebra und *geometrical awareness* in der Geometrie vereint,
- es *thematisch neutral* ist, zum Beispiel kann erlangtes Bewusstsein von einem Bereich in einen anderen überführt werden,
- es *unterschiedliche Graduierungen* gibt, die eng mit verschiedenen Graden mathematischer Genauigkeit und dem Maß der Durchdringung eines mathematischen Sachverhalts verwandt sind.

[10] [Sowder1989]
[11] [Zorn2002, S. 4]
[12] [Hewitt2001]
[13] [Gattegno1987]
[14] [Hewitt2001, S. 38]
[15] [Kvasz2008]

Mathematisches Bewusstsein ist zu unterscheiden von mathematischem Verstehen, da wir uns mancher Dinge bewusst sind, ohne sie zu verstehen. Ein Kind kennt Zahlen bevor es in die Schule kommt und wir alle haben durch unsere alltäglichen Erfahrungen ein Bewusstsein von Begriffen wie Stetigkeit, Dimension, Geschwindigkeit etc. Verstehen jedoch verändert das mathematische Bewusstsein. Aber das mathematische Bewusstsein verändert sich auch mitunter *nachdem* man etwas verstanden hat.

Wenn wir die Qualitäten des persönlichen mathematischen Kosmos beschreiben wollen, müssen wir zunächst auf dessen Bestandteile eingehen. Wir möchten dabei nicht den Lernprozess an sich untersuchen, sondern seine Resultate, da wir ja in erster Linie Zielsetzungen des Mathematikunterrichts formulieren möchten. Auf welche Weise eine große Vielfalt im mathematischen Bewusstsein erworben werden kann, bleibt dabei offen. Sicher jedoch wird dies nicht gelingen, indem man die mit den einzelnen Bewusstseinsformen verbundenen Verhaltensweisen direkt zu vermitteln versucht. Für uns bilden die drei Aspekte *Inhalte*, *mathematische Denkaktivitäten* und *Werkzeugkompetenz (skills)* drei grundlegende Dimensionen, in welchen der persönliche mathematische Kosmos Gestalt annimmt. Abbildung 6.1 zeigt wie wir uns diese Dimension des ganzheitlichen mathematischen Kosmos vorstellen. Die *Qualität* der entsprechenden mathematischen Befähigung jedoch, ist nicht durch eine weitere Dimension in diesem Kosmos charakterisiert, sondern qualifiziert die *Art und Weise* in der sich diese Befähigung darstellt. Zum Beispiel die Art und Weise, in der jemand in einem arithmetischen Kontext durch Visualisierung argumentiert oder in der Analysis durch den Einsatz von Algebra (algebraisieren) Beweise führt.

Im Inhaltlichen unterscheiden wir Arithmetik, synthetische Geometrie, Algebra, analytische Geometrie, Analysis, Logik, Mengentheorie, Wahrscheinlichkeitstheorie (es sind evtl. noch weitere Inhalte denkbar). In der Reihenfolge der Inhalte haben wir uns an historischen Entwicklungen und an der wachsenden Komplexität syntaktischer Regeln der mathematischen Sprache orientiert.[16] Im Unterschied zu Kompetenzmodellen (selbst, wenn sie ‚prozessbezogen' sind) unterscheiden wir klar zwischen der Dimension der Werkzeugkompetenz (skills, Fertigkeiten) und der Dimension der Denkaktivitäten. Fertigkeiten, bzw. Werkzeugkompetenzen können *geübt* werden. Wir rücken die folgenden Werkzeugkompetenzen in den Vordergrund: *zählen*, *berechnen*, *zeichnen*, *konstruieren*, *algebraisieren*, *visualisieren*, *verbalisieren* und *formulieren*. Das Erlernen solcher Werkzeugkompetenzen erfolgt am effektivsten in entsprechenden inhaltlichen Kontexten, wie z. B. *zählen* in Arithmetik und *zeichnen* in synthetischer Geometrie etc. Gleichwohl ist es uns wichtig, Werkzeugkompetenz von den mathematischen Denkaktivitäten und vom inhaltlichen Kontext zu lösen, um die Möglichkeit (und sogar die Notwendigkeit) des Methodentransfers zwischen verschiedenen inhaltlichen Kontexten zu unterstreichen. So trifft man die Addition üblicherweise im Kontext von Zahlen an, wir können aber auch Intervalle, Polynome, Vektoren, Funktionen etc. addieren.

Mathematisch zu arbeiten heißt, mit einer bestimmten Intention tätig zu werden. Was eine Tätigkeit zu einem Teil der Mathematik werden lässt, ist vielmehr die Aktivität des Denkens, als dass es Werkzeuge sind. Von der Perspektive der mathematischen Denkaktivitäten aus, können die verschiedenen Werkzeuge – sei es Bleistift und Papier, sei es Verbalisierung, Formulierung, instrumentelle Techniken etc. – mit den dazugehörigen Fertigkeiten eingesetzt werden, eine Denkaktivität durchzuführen. Hierbei werden verschiedene Qualitäten mathematischen Be-

[16] [Kvasz2008]

Abbildung 6.1: Der mathematische Kosmos eines Individuums

wusstseins konstituiert. Wir unterscheiden im Besonderen die folgenden Denkaktivitäten: *beobachten, argumentieren, erklären, klassifizieren, definieren, vermuten, beweisen, verallgemeinern, konkretisieren, strukturieren, Theorie bilden.* Wie im Vorhergegangenen dient auch die Dimension mathematischer Denkaktivitäten im Diagramm dazu, die vielfältigen Beziehungen zwischen Denkaktivitäten auf der einen Seite und verschiedenen Gebieten und Techniken auf der anderen Seite darstellbar zu machen. Die Schülerin muss eine bestimmte Werkzeugkompetenz (Fertigkeiten, Verständnis von Begriffen, Beherrschung von Techniken) besitzen, um mathematische Phänomene beispielsweise erklären, definieren oder verallgemeinern zu können. Mathematische Denkaktivitäten können auch Zweifel an Berechnungen oder Konstruktionen verursachen.

Eine strikte Bindung bestimmter Formen von Werkzeugkompetenz an eng umgrenzte inhaltliche Kontexte, wie etwa *rechnen*, wäre in unserem dreidimensionalen Modell im wahrsten Sinne des Wortes ‚flach', wenn nicht längerfristig eine Erweiterung dieses Zusammenhangs angestrebt wird.

Kompetenzmodelle sind andererseits oft an bestimmte praktische Bedingungen gebunden. Ihre Konzepte erfordern den Transfer von Inhalten und Methoden, berücksichtigen aber den Transfer im Bereich der Denkaktivitäten weniger, da sie auf bestimmte Denkniveaus fixiert sind. Auch dies wäre im Modell als Flachheit ersichtlich.

Einer der wichtigen Aspekte mathematischen Bewusstseins ist das Verständnis adäquater Niveaus von Strenge und Rechtfertigung, welche im konkreten Fall einer Berechnung oder Konstruktion angebracht ist. Das Primat mathematischen Handelns liegt bei den mathematischen Denkaktivitäten, die ihrerseits festlegen, welche Herangehensweisen in der konkreten Situation angemessen sind. Oder mit den Worten Henri Poincarés: *„Alles zu glauben oder alles anzuzweifeln, läuft auf das Gleiche hinaus: beides ignoriert die Notwendigkeit des Denkens.“*[17] Alle die genannten Denkaktivitäten sind mathematisch und beziehen Anwendungen oder Modellierungen nicht explizit ein. Dies ist eine bewusste Wahl, da wir in Anwendungen und Modellierungsprozessen genauso mathematisch denken wie in anderen Bereichen. Es gibt kein eigenständiges angewandtes oder auf Modellierung bezogenes mathematisches Denken. Gleichwohl kann eine praktische Problemstellung Motivation sein, bestimmte mathematische Denkaktivitäten in Gang zu setzen. Daher beeinflussen Anwendungen oder zu modellierende Phänomene sehr wohl die Inhalte, erforderliche Werkzeugkompetenzen und Denkaktivitäten. Und ganz bestimmt geben sie die Qualität mathematischen Bewusstseins vor, die in einem konkreten praktischen Kontext angemessen ist.

Mathematisches Bewusstsein ist somit die Qualität, in welcher mathematische Inhalte, Werkzeugkompetenz und Denkaktivitäten miteinander verbunden sind. Es ist kein extensiver Begriff, sondern eine Beschreibung der Intensität der Zusammensetzung, welche die drei beschriebenen Aspekte verbindet. Eine möglicherweise nicht vollständige Liste verschiedener Typen mathematischen Bewusstseins, die wir bislang erkennen können, ist: *soziales*, *imitatives*, *manipulatives*, *instrumentelles*, *diagrammatisches*, *experimentelles*, *strategisches*, *kontextbezogenes*, *intuitives*, *analogisches*, *argumentatives*, *logisches* und *theoretisches Bewusstsein*.

In gewissem Sinn ist mathematisches Bewusstsein eine adverbiale Konstruktion – es beschreibt die *Art und Weise*, wie wir etwas wissen und in der Lage sind mathematische Denkaktivitäten mit Hilfe bestimmter Fertigkeiten und Werkzeuge durchzuführen. Der Begriff gestattet uns auszudrücken, dass z. B. jemand eine arithmetische Tatsache *bildhaft* durch Abzählen beweist, wie etwa die Pythagoräer dies mit ihrer Zeichnung taten, die beweist, dass die Summe zweier ungerader Zahlen gerade ist (:::::. •:::::::). Oder eine Schülerin argumentiert in der Arithmetik *imitativ* durch zählen, wenn sie die rekursive Regel für die Berechnung von Dreieckzahlen anhand der vom Lehrer vorgeführten Abzählargumente rekapituliert. Auch ist es beispielsweise möglich in der *Algebra* etwas auf *logische Weise* durch *Verbalisierung* zu definieren: 'Ein Primideal ist ein Ideal, in welches man sich nicht von außen hineinmultiplizieren kann'. Würde man fordern, dass der Quotient von Ring und Ideal ein Integritätsbereich sein soll, dann handelte es sich eher um *theoretisches* Bewusstsein, da diese Tatsache eine wichtige Rolle in der Theorie spielt.

Besonders bei manchen Fragestellungen zur Verwendung neuer Medien liefert diese Perspektive eine wichtige Differenzierung. Beispielsweise kann man *instrumentell* in der *Analysis* durch *Algebraisieren* mit Computeralgebra *beweisen*, dass für jedes reelle Polynom dritter Ordnung mit drei Nullen $x_1, x_2$ und $x_3$ die Tangente am Punkt mit der $x$-Koordinate $(x_1 + x_2)/2$ den Graphen in $x_3$ schneidet. Die Algebraisierung besteht darin, dass man zuerst einen allgemeinen algebraischen Ausdruck für ein reelles Polynom dritter Ordnung mit drei Nullstellen finden muss. Das CAS -System erlaubt dann die Konstruktion der Tangente und die Berechnung der Schnittstelle $x$ mit der $x$-Achse auf instrumentelle Weise. Am Ende steht auf der Anzeige die Lösung $x = x_3$ und

[17] [Poincaré2005, S. xxii, Übers. der Verf.]

der Schüler weiß, dass die Behauptung wahr ist[18]. Was entsteht, ist eine Form von Bewusstsein, das – auch, wenn es auf algebraischem Bewusstsein aufbaut – letztlich instrumentell ist.

Wenn wir Mathematik unterrichten, müssen wir entscheiden, welche Typen mathematischen Bewusstseins wir bei welchen Schülern in welchen Situationen sinnvollerweise anstreben wollen.

## 6.4 Typen mathematischen Bewusstseins

Nachdem wir motiviert haben, was wir unter mathematischem Bewusstsein im allgemeinen verstehen, gehen wir zu einer detaillierten Beschreibung der verschiedenen Typen mathematischen Bewusstseins im Bereich der Parabeln und quadratischen Gleichungen über. Wir beziehen uns dabei auf die Eingangsfrage: Was ist die Lösung der Gleichung $3x^2 - 54x + 243 = 0$?

1. Soziales Bewusstsein
   Dies ist einer der ersten möglichen Zustände des menschlichen mathematischen Bewusstseins. Die Lösung zu dem oben genannten Problem ist 9, da es die Lehrerin/Vater/Petra so gesagt oder da man es im Anhang des Buches als Lösung gefunden hat. Eine anderes Kennzeichen dieser Art von Bewusstsein äußert sich in Fragen der Schüler wie: „Darf ich das so schreiben?“ In der Mathematik können Schüler lernen, ihrem eigenen Sichtweise und Schlussfolgerungen zu vertrauen. Das soziale Bewusstsein zeichnet sich jedoch durch die Abwesenheit dieses Vertrauens auf das eigene Denken aus. Und doch ist soziales Bewusstsein selbst für Spitzenmathematiker unersetzbar. Es verändert z. B. für einen Mathematiker, der ein Gegenbeispiel zu etwa der Jacobi-Vermutung finden möchte die Situation vollständig, wenn er erfährt, dass jemand einen Beweis der Vermutung schon gefunden hat – selbst, wenn der nach dem Gegenbeispiel suchende Mathematiker den Beweis in diesem Moment entweder gar nicht kennt oder versteht.

2. Imitatives Bewusstsein
   Die Lehrerin zeigt, wie eine Gleichung gelöst werden kann, der Schüler versteht und reproduziert den Vorgang Schritt für Schritt – und auch er erhält die Lösung. Die Schritte werden an der Tafel festgehalten und memorisiert. Dieser klassische Typ mathematischen Bewusstseins ist von großer Bedeutung für das Erlernen (Verstehen) von Mathematik. Diese Herangehensweise gibt jedem Schüler die Möglichkeit, unter der Leitung der Autorität des Lehrers weit in einem gut verstandenen Gebiet der Mathematik vorzustoßen. Auch professionelle Mathematiker kennen diese Herangehensweise bei der Einarbeitung in ein neues Gebiet, eine Theorie oder einen Beweis. Imitatives Bewusstsein kann die Grundlage für darauf aufbauendes tieferes Bewusstsein sein.

3. Manipulatives Bewusstsein
   Nun soll der Schüler die obige Gleichung selbstständig lösen. Bei in der Umformung zu treffenden Entscheidungen weiß er, was in den verschiedenen Fällen zu tun ist, z. B. wenn der Ausdruck unter der Wurzel verschwindet, positiv oder negativ ist. Die Lösung wird erhalten durch die Anwendung bestimmter formaler (mechanischer) Regeln für die Manipulation algebraischer Ausdrücke. Auch Experten verlassen sich auf diese Art Bewusstsein:

[18] vgl. [Henn2004]

*„Mastery of algorithms is as crucial for individual process as it has been historically for that of mankind. Algorithms allow us to act automatically for long stretches of time, avoiding the perturbing or delaying interference of insightful thought. But algorithms are exacting; mastery means either complete mastery or none. Less than 100% mastery can mean that everything is wrong. ... Mastery includes the ability to identify and to correct ones mistakes, casual ones such as computational slips, and fundamental ones such as applying an algorithm where it does not fit.“*[19]

4. Instrumentelles Bewusstsein
Die beschriebene Gleichung kann auch mithilfe eines Computeralgebrasystems oder eines graphikfähigen Taschenrechners gelöst werden.[20] Es ist unglaubwürdig, wenn die Lehrerin vorgibt, dass man dann die Lösung noch nicht kennen würde. Von den meisten Dingen im Leben haben wir auch kein tieferes Verständnis oder eine höhere Form des Bewusstseins, selbst wenn unsere Lebensplanung stark von ihnen abhängt (wie etwa von unseren Kontoauszügen). Das instrumentelle Bewusstsein ist nicht mehr und nicht weniger als das, was uns das CAS oder ein DGS offenbart: der Computer zeigt uns das Resultat als richtig an, womit der Schüler das Ergebnis sehr wohl begründen kann. Er stützt sich auf die Verlässlichkeit des Computers und jeder andere kann den Lösungsvorgang wiederholen. Auch diese Art Bewusstsein ist für professionelle Mathematiker von großer Bedeutung.

5. Diagrammatisches Bewusstsein
In jedem Gebiet der Mathematik spielen Bilder eine große Rolle. So können wir z. B. arithmetische Beziehungen durch Punktmuster visualisieren, Funktionen durch Graphen, Nomogramme o. ä. repräsentieren, Polynome mit Newtondiagrammen angeben, homologische Algebra durch funktorielle Diagramme darstellen und Varietäten über endlichen Körpern mit mit Hilfe von Bildern von generischen und dicken Punkten abbilden. Es ist möglich zu argumentieren, zu definieren und und andere Denkaktivitäten mit hilfe bildlicher Darstellungen durchzuführen. So gibt es mehr und mehr Schulbücher, in denen Extremalpunkte von Funktionen und deren Beziehung zur Monotonie auf bildhafte Weise eingeführt und erklärt werden. Für die Entwicklung einer höheren Form von Bewusstsein, wie dem logischen oder theoretischen, birgt dies jedoch auch Gefahren und kann Fehlvorstellungen verursachen: In unserem Beispiel suggeriert das durch einen Blick auf den Graphen der Funktion im DGS erzeugte bildhafte Bewusstsein, dass die einzige Lösung 9 sein müsste. Trotz aller Begrenztheit des bildhaften Bewusstseins und ungeachtet der Warnung von Nicolas Bourbaki und anderen vor den Gefahren in bezug auf logische Fehlschlüsse bleibt diese Qualität des Bewusstseins unersetzlich.

6. Experimentelles Bewusstsein
Die obige Gleichung kann gelöst werden, indem man zunächst eine Wertetabelle anfertigt oder den Graphen skizziert und dann errät, dass 9 eine Lösung sein könnte. Setzen wir dann $x = 9$ in die Gleichung ein, so haben wir gezeigt, dass 9 eine Lösung ist, obwohl wir noch nicht wissen, ob es die einzige ist. Angenommen, wir entdecken in der

[19] [Freudenthal1991]
[20] [Drijvers2005]

Wertetabelle, an Stellen, die den gleichen Abstand von $x = 9$ haben zweimal den gleichen Funktionswert. Mit unserem Hintergrundwissen zu Funktionen zweiten Grades liefert uns die experimentelle Wertetabelle alle Lösungen dieser konkreten Gleichung. Aber selbst wenn wir uns sicher sind, entsteht doch ein anderes Bewusstsein dieses Sachverhalts als wenn wir die Gleichung systematisch gelöst hätten. Es ist nicht mehr als: Ich habe es probiert und es hat geklappt. Mathematiker kennen auch die umgekehrte Erfahrung: Selbst wenn man etwas in einem allgemeinen Fall bewiesen hat, ist doch eine konkrete Berechnung mit dem vorhergesagten Resultat nicht notwendigerweise überflüssig und kann das mathematische Bewusstsein entscheidend vertiefen. Um es allgemeiner zu fassen: Experimentelles Bewusstsein kann durch die Untersuchung konkreter Beispiele zum Verständnis einer allgemeineren Situation beitragen. Beispiele für solche Experimente sind etwa grobe Berechnungen ohne Prüfung, inwieweit jeder Schritt gerechtfertigt wäre oder auf heuristischen Argumenten basierende Beobachtungen etc. Offensichtlich ist auch diese Qualität mathematischen Bewusstseins für die Mathematik auf jedem Niveau unersetzlich.

7. Strategisches Bewusstsein
   Auf einer bestimmten Stufe der mathematischen Entwicklung könnte eine Schülerin es für sinnvoll und nützlich erachten, ein Quadrat in der Gleichung separieren zu wollen, obwohl sie nicht weiß wie. Da hilft die Erfahrung, dass es bei algebraischen Manipulationen nicht selten zum Ziel führt, wenn man einen Term hinzu addiert, der durch den nächsten Term gleich wieder subtrahiert wird. Das Lösen einer Gleichung besteht nicht nur in der Anwendung der Regeln, sondern verlangt zusätzlich eine geeignete Strategie, die über Faktenwissen und technische Fertigkeiten hinausgeht. Beim Problemlösen sind sich Mathematiker dieser Tatsache spätestens seit Poincaré, Hadamard, und Polya explizit bewusst. Was gebraucht wird, ist das Verständnis der möglichen Wege die man einschlagen könnte – selbst wenn nicht klar ist, wie man erfolgreich zum Ergebnis kommen kann. Polya führte dafür den Begriff *Heuristik* ein. Dies gilt mutatis mutandis auch für alle anderen mathematischen Denkaktivitäten. Selbst das Erlernen der Mathematik erfordert strategische Fertigkeiten, wie z. B. das Bestimmen einer sinnvollen Balance zwischen dem Nachlesen in Büchern und den eigenen Versuchen, Regeln und Theorien selber zu entdecken oder zwischen der Beschäftigung mit zentralen Begriffen oder Beispielen. Auf dem höchsten Niveau der Ausarbeitung einer Theorie ist ebenfalls strategisches Bewusstsein notwendig: welche Fakten können besser den Platz von Axiomen einnehmen oder welche Sätze sind zentral. Wir sehen, dass strategisches Bewusstsein weit über den Rahmen des Problemlösens im engeren Sinne hinausgeht.

8. Kontextbezogenes Bewusstsein
   Unsere Gleichung könnte auch aus dem folgenden (zum Zwecke der Darstellung etwas vereinfachten Kontext) stammen: „An welcher Stelle erreicht ein Feuerwerkskörper, der fast vertikal mit Steigung 54 und Geschwindigkeit $69{,}048$ m/s abgefeuert wird, seinen höchsten Stand?“

   Unser Wissen aus der Physik sagt uns, dass die Bahn einer Kugel (unter Vernachlässigung der Reibung) eine Parabel ist und unsere Erfahrung sagt uns, dass es sehr unwahrscheinlich ist, dass der Feuerwerkskörper weiter als einen Kilometer entfernt herunterkommen wird. Es könnte auch sein, dass wir während des Feuerwerks beobachtet haben, dass entsprechende Raketen in einer Entfernung von ungefähr 18 m wieder landen. Dann sind wir uns darüber bewusst, das er in einem Abstand von ungefähr 9 Metern den höchsten Punkt erreicht haben muss. Wenn wir auch noch mitgezählt haben, dass es etwa 14 Sekunden gedauert hat bis der Feuerwerkskörper seinen höchsten Punkt erreichte, so können wir ermitteln, dass dies in einer Höhe von 248 Metern passiert ist. Diese Art von Beobachtungen und Überlegungen verändert unser Bewusstsein bzgl. einer möglichen Lösung des Anfangsproblems.

Wir können im allgemeinen von einem kontextuellen Bewusstsein sprechen, wenn mathematische Gegenstände, Denkaktivitäten und Techniken in einem Bedeutungskontext stehen oder wenn wir ein mathematisches Problem in Bezug zu einem Kontext sehen. Die damit entstehende Art von Bewusstsein spielt eine Schlüsselrolle im Mathematikunterricht. Nach Freudenthal[21] entstehen so *mentale Objekte*, die wiederum die Grundlage für mathematische Konzepte bilden. Mit dem Ziel der Bildung solcher mentalen Objekte formulierte Freudenthal das Prinzip der *Beziehungshaltigkeit*.[22] Selbstverständlich benötigen auch professionelle Mathematiker auf jedem Niveau der Abstraktion diese Form des mathematischen Bewusstseins.

9. Intuitives Bewusstsein
Die quadratische Folge (d. h. das Bildungsgesetz ist quadratisch) $41, 43, 47, 53, 61, 71, 83, \ldots$ besteht aus lauter Primzahlen. Wenn Mathematiker einer solchen Aussage begegnen, haben sie sofort das Gefühl, dass dies nicht wahr sein kann, noch bevor sie Argumente für ihre Intuition gefunden haben. Manchmal existiert eine Überzeugung wie: Es muss irgendwie so sein. Weit über die klassische Schlussweise der Induktion hinaus, bei der man bestimmte an Beispielen beobachtete Eigenschaften für alle solche Beispiele verallgemeinert, kennen Mathematiker das Phänomen der *Abduktion* (Peirce) oder *Apprehension* (Freudenthal)[23], ein Prozess der es erlaubt, anhand von einigen wenigen paradigmatischen Beispielen viel größere allgemeinere Zusammenhänge zu erkennen. Betrachten wir z. B. ein Dreieck und den Schnittpunkt der Seitenhalbierenden. Die sorgfältige Beschäftigung mit einem einzigen Dreieck, kann zu der Überzeugung führen, dass die Seitenhalbierenden in jedem Dreieck kopunktal sind. Im allgemeinen erfasst das intuitive Bewusstsein jedoch ein größeres Spektrum an Phänomenen als die bisher beschriebenen. Zum Beispiel gibt es ein intuitives Verständnis geometrischer Realitäten wie Krümmung oder topologischer Fakten wie Zusammenhang. Poincaré drückt dies wie folgt aus: *„Das Hauptziel des Mathematikunterrichtes besteht darin, bestimmte geistige Fähigkeiten zu entwickeln, unter denen die Intuition nicht die geringste ist.“*[24]

10. Analogisches Bewusstsein
Als erster Mensch hat Euler erkannt, dass die unendliche Summe der reziproken Quadrate natürlicher Zahlen $\frac{\pi^2}{6}$ ergibt. Er konnte dies zunächst nur durch eine Analogie von Potenz-

[21] [Freudenthal1991, S. 19]
[22] [loc. cit., S. 73] und [Freudenthal1973, S. 77]
[23] [Freudenthal1978, S. 197]
[24] [Poincaré2005, S. 128, Übers. der Verf.]

reihen zu Polynomen erklären. Polya[25] gibt dieses und viele andere Beispiele für Formen analogischen Bewusstseins. Im Fall der quadratischen Gleichung werden jedoch auch die Grenzen analogischen Bewusstseins deutlich, wenn man etwa versucht, Gleichungen höheren Grades mit analogen Methoden wie bei quadratischen Gleichungen zu lösen.

11. Argumentatives Bewusstsein
Bevor man an den Beweis einer Behauptung herangeht, kann man versuchen, Argumente zu finden, warum die Behauptung überhaupt richtig sein könnte. Z.B. begründen wir bei Berechnungen das Ergebnis mithilfe von Algorithmen, Abschätzungen etc., was uns hilft einem Ergebnis zu vertrauen. Wir können auch durch Gedankenexperimente, Analogien oder metaphorische Vergleiche argumentieren. Für die Denkaktivität des Theoriebildens z. B. ist Logik anderen Belangen untergeordnet: Manchmal gehen wir von bestimmten Fakten aus und halten die konstruierte Theorie nur dann für wertvoll, wenn diese Fakten mit ihr verträglich, d. h. auch in der neuen Theorie richtig, sind. So können Argumente für den Aufbau einer Theorie gefunden werden. In unserem Beispiel der quadratischen Gleichung könnten wir den Graph betrachten und argumentieren, dass er konvex und symmetrisch ausschaut. Folglich, sollten wir, falls wir zwei Punkte $x_1$ und $x_2$ mit $f(x_1) = f(x_2)$ kennen, auch das Minimum genau in der Mitte finden können. Auch, wenn man so argumentieren kann, würde doch der logisch korrekte Beweis eine genauere Analyse erfordern.

12. Logisches Bewusstsein
Das vorangegangene Beispiel zu argumentativem Bewusstsein zeigt ebenfalls, was man unter logischem Bewusstsein verstehen kann. Mathematiker sind sich einig, dass gegen Logik nicht verstoßen werden darf. Obwohl die Logik mit ihrer Wächterrolle eine sehr hohe Form des Bewusstseins darstellt, ist sie sicher nicht die höchste. Jeder Mathematiker kennt das Gefühl: Ich habe etwas bewiesen, aber wirklich verstehe ich es nicht. Viele Menschen sehen Mathematik als ein Spiel mit logischen Regeln. Und doch ist theoretisches Bewusstsein tiefer als logisches, da es Argumentationen erfordert, die sich der direkten Logik entziehen. Darüber hinaus ist es auch nicht möglich, logisch zu denken ohne über andere Formen mathematischen Bewusstseins zu verfügen. Beim Lösen der obigen Gleichung stoßen wir auf den Zwischenschritt $(x-9)^2 = 0$. Die logisch korrekte Herangehensweise an die Lösung der Gleichung wäre zu benutzen, dass ein Produkt nur genau dann Null sein kann, wenn einer der Faktoren Null ist:

$$(x-9)^2 = 0 \Leftrightarrow (x-9)(x-9) = 0 \Leftrightarrow (x-9) = 0 \vee (x-9) = 0 \Leftrightarrow x = 9.$$

13. Theoretisches Bewusstsein
Im Vorangegangenen haben wir versucht, theoretisches Bewusstsein im Kontext der anderen Qualitäten mathematischen Bewusstseins zu bestimmen. Obwohl theoretisches Bewusstsein in einem bestimmten Sinn als höchste Form des Bewusstseins angesehen werden kann, wird es substanzlos, wenn es nicht eng mit den anderen Formen verknüpft ist.

[25] [Polya1954]

In unserem Beispiel ist klar, dass 9 die einzige Lösung sein muss, da sie die $x$-Koordinate des Scheitelpunktes der Parabel ist, die durch den Graphen der Funktion $f(x) = 3x^2 - 54x + 243$ gegeben ist. Es kann einem jedoch auch bewusst sein, dass $f$ und $f'$ eine gemeinsame Nullstelle haben. Oder es hätte auch sein können, dass man die kritischen Werte der reellen Funktion $F(x) = x^3 - 27x^2 + 243x$ untersuchen möchte, die Eigenwerte der Matrix

$$\begin{pmatrix} 2 & 7 \\ -7 & 16 \end{pmatrix}$$

bestimmen will oder gar die Nullstellen der Funktion $f$ mit Captain Lill's Methode[26] ermitteln will. Quadratische Gleichungen spielen in vielen mathematischen Theorien eine Rolle (z. B. bei der Definition komplexer Zahlen) und die Kenntnis ihrer Rolle dabei kann ein tieferes theoretisches Bewusstsein unterstützen und neue Fragen aufwerfen.

## 6.5 Diskussion und Ausblick

Für uns ist das höchste Ziel des Erlernens von Mathematik der Erwerb vielfältiger Qualitäten mathematischen Bewusstseins – jede mit der ihr eigenen Tiefe. Die hier entwickelte Sichtweise erlaubt uns, tiefe komplexe Qualitäten mathematischen Bewusstseins zu unterscheiden von eher schlichteren Arten und Weisen Mathematik zu betreiben. Die dreizehn Qualitäten mathematischen Bewusstseins, die wir in dieser Arbeit unterschieden haben, zeigen sich in den linguistischen Erscheinungsformen in der Kommunikation des Individuums, sei es schriftlich, mündlich, in Bildern, in Metaphern, in Argumentationen, in der Beschreibung mathematischer Handlungen, etc. Besonders spannend ist dabei die Entwicklung der linguistischen Möglichkeiten, die sich auf der Basis zuvor entwickelter Sprachen vollzieht:

> *„The activity on one level is subjected to analysis on the next, [and] the operational matter on one level becomes a subject matter on the next level.“*[27]

Dies ist auch eines unter verschiedenen linguistischen Phänomenen, die sie bei der Entwicklung der Mathematik beobachtet werden können, wie im historischen Kontext von Kvasz[28] untersucht wurde. Es soll weiter untersucht werden, welche dieser Phänomene sich auch bei Schülern beobachten lassen und wie dies in Zusammenhang mit ihrem jeweiligen mathematischen Bewusstsein steht.

Das begriffliche System des mathematischen Bewusstseins vor dem Hintergrund bekannter Ansätze zur Beschreibung mathematischer Lernziele bleibt zu diskutieren. Waren dies zu Beginn der 70'er Jahre vorwiegend Formen der Lernziel-Taxonomie[29], so sind dies heute überwiegend Kompetenzmodelle: *Mathematical Literacy*[30]; *Grundvorstellungen*[31], *Strands of Mathematical Proficiency*[32] und die zuvor besprochene *Instrumentation.*

---

[26] [Kalman2008]
[27] [Freudenthal1971, S. 417]
[28] [Kvasz2008]
[29] [Freudenthal1978, S. 144ff.]
[30] [Blum2003, vergl. auch Jahnke2007]
[31] [vomHofe1995] und [Blum1998]
[32] [Kilpatrick2001, Kap. 4, S. 115ff.]

Da mathematisches Bewusstsein nur ein Modell für das Ergebnis eines Lernprozesses jedoch nicht für den Lernprozess selbst ist, ist es nicht zu vergleichen mit Modellen, die sich auf den Lernprozess beziehen, wie etwa *Realistic Mathematics Education*, verschiedene Varianten des *Konstruktivismus, dialogisches Lernen* etc. Aus der Perspektive des mathematischen Bewusstseins bedeutet Mathematik zu lehren, den Schülern die Gelegenheit zu geben, ihr mathematisches Bewusstsein zu erweitern. Didaktische Theorien und deren Umsetzung im Unterricht können danach bewertet werden, inwieweit es ihnen schlussendlich gelingt, ein adäquates und vielgestaltiges mathematisches Bewusstsein zustande zu bringen. Die Erweiterung des mathematischen Bewusstseins geschieht indirekt, indem Inhalte, Denkaktivitäten und Werkzeugkompetenz so vermittelt werden, dass sich bestimmte Qualitäten mathematischen Bewusstseins ausbilden können. Wie bestimmte Qualitäten mathematischen Bewusstseins die Entstehung anderer, höherer Qualitäten fördern oder eher blockieren, bleibt zu untersuchen.

## Dank

Diese Arbeit wurde unterstützt durch die Universitätspartnerschaft der Karls-Universität Prag mit der Universität zu Köln. Die Autoren sind verschiedenen Kollegen – im besonderen Ysette Weiss-Pidstrygach sowie Jan van de Craats, Gilbert Greefrath, Katja Lengnink und Horst Struve – für nützliche Hinweise und Diskussionen zu Dank verpflichtet.

## Literatur

[Arcavi1994] Arcavi, A.: Symbol sense: Informal sense-making in formal mathematics. For the Learning of Mathematics, 14(3), 24-35, 1994.

[Blum1998] Blum, W.: On the Role of „Grundvorstellungen“ for Reality-Related Proofs - Examples and Reflections. In: Mathematical Modelling – Teaching and Assessment in a Technology-Rich World (Eds: P. Galbraith et al.), Horwood, Chichester, S. 63-74, 1998.

[Blum2003] Blum, W., Burjan, V., Close, S., Dossey, J., de Lange, J., Lindquist, M., Marciniak, Z., Niss, M., Park, K., Rico, L., Shimizu, Y., (PISA Mathematics Expert Group): PISA 2003 Assessment Framework: Mathematics, Reading, Science and Problem Solving Knowledge and Skills. OECD, 2003.

[Drijvers2005] Drijvers, P.: Learning algebra in a computer algebra environment. International Journal of Technology in Mathematics Education, 11(3), 77-89, 2005.

[Ernest1991] Ernest, P.: The Philosophy of Mathematics Education. Falmer Press, 1991.

[Freudenthal1971] Freudenthal, H.: Geometry between the devil and the deep sea, Educational Studies in Mathematics, 3, 413-435, 1971.

[Freudenthal1973] Freudenthal, H.: Mathematik als pädagogische Aufgabe, Bd. 1, Klett Verlag, Stuttgart 1973.

[Freudenthal1978] Freudenthal, H.: Weeding and Sowing, Preface to a Science of Mathematical Education, D. Reidel Publishing Company, Dordrecht, Boston 1978.

[Freudenthal1983] Freudenthal, H.: Didactical Phenomenology of Mathematical Structures. Kluwer Academic Publishers, Doordrecht 1983.

[Freudenthal1991] Freudenthal, H.: Revisting Mathematics Education, China Lectures. Kluwer Academic Publishers, Doordrecht 1991.

[Gattegno1987] Gattegno, C.: The Science of Education Part 1: Theoretical Considerations. Educational Solutions, New York 1987.

[Henn2004] Henn, H.-W.: Computer-Algebra-Systeme – Junger Wein oder neue Schläuche? Journal für Mathematik-Didaktik, 25(4), 198-220, 2004.

[Hewitt2001] Hewitt, D.: Arbitary and Necessary: Part 3 Educating Awareness. For the Learning of Mathematics, 21 (2), 2001.

[vanHiele1986] Hiele, P. M. v.: Structure and Insight. Academic Press, Orlando 1986.

[vomHofe1995] Hofe, R. v.: Grundvorstellungen mathematischer Inhalte. Spektrum, Heidelberg 1995.

[Jahnke2007] Jahnke, T., Meyerhöfer, W. (Hrsg.): PISA & Co – Kritik eines Programms. Franzbecker, Hildesheim (2.Aufl.) 2007.

[Kaenders2009] Kaenders, R.: Von Wiskunde und Windmühlen – über den Mathematikunterricht in den Niederlanden. In: Beiträge zum Mathematikunterricht, WTM Verlag, Münster 2009.

[Kalman2008] Kalman, D.: Polynomia and Related Realms, Mathematical Association of America, 2008.

[Kilpatrick2001] Kilpatrick, J., Swafford, J., Findell, B.: Adding it up: Helping Children Learn Mathematics. National Academy Press, 2001.

[Kvasz2008] Kvasz, L.: Patterns of Change, Linguistic Innovations in the Development of Classical Mathematics. Birkhäuser Verlag, 2008.

[Poincaré2005] Poincaré, H.: La Science et l'Hypothèse, 1905, English translation: Science and Hypothesis, Dover abridged edition, 1952.

[Polya1954] Polya, G.: Induction and Analogy in Mathematics. Princeton University Press, Princeton 1954.

[Sowder1989] Sowder, J., Schapelle, B.P. (Hrsg.): Establishing foundations for research on number sense and related topics: report of a conference. Center for Research in Mathematics and Science Education, College of Sciences, San Diego State Univesity 1989.

[Zorn2002] Zorn, P.: Algebra, computer algebra and mathematical thinking. Contribution to the 2nd international conference on the teaching of mathematics, Hersonissos 2002.

# 7 Mathematik semantologisch verstehen

RUDOLF WILLE

## 7.1 Mathematik und semantische Strukturen

Um zu verstehen, was *Mathematik* ist und bedeutet, reicht es nicht aus, mathematisches Denken und Wissen vielseitig zu erwerben. Hinzukommen muss stets ein angemessenes Verständnis der jeweiligen *Bedeutungen mathematischer Denkformen*, die in der aktual-realen Welt wirksam werden können. Beim *Mathematik-Verstehen* sollte es vor allem um ein Vermitteln des Selbstverständnisses der Mathematik, um ein Reflektieren des Bezugs der Mathematik zur realen Welt und um ein Beurteilen von Sinn, Bedeutung und Zusammenhang des Mathematischen in der Welt gehen.[1]

In der heutigen wissenschaftlich orientierten Welt ist die *Mathematik* von grundlegender Bedeutung. Mit ihr kann Wissen in beliebigem Ausmaß entwickelt werden, womit in großer Reichhaltigkeit vielfältige Methoden zur Wissensdarstellung bereitgestellt werden können. Solche Methoden basieren bewusst oder unbewusst auf semantischen Strukturen, die die jeweilige Bedeutung des dargestellten Wissens beinhalten. *Semantische Strukturen*, die in dieser Schrift betrachtet werden, erhalten ihre Bedeutung durch bestimmte wissenschaftliche Semantiken.

Um solche semantische Strukturen und deren Bedeutungen allgemein erörtern zu können, ist es nützlich, auf die *Peirce'sche Klassifikation* der *forschenden Wissenschaften* zurückzugreifen. Diese Klassifikation ordnet die Wissenschaften nach der Abstraktheit ihrer Gegenstände, sodass „jede Wissenschaft in ihren *allgemeinen Prinzipien* ausschließlich auf Wissenschaften rekurrieren sollte, die oberhalb von ihr angeordnet sind, während sie sich in ihren Beispielen und besonderen Tatsachen derjenigen unterhalb von ihr bedient“[2]. Hier soll zunächst die erste Stufe der Peirce'schen Klassifikation behandelt werden:

**I. Mathematik** **II. Philosophie** **III. Spezielle Wissenschaften**

Bei dieser Klassifikation wird die *Mathematik* als die abstrakteste aller Wissenschaften angesehen, die ausschließlich Hypothesen untersucht und sich dabei nur mit potentiellen Realitäten befasst; die *Philosophie* wird als die abstrakteste Wissenschaft angesehen, die sich mit aktualen Phänomenen und Realitäten befasst, während alle anderen Wissenschaften konkreter sind und sich mit speziellen Typen von aktualen Realitäten beschäftigen.

Da die moderne Mathematik wesentlich auf *mengen-theoretischen Semantiken* basiert, können semantische Strukturen, die mathematische Bedeutung haben, durch Mengenstrukturen repräsentiert werden. Mathematiker entwickeln solche Strukturen in großer Vielfalt, von denen viele zu wichtigen wissenschaftlichen Fortschritten beitragen. Schon Peirce schrieb, dass die Mathe-

[1] vgl. [Wille2005]

[2] [Peirce2000, S. 71]

matiker Schritt für Schritt einen ganzen Kosmos von Formen entfalten, eine Welt potentiellen Seins.[3]

Semantische Strukturen, die philosophische Bedeutung haben, beruhen auf *philosophisch-logischen Semantiken,* die sich auf ein Netz von philosophischen Begriffen gründen. In der traditionellen Logik werden Begriffe als die elementaren Einheiten des Denkens verstanden. Sie und ihre Kombinationen zu Urteilen und Schlüssen bilden „die drei wesentlichen Hauptfunktionen des Denkens“[4], die die logische Semantik der Philosophie konstituieren. Semantische Strukturen, die ihre Bedeutung in Bezug auf spezielle Wissenschaften haben, basieren auf Semantiken, die sich auf Netzwerke von speziellen Begriffen solcher Wissenschaften gründen.

Das beschriebene Verständnis semantischer Strukturen soll zunächst an einem Beispiel illustriert werden. Dafür soll ein Projekt gewählt werden, das von dem Ministerium für Bauen und Wohnen des Landes Nordrhein-Westfalen an die Darmstädter Forschungsgruppe „Formale Begriffsanalyse“ in Auftrag gegeben wurde. Aufgabe der Forschungsgruppe war, in Zusammenarbeit mit Vertretern des Ministeriums den *Prototyp eines Informationssystems zum Baurecht und zur Bautechnik* zu entwickeln. Das System wurde mit dem Programm TOSCANA[5] realisiert und basiert auf der mathematischen Theorie der Formalen Begriffsanalyse.[6] Das methodische Vorgehen bei der Entwicklung dieses Systems wird an den folgenden *Hauptaufgaben begriffsanalytischer Systementwicklung* erläutert:

1. zweckgerichtete Datenspezifikation,
2. prozesshafte Datenverarbeitung,
3. Ausarbeitung begrifflicher Abfragestrukturen sowie
4. Erprobung und Überarbeitung des entwickelten Prototyps.[7]

Die grundlegende Frage war: Was sind die „Informationsobjekte“, nach denen die Nutzer des Informationssystems zu suchen haben? Es war durchaus ein Durchbruch, als die Systementwickler erkannten, dass die relevanten baurechtlichen und bautechnischen Paragraphen und Texteinheiten der einschlägigen Gesetze und Bestimmungen als die angemessenen Informationsobjekte anzusehen sind. Für Verweise auf diese „Suchobjekte“ in der Form von Suchwörtern wurde dann ein reichhaltiges Spektrum an Bauteilen und Bauanforderungen bestimmt. Die Suchobjekte, abstrahiert zu *formalen Gegenständen,* und die Suchwörter, abstrahiert zu *formalen Merkmalen,* bildeten einen *formalen Kontext,* wie er in der Formalen Begriffsanalyse definiert wird.[8] Abbil-

[3] [Peirce1992, S. 120]

[4] [Kant1988]

[5] [Kollewe u. a. 1994]

[6] [GanterWille1996]

[7] [Eschenfelder u. a. 2000]

[8] Ein *formaler Kontext* wird mathematisch definiert als eine Mengenstruktur $(G,M,I)$, bei der $G$ und $M$ Mengen sind und $I$ eine binäre Relation zwischen $G$ und $M$ ist; die Elemente von $G$ werden *formale Gegenstände*, die von $M$ *formale Merkmale* genannt; man sagt: Ein formaler Gegenstand $g$ hat ein formales Merkmal $m$, wenn $g$ in der Relation $I$ zu $m$ steht. Ein *formaler Begriff* von $(G,M,I)$ ist ein Paar $(A,B)$, bei dem $A$ eine Teilmenge von $G$ und $B$ eine Teilmenge von $M$ ist; $A$ ist dabei die Menge aller Gegenstände, die genau alle Merkmale von $B$ haben und $B$ ist dabei die Menge aller Merkmale, die genau auf alle Gegenstände von $A$ zutreffen. Ein formaler Begriff $(A_1,B_1)$ heißt ein *Unterbegriff* von einem formalen Begriff $(A_2,B_2)$, wenn $A_1$ in $A_2$ enthalten ist oder, was äquivalent ist, $B_2$ in $B_1$ enthalten ist. Die Menge aller formalen Begriffe von $(G,M,I)$ zusammen mit der Unterbegriff-Oberbegriff-Relation bildet die mathematische Struktur eines *vollständigen Verbandes*, der der *Begriffsverband* $\underline{\mathfrak{B}}(G,M,I)$ des Kontextes $(G,M,I)$ genannt wird.

dung 7.1 stellt einen formalen Kontext dar zum Thema „Rohbau eines Einfamilienhauses“; der zugehörige Begriffsverband wird in Abbildung 7.2 wiedergegeben.

| ATV-Merkblätter | DIN-Normen für Entwässerung | DIN-Normen für Feuerungsanlagen | DIN 68800 | DIN 18531 | DIN 18195 | DIN 18160 | DIN 18150 | DIN 4109 | DIN 4108 Teil 3 | DIN 4108 Teil 1 u. 2 | DIN 4102 | DIN 1055 | DIN 1054 | VGS | BImSchV | HeizAnlV | WärmeschutzV | LWG | WHG | EnEG | BauPG | BImSchG | BauONW § 40 | BauONW § 39 | BauONW § 36 | BauONW § 33 | BauONW § 32 | BauONW § 31 | BauONW § 30 | BauONW § 29 | BauONW § 28 | BauONW § 27 | BauONW § 26 | BauONW § 25 | BauONW § 18 Abs. 2 | BauONW § 18 Abs. 1 | BauONW § 17 | BauONW § 16 | BauONW § 15 | |
|---|---|---|---|---|---|---|---|---|---|---|---|---|---|---|---|---|---|---|---|---|---|---|---|---|---|---|---|---|---|---|---|---|---|---|---|---|---|---|---|---|
|  |  |  | X | X | X |  |  | X | X | X | X | X |  |  |  |  | X |  |  | X |  |  |  |  |  |  |  | X |  |  |  |  |  |  | X | X | X | X | X | Dach |
|  |  |  |  |  |  |  |  | X |  | X | X | X |  |  |  |  | X |  |  | X | X |  |  |  |  |  |  |  | X |  |  |  |  |  | X | X | X |  | X | Decke |
|  |  |  |  |  | X |  |  | X | X | X | X | X |  |  |  |  | X |  |  | X |  |  |  |  |  |  |  |  |  |  | X | X | X | X | X | X | X |  | X | Wand |
|  |  |  |  |  | X |  |  | X | X | X | X | X |  |  |  |  | X |  |  | X |  |  |  |  |  |  |  |  |  | X | X | X | X | X | X | X | X |  | X | Brandwand |
|  |  |  |  |  |  |  |  | X |  |  | X | X |  |  |  |  |  |  |  |  | X |  |  |  |  |  | X |  |  |  |  |  |  |  | X |  | X |  | X | Treppen |
|  |  |  |  |  | X |  |  | X | X | X | X | X |  |  |  |  | X |  |  | X | X |  |  |  |  | X | X |  |  |  |  |  |  |  | X | X | X |  | X | Treppenraum |
|  |  |  |  |  | X |  |  |  |  |  |  | X | X |  |  |  |  |  |  |  |  |  |  |  |  |  |  |  |  |  |  |  |  |  |  |  |  |  | X | Fundament |
|  |  |  |  |  | X |  |  |  |  | X |  | X | X |  |  |  | X |  |  | X | X |  |  | X |  |  |  |  |  |  |  |  |  |  |  | X |  | X | X | Kellerfußboden |
| X |  |  |  |  |  | X | X |  |  |  |  | X | X | X |  |  |  | X | X |  |  |  |  | X |  |  |  |  |  |  |  |  |  |  |  | X | X | X | X | Schornstein |

Abbildung 7.1: Formal Kontext zur Abfragestruktur „Rohbau“

Ein derartiger beschrifteter Begriffsverband stellt eine semantische Struktur auf dreifache Weise dar: Sie kann verstanden werden als eine Mengenstruktur von rein *mathematischer Bedeutung*, als eine allgemein-begriffliche Struktur von *philosophisch-logischer Bedeutung* und als eine spezielle begriffliche Struktur von *zweck-orientierter Bedeutung* für das Planen, Kontrollieren und Ausführen von Bauprojekten. Das *mathematische Verständnis* ist bedeutsam für die Entwicklung einer mathematischen Strukturtheorie von Begriffsverbänden. Die Theorie lieferte z. B. die Mittel zur Entwicklung und Überprüfung der TOSCANA-Software[9], die es ermöglicht hat, geeignete Abfragestrukturen zu benutzen, um durch das vorhandene Wissen über Gesetze und technische Verordnungen zweckgerichtet zu navigieren. Das philosophisch-logische Verständnis ermöglicht im Allgemeinen, spezielle begriffliche Strukturen auf einer allgemeineren Ebene zu vereinigen und dabei immer noch auf aktuelle Realitäten Bezug zu nehmen; hierzu betrachte man z. B. die Vereinigung der Abfragestrukturen „Funkionsräume“ und „Betriebs- und Brandsicherheit“[10]. Da die philosophisch-logische Ebene die abstrakteste Ebene ist, die sich auf aktuale Realitäten bezieht, kann sie auch gut als eine transdisziplinäre Brücke zwischen mathematischen Strukturen und (speziellen) begrifflichen Strukturen fungieren.[11]

Experimente haben gezeigt, dass beschriftete Begriffsverbände, die zielbewusst semantische Strukturen darstellen, üblicherweise die Hervorbringung von Wissen stimulieren, was von solchen semantischen Strukturen verursacht wird. Das soll an einem kleinen Ereignis im Ministerium für Bauen und Wohnen deutlich gemacht werden: Nach einer längeren Zeit der Zusammenarbeit an dem zu entwickelnden Informationssystem wollten interessierte Mitglieder des

[9] siehe [Kollewe u. a. 1994], [BeckerHereth2005]

[10] [Kollewe u. a. 1994, S. 279]

[11] vgl. [Wille2005]

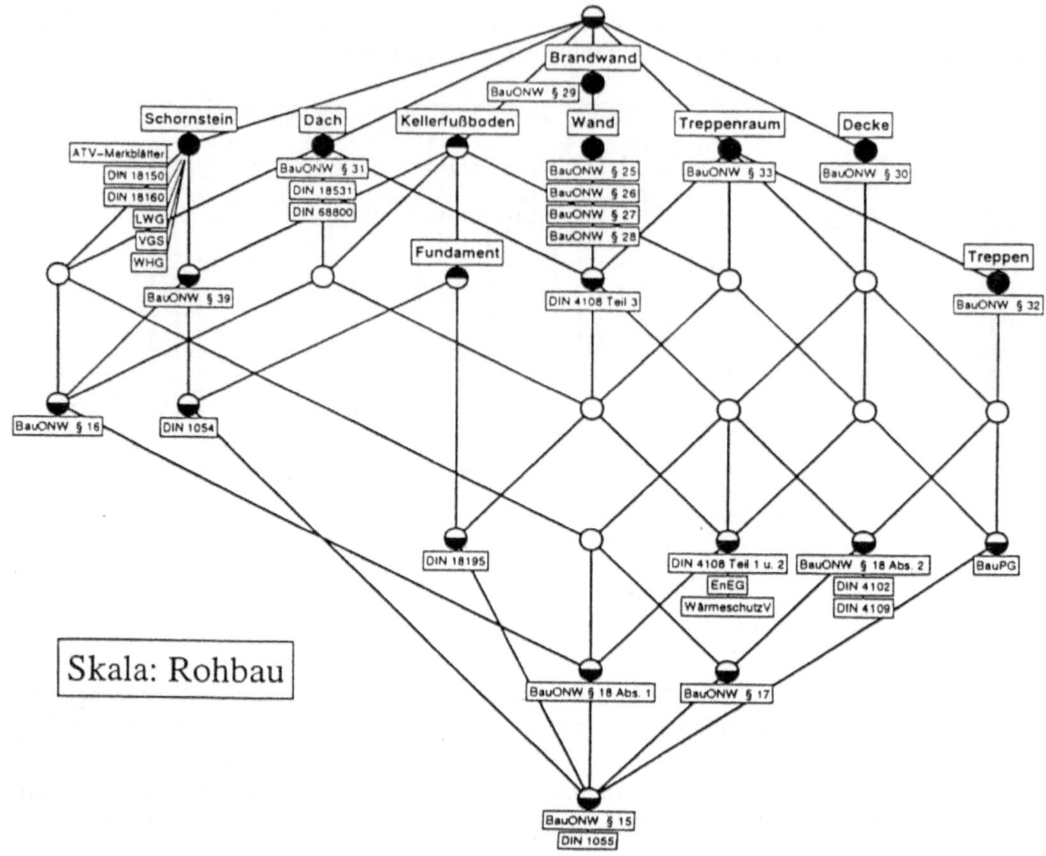


Abbildung 7.2: Begriffsverband des Kontextes in Abbildung 7.1

Ministeriums den Fortschritt unserer Zusammenarbeit sehen. Sie verstanden durchaus, wie die beschrifteten Diagramme von Begriffsverbänden zu lesen sind, was an ihren vielfältigen Bemerkungen und hilfreichen Vorschlägen deutlich wurde. Als wir das Diagramm der Abfragestruktur „Rohbau eines Einfamilienhauses“ zeigten, rief plötzlich der Leitende Direktor aus:

> „Das ist unglaublich! Für den Einbau eines Schornsteins eines Einfamilienhauses hat man zwölf einschlägige Gesetze und Verordnungen zu kennen und zu berücksichtigen! Wir brauchen dringend *Gesetzesverdichtung*!“

In der Tat, da Gesetze und Verordnungen üblicherweise über einen langen Zeitraum erstellt und auch revidiert werden, sind sie in Gefahr, zu umfangreich und vielfältig zu werden. Daher ist es hilfreich, Gesetze und Verordnungen in Netzwerken von Begriffen darzulegen, die mehr Zusammenhänge und Verbesserungen ermöglichen. Allgemein waren die Experten der dargestellten Inhalte sehr schnell im Erfassen der wesentlichen Zusammenhänge in dem beschrifteten Liniendiagramm des jeweils gezeigten Begriffsverbandes; insbesondere erkannten sie sogar Fehler in den unterliegenden Datenkontexten.

## 7.2 Semantologisches Verstehen mathematischer Strukturen

Für das Weitere ist vor allem zu klären, was der epistemologische Status der strukturellen Entitäten ist, die im ersten Abschnitt in Bezug auf Wissensrepräsentation und Wissensverarbeitung als „*semantische Strukturen*" benannt werden. Welche bedeutungsvolle Totalität könnte diese Strukturen umfassen? In welcher Weise sind semantische Strukturen mit der Welt verbunden? Gibt es eine allgemeine methodische Perspektive, mit der sich Wissensrepräsentation und Wissensverarbeitung befassen?

Als erster Schritt, solche Fragen zu beantworten, wurde der Term „Semantologie" vorgeschlagen[12], um damit die Ausarbeitung einer grundlegenden methodologischen Konzeption für Wissensrepräsentation und Wissensverarbeitung in den Griff zu bekommen. Mit unserem Ansatz wird die „Semantologie" direkt verbunden mit der Idee einer Semantik, die als Semantik auch Metastruktur oder Universum oder „Archiv" einschließt[13], was begrifflich mit Mitteln unterschiedlicher Wissenschaften erkundet werden kann (im Bereich der Mathematik: z. B. die Wissenschaft der mengen-theoretischen Begriffe versus die Wissenschaft der geometrischen Begriffe[14]; im Bereich der Philosophie: besonders die philosophische Begriffsgeschichte; in speziellen Wissenschaften: z. B. die Wissenschaft der musikalischen Begriffe.[15] Noch genauer: Die „Semantologie" wird als die Theorie der semantischen Strukturen und deren Zusammenhänge verstanden, die insbesondere die Entwicklung geeigneter Methoden der Wissensrepräsentation und Wissensverarbeitung ermöglicht. Deshalb sollte die Semantologie auch die allgemeine Methodologie des Repräsentierens und Verarbeitens von Information und Wissen umfassen.

Mathematik *semantologisch* zu verstehen bedeutet, mathematische Strukturen als Abstraktion semantischer Strukturen aufzufassen. Wie das konkret aussehen kann, soll an einem einfachen Beispiel demonstriert werden, dessen semantische Strukturen in Abbildung 7.3, Abbildung 7.4, Abbildung 7.5 und Abbildung 7.6 dargestellt sind; inhaltlich wird dabei aufgezeigt, welche Bewertungen für *Monumente des Forum Romanum* in den Reiseführern „Baedecker", „Les Guides Bleus", „Michelin" und „Polyglott" angegeben werden.

Ein Beispiel für unterschiedliche Bewertungen[16] wird in Abbildung 7.3 beschrieben,[17] in der beispielsweise die „Phocassäule" im „Baedecker" den Wert 0, im „Les Guides Bleu" den Wert 1 und im „Michelin" den Wert 2 hat. Allgemein sind die Bewertungen als ordinale Messwerte auf-

[12][GehringWille2006, S. 215-228]

[13][Foucault1969, S. 103ff.]

[14]vgl. [Thom1971]

[15]vgl. [Eggebrecht1984]

[16][Wille1987, S. 192ff.]

[17]Wie die meisten empirischen Daten hat auch die Tabelle in Abbildung 7.3 nicht die Form einer Kreuzchen-Tabelle, von der man hierarchische Strukturen formaler Begriffe direkt ableiten kann. Abbildung 7.3 stellt einen *mehrwertigen Kontext* dar, der im Allgemeinen als eine Mengenstruktur $(G,M,W,I)$ definiert wird, bei der $G$, $M$ und $W$ Mengen sind verbunden durch eine ternäre Relation $I$ mit $I \subseteq G \times M \times W$, wobei $(g,m,w_1) \in I$ und $(g,m,w_2) \in I$ stets $w_1 = w_2$ nach sich zieht; $(g,m,w) \in I$ wird gelesen: Der Gegenstand $g$ hat den Wert $w$ bei dem Merkmal $m$. In dem mehrwertigen Kontext von Abbildung 7.3 hat z. B. der Gegenstand „Titusbogen" den Wert „2" bei dem Merkmal „Michelin". Um formale Begriffe zu bekommen, wird der mehrwertige Kontext in einen formalen Kontext auf folgende Weise transformiert: Die Menge der potentiellen Werte eines jeden (mehrwertigen) Merkmals $m \in M$ wird interpretiert als eine Gegenstandsmenge $G_m$ einer begrifflichen Skala $(G_m, M_m, I_m)$, die in der Formalen Begriffsanalyse als ein formaler Kontext mit einer klaren, bedeutungstragenden begrifflichen Struktur verstanden wird. Mit derart gewählten Skalen kann man den formalen Kontext $(G, \cup_{m \in M} M_m, J)$ bilden, wobei $gJn :\Leftrightarrow wI_m n)$ für alle $(g,m,w) \in I$ und $n \in M_m$ ist (vgl. [GanterWille1996]).

| | Forum Romanum | Baedecker | Les Guides Bleus | Michelin | Polyglott |
|---|---|---|---|---|---|
| 1 | Triumphbogen des Septimus Severus | 1 | 1 | 2 | 1 |
| 2 | Titusbogen | 1 | 2 | 2 | 0 |
| 3 | Basilica Julia | 0 | 0 | 1 | 0 |
| 4 | Maxentius-Basilica | 1 | 0 | 0 | 0 |
| 5 | Phocassäule | 0 | 1 | 2 | 0 |
| 6 | Curia | 0 | 0 | 0 | 1 |
| 7 | Haus der Vestalinnen | 0 | 0 | 1 | 0 |
| 8 | Portikus der zwölf Götter | 0 | 1 | 1 | 1 |
| 9 | Tempel des Antonius und der Fausta | 1 | 1 | 3 | 1 |
| 10 | Tempel des Castor und Pollux | 1 | 2 | 3 | 1 |
| 11 | Tempel des Romulus | 0 | 1 | 0 | 0 |
| 12 | Tempel des Saturn | 0 | 0 | 2 | 1 |
| 13 | Tempel des Vespasian | 0 | 0 | 2 | 0 |
| 14 | Tempel der Vesta | 0 | 2 | 2 | 1 |

Abbildung 7.3: Bewertungen von Monumenten des Forum Romanum

| Forum Romanum | Baedecker | Les Guides Bleus | | Michelin | | | Polyglott |
|---|---|---|---|---|---|---|---|
| | ≥1 | ≥1 | ≥2 | ≥1 | ≥2 | ≥3 | ≥1 |
| Triumphbogen des Septimus Severus | × | × | | × | × | | × |
| Titusbogen | × | × | × | × | × | | |
| Basilica Julia | | | | × | | | |
| Maxentius-Basilica | × | | | | | | |
| Phocassäule | | × | | × | × | | |
| Curia | | | | | | | × |
| Haus der Vestalinnen | | | | × | | | |
| Portikus der zwölf Götter | | × | | × | | | × |
| Tempel des Antonius und der Fausta | × | × | | × | × | × | × |
| Tempel des Castor und Pollux | × | × | × | × | × | × | × |
| Tempel des Romulus | | × | | | | | |
| Tempel des Saturn | | | | × | × | | × |
| Tempel des Vespasian | | | | × | × | | |
| Tempel der Vesta | | × | × | × | × | | × |

Abbildung 7.4: Abgeleiteter Kontext aus den Bewertungen in Abbildung 7.3

zufassen, sodass für jeden Reiseführer ein individueller Kontext mit den Merkmalen „mindestens ein Stern", „mindestens zwei Sterne" und „mindestens drei Sterne" entsteht. Die Begriffsverbände dieser Kontexte sind Ketten, die einen Teil der eindimensionalen Bewertungsskala wiedergeben. Natürlich könnte man auch Merkmale wie „höchstens zwei Sterne" einbeziehen; da jedoch ein Leser der Reiseführer an den Begriffsumfängen weniger interessiert sein dürfte, sollen hier die Bewertungen durch die angegebene „gerichtete Ordinalskala"[18] interpretiert werden.

Die individuellen Kontexte der verschiedenen Reiseführer sind in Abbildung 7.4 zu einem gemeinsamen Kontext zusammengefasst. Sein Begriffsverband ist in Abbildung 7.5 wiedergegeben. Die individuellen Namen der Merkmale – (M2) bedeutet z. B. „im Michelin mindestens zwei Sterne" – ermöglichen, die individuellen Begriffsverbände der verschiedenen Reiseführer in Abbildung 7.5 wiederzufinden. Man kann jedoch auch Zusammenhänge sehen: Dass z. B. $\mu$(G2) ein Unterbegriff von $\mu$(M2) ist, besagt: Jedes Monument, das in Les Guides Bleus mindestens zwei Sterne hat, hat auch im Michelin mindestens zwei Sterne. Insgesamt wird erkennbar, dass sich Les Guides Bleus, Michelin und Polyglott in ihren Bewertungen ähnlich sind, während der Baedecker deutlich anders liegt.

Besteht das Gemeinsame der individuellen Kontexte nur in gleich indizierten Begriffen $(A_s^e, B_s^e)$ mit $e \in E$, die jeweils den Begriffsverband $(G_s, M_s, I_s)$ erzeugen, dann kann man durch folgende Überlegungen zu einer Zusammenschau kommen: Die einfachste Zusammenfassung der gemeinsamen Anteile besteht in der Bildung der Tupel $((A_s^e, B_s^e) | s \in S)$ für $e \in E$, diese Tupel sind Elemente des direkten Produktes der individuellen Begriffsverbände. Da man sicherlich einen möglichst kleinen Begriffsverband anstrebt, aus dem allerdings immer noch die individuellen

[18] vgl. [Ganter u. a. 1986]

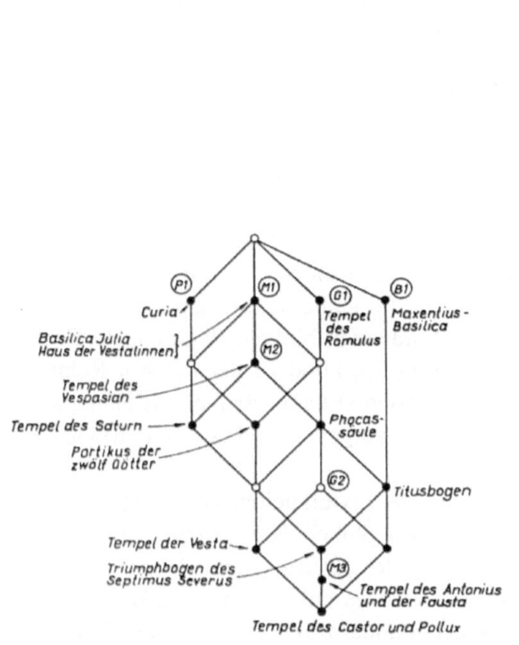


Abbildung 7.5: Begriffsverband zum Kontext von Abbildung 7.4

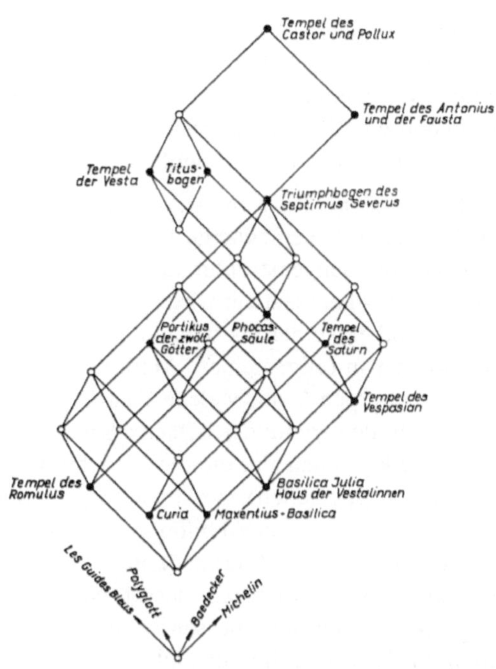


Abbildung 7.6: Begriffsverband von der Fusion der individuellen Kontexte in Abbildung 7.4

Begriffsverbände rekonstruierbar sein müssen, liegt nahe, den vollständigen Unterverband, der von den gebildeten Tupeln im direkten Produkt erzeugt wird, als den gesuchten Begriffsverband zu nehmen. Aus diesem Unterverband kann man die individuellen Begriffsverbände durch Projektionen gewinnen. Wie man den zugehörigen Kontext, die „Fusion" der individuellen Kontexte, findet, ist in Wille[19] ausgeführt. Wendet man die beschriebene Konstruktion auf die Begriffsverbände der Reiseführer an, wobei die Gegenstände und Merkmale über die Abbildungen $\gamma$ und $\mu$ die erzeugenden Begriffe liefern, dann erhält man den Begriffsverband von Abbildung 7.6; unter dem Liniendiagramm zeigen Pfeile die Dimensionen an, auf die projiziert wird, um die individuellen Begriffsverbände zu bekommen.

## 7.3 (Mathematisch-)Semantologische Methoden der Wissensrepräsentation/-verarbeitung

Repräsentationen von Wissen über wissenschaftlich zugängliche Bereiche sollten die Rekonstruktion des dargestellten Wissens durch Nutzer mit einem relevanten wissenschaftlichen Hin-

[19] [Wille1987, S. 305-313]

tergrund möglich machen, d. h. Anwender, die genug semantische Strukturen der entsprechenden speziellen Wissenschaften internalisiert haben. Was sind Methoden, die solche Wissensrepräsentationen errichten können? In diesem Text werden Antworten zu dieser Frage auf grundlegende Methoden für Wissensrepräsentation und Wissensverarbeitung konzentriert,[20] die das dreifache semantische Verständnis ermöglichen (siehe auch Sektion 7.2).

**7.3.1** Ein *(formaler) Kontext*, wie in Abbildung 7.1, ist eine *(mathematisch-)semantologische Struktur*, die die elementarste Repräsentation von Wissen darstellt. *Mathematisch* ist solch ein Kontext eine Mengenstruktur, die üblicherweise eine *Inzidenzstruktur* genannt und überwiegend kombinatorisch untersucht wird.[21] *Philosophisch* kann solch ein Kontext als eine *logische Struktur* verstanden werden, bestehend aus einer Kollektion von (allgemeinen) Gegenständen, einer Kollektion von (allgemeinen) Merkmalen und einer verbindenden binären Relation, durch die bestimmt werden kann, welche Paare von Gegenstand und Merkmal zu der binären Relation gehören. In den *speziellen Wissenschaften* wird solch ein Kontext hauptsächlich als elementare Datentabelle verstanden, die die Beziehungen zwischen den vorgegebenen (speziellen) Gegenständen und (speziellen) Merkmalen repräsentiert.

In dem Beispiel von Abbildung 7.1 sind die Gegenstände Texteinheiten von Gesetzen bzw. Verordnungen und die Merkmale Bauteile bzw. Bauanforderungen; ein Kreuz in der Datentabelle zeigt an, dass ein Merkmal, dessen Name über der Spalte des Kreuzes steht, jeweils relevant ist für den Gegenstand, dessen Name vor der Zeile des Kreuzes aufgeführt ist. Z.B. zeigt das Kreuz in der Zeile, die vor „DIN 1054" steht, dass der Standard „DIN 1054" die Merkmale „Fundament", „Kellerfußboden" und „Schornstein" hat, jedoch keine weiteren Merkmale. Für die Rekonstruktion des repräsentierten Wissens ist es gegebenenfalls hilfreich, die Lesbarkeit der Datentabelle durch geeignetes Vertauschen von Reihen und Spalten zu verbessern.

**7.3.2** Ein *Begriffsverband*, dargestellt durch ein beschriftetes Liniendiagramm wie in Abbildung 7.2, liefert eine Repräsentation von begrifflichem Wissen, das Menschen sehr gut verstehen und in der Verarbeitung von Wissen aktivieren können. Zahlreiche Experimente haben gezeigt, dass Experten von Inhalten, die durch einen Begriffsverband repräsentiert wurden, relevante Bedeutungen der dargestellten Begriffe und Zusammenhänge erstaunlich schnell rekonstruieren konnten. Insofern kann man annehmen, dass dargestellte Begriffsverbände ermöglichen, entsprechende semantische Strukturen im menschlichen Denken zu aktivieren.

*Mathematisch* gehören Begriffsverbände zur Klasse der *verbandsgeordneten Strukturen*, die seit dem späten 19. Jahrhundert intensiv untersucht worden sind.[22] Heute existiert ein riesiges Netzwerk von verbandsgeordneten Strukturen, die als mathematisch-semantologische Strukturen in theoretischer und praxisorientierter Forschung dienen. Diese Forschung kommt insbesondere der *Formalen Begriffsanalyse* als mathematischer Theorie der Begriffsverbände zugute.

*Philosophisch* werden die beschrifteten Liniendiagramme der Begriffsverbände als Repräsentationen von kontextuell begründeten Begriffshierarchien verstanden, die die Begriffe durch deren Umfang und Inhalt konstituieren (vgl. [DIN1979], [DIN1980]). Solche Begriffshierarchien fungieren als semantologische Strukturen für die Repräsentation und die Verarbeitung von Wissen. Somit spielt die philosophische Logik der Begriffe eine grundlegende Rolle für die aktuelle

[20] vgl. [Wille2006]
[21] [Dembowski1970, S. 52ff.]
[22] vgl. [Davey2002]

Forschung von Wissensrepräsentation und Wissensverarbeitung.

In den *speziellen Wissenschaften* sind Wissensrepräsentation und Wissensverarbeitung von Begriffsverbänden und ihren Liniendiagrammen gegründet auf die speziellen Semantiken solcher Wissenschaften. Welche Semantik aktiviert wird, ist gewöhnlicherweise von Ziel und Zweck der Wissensrepräsentation und Wissensverarbeitung abhängig. Z.B. hat die Wissensrepräsentation des Begriffsverbandes in Abbildung 7.2 den Zweck, Architekten in ihrer Planung des Rohbaus eines Einfamilienhauses unter Beachtung einschlägiger Gesetze und Verordnungen zu unterstützen. Für den Entwurf der Verbindung von Schornstein und Dach hat somit der Architekt alle Texteinheiten zu beachten, die für beide Bauteile relevant sind. Diese Texteinheiten bilden den Umfang des größten Unterbegriffs der beiden Begriffe, die von den Merkmalen „Schornstein" und „Dach" erzeugt werden. Die gewünschten Texteinheiten werden durch die Bezeichnungen an den kleinen Kreisen aufgezeigt, die durch absteigende Streckenzüge erreicht werden können beginnend von dem kleinen Kreis ohne Bezeichnung ganz links. Somit hat in diesem Fall der Architekt folgende Texteinheiten zu beachten: §15, §16, §17 und §18 Abs.1 des Baugesetzes von Nordrhein-Westfalen (BauONW) und der Deutsche Standard DIN 1055.

**7.3.3** Ein System von Begriffsverbänden, das auf Teilkontexte eines formalen Kontextes basiert, ist wünschenswert, wenn der Begriffsverband des ganzen Kontextes zu groß ist. Die allgemeine Idee ist, dass der Begriffsverband des ganzen Kontextes durch die Begriffsverbände der ausgezeichneten Teilkontexte rekonstruierbar ist. Hier mag man an einen Atlas denken, in dem die Karten die Begriffsverbände des Systems sind.[23] Wissensrepräsentationen, basierend auf solchen Systemen können metaphorisch als begriffliche Wissenslandschaften verstanden werden, wobei die Navigation durch solche Landschaften durch aktivierte semantische Strukturen unterstützt wird.[24]

*Mathematisch* sind verschiedene Typen von Begriffsverbandssystemen ausführlich untersucht worden, was in [GanterWille1996] dokumentiert ist, hauptsächlich in den Kapiteln über Zerlegungen und Konstruktionen. Eine häufig benutzte Methode der Zerlegung und Konstruktion führt zu den sogenannten gestuften Liniendiagrammen, die oft besser lesbar als die üblichen Liniendiagramme sind.[25] In dem grundlegenden Fall wird die Merkmalsmenge des formalen Kontextes in zwei Teilmengen geteilt, die zusammen mit der Gegenstandsmenge zwei Teilkontexte bilden. Dann wird ein Liniendiagramm des Begriffsverbandes von einem der Teilkontexte gezeichnet mit großen Rechtecken für die formalen Begriffe des gewählten Teilkontextes. Daraufhin wird das Liniendiagramm des Begriffsverbands des anderen Teilkontextes in jedes der großen Rechtecke des ersten Liniendiagramms kopiert. Schließlich wird in jede Kopie des zweiten Diagramms diejenigen kleinen Kreise markiert, die einen formalen Begriff des ursprünglichen Kontextes repräsentieren.[26] Um diese Konstruktion zu rechtfertigen, sind einige grundlegende mathematische Beweise notwendig.[27]

*Philosophisch* wird ein System von Begriffsverbänden, das durch beschriftete Liniendiagramme veranschaulicht wird, als ein kontextuell begründetes *logisches System von Begriffshierarchien* verstanden. Ein derartiges System sollte ausgearbeitet werden können, um nützliche Wissens-

[23] vgl. [Wille1985]
[24] vgl. [Wille1999]
[25] vgl. [Wille1984]
[26] vgl. [GanterWille1996, S. 90]
[27] [GanterWille1996, S. 75ff.]

repräsentationen und Wissensverarbeitungen zu bekommen. Die erfolgreichsten Wissenssysteme, die derartig ausgearbeitet worden sind, sind die TOSCANA-Systeme, deren Konstruktionen von der Metapher einer begrifflichen Wissenslandschaft inspiriert worden sind.[28] Grundlegend besteht ein TOSCANA-System aus einem formalen Kontext und einem System von Merkmalskollektionen, die alle Merkmale des gegebenen Kontextes umfassen. Jedes solcher Merkmalskollektionen zusammen mit den Gegenstandskollektionen des Kontextes ergibt einen Teilkontext, der eine *begriffliche Skala* genannt wird. Der Begriffsverband einer solchen Skala, die durch ein gut gezeichnetes Liniendiagramm visualisiert wird, wird eine Abfragestruktur genannt, da er dazu benutzt werden kann, Wissen abzufragen, das durch ein TOSCANA-System repräsentiert wird (siehe z. B. Abbildung 7.2). Abfragestrukturen können sogar kombiniert werden, um gestufte Liniendiagramme aufzuzeigen, die besonders die Navigation durch das repräsentierte Wissen unterstützen. Die Beschreibung der aktuellen Software für Erhaltung und Aktivierung von TOSCANA-Systemen kann man in [BeckerHereth2005] finden.

*Spezielle Wissenschaften* mit ihren speziellen Semantiken und Zwecksetzungen geben Anlass, *spezielle Systeme von Begriffsverbänden* zu nutzen. Das soll an einem Forschungsprojekt der Entwicklungspsychologie erläutert werden: Der Psychologe Th. B. Seiler hat zusammen mit seinen Mitarbeitern untersucht, wie sich der Begriff „Arbeit" im Verstand von Kindern zwischen 5 und 13 Jahren entwickelt.[29] 62 Kinder wurden über ihr Verständnis des Wortes „Arbeit" interviewt, und der Inhalt von jedem dieser Interviews wurde durch einen Begriffsverband dargestellt. Dann ordneten die Forscher die Liniendiagramme dieser Begriffsverbände in eine lineare Ordnung entsprechend des Alters der Kinder an. Dadurch wurde schon weitgehend klar, wie die Rekonstruktion des Begriffs „Arbeit" zu entfalten ist, was Abbildung 7.7 verdeutlicht.

**7.3.4** *Ein Begriffsverband mit einer Kollektion seiner Merkmalsinferenzen*[30] erweitert die Wissensrepräsentation und Wissensverarbeitung, was schon in 7.3.2 an Wissen über das Schließen mit Merkmalen diskutiert wird, das im unterliegenden Kontext gültig ist. Der strukturellen Semantik der gegebenen Begriffsverbände fügt die Erweiterung Elemente der *inferentiellen Semantik* zu, die auf (formalen) Merkmalen basieren. Dual kann man die strukturelle Semantik erweitern durch Elemente der *inferentiellen Semantik*, die auf (formalen) Gegenständen basieren. Beide Erweiterungen können vereinigt werden zu einer inferentiellen Semantik, die auf (formalen) Begriffen beruhen. Die kontextuelle Grundlegung solcher Semantiken ermöglicht, die Relationen zwischen allen solchen Semantiken strukturell explizit zu machen.

*Mathematisch* wurde eine Theorie der Merkmalsimplikationen von formalen Kontexten entwickelt, die insbesondere besagt, dass ein Begriffsverband bis auf Isomorphie als ein Verband rekonstruiert werden kann durch die Menge aller Merkmalsimplikationen, die in dem unterliegenden Kontext gültig sind.[31] Weiterhin ergibt die *Theorie der Merkmalsklauseln*, dass ein Begriffsverband mit seinen Gegenstandsbegriffen als Konstanten sogar als Verband mit Konstanten bis auf Isomorphie rekonstruiert werden kann durch die Menge der Merkmalsklauseln, die in

[28] vgl. [Kollewe u. a. 1994], [StrahringerWille1997], [Wille1997]

[29] [Seiler u. a. 1992]

[30] Die wichtigsten Merkmalsinferenzen eines formalen Kontextes $(G, M, I)$ sind die Merkmalsimplikationen $B1 \to B2$, wobei $B1$ und $B2$ Teilmengen von $M$ sind, für die gilt, dass jeder formale Gegenstand, der alle Merkmale von $B1$ hat, auch alle formalen Merkmale von $B2$ hat. Weitere Merkmalsinferenzen sind die Merkmalsklauseln $B1 \neg B2$, für die gilt, dass jeder formale Gegenstand, der alle formalen Merkmale von $B1$ hat, mindestens ein Merkmal in $B2$ hat.

[31] vgl. [GanterWille1996, Abs. 2.3]

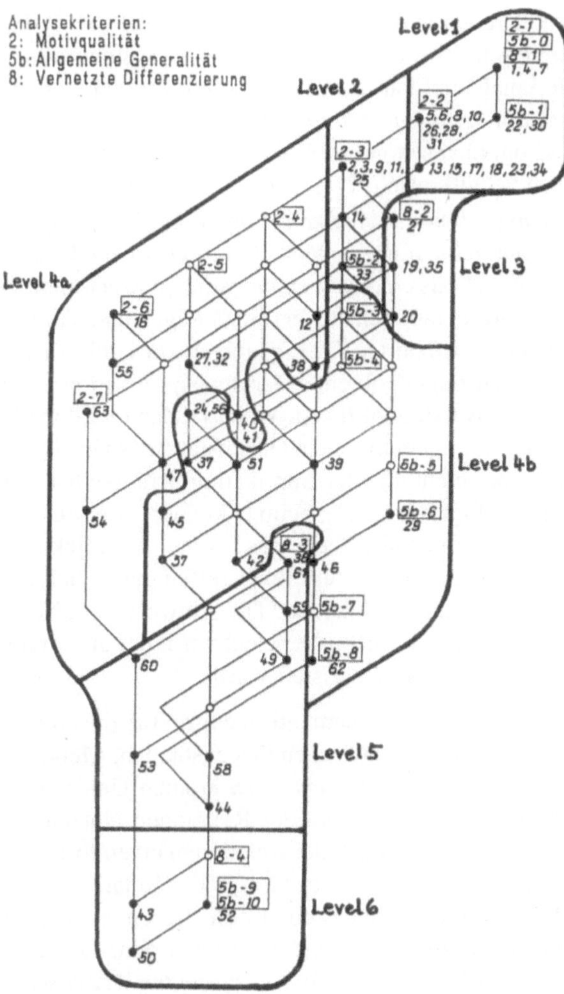


Abbildung 7.7: Begriffsverband einer Bewertung von Arbeit durch 62 Kinder (siehe [StrahringerWille1993])

dem unterliegenden Kontext gültig sind.[32] Beide Resultate zeigen, wie mathematisch dicht die strukturelle Semantik der Begriffsverbände und die inferentielle Semantik der Merkmalsimplikationen zueinander sind.

*Philosophisch* kann ein Begriffsverband mit einer Kollektion von Merkmalsimplikationen verstanden werden als eine *kontextuelle Logik von Merkmalsimplikationen*, die auf einer Begriffshierarchie gründet. Solch eine Logik wird mathematisch unterstützt durch die kontextuelle Be-

[32]ibid. [Abs.2]

griffslogik[33] und insbesondere durch die begriffliche Merkmalslogik,[34] die beide auf der Formalen Begriffsanalyse basieren. In dem erweiterten Fall eines Systems von Begriffsverbänden mit einer Kollektion von Merkmalsimplikationen kann die korrespondierende philosophische Logik verstanden werden als eine *Logik von verteilten Systemen*, wie sie in [BarwiseSeligman1997] entwickelt wurde. Diese Logik hat schon beachtliche Anwendungen gebracht wie z. B. die Konstruktion und Analyse von Schaltkreisen.[35]

In den *speziellen Wissenschaften* hat eine *kontextuelle Logik der Merkmalsimplikationen* basierend auf einer Begriffshierarchie eine große Vielfalt von Anwendungen. Hier soll nur die sogenannte Merkmalsexploration[36] als eine Anwendungsmethode erwähnt werden. Diese Methode wird benutzt, um Wissensrepräsentationen zu vervollständigen und damit Wissen explizit zu machen, das implizit in einem spezifizierten Diskursuniversum kodiert ist. Die zentrale Idee der Exploration ist, schrittweise zu fragen, ob eine Merkmalsimplikation, die in dem aktualen Kontext gültig ist, auch in dem Universum gültig ist. Wenn ja, dann wird die Implikation gelistet als gültig im Universum. Wenn nein, dann muss ein Gegenstand des Universums, der alle Merkmale der Implikationsprämisse, aber nicht alle der Implikationsschlüsse hat, explizit gemacht und zu dem aktualen Kontext hinzugefügt werden.[37]; beim Erkunden, wie Musikstücke durch Adjektive charakterisiert werden können, ergab sich die Frage: Wenn die Adjektive „dramatisch", „transparent" und „lebhaft" auf ein Musikstück zutreffen, treffen dann auch die Adjektive „munter", „rhythmisiert" und „schnell" auf dieses Stück zu? Die Antwort war „Nein", was z. B. durch den dritten Satz von Beethovens Mondscheinsonate belegt wird, der als „dramatisch", „transparent" und „lebhaft", aber nicht „munter" charakterisiert wurde.[38]

**7.3.5** Eine *Potenzkontextfamilie*[39] ist eine semantische Struktur, die eine elementare Repräsentation von Wissen über Zusammenhänge zwischen Gegenständen, Merkmalen sowie grundlegenden und relationalen Begriffen liefert. *Mathematisch* können Untersuchungen solcher Zusammenhänge durch Forschungen in der Algebra der Relationen Nutzen ziehen.[40] *Philosophisch* ergibt die mannigfaltige Arbeit an der Logik der Relationen einen förderlichen Hintergrund; insbesondere ist Peirce's umfassende Arbeit an der Logik der Relative eine wertvolle Resource.[41] R. W. Burch hat verschiedenartige Systeme der Logik fusioniert, die von Peirce über seinen langen Werdegang entwickelt worden sind, und zwar unter dem Titel *PAL* (Peircean Algebraic Logic), die die Logik der Relative erweitert.[42] In den *speziellen Wissenschaften* kann eine Potenzkontextfamilie aufgefasst werden als eine Folge von Datentabellen, die Beziehungen zwischen (speziellen) Gegenständen bzw. Gegenstandsfolgen und (speziellen) Merkmalen repräsentieren.

---

[33] vgl. [Wille2000a]

[34] vgl. [GanterWille1999b]

[35] z. B. [Karl1999]

[36] [GanterWille1996, S. 85ff.]

[37] vgl. [Wille2006, M. 9.1]

[38] vgl. [Wille/Wille-Henning2006]

[39] Eine Potenzkontextfamilie ist mathematisch definiert als eine Folge $\vec{K} := (K_0, K_1, K_2, \ldots)$ von formalen Kontexten $K_k := (G_k, M_k, I_k)$ mit $G_K \subseteq (G_0)^k$ für $k = 1, 2, \ldots$. Die formalen Begriffe von $K_0$ werden Grundbegriffe genannt, jene in $K_k$ mit $k = 1, 2, \ldots$ werden relationale Begriffe genannt, da sie $k$-stellige Relationen auf der grundlegenden Gegenstandsmenge $G_0$ durch ihre relationalen Umfänge darstellt.

[40] vgl. [PöschelKaluznin1979], [Pöschel2004]

[41] für eine Einführung siehe [Peirce1992, Vorlesung 3]

[42] [Burch1991]

Um *Wissensrepräsentationen* durch Potenzkontextfamilien zu erzeugen, ist es wichtig, die enge Beziehung zwischen Potenzkontextfamilien und relationalen Datenbanken zu verstehen.[43] In [Eklund u. a. 2000] wird gezeigt, wie eine Repräsentation von Flügen innerhalb von Australien durch ein relationales Modell im Sinne von Codd in eine Repräsentation durch eine Potenzkontextfamilie übersetzt werden kann. Diese Potenzkontextfamilie konnte sogar als Grundlage für eine kontextuell-logische Erweiterung eines TOSCANA-Systems dienen, das durch den Gebrauch von PAL-Term-Formationen und ihre Ableitungen begründet wurde. Repräsentationen des Wissens, die in dem erweiterten TOSCANA-System kodifiziert sind, konnten damit aktiviert werden, um durch Abfragegraphen Fluginformationen herauszufinden.[44]

**7.3.6** *Begriffsgraphen* einer Potenzkontextfamilie sind semantische Strukturen, die (formale) Urteile darstellen basierend auf dem Wissen, das durch die unterliegende Potenzkontextfamilie und ihre Begriffsverbände repräsentiert wird. Diese Urteile werden im Sinne der traditionellen philosophischen Logik mit ihren Lehren von Begriff, Urteil und Schluss verstanden. Das bedeutet, dass „die Substanz des Urteils in vorliegenden Erkenntnissen besteht, die in Einheit von Bewusstseinszuständen im Urteil vereinigt sind“[45]

*Mathematisch* ist die Form des Urteils mengentheoretisch definiert als Begriffsgraph einer Potenzkontextfamilie.[46] Die mathematische Theorie der Begriffsgraphen hat sich hauptsächlich entwickelt, um eine *kontextuelle Urteilslogik* zu etablieren, die als eine Erweiterung der kontextuellen Begriffslogik verstanden wird.[47] Diese Entwicklung erweitert nicht nur die strukturelle Semantik der formalen Begriffe, sondern auch die inferentielle Semantik der begrifflichen Graphen.[48]

*Philosophisch* kann Substanz und Form der Urteile durch *begriffliche Graphen* erfolgreich repräsentiert werden, was J. F. Sowa[49] eingeführt hat und was von ihm und vielen anderen Mitarbeitenden weiter entwickelt worden ist. In [Sowa1992] schreibt Sowa (in Englisch): „Begriffliche Graphen sind Systeme der Logik, die auf den existentiellen Graphen von Ch. S. Peirce und den semantischen Netzwerken der Künstlichen Intelligenz gegründet sind. Der Zweck dieses Systems ist, Sinn und Bedeutung in einer Form auszudrücken, die logisch präzise, von Menschen lesbar und mit Computern zu bearbeiten ist.“ Begriffliche Graphen haben zu ihrer *Mathematisierung* geführt, die (zur besseren Unterscheidung) *Begriffsgraphen* genannt wurden; natürlich gibt es einen sehr engen Zusammenhang zwischen der Repräsentation der Urteile durch begriffliche Graphen und durch Begriffsgraphen. Ein Vergleich der von der philosophischen Grundle-

---

43 [Abiteboul u. a. 1995]

44 [Eschenfelder u. a. 2000, Section 4]

45 [Kant1988, S. 106f.]

46 Ein Begriffsgraph einer Kontextfamilie $\vec{K} := (K_0, K_1, K_2, \ldots)$ mit $K_k := (G_k, M_k, I_k)$ für $k = 0, 1, 2, \ldots$ ist eine Struktur $\mathbf{G} := (V, E, \nu, \kappa, \rho)$, für die

- $(V, E, \nu)$ ein relationaler Graph ist, d. h. eine Struktur $(V, E, \nu)$, die aus zwei disjunkten Mengen $V$ und $E$ mit einer Abbildung $\nu : E \to \bigcup_{k=1,2,\ldots} V^k$ besteht,
- $\kappa : V \cup E \to \bigcup_{k=1,2,\ldots} \mathbf{B}(K_k)$ eine Abbildung ist, für die $\kappa(u) \in \mathbf{B}(K_k)$ für alle $u$ mit $u \in V$ gilt, wenn $k = 0$ oder
- $\nu(u) = (v_1, \ldots, v_k) \in V_k$, wenn $k = 1, 2, \ldots$,
- $\rho : V \to \mathbf{P}(G_0) - \{0\}$ eine Abbildung ist, für die $\rho(v) \subseteq Ext(\kappa(v))$ gilt, für alle $v \in V$ und außerdem
- $\rho(v_1) \times \cdots \times \rho(v_k) \subseteq Ext(\kappa(e))$ für alle $e \in E$ mit $\nu(e) = (v_1, \ldots, v_k)$; im Allgemeinen zeigt $Ext(c)$ den Umfang des formalen Begriffs $\mathbf{c}$ an.

47 vgl. [Wille2000b]

48 vgl. [Wille2004]

49 [Sowa1984]

gung der begrifflichen Graphen und der formalen Begriffsanalyse im Allgemeinen findet sich in [Mineau u. a. 1999].

In *speziellen Wissenschaften* gibt es vielfältige Wissensrepräsentationen und Wissensverarbeitungen von Begriffsgraphen und begrifflichen Graphen, was schon langjährige Publikationen in Springer Lecture Notes dokumentiert haben. Als ein Beispiel soll hier nur das schon unter 7.3.5 erwähnte TOSCANA-System über Fluginformationen in der Form eines begrifflichen Graphens diskutiert werden. Solche Graphen werden als Antwort auf Fragen gewonnen, die durch Einschränkungen von Flugverbindungen, Zeiteinheiten für Abflüge und Starts, mögliche Flugzeiten usw. entstehen. Die Antworten dazu werden graphisch repräsentiert als Informationsnetzwerke, die interaktiv verändert werden können, was besonders bei kleineren Netzwerken durch Erweitern der eingegebenen Einschränkungen geschieht und schließlich zu einem festgelegten Flugplan führt.[50]

# Literatur

[Abiteboul u. a. 1995] Abiteboul, S., Hull, R.; Vianu, V.: Foundations of databases. English. Addison-Weslay, Readung, MA, 1995.

[BarwiseSeligman1997] Barwise, J., Seligman, J.: Information flow – the logic of distributed systems. Cambridge University Press, Cambridge/United Kingdom 1997.

[BeckerHereth2005] Becker, P.; Hereth Correia, J.: The ToscanaJ Suite for implementing conceptual information systems. In: Ganter, B.; Stumme, G.; Wille, R. (eds.): Formal Concept Analysis, foundation and applications. LNAI 3626. State-of-the-Art Survey. Springer, Heidelberg 2005, S. 324-348.

[Burch1991] Burch, R. W.: A Peircean Reduction Thesis: the foundations of topological logic. Texas Tech University Press, 1991.

[Davey2002] Davey, B. A.; Priestley, H. A.: Introduction to lattices and order. $2^n d$ edition. Cambridge University Press, Cambridge, United Kingdom 2002.

[Dembowski1970] Dembowski, P.: Kombinatorik. Bibliographisches Institut. Mannheim 1970.

[Eggebrecht1984] Eggebrecht, H. H. (Hrsg.): Meyers Taschenlexikon Musik in 3 Bd. Mannheim 1984.

[Eklund u. a. 2000] Eklund P.; Groh, B.; Stumme, G.; Wille, R.: A contextual extension of TOSCANA. In: Ganter, B.; Mineau, B. (eds.): Conceptual structures: logical, linguistic and computational issues. LNAI 1867. Springer, Heidelberg 2000, S. 453-467.

[Eschenfelder u. a. 2000] Eschenfelder, D.; Kollewe, W.; Skorsky, M.; Wille, R.: Ein Erkundungssystem zum Baurecht: Methoden der Entwicklung eines TOSCANA-Systems. In: [StummeWille2000], S. 254-272.

[Foucault1969] Foucault, M.: L'archécologie du savoir. Gallimard, Paris 1969.

[Ganter u. a. 1986] Ganter, B.; Stahl, J.; Wille, R.: Conceptual measurement and many-valued contexts. In: Gaul, W.; Schader, M. (Hrsg.): Classification as a tool of research. North-Holland, Amsterdam 1986, S. 169-176.

[GanterWille1996] Ganter,B.; Wille, R.: Formale Begriffsanalyse. Mathematische Grundlagen. Springer, Heidelberg 1996.

[50] vgl. [Eklund u. a. 2000]

[GanterWille1999a] Ganter, B.; Wille, R.: Formal Concept Analysis: Mathematical Foundations. Springer, Heidelberg 1999.

[GanterWille1999b] Ganter, B., Wille, R.: Contextual Attribute Logic. In: Tepfenhart, W.; Cyre, W. (eds.): Conceptual structures: standards and practices. LNAI 1640. Springer, Heidelberg 1999, S. 401-414.

[GehringWille2006] Gehring, P.; Wille, R.: Semantology: basic methods for knowledge representations. Schärfe, H.; Hitzler, P.; Ostrom, P. (eds.): Conceptual structures: inspiration and application. LNAI 4068. Springer, Heidelberg 2006, S. 215-228.

[Kant1988] Kant, I.: Logic. Dover Publications, New York 1988.

[Karl1999] Karl, M.: Eine Logik verteilter Systeme und deren Anwendung auf Schaltnetzwerke. Diplomarbeit. TU Darmstadt 1999.

[Kollewe u. a. 1994] Kollewe, W.; Skorsky, M.; Vogt, F.; Wille, R.: TOSCANA - ein Werkzeug zur begrifflichen Analyse und Erkundung von Daten. In: Wille, R.; Zickwolff, M. (Hrsg.): Begriffliche Wissensverarbeitung - Grundfragen und Aufgaben. B.I.-Wissenschaftsverlag, Mannheim 1994, S. 267-288.

[Mineau u. a. 1999] Mineau, G.; Summe, G.; Wille, R.: Conceptual structures represented by conceptual graphs and formal concept analysis. In: Tepfenhart, W.; Cyre, W. (eds.): Conceptual structures: standards and practice. LNAI 1640. Springer, Heidelberg 1999, S. 423-441.

[Peirce1992] Peirce, Ch. S.: Reasoning and the logic of things. Edited by K. L. Ketner; with an introduction by K. L. Ketner and H. Putnam. Havard Univ. Press, Cambridge 1992.

[Peirce2000] Peirce, Ch. S.: Semiotische Schriften Band 1 (Hrsg.: Ch. J. Kloesel, Ch. J.; Pape, H.), S.71.

[Pöschel2004] Pöschel, R.: Galois connections for operations and relations. In: Denecke, K.; Erné, M.; Wismath, S. L. (eds.): Galois connections and applications. Kluwer, Dordrecht 2004, S. 231-258.

[PöschelKaluznin1979] Pöschel, R.; Kaluznin, L. A.: Funktionen und Relationenalgebren. VEB Verlag der Wissenschaften, Berlin 1979

[Seiler u. a. 1992] Seiler, Th. B. u. a.: Interviews von Kindern über ihr Verständnis des Wortes „Arbeit“. Institut für Psychologie, TU Darmstadt 1992.

[Sowa1984] Sowa, J. F.: Conceptual structures: information processing in mind and machine. Addison-Wesley, Reading, Ma. 1984.

[Sowa1992] Sowa, J. F.: Conceptual graphs summary. In: Nagle, T. E.; Nagle, J. A. et al., Gerholz, L. L.; Eklund, P. L. (eds.): Conceptual structures: current research and practice, Ellis Horwood, New York 1992, S. 3-51.

[StrahringerWille1993] Strahringer, S.; Wille, R.: Conceptual Clustering via convex-ordinal structures. In: Opitz, O.; Lausen, B.; Klar, R.: Information and Classification. Concepts, Methods, and Applications. Springer-Verlag, Heidelberg 1993, S. 85-98.

[StrahringerWille1997] Strahringer, S.; Wille, R.: Conceptual knowledge processing with ordinal scales. In: Minea, G.; Fall, A. (eds.): Proceedings of the Second International Symposium on knowledge retrieval, use and storage for efficiency. Vancouver 1997, S. 14-29.

[StummeWille2000] Stumme, G.; Wille, R.(Hrsg.): Begriffliche Wissensverarbeitung: Methoden und Anwendungen. Springer, Heidelberg 2000.

[Thom1971] Thom, R.: ‚Modern‘ mathematics: an educational and philosophical error? American scientist 59, 1971, S. 695-699

[Vogt u. a. 1991] Vogt, F.; Wachter, C.; Wille, R.: Data analysis based on a conceptional file. In: Bock, H. H. ; Ihm, P.(eds.): Classification, data analysis, and knowledge organization. Springer, Heidelberg 1991, S. 131-142.

[Wille1982] Wille, R.: Restructuring lattice theory: an approach based on hierarchies of concepts. In: Rival, I. (ed.): Ordered sets. Reidel, Dordrecht 1982, S. 445-470.

[Wille1984] Wille, R.: Liniendiagramme hierarchischer Begriffssysteme. In: Bock, H. H. (Hrsg.): Anwendungen der Klassifikation: Datenanalyse und numerische Klassifikation. Index Verlag, Frankfurt 1984, S. 32-51.

[Wille1985] Wille, R.: Finite distributive lattices as concept lattices. Atti Inc. Log. Mat. (Siena) 2 (1985)

[Wille1987] Wille, R.: Bedeutungen von Begriffsverbänden. In: Ganter, B., Wille, R., Wolff, K. E. (Hrsg.): Beiträge zur Begriffsanalyse. B.I.-Wissenschaftsverlag, Mannheim 1987,S. 161-211.

[Wille1995] Wille, R.: Begriffsdenken: Von der griechischen Philosophie bis zur Künstlichen Intelligenz heute. Diltheykastanie, Ludwig-Georgs-Gymnasium, Darmstadt 1995, S. 77-109.

[Wille1997] Wille, R.: Concept Graphs and Formal Concept Analysis. In: Lukose, D.; Delugach, H.; Keeler, M.; Searle, L.; Sowa, J. F. (eds.): Conceptual structures: fulfilling Peirce's dream. LNAI 1257. Springer, Heidelberg 1997, S. 290-303.

[Wille1999] Wille, R.: Conceptual landscapes of knowledge: a pragmatic paradigm for knowledge processing. In: W. Gaul, H. Locarek-Junge (eds.): Classification in the information age. Springer, Heidelberg 1999, S. 93-100.

[Wille2000a] Wille, R.: Contextual Logic summery. In: Stumme, G. (ed.): Working with concep-tual structures. Contributions to ICCS 2000. Shaker Verlag, Aachen 2000, S. 265-276.

[Wille2000b] Wille, R.: Begriffliche Wissensverarbeitung: Theorie und Praxis. Informatik Spektrum 23 (2000), 357-369; gekürzte Version in: Schmitz, B. (Hrsg.): Thema Forschung: Information, Wissen, Kompetenz. Heft 2/2000, TU Darmstadt, S. 128-140.

[Wille2001] Wille, R.: Mensch und Mathematik: Logisches und mathematisches Denken. In: Lengnink, K.; Prediger, S.; Siebel, F. (Hrsg.): Mathematik und Mensch: Sichtweisen einer Allgemeinen Mathematik. Verlag Allgemeine Wissenschaft, Mühltal 2001, S. 139-158.

[Wille2004] Wille, R.: Implicational concept graphs. In: Wolff, K. E.; Pfeifer, H.; Delugach, H. (eds.): Conceptual structures at work. LNAI 3127. Springer, Heidelberg 2004, S. 52-61.

[Wille2005] Wille, R.: Formal Concept Analysis as mathematical theory of concepts and concept hierarchies. In: Ganter, B.;, Stumme, G.; Wille, R. (eds.): Formal Concept Analysis, foundations and applications. State-of-the-Art Survey. LNAI 3626. Springer, Heidelberg 2005, S. 226-249.

[Wille2006] Wille, R.: Methods of conceptual knowledge processing. In: Missaoui, R., Schmid, J. (eds.): Formal Concept Analysis. ICFCA 3874. Springer, Heidelberg 2006, 1-29.

[Wille/Wille-Henning2006] Wille,R.; Wille-Henning, R.: Beurteilung von Musikstücken durch Adjektive: Eine begriffsanalytische Exploration. In: Proost, K.; Richter, E. (Hrsg.): Von Intentionalität zur Bedeutung konventionalisierter Zeichen. Festschrift für Gisela Harras zum 65. Geburtstag. Narr, Tübingen 2006, S. 453-475.

# Teil II

# Verstehen im Mathematikunterricht ermöglichen

# 8 Mathematik als Geisteswissenschaft Der Mathematikschädigung dialogisch vorbeugen

PETER GALLIN

Ursprünglich wollte ich Architekt werden getreu den Vorbildern von Vater und Großvater. Darum zeichnete ich bereits als neunjähriges Kind Pläne von Häusern in der Art, wie ich sie oft zu sehen bekam. Ein ausgemustertes Holzdreieck mit einem rechten und zwei halben rechten Winkeln war das einzige Konstruktionswerkzeug, das ich damals besaß und mit dem ich mich ans Werk machte. Zuerst einmal war da natürlich ein Rechteck als Grundriss des Hauses zu zeichnen: Eine Seite, ein rechter Winkel, die zweite Seite, wieder ein rechter Winkel, die dritte Seite in gleicher Länge wie die erste und dann der dritte rechte Winkel, dessen letzter Schenkel die vierte Seite gab. Aber o weh: Der vierte Winkel war kein rechter und auch waren die Längen der zweiten und vierten Seite nicht gleich. Ich scheiterte bereits beim Zeichnen meines Rechtecks und taufte sogleich mein „krummes Haus“ romanisierend mit dem Fantasienamen „Chesa Krümlas“ (Abb. 8.1). Meine Erwartung, dass ein Viereck mit drei rechten Winkeln zwingend einen vierten Rechten haben müsste, wurde durch die Realität meiner ungelenken Konstruktionen arg enttäuscht. Und die Belehrungen meiner älteren Schwestern über den Einsatz einer sogenannten Reissschiene und das zuverlässige Parallelverschieben wollte ich in meiner Ungeduld gar nicht hören. Mein Tischchen war so oder so viel zu klein für das große Instrument, das zudem nur im Büro meines Vaters zugänglich gewesen wäre.

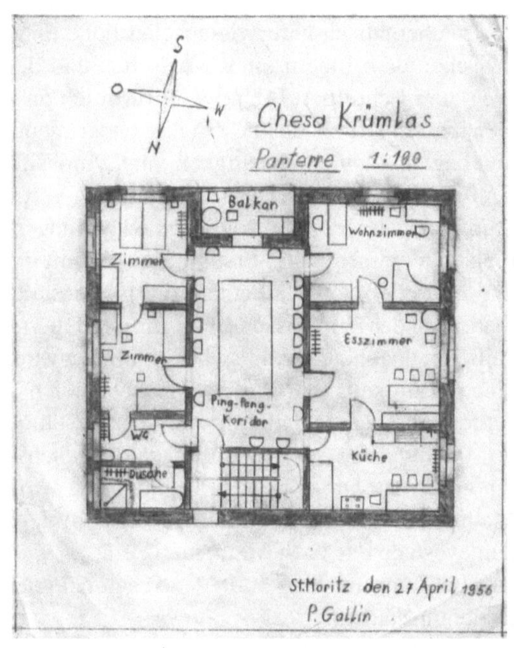

Abbildung 8.1: Erste Versuche beim Zeichnen eines Grundrisses

Erst im Geometrieunterricht des Gymnasiums begann ich zu begreifen, dass zwischen der Realität und der mathematischen Idealisierung immer ein Graben bestehen bleibt, wie sehr man sich auch um Präzision bemüht. Die von Euklid stammenden Ideen von den ausdehnungslosen Punkten und den nur in einer Richtung ausgedehnten, aber unendlich dünnen Geraden kombiniert mit der eindeutig festgelegten Parallelen brachten mich dazu, den Berufswunsch zu wandeln vom Architekten, der sich mit der Realität herumschlagen muss, zum Mathematiker, der sich mit perfekt Stimmigem befassen kann. So glaubte ich, dass die Mathematik ihren einzigen Sinn darin findet, die Realität mit Idealisierungen zu beschreiben, und dass demzufolge Untersuchungen in den Idealisierungen eine bequeme Art des Studiums der Natur sein müssten. Mit Beginn des Physikunterrichts bestätigte sich diese Ansicht, so dass ich kurzerhand Mathematik und Naturwissenschaft gleichsetzte. Wie bin ich doch erschrocken, als mein Mathematiklehrer mit erhobenem Zeigefinger sagte: „Nein, Peter, die Mathematik ist viel eher eine Geisteswissenschaft!“ Vielleicht war es dieser Schreck, der mich dazu brachte, Physik – konsequenterweise natürlich Theoretische Physik – zu studieren.

Im Verlauf des Studiums und in der Assistenzzeit danach stellte sich immer mehr heraus, dass mich der menschliche Geist genauso stark interessierte wie das Funktionieren der Natur. Ganz besonders faszinierte mich die Reaktion des emotional-intellektuellen Menschen auf unerwartete mathematisch-naturwissenschaftliche Phänomene. Dieses Interesse an der Wechselwirkung zwischen dem Innern eines Menschen und dem Äußern eines Problems wies mir deutlich den Weg zum Lehrerberuf. Und weil für mich das gedankliche Durchdringen eines Problems mehr Gewicht erhielt als das geschickte experimentelle Vorgehen, kehrte ich zur Mathematik zurück und begann meine Lehrtätigkeit am Gymnasium in diesem Fach. Gewiss waren zu Beginn noch deutliche Spuren einer physikorientierten Vergangenheit erkennbar, so dass ich – wie viele junge Studienabgänger – dem sogenannten „Alltagsbezug“ der Mathematik eine fast zu grosse Bedeutung zugemessen hatte. Erst im Kontakt mit den realen Menschen und ihren Nöten beim Lernen und Begreifen von Mathematik im gymnasialen Unterricht wandelte sich mein Bild der Mathematik von der Hilfswissenschaft für die Beherrschung von Natur und Technik über ihre von allem Äußeren unabhängige, in sich stimmige, abstrakte Wissenschaft der Beziehungen und Muster zu einem Tätigkeitsfeld, in dem Menschen sich selber bis an die Grenze ihrer Leistungsfähigkeit fordern und gerade dadurch aber auch bestätigen können. Descartes berühmtes Zitat „cogito, ergo sum“ wurde für mich zum pädagogischen Leitsatz für den Mathematikunterricht, indem ich ihn umdeutete in „Ich treibe Mathematik, also spüre ich mich selbst“[1]. Erst mit diesem Bild der Mathematik als Herausforderung für den menschlichen Geist konnte ich einsehen und begründen, weshalb das Fach Mathematik eine so wichtige Stellung im Kanon der Schulfächer erhalten hat: Im Zentrum steht ein in den Präambeln der Lehrpläne nur implizit erwähnter Bildungs- und Erziehungsauftrag.

Es geht – etwas nüchterner gesprochen – um den Aufbau einer umfassenden Handlungskompetenz, wie sie von Franz E. Weinert[2] definiert worden ist: Die Handlungskompetenz umfasst die notwendigen und entwicklungsfähigen Voraussetzungen, die es einer Person ermöglichen, in einem spezifischen Handlungsfeld (Fachgebiet, Beruf) erfolgreich zu agieren[3]. Das Entscheidende an diesem Begriff ist nun, dass die Handlungskompetenz drei notwendige Aspekte aufweist. Im Zentrum steht der fachliche Aspekt mit dem zugehörigen Wissen und Können. Dieser Aspekt ist es denn auch, der in den heute verbreiteten Tests (wie z. B. PISA) untersucht werden kann. Der fachliche Aspekt ist aber eingebettet in den sozialen Aspekt der Handlungskompetenz, wo

[1] „Vom Sinn des Mathematikunterrichts“ heißt ein Artikel, den ich früher zu diesem Thema geschrieben habe [Gallin2002].

[2] [Weinert2001, S. 51]

[3] [Ruf2008, S. 246]

die Fähigkeiten zum Perspektivenwechsel, zur Kooperation, zur Wertschätzung, zum Dialog genannt werden. Schließlich werden die beiden Aspekte noch im dritten eingebettet, dem personalen Aspekt der Handlungskompetenz, wo es um die Fähigkeit zur Reflexion, die Motivation, den Willen, das Selbstkonzept, das Wertekonzept und um die Sinnfrage geht. Erst im erfolgreichen Zusammenspiel aller drei Aspekte kann von einer erreichten Handlungskompetenz gesprochen werden. Dass der zweite und dritte Aspekt nicht mit Tests erhoben werden kann, ist unbestritten. Sie sind es denn, welche in der Schule nur durch eine begleitende Lehrperson erkannt und gefördert werden können.

Vor dem Hintergrund meiner persönlichen Unterrichtserfahrung und dem erziehungswissenschaftlichen Begriff der Handlungskompetenz wurde die Mathematik für mich zu einer Wissenschaft, die sich um die Entwicklung des menschlichen Geistes dreht, zu einer Geisteswissenschaft. Da mich hier die Mathematik als Schulfach und ihre didaktischen Aspekte interessieren, werde ich mich keinesfalls in den theoretischen Disput über die Stellung der Mathematik als universitäre Wissenschaft einmischen.[4] Tatsächlich wird kontrovers diskutiert, ob man die Mathematik als Geisteswissenschaft auffassen darf, aber man findet praktisch keine Diskussion über ihre Stellung in der Schule. Meine Erfahrung als Mathematiklehrer hat im Laufe der Jahre gezeigt, dass der Mathematikunterricht davon profitiert, wenn man die Mathematik aus pragmatischen Gründen als nahezu reine Geisteswissenschaft auffasst. Der Unterricht wird dadurch nämlich nicht nur entschlackt und vereinfacht, sondern kommt auch näher an die Lernenden heran. Hans Freudenthal hat dazu in seinem Artikel „Mathematik – eine Geisteshaltung“[5] geschrieben: „Immer gilt: Der Schüler erwirbt Mathematik als Geistesverfassung nur über Vertrauen auf seine eigenen Erfahrungen und seinen eigenen Verstand.“

Es besteht die Gefahr, dass durch die Charakterisierung der Mathematik als Geisteswissenschaft ein Missverständnis aufkommt. Es ist nicht gemeint, dass im Mathematikunterricht der menschliche Geist hinlänglich intensiv trainiert werden soll, damit er in der Lage ist, schnell und fehlerfrei zu funktionieren und so die gestellten, abstrakten Aufgaben mit gelernten Rezepten zu lösen. Vielmehr ist das Durchschauen und Verstehen von Zusammenhängen das Ziel der Bemühungen, so dass das effiziente Lösen von Aufgaben gleichsam zu einem willkommenen Nebeneffekt abgestuft wird. Damit wird die zentrale Bedeutung des handelnden Menschen als Ganzem deutlich: Sobald Einsicht und Verstehen ins Spiel kommen, reicht es nicht mehr aus, beim lernenden Menschen nur die fachlichen Kompetenzen zu fördern, sondern man muss sich – gemäß Weinert – auch um seine motivationalen und emotionalen Grundlagen kümmern.

Welche konkreten Konsequenzen ergeben sich daraus für die Gestaltung des Unterrichts? Der Philosoph Hans-Georg Gadamer, der sich zentral mit der Frage des Verstehens auseinandergesetzt hat, gibt eine erste Anweisung: „Das erste, womit das Verstehen beginnt, ist, dass etwas uns anspricht: Das ist die oberste aller hermeneutischen Bedingungen“.[6] Darin kommt zum Ausdruck, dass am Anfang der motivationale Aspekt von jedem Fachwissen steht. Der Physiker Martin Wagenschein geht in seinem Ratschlag noch einen Schritt weiter und betont neben dem

[4] In seinem Vortrag „Mathematik als Kulturleistung“ vom 28. November 2008 zeigt Christoph Schweigert ausführlich, weshalb die Mathematik eine Geisteswissenschaft ist. Download-Links (27. März 2010):
`www.math.uni-hamburg.de/home/schweigert/2008.geist.pdf`
`www.math.uni-hamburg.de/home/schweigert/transp.html`

[5] [Freudenthal1982]

[6] [Gadamer1959]

motivationalen auch den sozialen Aspekt: „Das wirkliche Verstehen bringt uns das Gespräch. Ausgehend und angeregt von etwas Rätselhaftem, auf der Suche nach dem Grund.“[7] Zwar steht auch bei ihm am Anfang genauso die Betroffenheit einer Person, aber sie soll ergänzt werden durch den Austausch mit anderen Personen, welche sich zum gleichen „Rätsel“ Gedanken gemacht haben.

So einleuchtend und einfach diese Einsichten und Empfehlungen sind, so regelmäßig und konsequent werden sie in der traditionellen Didaktik missachtet, und dies nicht etwa aus Unachtsamkeit im täglichen Unterricht, sondern primär schon in den wohldurchdachten Lehrbüchern und Unterrichtskonzepten. Es geht also nicht bloß nur um Nuancen im Lerntempo, sondern es steht die geistige Entwicklung unserer Schülerinnen und Schüler auf dem Spiel, indem ihnen von den Grundanlagen her die Möglichkeit des Verstehens systematisch geboten wird oder eben nicht. Selbstverständlich haben die Begabteren unter ihnen sich schon immer die Freiheit genommen, die Lernstoffe für sich selber zu problematisieren, zu durchdringen, zu diskutieren und so zu einem echten Verstehen vorzustoßen. Die Schwächeren allerdings werden in der traditionellen Didaktik dazu verführt, sich mit oberflächlicher Imitation von fachlichen Handlungen zu begnügen. Und weil sich die Lehrperson auch auf die schwächeren Schülerinnen und Schüler konzentrieren muss, hat sich das verhängnisvolle Paradigma herausgebildet, dass gerade jene Schülerinnen und Schüler einfach zu handhabende Rezepte benötigen, um wenigstens die minimalen (fachlichen) Kompetenzen zu erreichen. Es bildet sich ein Teufelskreis: Auf die Mühen, welche die Lernenden beim Übernehmen der mathematischen Verfahren bekunden, reagieren die Lehrenden – unterstützt von Lehrbüchern und Lehrmitteln – mit einer immer ausgeklügelteren und raffinierter gegliederten Stoffvermittlung in der Meinung, dass sehr einfache und kleine Schritte doch für alle verstehbar sein müssten. Genau das ist aber eine Täuschung, denn durch die vielen kleinen Schritte, durch die sogenannte Segmentierung[8], werden die Lernenden nur noch mehr vom eigentlichen Thema entfernt, weil der Durch- und Überblick erschwert und ihre Person gar nicht erst angesprochen wird. Die notwendige Bedingung für ein Verstehen wird nicht gegeben. Die Lernenden geraten in vollständige Abhängigkeit von vorgegebenen Erklärungsschemata. Ein Teufelskreis kann nur mit einem Befreiungsschlag aufgebrochen werden. Das bedeutet, dass viele Selbstverständlichkeiten der tradierten Didaktik hinterfragt und vielleicht sogar eliminiert werden müssen. Könnte es sein, dass unser didaktisches Bemühen einen schädlichen Einfluss auf die geistige Entwicklung unserer Kinder hat, dass es die sogenannte Mathematikschädigung verursacht? Freudenthal sagt im erwähnten Artikel: „Ja, vielleicht hat das nutzlose Mathematiklernen noch Schaden verursacht.“[9] Worauf müssten wir also achten? Zur Beantwortung solcher Fragen möchte ich aus dem Konzept des „Dialogischen Lernens“, welches ein umfassendes pädagogisches Angebot macht[10], die hier relevanten Aspekte herausgreifen und pointiert auf den Mathematikunterricht bezogen darstellen.

[7] [Wagenschein1986]
[8] [GallinRuf1990, S. 36 ff.]
[9] [Freudenthal1982]
[10] [RufGallin2005]

## 8.1 Zutrauen

Das Hauptproblem der traditionellen Mathematikdidaktik ist, dass die Lehrpersonen in der Regel den Lernenden zu wenig zutrauen. Dies geschieht nicht etwa böswillig, sondern aus dem Bestreben heraus, den Lernenden das Beste zu geben. In vier Bereichen ist dies besonders deutlich zu erkennen: Es herrscht die Meinung vor,

- dass das gesamte Fachwissen in von langer Hand geplanter Wissensvermittlung schön segmentiert dargeboten werden soll,
- dass untadelige Algorithmen für fehlerfreies Funktionieren instruiert werden sollen,
- dass perfekte Übungsaufgaben auszuarbeiten sind und
- dass nur allerbeste Veranschaulichungen bereitgestellt werden müssen.

Fehlendes Zutrauen äußert sich in diesen vier Bereichen konkret folgendermaßen:

1. Die Trennung zwischen Wissensvermitteln und Üben geschieht meist so, dass die Theorie im eigentlichen Klassenunterricht präsentiert wird und die Übungen als Hausaufgaben erteilt werden. Wenn aber als Hausaufgaben anstelle von gewöhnlichen Übungen über entsprechend gestellte Aufträge einfache, aber echte Fachprobleme und Forschungsfragen aufgegeben werden, kann sich diese traditionelle Aufteilung durchaus ändern. Entscheidend ist, dass sich die Lernenden mit den zentralen Fragestellungen hinreichend lange auseinandersetzen können und müssen. Ob dies nun zu Hause oder in der Schule geschieht, ist nebensächlich. Als Beispiel dafür mag das Potenzrechnen mit allgemeinen Exponenten herangezogen werden. Normalerweise kennen die Schülerinnen und Schüler bereits aus dem 7. oder 8. Schuljahr das Rechnen mit natürlichen Exponenten. In einem späteren Zeitpunkt sollten sie nun auch negative und gebrochene Exponenten, ja sogar irrationale Exponenten kennenlernen. Schaut man sich die Lehrbücher an, so könnte man glauben, dass die Lehrkraft die Definitionen für diese Verallgemeinerungen in der Stunde besprechen und dann mit einigen Übungen festigen sollte. Dazu bieten die Lehrbücher in der Regel viel Material an, zuerst zum Rechnen mit ganzzahligen Exponenten, dann zum Rechnen mit gebrochenen Exponenten und auch mit irrationalen Exponenten. Zum Schluss stellt man dann die vermischten Aufgaben. Die Erfahrung zeigt aber, dass auch nach mehrwöchiger Vorbereitung beim Übergang zu den vermischten Aufgaben erhebliche Schwierigkeiten auftauchen, ja man sogar den Eindruck gewinnt, als hätte man die einzelnen Teilgebiete gar nicht behandelt. Diese Erfahrung hat mich dazu gebracht, ganz anders in das Thema einzusteigen und den Lernenden gleich zu Beginn den zentralen Auftrag mit folgendem Inhalt zu stellen: Wie muss man die uns noch unbekannte Zahl $2^{-3}$ einerseits und die Zahl $2^{\frac{1}{3}}$ andererseits definieren, wenn wir die Annahme treffen, dass die schon längst bekannten Potenzgesetze, insbesondere $2^a \cdot 2^b = 2^{a+b}$ und $(2^a)^b = 2^{a \cdot b}$ weiterhin gültig bleiben sollen? Es zeigt sich, dass die Lernenden durchaus in der Lage sind, sich mit solchen „Forschungsfragen" auseinanderzusetzen und auch Antworten finden. Man kann ihnen also wesentlich mehr zutrauen, als dies üblicherweise der Fall ist. In diesem Auftrag kommt auch zum Ausdruck, wie die Segmentierung in zuerst negative und dann gebrochene Exponenten unnötig ist. Kurz gesagt: Man beginnt gleich mit „vermischten Aufgaben", anstatt viel Zeit in die Teile zu investieren.

2. Eine schon etwas subtilere, weil verstecktere und unbewusste Art von fehlendem Zutrauen wird durch die in der Mathematik übliche Weise der Darstellung von Ergebnissen suggeriert.

Definitionen und Sätze beherrschen die mathematische Literatur. Das verleitet die Lehrpersonen dazu, auch den Schülerinnen und Schülern hieb- und stichfeste Definitionen und Algorithmen für bestimmte Probleme zu liefern: Beispielsweise die Bruchdivisionsregel „man dividiert durch einen Bruch, indem man ...“ oder die Äquivalenz „$\log_a(b) = c \Leftrightarrow a^c = b$“, mit der man den Logarithmus definiert, oder auch das Gaußsche Eliminationsverfahren zum Lösen linearer Gleichungssysteme. Zur ersten Regel sei hier der Hinweis erlaubt, dass es im Prinzip genügt, die Kernidee „geteilt durch einhalb gibt mehr“ und eine zugehörige Geschichte zu kennen.[11] Ebenso kurz sei hier der Hinweis auf den von den Schülerinnen und Schülern normalerweise wenig geliebten Logarithmus: „Der Logarithmus zur Basis $a$ von $b$ ist diejenige Zahl, die man auf $a$ setzen muss, um $b$ zu erhalten.“ Mit diesem – zugegebenermaßen sehr salopp formulierten – Sätzlein werden die Lernenden in die Lage versetzt, sich etwas Konkretes unter einem Logarithmus vorzustellen und sogar selbstständig die Logarithmengesetze (insbesondere auch die wenig beachteten „Wegfressgesetze“ $log_a(a^b) = b$ und $a^{\log_a(b)} = b$) und andere Formalisierungen zu finden. Bei den linearen Gleichungssystemen will ich etwas ausführlicher werden. Normalerweise werden lineare Gleichungen mit einer einzigen Variablen (Unbekannten) eingeführt. Auch die zugehörigen Textaufgaben sollten mit einer Unbekannten bewältigt werden. Nun zeigt sich, dass es gerade dabei oft viel natürlicher wäre, gleich zu Beginn mit zwei oder mehr Unbekannten zu arbeiten. Das nachfolgende Beispiel stammt aus „Algebra 1“[12] und sollte mit einer einzigen Variablen gelöst werden: „Peter holt Rotwein, Weißwein und Mineralwasser aus dem Keller. Er nimmt gleich viele Weinflaschen wie Mineralwasserflaschen und doppelt so viel Weißweinflaschen wie Rotweinflaschen, insgesamt 30 Flaschen. Wie viele Flaschen jeder Sorte sind es?“ Hier liegt es doch nahe, die Variablen $r$, $w$ und $m$ zu deklarieren als die Anzahlen der entsprechenden Flaschen, und dann die drei Gleichungen für die drei Unbekannten aufzustellen. Den Lernenden bereitet das nachfolgende Eliminieren mit dem Einsetzungsverfahren keine Schwierigkeiten, ja sie finden es sogar selbst. Wie viel schwieriger ist es doch, diese Aufgabe mit einer einzigen Variablen (z. B. $x =$ Anzahl Rotweinflaschen) direkt in eine Gleichung umzusetzen! Die Gleichung $x+2x+(x+2x) = 30$ kann nur dann so leicht hingeschrieben werden, wenn man auf die gute Idee kommt, die Anzahl Rotweinflaschen mit $x$ zu bezeichnen und damit die Anzahlen der anderen Flaschensorten auszudrücken. Kurz: Man muss im Kopf, bevor man etwas schreibt, die Aufgabe schon so gut durchschauen, wie man dies mit drei Variablen erst nach dem Aufstellen der Gleichungen beim schriftlichen Rechnen tun müsste. An diesem Beispiel sieht man, dass es sich erstens nicht lohnt, lange Zeit bei Textaufgaben mit einer Gleichung und einer Unbekannten zu verweilen und zweitens das Eliminationsverfahren bei mehreren Gleichungen schon sehr früh thematisiert werden kann. Damit dies funktioniert, müssen die Lernenden aber nicht einen Algorithmus mit strenger Hinführung zur sogenannten Dreiecksform des Gleichungssystems auswendig lernen, sondern sie sollen eigene Wege beschreiten, die nur durch eine Kernidee der folgenden Art gekennzeichnet sind: „Wenn du drei Gleichungen mit drei Unbekannten hast, dann sieh zu, dass du auf zwei verschiedene Arten mit dem Additionsverfahren auf zwei Gleichungen mit zwei Unbekannten kommst.“ Mehr braucht es nicht. Man kann den Lernenden zutrauen, das Verfahren am konkreten Beispiel zu finden. Ja, in einer höheren Klassenstufe könnte sogar der Auftrag gestellt werden, eine Schematisierung zu entwickeln, welche nicht von der

[11] [RufGallin2005, Band 2, S. 25]

[12] [Deller u. a. 2000, Aufgabe 131, S. 67]

jeweiligen günstigen Konstellation der gegebenen Zahlen im Gleichungssystem abhängt. Sogar das Gaußsche Verfahren könnte so von den Lernenden gefunden werden.

3. Mathematiklehrerinnen und -lehrer verwenden sehr viel Zeit darauf, Übungs- und Prüfungsaufgaben herzustellen, welche gut zur behandelten Theorie passen, ihrerseits schön gestuft sind vom Einfachen zum Schwierigen und erst noch „schöne Zahlen" beim Rechenvorgang und beim Ergebnis liefern. (Böse Zungen behaupten sogar, dass die Mathematiklehrpersonen nur deshalb so gut sind, weil sie ständig Aufgaben herstellen.) Dabei wird übersehen, dass den Lernenden ausgerechnet in diesem Bereich viel zugetraut werden kann und sie Erstaunliches, ja Überraschendes erfinden können. Das Herstellen von Aufgaben für Mitschülerinnen und Mitschüler birgt ein enormes Potential an motivationaler Energie. Zum einen ist die erste Phase der eigentlichen Erfindung und Herstellung stark motivierend, wenn das Ziel darin besteht, einerseits eine lösbare und andererseits eine recht schwierige Aufgabe zu generieren. Dann aber ist auch das Lösen der betreffenden Aufgaben besonders attraktiv und spannend, da ja der Autor oder die Autorin persönlich bekannt ist und allenfalls bei unlösbaren oder zu schweren Aufgaben auch direkt angegangen werden kann. Der soziale Aspekt der Handlungskompetenz im Mathematikunterricht kommt so ganz selbstverständlich zum Zug. Mehr dazu kann im zweiten Band „Dialogisches Lernen in Sprache und Mathematik"[13] nachgelesen werden.

4. Die wohl subtilste Form von fehlendem Zutrauen unterläuft uns mit den besten Absichten beim Einsatz von veranschaulichenden Hilfsmitteln, seien dies Modelle, wie sie zum Beispiel aus Plexiglas in den Sammlungen der Fachschaft Mathematik zu finden sind, oder seien dies die modernen, computergestützten Animationen auf Bildschirmen, Projektionswänden und interaktiven Wandtafeln. Gerade bei diesen verführerisch schönen und effizienten Errungenschaften ist besondere Vorsicht geboten, steht doch hier die geistige Entwicklung der Lernenden ganz besonders auf dem Spiel. Beinahe paradox verhält es sich an dieser Stelle mit dem Zutrauen: Einerseits traut man den Lernenden zu, die glatten und makellosen Veranschaulichungen rezeptiv zu verkraften, andererseits traut man ihnen nicht zu, entsprechende Vorstellungen, Zeichnungen ja sogar Modelle produktiv selbst zu entwickeln. Die geistige Entwicklung ist dabei nicht an ein reales Alter gebunden, sondern vielmehr an das Problem selbst. Eine Person ist also gegenüber einer mathematischen Fachfrage oder einem mathematischen Problem zu Beginn immer gleichsam ein Kind. Durch die Beschäftigung mit der Frage oder dem Problem reift die Person langsam, indem sich ihr neue Fragen stellen, ihr mögliche Ansätze in den Sinn kommen und ihr Ideen einfallen. Sie bearbeitet die Sache mehr oder weniger erfolgreich, meist bis zu dem Punkt, wo sie ansteht und in den Austausch mit anderen zu treten wünscht. Dies ist ein Reifeprozess, der nicht abgekürzt werden kann und der für ein Verständnis der Sachlage, wie wir von Gadamer, Wagenschein und Weinert wissen, unerlässlich ist. Ob dabei das erwartete Ziel erreicht wird oder nicht, spielt keine grosse Rolle. Wer also zum Beispiel von einem regulären Dodekaeder spricht und glaubt, dessen Netz den Kindern vorgeben zu müssen, handelt verwerflich, weil er erstens die Herstellung des Netzes den Kindern nicht zutraut und zweitens sie dadurch schädigt, dass er ihre geistige Entwicklung durch einen Vorgriff abzukürzen versucht.[14] Es geht also – etwas überspitzt formuliert – im Bereich der Veranschaulichungen um einen didaktischen Jugendschutz, der kaum etwas mit dem tatsächlichen Alter der Lernenden, vielmehr aber mit ihrer Stellung relativ

[13] [RufGallin2005, S. 167ff.]

[14] Siehe Beispiel am Schluss dieses Artikels.

zu einem bestimmten Fachproblem zu tun hat. Wie beim körperlichen muss also auch beim geistigen Reifeprozess bei dem, was man einem Heranwachsenden vorführt, Rücksicht auf seinen jeweiligen Entwicklungsstand genommen werden. Trifft eine Veranschaulichung zur Unzeit, das heißt zu früh, auf eine unvorbereitete, unreife Person, so schädigt sie diese. Ist aber der Reifeprozess bis zu einem gewissen Grad abgeschlossen, sind die Veranschaulichungen ein legitimer Genuss.[15] Hier das richtige Maß und den richtigen Zeitpunkt zu finden, ist eine große Kunst. Zusammenfassend halten wir fest: Modelle, Veranschaulichungen und Animationen sind schön und gut, jedoch nicht jugendfrei. Beziehen wir die Überlegungen der vorangehenden Abschnitte mit ein, so gilt dieser Hinweis zum Jugendschutz auch für Theorien und Algorithmen, mit denen die Kinder genauso erst nach einer gewissen geistigen Reifezeit konfrontiert werden sollen.[16]

Ein Beispiel möge illustrieren, wie nahe sich für die geistige Entwicklung einerseits schädliche und andererseits förderliche Veranschaulichungen kommen können. Man stelle sich vor, von einer gut schälbaren Wurst (z. B. von einer Lyonerwurst) werde eine Tranche schief abgeschnitten und dann geschält. Die Frage stellt sich, wie denn die abgezogene und glattgestrichene Wursthaut aussehe. Damit wird eine ganze Reihe von mathematischen Fragen aufgeworfen bis hin zur Frage nach einem Beweis für die gefundene Form. (Dass diese Fragestellung auch einen ganz realen Anwendungsbezug hat, sei nur am Rande vermerkt: Wenn ein Spengler Blech für zwei zylindrische Rohre zurechtschneiden muss, welche in einem rechten Winkel aufeinander stoßen sollen, muss er genau dieses Problem lösen.) Soweit die für die geistige Entwicklung förderliche Anlage. Nun findet sich in einem alten Buch[17] folgende Bildersequenz zum gleichen mathematischen Inhalt: Eine zylindrische Kerze wird mehrfach mit einem nicht zu breiten Papierstreifen eingewickelt. Dann wird sie im Bereich der umwickelten Stelle schief entzweigeschnitten. Wickelt man dann die eine Hälfte des durchschnittenen Papiers ab, entsteht eine interessante ebene Kurve, welche vom Messer produziert worden ist. Warum ist diese Veranschaulichung eher schädlich als die erste? Neben der Tatsache, dass man Kerzen im Gegensatz zu Würsten normalerweise nicht durchschneidet, wird die Periodizität der interessanten Kurve gleich von Anfang an durch das mehrfache Einwickeln offengelegt. Es bleibt kein Raum für die geistige Konstruktion der Periodizität und Differenzierbarkeit der Kurve. Das Rätsel wird damit zwar wohlmeinend vereinfacht, gleichzeitig aber kann die Entzauberung zu einer Mathematikschädigung beitragen, indem sie von einer eigenen geistigen Tätigkeit abhält und das didaktische Arrangement ganz in den Vordergrund rückt.

Für den regulären Mathematikunterricht gibt es neuerdings einen Ansatz, der explizit die persönliche Vorstellungskraft unserer Schülerinnen und Schüler schult. Die Forschungsarbeiten von Christof Weber befassen sich mit sogenannten „Mathematischen Vorstellungsübungen". In seinen Büchern und Beiträgen[18] sind viele Beispiele zu finden, wie einzig durch gedankliches Vorstellen in einem bestimmten mathematischen Sachverhalt erstaunlich tief vorgedrungen werden

[15] Es wäre eine Überreaktion, wie beim Bildersturm der Reformation im 16. Jahrhundert Vorstellungshilfen und Veranschaulichungen ganz aus dem Mathematikunterricht zu verbannen. (Zitat aus Wikipedia, 27. März 2010: Auf Weisung reformatorischer Theologen und der zum neuen Glauben übergetretenen Obrigkeit wurden Gemälde, Skulpturen, Kirchenfenster und andere Bildwerke mit Darstellungen Christi und der Heiligen sowie weiterer Kirchenschmuck, teilweise auch Kirchenorgeln, aus den Kirchen entfernt. `http://de.wikipedia.org/wiki/Reformatorischer_Bildersturm`)

[16] [Gallin2002]

[17] [Steinhaus1950, S. 198-199]

[18] [Weber2007], [Weber2008], [Weber2009] und [Weber2010]

kann. Mit seiner ganz unprätentiösen Einleitung „Stellt euch einmal vor, ...“ stößt man im Unterricht auf einfachste Weise das Tor zu einer geistigen Entwicklung der Lernenden auf und zwar auf allen Schulstufen. Das gilt beispielsweise auch für Studierende des Fachs Mathematik, die mittels einer Vorstellungsübung zu den Kugeln von Dandelin in die Lage versetzt werden, im Nachhinein selbstständig ein räumlich ansprechendes Bild der Situation zu skizzieren, ohne je ein entsprechendes reales Modell, das es natürlich gibt, gesehen zu haben. Sobald sie aber die inneren Vorstellungen aufgebaut haben, empfinden sie das reale Modell als wunderbare Bestätigung ihrer Leistung und ihrer Reife. Und sie erinnern sich noch Jahre nach der Vorstellungsübung an das Phänomen der Dandelin-Kugeln. Bereits Platon hat in seinen Werken mehrmals auf das „geistige Auge“ (oft auch als „Seelenauge“ oder sogar als „Verständnis“ übersetzt) hingewiesen, das mehr wert sei als tausend leibliche Augen und mit dem allein die Wahrheit geschaut werden könne.[19] Für ihn war die Beschäftigung mit Mathematik nichts anderes als die Schulung dieses Sehens.[20]

## 8.2 Zuhören und Zuwenden

Nachdem nun viel über das in der traditionellen Didaktik fehlende Zutrauen gesprochen worden ist, rücken zwei nachgeschaltete didaktische Bewegungen wie von selbst ins Blickfeld. Damit die Lehrperson in jedem Moment weiß, welchen Reifegrad ihre Schülerinnen und Schüler besitzen, muss sie deren Produkte laufend sichten. Das Kennzeichen des Zutrauens ist es, dass die Lernenden zu Produktionen angehalten werden, die im traditionellen Unterricht nicht für möglich gehalten werden. Umso wichtiger ist es, dass die Lehrperson diese oft unvorhersehbaren Leistungen würdigt, auswertet und wieder in den Unterricht einfließen lässt. Dieser Vorgang kann mit „Zuhören“ umschrieben werden, womit zum Ausdruck kommt, dass sich die primäre Aufgabe der Lehrperson verlagert von der Produktion zur Rezeption, während umgekehrt bei den Lernenden von der Rezeption zur Produktion.[21] Eigentlich ist diese Umkehr längst bekannt: Produzieren ist einfacher als Rezipieren, denn beim Rezipieren sind immer zwei Standpunkte zu bedenken, während beim Produzieren zunächst nur der eigene Standpunkt zählt. Daher sollen die Lernenden mit dem Produzieren beginnen dürfen.[22] Ihre Entwicklung kann aber nur Fortschritte machen, wenn sie erfahren können, dass ihre Produktionen ernst genommen werden und dass sie einen unmittelbaren Einfluss auf das Geschehen im Unterricht haben. Es ist also unumgänglich, dass die Lehrperson alle Arbeiten der Lernenden einsammelt und durchsieht. Erst dann kann sie sich an die Feinplanung des Unterrichts machen. Mehr zu dieser Praxis des Dialogischen Lernens findet man in mehreren Publikationen.[23]

Dass bei der Sichtung der Schülerarbeiten ein großer Arbeitseinsatz der Lehrperson erfor-

---

[19] [Schleiermacher1963]

[20] Während Platons Gedanken zum geistigen Auge und zur Mathematik sehr praxisnah und relevant für die Schule sind, können wir heute seinen Ausführungen zur Schule nicht mehr folgen. Platon hat die Schulung des Volkes überhaupt nicht ins Auge gefasst, sondern sich nur um die Elite (Kriegerkaste) gekümmert. Sein streng hierarchisches Denken steht einer Volksschule diametral entgegen.

[21] [RufGallin2005, Band 2, S. 10 ff.]

[22] Bereits beim Erstleseunterricht gilt dieses Prinzip, wenn man Jürgen Reichen und seiner Kernidee „Lesen durch Schreiben“ folgt [Reichen1988].

[23] [Gallin2008], [Gallin2009]

derlich ist, kann leicht abgeschätzt werden. Umso mehr muss man ein Auge auf jene Stellen werfen, an denen die Arbeit erleichtert werden kann. Der Hauptpunkt liegt im Zutrauen: Wenn den Schülerinnen und Schülern mehr zugetraut wird, fallen viele Aufgaben weg, welche traditionellerweise die Lehrperson – vor allem im Bereich des Vorbereitens und des Bereitstellens von Material – übernommen hat. Neben diesem Ausgleich, der allerdings einiger Gewöhnung bedarf, ist dafür ein nicht zu unterschätzender Lohn in Aussicht: Die Lehrperson muss sich nicht mehr künstlich und angestrengt um einen besonders persönlichen, einfühlsamen und netten Umgang mit den Lernenden kümmern, denn durch das Zutrauen und das Zuhören entwickelt sich von selbst eine für die Lernenden deutlich spürbare Zuwendung, welche sie über das Fach selbst erfahren und nicht etwa bei außerschulischen Aktivitäten. So lernen sie das Fach als etwas sehr Persönliches kennen in zweifacher Ausprägung: Zum einen personifiziert der Fachlehrer oder die Fachlehrerin das Fach und lebt vor, wie das Fach auch im elementaren, schulischen Bereich noch eine geistige Entwicklung ermöglicht, zum anderen kann die Person des Lernenden spüren, dass sie mit ihren eigenen Ideen, Ansätzen und Beiträgen nicht chancenlos ist gegenüber einem altehrwürdigen Fach wie der Mathematik.

Ein konkretes Beispiel aus dem 5. Schuljahr[24] möge abschließend zeigen, wie zwanglos und direkt man im Mathematikunterricht vom Zutrauen über das Zuhören zum Zuwenden gelangen kann: Es geht um das Thema „Netze von Körpern“. Ein erster Auftrag an die Schülerinnen und Schüler mag etwa so gestellt werden: „In der Mathematik nennt man einen Bastelbogen für einen geometrischen Körper ein ‚Netz‘. Gib Netze von Körpern an, die du bereits kennst.“ Und schon sprudelt es und die Kinder tragen ihre Schätze herbei, die natürlich aufgegriffen und besprochen werden. Ein zweiter Auftrag könnte lauten: „Hier siehst du einen Körper. Zeichne dessen Netz!“ Wenn die Kinder gewöhnt sind, die Spuren ihrer Denkschritte festzuhalten, sind Perlen wie jene von Leon immer wieder zu finden: Er skizziert als Netz für einen geraden Kreiskegel die nebenstehende Figur (Abb. 8.2) in sein Journal, bemerkt aber rasch seinen Fehler und zeichnet schnell eine korrekte Figur. Zum Glück hat die Lehrerin seinen ersten Versuch vor dem Radiergummi retten können.

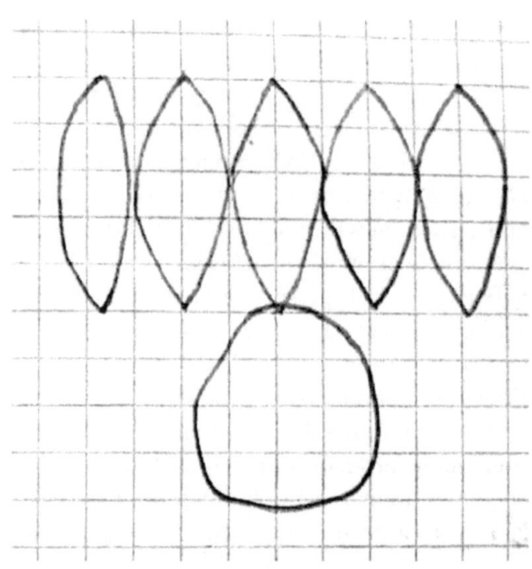

Abbildung 8.2: Leons erster Versuch für ein Netz eines geraden Kreiskegels

Welche Lehrperson hätte die Fantasie und den Mut gehabt, in ihrer Vorbereitung Leons erstes Netz zu erfinden und den Lernenden als Rätsel vorzulegen? Jetzt aber entspinnt sich eine angeregte Diskussion über Leons merkwürdigen Körper, ja man fragt sich schließlich, wie denn

[24]Das Beispiel entstand am 17. Juni 2009 im Unterricht von Studienrätin Maren Distel vom Hegau-Gymnasium in Singen (Hohentwiel).

das Netz einer Kugel oder eines schiefen Kreiskegels wohl aussehen müsste. Fragen, die auch Lehrpersonen ins Grübeln bringen, denn es kommt sogar die Rektifikation der Ellipse ins Spiel. (Erstaunlicherweise fällt man beim Versuch, ein Netz einer zylindrisch segmentierten „Kugel" zu konstruieren, auf die gleichen Kurven zurück, wie sie das Experiment mit der Lyonerwurst zutage gefördert hat.) Dieses Beispiel aus dem Unterricht zeigt, welch geistige Entwicklungsmöglichkeiten sich eröffnen, sobald man den Kindern etwas zutraut und nicht gleich etwas didaktisch bis ins Detail Ausgeklügeltes vorsetzt.

# Literatur

[Deller u. a. 2000] Deller, H.; Gebauer, P.; Zinn, J. (2000): Algebra 1, Aufgaben. Zürich: Orell Füssli Verlag AG.

[Freudenthal1982] Freudenthal, H. (1982): Mathematik – eine Geisteshaltung. Grundschule, Heft 4, S. 140-142.

[Gadamer1959] Gadamer, H.-G. (1959): Vom Zirkel des Verstehens. In: Neske, G. (Hrsg.): Heidegger, M.: Festschrift zum 70. Geburtstag. Pfullingen: Neske Verlag, S. 24-35.

[GallinRuf1990] Gallin, P.; Ruf, U. (1990): Sprache und Mathematik in der Schule. Auf eigenen Wegen zur Fachkompetenz. Zürich: Verlag Lehrerinnen und Lehrer Schweiz (LCH), sowie: Seelze-Velber: Kallmeyer (1998).

[Gallin2002] Gallin, P. (2002): Vom Sinn des Mathematikunterrichts. Gymnasium Helveticum Nr. 1/2002 (VSMP-Festschrift), S. 28-32.

[Gallin2008] Gallin, P. (2008): Den Unterricht dialogisch gestalten – neun Arbeitsweisen und einige Tipps. In: Ruf, U.; Keller, S.; Winter, F. (Hrsg.): Besser lernen im Dialog. Seelze-Verber: Kallmeyer Verlag, S. 96-108.

[Gallin2009] Gallin, P. (2009): Dialogisches Lernen im Mathematikunterricht. In: Leuders, T. & Hefendehl-Hebeker, Lisa & Weigand, H.-G. (Hrsg.): Mathemagische Momente. Berlin: Cornelsen Verlag, S. 40-49.

[Reichen1988] Reichen, J. (1988): Lesen durch Schreiben. Wie Kinder selbstgesteuert lesen lernen. Zürich: Sabe Verlag.

[RufGallin2005] Ruf, U.; Gallin, P. (2005): Dialogisches Lernen in Sprache und Mathematik. Austausch unter Ungleichen. Grundzüge einer interaktiven und fächerübergreifenden Didaktik (Band 1) und Spuren legen – Spuren lesen. Unterricht mit Kernideen und Reisetagebüchern (Band 2). 3. überarbeitete Auflage. Seelze-Velber: Kallmeyer.

[Ruf2008] Ruf, U. (2008): Das Dialogische Lernmodell vor dem Hintergrund wissenschaftlicher Theorien und Befunde. In: Ruf, U.; Keller, S.; Winter, F. (Hrsg.): Besser lernen im Dialog. Seelze-Verber: Kallmeyer Verlag, S. 233-270.

[Schleiermacher1963] Schleiermacher, F. (1963) (Übersetzung): Platon, P. (7. Buch, 527 e). In: Walter, F. O.; Grassi, E.; Plamböck, G. (Hrsg.): Platon, Sämtliche Werke. Reinbeck bei Hamburg: Rowohlt Verlag.

[Steinhaus1950] Steinhaus, H. (1950): Mathematical Snapshots. New York: Oxford University Press. Neuauflagen: 1979, 1983, 1999 (Dover Publications)

[Wagenschein1986] Wagenschein, M. (1986): Die Sprache zwischen Natur und Naturwissenschaft. Marburg: Jonas Verlag, S. 74.

[Weber2007] Weber, C. (2007): Mathematische Vorstellungen bilden. Praxis und Theorie von Vorstellungsübungen im Mathematikunterricht der Sekundarstufe II. Bern: h.e.p. Verlag AG.

[Weber2008] Weber, C. (2008): „Umfallen und Wegrutschen ist gleich" – mit mathematischen Vorstellungsübungen in den Dialog gehen. In: Ruf, U.; Keller, S.; Winter, F. (Hrsg.): Besser lernen im Dialog. Seelze-Verber: Kallmeyer Verlag, S. 142-161.

[Weber2009] Weber, C. (2009): Mathematische Vorstellungsübungen für die Oberstufe. In: Leuders, T.; Hefendehl-Hebeker, L.; Weigand, H.-G. (Hrsg.): Mathemagische Momente. Berlin: Cornelsen Verlag, S. 208-221.

[Weber2010] Weber, C. (2010): Mathematische Vorstellungsübungen im Unterricht – ein Handbuch für das Gymnasium. Seelze: Klett/Kallmeyer Verlag.

[Weinert2001] Weinert, F. (2001): Concept of Competence: A Conceptual Clarification. In: Rychen, D. S.; Salganik, L. H. (Hrsg.): Defining and Selecting Key Competencies. Göttingen: Hogrefe Verlag, S. 45-65.

# 9 Philosophieren als Unterrichtsprinzip im Mathematikunterricht

DIANA MEERWALDT

Philosophieren und Mathematik scheinen zunächst gegensätzliche Bereiche zu sein, die sich kaum vereinbaren lassen. Dies trifft für eine Auffassung zu, die Philosophieren als „Gerede“ disqualifiziert und Mathematik als eine reine „Formelwissenschaft“ begreift. Beide Auffassungen werden den Gegenständen nicht gerecht.

Dieser Beitrag möchte deutlich machen, dass die Mathematik Anlässe zum Philosophieren bietet, die den Mathematikunterricht und das Verstehen von Mathematik bereichern können. Um aufzuzeigen, wie Philosophieren in den Mathematikunterricht integriert werden kann, werden Merkmale philosophischer Gespräche und Fragen dargestellt. Dabei soll deutlich werden, worin sich das Philosophieren als Unterrichtsprinzip von dem Unterrichtsfach Philosophie unterscheidet.

Bei dem Thema Philosophieren im Mathematikunterricht handelt es sich um einen neuen Ansatz, der bislang kaum erforscht und im Bereich der Mathematikdidaktik wenig diskutiert ist. Zur Betrachtung und Begründung des Themas aus verschiedenen Blickwinkeln werden deshalb auch Positionen anderer Fachdidaktiken herangezogen.

Es werden drei Grundmethoden des Philosophierens mit Kindern vorgestellt, die unterschiedliche Denkkompetenzen fördern. Dieses Methodenwerk ermöglicht Lehrenden ohne fachphilosophische Ausbildung, Nachdenkgespräche in ihrem Unterricht zu führen. Ein Auszug aus einem Gespräch über die Frage „Was ist Mathematik?“ soll einen Einblick in die methodischen und inhaltlichen Möglichkeiten geben.

Um den Fokus auf den Nutzen des Philosophierens für die Schüler zu legen, wurde beispielhaft das mathematische Modellieren herausgegriffen. Zunächst werden theoretische Überlegungen zu den Chancen des Philosophierens für das mathematische Modellieren erläutert. Diese beziehen sich vor allem auf eine Transferleistung von Kommunikations- und Reflexionsprozessen, aber auch auf die veränderte Rolle der Lehrkraft. Auf Grundlage dieser Überlegungen wurde eine Fallstudie durchgeführt, deren Ergebnisse diesen Artikel abschließen. Sie zeigen exemplarisch auf, welchen Einfluss das Philosophieren auf den Modellierungsprozess der Schüler tendenziell haben kann.

## 9.1 Merkmale des Philosophierens und Nachdenkens mit Kindern

Der Begriff des Philosophierens beschreibt eine bestimmte Art des gemeinsamen Gespräches, welches inhaltlich offen und frei von Bewertung ist, bestimmten Gesprächsregeln unterliegt und von einem Gesprächsleiter begleitet wird.

Philosophieren ist eine Tätigkeit, die sich wesentlich von „Philosophie lernen" und dem Unterrichtsfach Philosophie unterscheidet. Während die Lehrkraft im Unterrichtsfach Philosophie thematischen Vorgaben unterliegt, die sie den Schülern vermitteln möchte, ist das Philosophieren als Unterrichtsprinzip an keine Zeit, keinen Ort und nicht zwangsweise an die Inhalte der Fachphilosophie gebunden. Beim Philosophieren als Unterrichtsprinzip geht es darum, die sich aus den Inhalten des Unterrichts ergebenden offenen Fragen und Aspekte zum Gegenstand des gemeinsamen Nachdenkens zu machen. Offene Fragen sind dabei solche, die sich *„nicht eindeutig, allgemein verbindlich und als ewig gültig beantworten lassen"*[1]. Sie lassen sich zumeist den vier großen Fragen von Immanuel Kant *Was kann ich wissen? Was soll ich tun? Was darf ich hoffen? Was ist der Mensch?* zuordnen. Auch können Bilder, Texte oder Gegenstände als Gesprächsanlässe dienen.

Durch Philosophieren erhalten Lernende die Möglichkeit, ihren Interessen und Fragen über den Sinn und die Bedeutung von Dingen, Menschen und der Welt nachzugehen. Auf langfristige Sicht kann dies zur Entwicklung einer nachdenklichen Haltung beitragen. Dabei werden wichtige Frage- und Gesprächskompetenzen sowie eine eigene Urteilsbildung gefördert.[2] Damit dies gelingt, bedarf es konkreter Gesprächsregeln, die von der Gruppe selbst festgelegt werden können. Für die Einhaltung der Gesprächsregeln sorgt der Gesprächsleiter. Diese Funktion wird meist von der Lehrkraft übernommen, kann bei erfahrenen Gruppen jedoch auch auf einen oder mehrere Schüler übertragen werden. Ein Lehrer, der Philosophieren als Unterrichtsprinzip einsetzt, muss eine entsprechende Haltung einnehmen: *„moderierend und mäeutisch statt dominierend und belehrend"*[3].

Die bevorzugte Sozialform für solche Gespräche ist der Stuhlkreis. Aus der inhaltlichen Offenheit der Fragen und der Tatsache, dass es keine richtigen und falschen Antworten gibt, resultiert die Gleichwertigkeit aller Gesprächsteilnehmer, die sich im Stuhlkreis begegnen. Es sind auch andere Sozialformen denkbar, jedoch sollte stets darauf geachtet werden, dass die Gesprächsleitung keine übergeordnete Position einnimmt, da sie im philosophischen Gespräch „Mitsuchender" von möglichen Antworten auf eine offene Frage ist.

Philosophieren im Mathematikunterricht bedeutet in diesem Sinne, Inhalte, Begriffe und Fragen der Mathematik zu Nachdenkgegenständen zu machen. Durch diese Nachdenkgespräche können zentrale allgemeine Kompetenzen des Denkens und der Kommunikation gefördert werden. Es besteht die Möglichkeit, dass mathematische Inhalte persönliche Bedeutung erlangen.

## 9.2 Philosophieren als Unterrichtsprinzip – auch im Mathematikunterricht?

Philosophieren mit Kindern ist *„ein Bündel von ganz unterschiedlichen Anfängen und Motiven, die zu verschiedenen Traditionen geführt haben"*[4]. In der hier geführten Argumentation wird Bezug genommen auf die Richtung des Nachdenkens mit Kindern, die in deutschen Grundschulen

[1] [Brüning2003, S. 14]
[2] vgl. [MichalikSchreier2006, S. 3]
[3] [CalvertNevers2008, S. 221]
[4] [MichalikSchreier2006, S. 28]

seit den 1990er Jahren entwickelt und praktiziert wird. Wissenschaftliche Vertreter dieser Strömung sprechen sich für ein Unterrichtsprinzip Philosophieren aus. Sie begründen dies mit einer Enttrivialisierung des Schulunterrichts und der Ausbreitung einer pluralistischen Einstellung.[5] Das Konzept basiert auf den folgenden drei Hauptthesen:

1. „*Das Philosophieren mit Kindern als ein Unterrichtsprinzip ist einem komplexen Welt- und Wirklichkeitsverständnis förderlich und zeigt den Kindern eine andere, reichere Welt als der herkömmliche Sach- und Fachunterricht.*“

2. „*Das Philosophieren [...] trägt zu einem differenzierten Umgang mit Vielfalt und Verschiedenheit und zur Entwicklung von Gesprächsfähigkeit bei.*“

3. „*Nachdenkliche Gespräche im Unterricht wirken sich auf das Verhältnis zwischen Erwachsenen und Kindern aus und sind auch für die Lehrerinnen ein Gewinn.*“[6]

In Bezug auf die Lernenden geht es somit um persönliche Zugänge zu den Gegenständen des Unterrichts, der Förderung von allgemeinen Kompetenzen sowie einer veränderten Unterrichtskultur mit dem Ziel der Entwicklung einer nachdenklichen Haltung. Philosophieren als Unterrichtsprinzip lässt deutlich werden, dass die Welt nicht in Fächer eingeteilt ist, wie es die Stundenpläne suggerieren. Auch sollen Lernende begreifen, dass die Welt nicht bereits vollständig erforscht ist. Stattdessen wird ihnen bewusst gemacht, dass es wichtig ist, eigene Gedanken zu entwickeln und darin ernst genommen zu werden.

Ist ein solches Prinzip auch im Mathematikunterricht sinnvoll? Diese Frage lässt sich mit „ja“ beantworten. Zum einen ist die Mathematik keine reine Formelwissenschaft, in der es nur Aufgaben mit eindeutig richtigen und falschen Lösungen gibt. Dies wird zum Beispiel durch Modellierungsaufgaben, bei denen es darum geht, eine reale Problemstellung mit Hilfe von Mathematik zu lösen, deutlich.

Zum anderen gibt es in der Mathematik mehr ungelöste als gelöste Probleme. Beispielsweise wurde bislang nicht erforscht, wie viele Primzahlzwillinge es wirklich gibt oder ob aus dem kleinen Satz von Pappus der kleine Satz von Desargues (Schließungssätze in der Geometrie) folgt.[7] Auch wirft die Zahl $\pi$, die das Verhältnis aus Umfang zu Durchmesser eines Kreises beschreibt, Rätsel auf, da sie in physikalischen Phänomenen auftaucht, bei denen ein Zusammenhang mit dem Kreis nicht erkennbar ist.[8]

Schülern im Mathematikunterricht Zugang zu offenen Mathematikproblemen zu ermöglichen, lässt den Unterricht spannender und weniger trivial erscheinen. Bereits auf niedrigerem mathematischem Niveau lassen sich Nachdenkfragen finden, die verhindern, dass Mathematik auf den formalen Aspekt reduziert wird. Sie ermöglichen, dass die Schüler in ihren Vorstellungen über Mathematik und Zahlen ernst genommen werden und diese weiterentwickeln können, wie zum Beispiel folgende: *Ist sieben viel? Wie groß ist unendlich? Wie würde unsere Welt ohne Zahlen aussehen? Sind Zahlen eine Erfindung der Menschen oder gibt es sie in Wirklichkeit? Hätten die Menschen Mathematik nie gebraucht, wenn sie nicht erfunden worden wäre? Lässt sich die ganze Welt durch Zahlen beschreiben?*

[5] vgl. [MichalikSchreier2006, S. 41ff.]

[6] [Michalik2005, S. 19ff.]

[7] vgl. [Samaga2008, S. 72]

[8] Dieser Hinweis stammt von Dr. Hubert Kiechle, Universität Hamburg.

Bislang existieren keine Forschungen, die sich explizit mit dem Philosophieren im Mathematikunterricht befassen. Es gibt jedoch Überlegungen in den verschiedenen Fachdidaktiken, die in die vom Philosophieren angestrebte Richtung zielen. Zunächst ist die allgemeine Forderung nach gemeinsamen Nachdenkaktivitäten im Mathematikunterricht nicht neu. Der Philosophiedidaktiker Ekkehard Martens hat bereits 1979 postuliert, dass auch die mathematisch-naturwissenschaftlichen Fächer genügend Gründe zum Weiterdenken böten.[9]

Den Vertretern der Sachunterrichtsdidaktik Helmut Schreier und Kerstin Michalik erscheint das Philosophieren im Mathematikunterricht durchführbar und gewinnbringend. Sie beziehen sich dabei vor allem auf das abstrakte Wesen der Mathematik und die existierenden ungeklärten Fragen. Für die Zahl Null oder das Zeichen für Unendlich gibt es in der Realität keine Entsprechung und doch wird die Welt mit Hilfe der Mathematik auf das Genaueste erforscht. Besonders die *„Nähe zwischen den abstrakten Mustern des Mathematischen und den konkreten Vorgängen in der aufweisbaren Welt der vorhandenen Dinge*" scheinen rätselhaft und deshalb nachdenkenswert.[10]

Dieser vergleichende Blickwinkel scheint ebenso von Kindern eingenommen zu werden, wie das Zitat eines Schülers von Barbara Brüning zeigt:

> *Das Weltall ist unendlich. Das ist wie mit den Zahlen: Man zählt immer weiter und kommt nie ans Ende.* (Lennard, 11 Jahre)[11]

Günter Krauthausen stellte fest, dass Grundschulkinder zuweilen Fragen und Behauptungen zu Mustern in Zahlenmauern stellen, die sich nicht immer eindeutig beantworten lassen.[12] Neben den allgemein offenen Fragen der Mathematik gibt es also auch solche, die explizit zu den Inhalten des Unterrichts auftreten. Ihnen nachzugehen entspricht dem grundsätzlichen Auftrag des Mathematikunterrichts: „*– zur allgemeinen Denkentwicklung beizutragen – und zwar von Anfang an*"[13].

Im Bereich der Mathematikdidaktik weist Susanne Prediger auf die Wichtigkeit einer nachdenklichen Haltung als Bestandteil mathematischer Bildung hin. Sie beschreibt Nachdenklichkeit als die Fähigkeit und Bereitschaft, eigene Fragen zu stellen und ihnen nachzugehen. Für den Mathematikunterricht lassen sich dabei vier Ebenen nach Ludwig Bauer feststellen, auf denen Reflexion stattfinden kann: Inhaltsreflexion, Gegenstandsreflexion, Bedeutungs- und Sinnreflexion sowie Selbstreflexion. Besonderes Gewicht liegt dabei auf der Selbstreflexion, da Philosophieren nur gelingen kann, „*wenn die Lernenden sich die Fragen wirklich zu eigen machen*"[14]. Dazu müssen auch Lehrende die notwendige Sensibilität entwickeln, Situationen zu erkennen, in denen sich Reflexionschancen bieten. Eben diese Haltung nimmt eine Lehrkraft ein, die ein philosophisches Unterrichtsprinzip verfolgt.

Auf methodischer Ebene verweist Prediger vor allem auf offene Aufgaben, wie Modellierungs- oder kognitionsorientierte Aufgaben. Diese verändern die Unterrichtskultur im Mathematikunterricht, indem sie offene Fragen überhaupt erst zum Unterrichtsgegenstand machen. Im Un-

[9] vgl. [Englhart1997, S. 144]
[10] [MichalikSchreier2006, S. 226]
[11] [Brüning2006, S. 114]
[12] vgl. [Krauthausen2008, S. 25]
[13] [Krauthausen2008, S. 25]
[14] [Prediger2005, S. 98]

terricht zu philosophieren bedeutet noch mehr, als offene Mathematikaufgaben zu lösen und über diese und ihren Sinn zu reflektieren. Im Vordergrund steht das gemeinsame Gespräch auf Grundlage fester Regeln und verschiedener Methoden. Deshalb wird nachfolgend eine Auswahl an Methoden, die der Philosophiedidaktik entstammen, dargestellt. Damit Lehrende auch ohne fachphilosophische Ausbildung mit ihren Schülern philosophieren können, müssen sie mit den entsprechenden Methoden vertraut sein und wissen, welche Denkfähigkeiten durch diese gefördert werden können.

## 9.3 Methoden des Philosophierens

Es gibt verschiedene Konzepte und damit verbundene Methoden des Philosophierens, von denen stets neue Varianten entwickelt werden. Im Folgenden werden drei Methoden dargestellt, die verschiedene Fördermöglichkeiten bieten, da sie unterschiedliche Denkkompetenzen beanspruchen.

Eine Grundmethode des Philosophierens ist das sokratische Gespräch. Es lässt sich nach Barbara Brüning in drei Phasen einteilen.[15] Zunächst einigt sich die Gruppe auf eine Frage oder ein Problem, welches geklärt werden soll. Es werden Gesprächsregeln vereinbart und ein Gesprächsleiter festgelegt. In der zweiten Phase, welche den Hauptteil bildet, findet das eigentliche Philosophieren statt. Dabei wird der Klärung dieser Frage durch Austauschen von Gedanken und begründeten Meinungen nachgegangen. Die Gesprächsleitung unterstützt diesen Prozess durch gezieltes Nachfragen, Klären von Begriffen, zwischenzeitliches Zusammenfassen und Aufdecken von Widersprüchen, hält dabei jedoch die eigene Meinung weitgehend zurück. Damit es nicht bei einem bloßen Austausch von Meinungen bleibt, ist es wichtig, dass die Gesprächsteilnehmer ihre Gedanken und Aussagen aufeinander beziehen. Am Ende eines solchen Gespräches steht kein Konsens, sondern es sollen mögliche Ergebnisse und eventuell neu entstandene Fragen festgehalten werden. Hierbei sollte der Einzelne aus neu gewonnenen Einsichten Konsequenzen für das eigene Denken und Handeln ziehen.[16] Dies kann in einer dritten Phase durch ein sogenanntes Metagespräch stattfinden, in dem der Gesprächsverlauf sowie neu entstandene Fragen thematisiert werden. *„Die Erkenntnis, dass ein Problem nicht zufriedenstellend geklärt ist, kann weiteres Nachdenken anregen, Nachdenklichkeit als Haltung begründen.“*[17]

Eine andere Methode, die besonders das kreative, spekulative Denken fördern soll, ist das Gedankenexperiment. Gedankenexperimente werden meistens mit der Formel „Was wäre wenn (nicht) ... ?“ eingeleitet. Dabei wird etwas Contrafaktisches, also nicht Existierendes (wie beispielsweise die Unsterblichkeit der Menschen) angenommen und die Konsequenzen, die sich aus dieser Annahme ergeben, untersucht.[18] Nach Hartmut Engels beanspruchen und üben Gedankenexperimente die Imaginationsfähigkeit. Dadurch lernen Schüler, mit Fremdem, Neuem, Unsicherem und Unerprobten angemessen umzugehen. Das hypothetische Denken kann geübt und das Fixiertsein auf Faktenwissen überwunden werden.[19] Hans-Ludwig Freese bezeichnet Gedankenexperimente als *„die Erkenntnismethode schlechthin“* und betont gleichzeitig ihren

[15] vgl. [Brüning2003, S. 73]
[16] vgl. [Martens1990, S. 6]
[17] [MichalikSchreier2006, S. 101]
[18] vgl. [Freese1995, S. 30]
[19] vgl. [Engels2004, S. 220]

motivierenden Charakter.[20] Gedankenexperimente können die Fantasie anregen und gleichzeitig das Selbstverständliche unserer Lebenswelt besonders machen, zum Beispiel beim Nachdenken über die Frage *Wie würde unsere Welt ohne Zahlen aussehen?*

Eine dritte Grundmethode des Philosophierens stellt die *Begriffsbildung* oder *Begriffsanalyse* dar. Sie spielt in der Philosophie eine wichtige Rolle, weil philosophische Begriffe einen hohen Grad an Verallgemeinerung aufweisen und in verschiedenen Zusammenhängen unterschiedliche Bedeutungen haben.[21] Im Kern der Begriffsbildung geht es um die Suche nach den wesentlichen Merkmalen von Begriffen. Für das Vorgehen gibt es verschiedene Varianten: Sammeln von Schlüsselwörtern, die mit einem Begriff assoziiert werden; Untersuchung des Wortfeldes durch Ordnen verwandter und konträrer Begriffe; Konkretisierung durch Beispiele; Erstellen einer Begriffspyramide durch Hierarchisierung klassifizierter Begriffe usw.[22] Durch die Methode der Begriffsbildung können Lernende erkennen, dass Begriffe unterschiedliche Inhalte bezeichnen können, also handlungs- und kontextabhängig sind. Durch das klare Abgrenzen und Zuordnen von Eigenschaften zu den Begriffen wird besonders das analytische Denken gefördert.

Im Mathematikunterricht kann hiermit zum Beispiel der Bruchbegriff herausgearbeitet werden. Als Einstieg oder zur Wiederholung des Themas Bruchrechnen kann mit der Methode der Begriffsbildung gearbeitet werden, um herauszustellen, wie vielfältig der Begriff „Bruch“ in der Mathematik und im Alltag verwendet wird. Auf dieser Grundlage können wichtige mathematische Bruchbegriffe gegenübergestellt, hierarchisiert und deren wichtigsten Eigenschaften visualisiert werden (Dezimalbruch, gemischter Bruch, unechter Bruch, ...). Besonders solche Begriffe, die in der Mathematik und im Alltag verwendet werden, wie z. B. „fair“ (aus dem Bereich der Stochastik), lassen sich auf diese Art betrachten, um damit das Spezielle für die mathematischen Begriffe herauszustellen. Mathematische Sprache wird dabei nicht losgelöst von Alltagssprache betrachtet, sondern ihr bewusst gegenübergestellt. Unabhängig von der Methode ist es wichtig, dass die Ergebnisse der Gespräche festgehalten werden. So können sie bei Bedarf wieder aufgegriffen und das Gespräch fortgeführt werden. Mögliche Formen für die Ergebnissicherung sind Plakate, Tonbandaufnahmen oder Protokolle von einem Gesprächsbeobachter.

## 9.4 Praxisbeispiel

Das folgende Nachdenkgespräch über die Frage „Was ist Mathematik?“ wurde von Schülern einer sechsten Klasse eines Hamburger Gymnasiums geführt. Es ist eines von drei Gesprächen aus der Fallstudie, die in Kapitel 9.6 näher dargestellt wird. Die Nachdenkgespräche dieser Unterrichtseinheit basierten auf der Grundlage einer festen Struktur: Nachdem Gesprächsregeln vereinbart worden sind, hat jeder Schüler für sich in Stillarbeit ein sogenanntes Cluster oder eine Mindmap zu einem Begriff erstellt, der im folgenden Gespräch im Vordergrund stehen sollte. Somit konnte jeder etwa fünf Minuten lang die eigenen Assoziationen sammeln und sortieren. Abb. 9.1 zeigt das Beispiel eines Schülers.

[20] [Freese1995, S. 25ff.]

[21] vgl. [Brüning2003, S. 43]

[22] Konkrete Erklärungen sowie weitere methodische Varianten lassen sich bei [Brüning2003, S. 44ff.] finden.

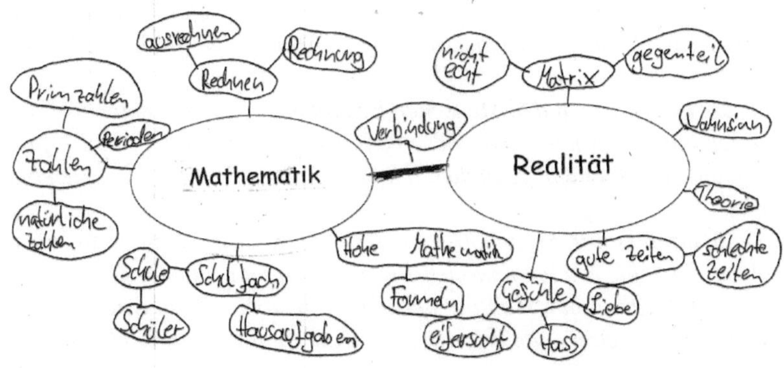


Abbildung 9.1: Mathematik und Realität

Da in dieser Unterrichtseinheit das mathematische Modellieren eingeführt wurde, schien eine Thematisierung des Modellierungskreislaufes (in vereinfachter Form) sinnvoll. Beim Modellieren werden zwei Ebenen durchlaufen: Realität und Mathematik. Dieser Aspekt wurde zum Anlass genommen, über die beiden Begriffe und vor allem deren Zusammenhang gemeinsam nachzudenken.

Das Gespräch wurde mit Hilfe einer sogenannten Blitzlichtrunde eingeleitet. In dieser äußerte jeder der Reihe nach einen Gedanken. Dieses Vorgehen soll gewährleisten, dass jeder Schüler einen Gesprächsbeitrag leisten kann und ein Grundstock an Gedanken entwickelt wird, auf dem das Gespräch aufbaut. Anschließend wurde, wie für die zweite Phase eines sokratischen Gespräches beschrieben, philosophiert. Die Gesprächsleitung übernahm die Lehrkraft.

In Verbindung mit der Methode der Begriffsbildung stand zunächst die Frage Was ist Mathematik? im Vordergrund. Die folgende Auflistung stellt dar, welche Assoziation die Schüler in der ersten Blitzlichtrunde auf Grundlage ihres Clusters genannt haben.

*Spaß, Zahlen, Sprache, langweilig, Test, Lösungswege, Frau S., Lehrer, Streber, Von Menschen erfunden, Rechnen, Addieren, Viele Hausaufgaben, Tod, langweilig.*

Die meisten der genannten Begriffe bezeichnen subjektive Empfindungen oder lassen sich dem Aspekt der Mathematik als Schulfach zuordnen. Eine Aussage, in der gesagt wird, dass Mathematik etwas von den Menschen Erfundenes sei, bezieht sich auf die Entstehung der Mathematik. Auf die Struktur der Mathematik wird durch die Assoziation mit Sprache verwiesen. Es wird deutlich, dass in dieser, wie vermutlich in jeder Klasse, unterschiedliche Vorstellungen von der Mathematik existieren.

Nach dem ersten Blitzlicht wurde in die Runde gefragt, ob über einen der genannten Begriffe genauer gesprochen werden sollte bzw. wie die Schüler erklären würden, was Mathematik ist.[23]

*S1: Also das besteht aus vielen Zahlen, ganz vielen Hausaufgaben und Tests.*

*S2: Also man braucht das im ganzen Leben für was weiß ich, zum Beispiel einkaufen.*

*S3: Es bringt Spaß, wenn man gefördert wird. Und wenn man nicht gefördert wird, ist es langweilig.*

[23] G bezeichnet den Gesprächsleiter.

*S4: Also ich hätte eigentlich etwas Ähnliches wie Sprache, weil es gibt ja verschiedene Sprachen und die meisten Menschen können ja Mathe, deshalb ist Mathe eigentlich eine Sprache für mich.*
...
*S6: Also ich finde das ist etwas von den Menschen Erfundenes, irgendwie um besser klar zu kommen im Leben. Aber eigentlich muss man bedenken, wenn Mathematik nicht erfunden worden wäre, dann hätte man sie auch nicht brauchen müssen. Weil es dann so was wie einen Apfel gar nicht geben würde.*
*G: Ah, das ist ja eine interessante Frage, ob man es nicht bräuchte, wenn es das nicht gäbe. Also du meinst, es gäbe dann keine Zahlen und nichts was mit Zahlen zutun hat?*
*S6: Also dann, ein Apfel wäre dann, klar, dass er dann irgendwie, irgendwie keine Ahnung, aber ich glaube das heißt dann auch nicht ein Euro. Das heißt dann irgendwie ein Goldstück.*
...
*S7: Also ich weiß nicht. Früher oder später wären die Menschen eh drauf gekommen, weil die würden ja, angenommen die hätten dann zehn Töpfe und würden sagen: habe Töpfe. Aber da weiß man ja nicht wie viel und deshalb muss man da irgendwann drauf kommen. Dann zeigen sie erst mal mit dem Fingern an wie viele sie haben und irgendwann kommt es dann zu Zahlen.*
*G: Also du meinst es würde auf jeden Fall irgendwann zu Zahlen kommen.*
*S7: Ja, und ich wollte S1 noch mal widersprechen, weil sie hat ja gesagt Mathematik besteht nur aus Zahlen, aber es besteht ja noch aus viel mehr als Zahlen. Es gibt ja auch noch die Geometrie.*
*S4: Und Buchstaben.*
*S8: Also ich wollte sagen, also ich glaube, man könnte das ja auch so machen, wenn man jetzt zehn Töpfe hat dann könnte man sagen Töpfe, Töpfe, Töpfe, Töpfe, Töpfe, Töpfe, Töpfe, Töpfe, Töpfe, Töpfe.*
*S3: Du meinst Topf, Topf, Topf.*
*S8: Ja genau, dass man zehn Mal Topf sagt und wenn man jetzt Töpfe sagt, könnte das ja als zehn Töpfe gelten. Und wenn man Töpfe Töpfe Töpfe sagt, sind das dann dreißig Töpfe.*
*S7: Aber eigentlich ist man dann ja wieder bei Zahlen, weil dann hat man im Prinzip ja auch Zahlen, weil für die Zehn da haben sie dann auch wieder eine Zahlenformel, weil wenn die sagen Töpfe, dann heißt das ja sozusagen zehn Töpfe und dann ist das ja sozusagen wie bei uns die Zehn. Das ist dann ja auch wieder eine Zahl.*

Die Gesprächsbeiträge lassen sich durch eine Einordnung in die vier Formen mathematikbezogener Reflexion nach Ludwig Bauer klassifizieren.

Die Schülerin S2 versucht auf den Anwendungsbezug aufmerksam zu machen, der für sie aber nur scheinbar existiert. Sie nennt das Einkaufen, aber ansonsten nur „*was weiß ich*". Dennoch befindet sie sich auf der Ebene der Bedeutungs- und Sinnreflexion, indem sie darüber nachdenkt, wofür Mathematik gebraucht wird und somit sinnvoll sein kann. Ebenso die Schülerin S6, die den Sinn der Mathematik darin sieht, dass die Menschen sie erfunden haben, „*um besser klar zu kommen im Leben*".

Der Schüler S3 spricht die Ebene der Selbstreflexion an, indem er die Bedeutung des mathematischen Tun für sich selbst betrachtet: Es kann Spaß machen.

Die Ebene der Gegenstandsreflexion wird vom nächsten Schüler angedeutet: Mathematik sei strukturiert wie eine Sprache, die erlernt werden kann.

Interessant ist, dass eine Schülerin von sich aus ein Gedankenexperiment einleitet: *Was wäre, wenn die Mathematik nicht erfunden worden wäre?* Hätten wir sie dann nicht gebraucht?

Hier lassen sich weitere wichtige Sinnfragen anknüpfen: *Warum brauchen wir sie denn? Wofür brauchen wir (als Menschheit) sie? Wofür braucht sie der Einzelne?*

In diesem Fall führte das Gedankenexperiment jedoch auf historische Wege der Mathematik. Die Schüler überlegten, wie kommunikativer Austausch ohne die Angabe von Anzahlen geschehen könnte und kamen zu dem Schluss, dass Zahlen und Mathematik sich notwendigerweise irgendwann entwickelt hätten. Hier bestätigt sich der Gewinn neuer Erkenntnisse durch Gedankenexperimente.

Für eine Mehrheit der Schüler scheint Mathematik lediglich ein Schulfach zu sein, welches mit Hausaufgaben und Tests assoziiert wird. Aufgrund dessen ist es für diese Schüler besonders wichtig, Einblicke in verschiedene Sichtweisen und Vorstellungen über Mathematik zu erhalten um daraufhin die eigene Vorstellung zu erweitern. Philosophieren bietet die Möglichkeit, sich durch die Denkweise anderer weiter zu entwickeln. Dieser Gesprächsauszug stellt einen kleinen Einblick dar, der die Vielzahl inhaltlicher Möglichkeiten erahnen lässt und dazu anregen soll, mit den eigenen Schülern ebenfalls Gespräche dieser Art zu führen.

## 9.5 Die Chancen des Philosophierens für das mathematische Modellieren

Bezugnehmend auf Susanne Prediger wurde bereits auf die Bedeutung von offenen Mathematikaufgaben für gemeinsames Nachdenken hingewiesen. Offene Aufgaben, wie beispielsweise Modellierungsaufgaben, sind komplex und erfordern mehr als das Anwenden von Rechenverfahren. Der Umgang mit Modellierungsaufgaben bereitet vielen Schülern zunächst Schwierigkeiten. Von ihnen wird ein hohes Maß an Selbstständigkeit gefordert. An das Rechnen soll ein Validierungsprozess anschließen, in dem selbstständig reflektiert, kommuniziert und argumentiert wird. Forschungsergebnisse zeigen, dass Schüler Schwierigkeiten mit der Situation haben, nach dem Rechnen einer Aufgabe nicht „fertig“ mit ihrer Bearbeitung zu sein. In der DISUM-Studie[24] wurde festgestellt, dass Schüler die Plausibilität ihrer Lösung meist nur dann prüfen, wenn das ermittelte Ergebnis von einer erwarteten Vorstellung abweicht oder wenn sie unsicher auf dem Weg zum Ergebnis sind.[25] Die Untersuchungen von Rita Borromeo Ferri zeigten, dass zu viele Schüler den Schritt der Validierung vollständig übergehen[26] und auch Werner Blum kritisiert:

> *„Eigenständige Validierungsaktivitäten von Schülern sind dabei kaum zu beobachten, vielmehr scheint für die Korrektheit von Lösungen ausschließlich die Lehrkraft zuständig zu sein.“*[27]

Eine weitere Schwierigkeit für manche Schüler besteht darin, „auszuhalten“, dass es mehrere richtige Lösungen gibt. In Unterrichtsversuchen wurde immer wieder die Erfahrung gemacht,

[24] DISUM steht für „Didaktische Interventionsformen für einen selbstständigkeitsorientierten aufgabengesteuerten Unterricht am Beispiel Mathematik“. Das seit 2002 an der Universität Kassel durchgeführte Projekt untersucht Modellierungsaufgaben in den Klassen acht bis zehn im Labor und Unterricht, mit und ohne Lehrer. Ziel der DISUM-Studie ist herauszufinden, wie sich verschiedene Formen des unterrichtlichen Lehrerhandelns auf die Modellierungskompetenz der Schüler auswirken (vgl. [BlumLeiss2007, S. 313]).

[25] vgl. [Schukaljow2006, S. 495]

[26] [BorromeoFerri2007, S. 311]

[27] [Blum2007, S. 5]

dass Schüler nach Modellierungseinheiten im Unterricht fragten, welches das richtige Ergebnis sei.

Es lässt sich vermuten, dass ein Unterrichtsprinzip Philosophieren die Unterrichtsstruktur so verändern kann, dass es sich positiv auf die o. g. Schwierigkeiten auswirkt und die Lernziele des mathematischen Modellierens unterstützt. Durch das regelmäßige gemeinsame Nachdenken und Sprechen über offene Fragen können Schüler eben diese beim Modellieren benötigten Haltungen erlangen. Zum einen lernen sie auszuhalten, dass mehrere Lösungen nebeneinander stehen und richtig sein können. Zum anderen hilft eine durch das Philosophieren entwickelte nachdenkliche Haltung dabei, selbstständig Zusammenhänge zu hinterfragen. Dies kann sich möglicherweise darauf auswirken, dass die Schüler weniger passiv beim Schritt des Validierens sind. Lernende, die es gewohnt sind, mit offenen Fragen umzugehen, finden wahrscheinlich auch einen leichteren Zugang zu offenen Mathematikaufgaben.

Aus dem oben angeführten Zitat von Werner Blum geht hervor, dass die Schüler ihre Lehrkraft als diejenige Person ansehen, die für die Korrektheit von Lösungen zuständig ist. Bei der Behandlung von Modellierungsaufgaben ändert sich diese Rolle dahingehend, dass es nicht mehr nur eine richtige Lösung gibt. Während des Modellierungsprozesses befolgt die Lehrkraft das „Prinzip der minimalen Hilfe“ und greift so wenig wie möglich ein.[28] Ihre Rolle als letztinstanzliche Autorität fällt insofern weg, als dass es unterschiedliche Lösungen und Lösungswege gibt. Sie bestimmt den Rahmen, in dem sich realistische Ergebnisse befinden und fordert Erklärungen und Begründungen ein. Die Haltung der Lehrkraft in der Rolle der Gesprächsleitung beim Philosophieren, ist vergleichbar mit der, die sie beim Durchführen und Besprechen offener Mathematikaufgaben einnimmt: zurückhaltend und moderierend.

Abschließend soll betont werden, dass nicht behauptet wird, Modellieren könne durch Philosophieren gelernt werden. Es wurde bereits nachgewiesen, dass Modellierungskompetenz nur durch zielgerichtete Modellierungsaktivitäten und nicht durch einen Transfer aus anderen Aktivitäten gelernt werden kann.[29]

Die hier geführte Argumentation strebt an, die Probleme, die im Zusammenhang mit Modellierung auftreten, durch die beim Philosophieren erlangten Kompetenzen zu minimieren. Eine Unterstützung beim Kompetenzerwerb durch Philosophieren bezieht sich vor allem auf die Reflexions- und die Kommunikationsfähigkeit der Schüler sowie den sicheren Umgang mit offenen Fragen und Aufgaben.

Auf Grundlage dieser Überlegungen wurde eine Fallstudie durchgeführt, deren Ergebnisse im Folgenden dargelegt werden.

## 9.6 Fallstudie

In einer sechsten Klasse eines Hamburger Gymnasiums wurde eine achtstündige Unterrichtseinheit zum mathematischen Modellieren durchgeführt, in der ebenfalls philosophiert wurde. Um zu untersuchen, welchen Nutzen das Philosophieren für den Unterricht haben kann, wurde bewusst eine Klasse ausgewählt, die seit Beginn des fünften Schuljahres regelmäßig philosophiert und dadurch mit dieser Art von Gesprächsführung vertraut ist.

[28] vgl. [Maaß2007, S. 33]
[29] vgl. [Blum2007, S. 6]

Die Klasse wurde in zwei Hälften aufgeteilt, deren Vergleich die Grundlage der Untersuchung bildete. Die Versuchsgruppe führte vor den Mathematikeinheiten philosophische Gespräche. Die Fragen hierzu wurden aus den Sachkontexten der Modellierungsaufgaben abgeleitet. Die Kontrollgruppe arbeitete währenddessen in Einzelarbeit, um Aufschluss über die Effekte des philosophischen Gespräches auf das Gesprächs- und Validierungsverhalten beim Modellieren zu bekommen. Die Modellierungsaufgaben wurden in Kleingruppen bearbeitet und die Ergebnispräsentationen geschahen gemeinsam mit der ganzen Klasse.

Als Erhebungsinstrumente dienten Videoaufzeichnungen und ein Fragebogen. Der Untersuchung lag folgende Fragestellung zugrunde: *Welchen Einfluss hat das Philosophieren auf den Modellierungsprozess der Schüler?* Diese war in folgende Teilfragen untergliedert:
*Kommunizieren die Schüler der Versuchsgruppe während der Bearbeitung der Modellierungsaufgaben anders miteinander?*
*Validieren sie ihr Ergebnis stärker, weil sie durch das Philosophieren im eigenständigen reflexiven Denken gefördert werden?*
Da es sich lediglich um die Untersuchung einer einzelnen Klasse handelt, können an dieser Stelle keine allgemeingültigen Aussagen über die Effekte getroffen werden. Die folgenden Ergebnisse können als Tendenzen aufgefasst werden, die Fallstudie als curricularer Beitrag zur Diskussion um Philosophieren als Unterrichtsprinzip.

Es hat sich nicht bestätigt, dass die Schüler der Versuchsgruppe respektvoller, offener oder in einem anderen Umfang miteinander kommunizierten. Vielmehr schienen andere Aspekte wie Persönlichkeit, Gruppenzusammensetzung und Geschlecht eine Rolle für die Zusammenarbeit zu spielen. Um eine Aussage bezüglich der Frage nach der besseren Kommunikationsfähigkeit der Schüler untereinander in den Gruppen treffen zu können, sind langfristige Untersuchungen unter anderen Bedingungen nötig. Ein Vergleich von Klassen, die regelmäßig philosophieren mit solchen, die diese gleichberechtigte Gesprächsform nicht kennen, dürfte hierfür notwendig sein.

Es bestätigte sich jedoch die Vermutung, dass die Schüler der Versuchsgruppe stärker validierten. Dies zeigte sich in einer hohen kritischen Aktivität dieser Schüler bei den Gegenüberstellungen der Endergebnisse der Modellierungsaufgaben. Ob dieses Verhalten durch die philosophischen Gespräche angeregt wurde, kann nicht gesagt werden, da auch individuelle Faktoren sowie möglicherweise die Aufgabenstellung dafür verantwortlich gewesen sein können.

Falls jedoch ein derartiger Zusammenhang existiert, kann er sich nur aus einem langfristigen Lernprozess ergeben. Ein besonders interessantes Ergebnis ist die Tatsache, dass die untersuchte Klasse, welche regelmäßig philosophiert, *insgesamt* ein überdurchschnittliches Reflexionsvermögen und damit Validierungsverhalten zeigte. Aus den Videoaufzeichnungen ist erkennbar, dass in allen Kleingruppen an unterschiedlichen Stellen des Modellierungskreislaufes validiert wurde.

Auch zeigte die Klasse eine hohe Toleranz gegenüber Aufgaben mit mehreren zulässigen Lösungen. Dies ergab der Fragebogen, in dem 83% der Schüler angaben, dass ihnen Aufgaben mit mehreren möglichen Lösungen gefallen würden. Dieses Ergebnis widerspricht der vielfach gemachten Erfahrung, dass Schüler frustriert darauf reagieren, wenn nicht gesagt werden kann, welches „das richtige“ Ergebnis einer Aufgabe ist.

Eine abschließende Feedbackrunde der Unterrichtseinheit ergab, dass die Schüler selbst, die Verbindung von Mathematikaufgaben mit philosophischen Gesprächen als positiv empfunden haben.

## 9.7 Fazit

Es konnte gezeigt werden, dass es inhaltliche und methodische Möglichkeiten gibt, im Mathematikunterricht zu philosophieren. Dieser wird bereichert, indem den Lernenden die Möglichkeit gegeben wird, eigene Zugänge zu Unterrichtsinhalten zu entwickeln und dabei wichtige Denk- und Gesprächskompetenzen zu erlangen.

Ein besonderer Wert des Philosophierens liegt in der Zielsetzung, einer Weltsicht entgegen zu wirken, die behauptet, dass bereits Alles erforscht sei. Indem auch im Mathematikunterricht offene Fragen thematisiert werden, kann ein realistischeres Bild von der Mathematik vermittelt und einem eingeschränkten Bild von Mathematik als einer „Formelwissenschaft" entgegen gewirkt werden. Reflektieren, als ein Teil des Philosophierens, kann dazu beitragen, den Sinn des Mathematiktreibens für das eigene Leben zu erkennen. Dies ist aus dem Grunde wichtig, weil Schüler kein träges Wissen erwerben sollen, sondern solches, *„das kognitiv wie affektiv bedeutsam und infolge der Einbettung in die Lebenswelt relevant und sinnstiftend ist"*[30].

Besonders das mathematische Modellieren bereitet Lernenden, aufgrund der Komplexität der Aufgaben, Schwierigkeiten. Zu viele Schüler validieren nicht und es fällt ihnen schwer zu akzeptieren, dass bei dieser Art von Aufgaben mehrere Lösungen richtig sein können. Philosophieren im Mathematikunterricht kann hierbei eine unterstützende und Schwierigkeiten vorbeugende Funktion übernehmen. Die Fallstudie unterstützt die These, dass Lernende, die regelmäßig philosophieren auch beim Lösen von Mathematikaufgaben ihre Ergebnisse stärker hinterfragen. Aus diesen Gründen sollte das Philosophieren im Mathematikunterricht weiter erprobt, praktiziert und erforscht werden.

Neben der Frage, welchen Nutzen die Schüler durch Philosophieren in Mathematik haben können, wäre eine weitere interessante Forschungsfrage, inwieweit mathematische Weltbilder von Schülern durch Philosophieren erkennbar und auf langfristige Sicht möglicherweise auch veränderbar sind.

## Literatur

[Blum2007] Blum, W. (2007): Mathematisches Modellieren – zu schwer für Schüler und Lehrer? In: Beiträge zum Mathematikunterricht Teil I, Franzbecker: Hildesheim, Berlin, S. 3-11.

[BlumLeiss2007] Blum, W.; Leiss, D. (2007): Modellierungskompetenz – Vermitteln, Messen und Erklären. In: Beiträge zum Mathematikunterricht Teil I, Franzbecker: Hildesheim, Berlin, S. 312-315.

[BorromeoFerri2007] Borromeo Ferri, R. (2007): Von individuellen Modellierungsverläufen zur empirischen Unterscheidung von Phasen im Modellierungsprozess. In: Beiträge zum Mathematikunterricht Teil I, Franzbecker: Hildesheim, Berlin, S. 308-311.

[Brüning2003] Brüning, B. (2003): Philosophieren in der Sekundarstufe. Methoden und Medien, Beltz Verlag: Weinheim, Basel, Berlin.

[Brüning2004] Brüning, B. (2004): Philosophieren in der Grundschule – Methoden und internationale Bilanz. In: Müller, H.-J.; Pfeiffer, S. (Hrsg.): Denken als didaktische Zielkompetenz. Philosophieren mit Kindern in der Grundschule, Schneider: Baltmannsweiler, S. 32-41.

[Brüning2006] Brüning, B. (2006): Kinder sind die besten Philosophen, Buchverlag für die Frau: Leipzig.

[30] [Gebhard2005, S. 52]

[CalvertNevers2008] Calvert, K.; Nevers, P. (2008): PhiNa – Kinder philosophieren über die Natur. In: Fischer, C.; Mönks, F. J.; Westphal, U. (Hrsg.): Individuelle Förderung. Begabungen entfalten – Persönlichkeit entwickeln. (Fachbezogene Forder- und Förderkonzepte), LIT: Münster (= Begabungsforschung – Schriftenreihe des IBCFS, Münster/Nijmegen, 6), S. 221-232.

[Engels2004] Engels, H. (2004): „Nehmen wir an ...", Das Gedankenexperiment in didaktischer Absicht. Beltz: Weinheim und Basel (= Philosophie und Ethik unterrichten, 2).

[Englhart1997] Englhart, S. (1997): Modelle und Perspektiven der Kinderphilosophie. Dieck: Heinsberg.

[Freese1995] Freese, H.-L. (1995): Abenteuer im Kopf. Philosophische Gedankenexperimente. Beltz Quadriga: Weinheim und Berlin.

[Gebhard2005] Gebhard, U. (2005): Symbole geben zu denken – Sprache und Verstehen im naturwissenschaftlichen Unterricht. In: Hößle, C.; Michalik, K. (Hrsg.): Philosophieren mit Kindern und Jugendlichen, Schneider: Hohengehren, S. 48-59.

[Krauthausen2008] Krauthausen, G. (2008): Wie groß ist unendlich? Philosophieren im Mathematikunterricht der Grundschule. In: Grundschule Heft 12, S. 24-26.

[Maaß2007] Maaß, K. (2007): Mathematisches Modellieren. Aufgaben für die Sekundarstufe I. Cornelsen Scriptor: Berlin.

[Martens1990] Martens, E. (1990): Sich im Denken orientieren. Philosophische Anfangsschritte mit Kindern, Schroedel: Hannover.

[Michalik2005] Michalik, K. (2005): Philosophieren über Mensch und Natur im Sachunterricht. In: Hößle, C.; Michalik, K. (Hrsg.): Philosophieren mit Kindern und Jugendlichen, Schneider: Hohengehren, S. 13-23.

[MichalikSchreier2006] Michalik, K.; Schreier, H. (2006): Wie wäre es, einen Frosch zu küssen? Philosophieren mit Kindern im Grundschulunterricht. Westermann: Braunschweig.

[Miller1979] Miller, M. (1979): Gelöste und ungelöste mathematische Probleme. Teubner: Leipzig (= Mathematische Schülerbücherei 73).

[Müller2009] Müller, H.-J. (2009): Ist 7 viel? Philosophieren im Mathematikunterricht der Grundschule. In: Michalik, K.; Müller, H.-J.; Nießeler, A. (Hrsg.): Philosophie als Bestandteil wissenschaftlicher Grundbildung? Möglichkeiten der Förderung des Wissenschaftsverständnisses in der Grundschule durch das Philosophieren mit Kindern. LIT Verlag.

[Prediger2005] Prediger, S. (2005): „Was hat die Exponentialfunktion mit mir zutun?" Wege zur Nachdenklichkeit im Mathematikunterricht. In: Lengnink, K.; Siebel, F. (Hrsg.): Mathematik präsentieren, reflektieren, beurteilen, Darmstädter Texte zur Allgemeinen Wissenschaft: Mühltal.

[Samaga2008] Samaga, H.-J.(2008): Skript zur Vorlesung Mathematik IV im SoSe 08, online verfügbar unter `http://www.math.uni-hamburg.de/home/samaga/uebungen/geo.pdf`.

[Schukaljow2006] Schukaljow, S. (2006): Schüler-Schwierigkeiten beim Lösen von Modellierungsaufgaben – Ergebnisse aus dem DISUM-Projekt. In: Beiträge zum Mathematikunterricht, Franzbecker: Hildesheim, Berlin, S. 493-496.

# 10 Zahlen und Rechenvorgänge auf unterschiedlichen Abstraktionsniveaus

## Möglichkeiten der Entwicklung einer inklusiven Fachdidaktik auf der Grundlage historischer Perspektiven

KLAUS RÖDLER

## 10.1 Was ist eine Zahl? Was heißt rechnen?

„*Das Verständnis geht langsam vor sich!*" Diesen wichtigen Satz hörte ich bei einem Vortrag von Martin Lowsky.[1] Auf die hier behandelte Fragestellung übertragen heißt das: Was eine Zahl ist und wie ich sie im Rechenvorgang einsetzen und interpretieren kann, das erschließt sich erst allmählich. Die Zahl des Rechenanfängers ist nicht dieselbe wie die des kompetenten Rechners und es ist nicht die Zahl des Lehrers oder der Lehrerin. Die Zahlen sind nur auf der Oberfläche der Worte und Zeichen gleich. Im Innern, im Verständnis, sind sie völlig verschieden! Ich glaube, dass die Missachtung dieser Divergenz dazu führt, dass manche Kinder in für den Lehrer und Lehrerin nicht nachvollziehbaren Routinen stecken bleiben, einfachste Informationen nicht wirklich integrieren. Die auf beiden Seiten wachsende Verunsicherung durch die nicht erkannte und daher nicht kommunizierbare Diskrepanz im inneren Zahlkonzept stört den allmählichen Aufbau strukturierter Zahlvorstellungen.

Ein Zweites kommt hinzu: Bekannt ist die Stufenfolge enaktiv – ikonisch – symbolisch, und es gehört zum didaktischen Allgemeingut, Zahlen konkret darzustellen und Operationen zunächst handelnd auszuführen. Nicht beachtet wird aber im Allgemeinen, dass die enaktive Ebene selbst, die Stufe der Handlung also, qualitativ sehr verschieden sein kann. Es macht einen großen Unterschied, ob eine Rechnung mit einem homogenen Zählmaterial, mit Bündelungsobjekten wie Fünfer- oder Zehnerstangen oder mit symbolischen Rechenmitteln wie zum Beispiel Geldmünzen handelnd gelöst wird. Ein Kind, das mit Würfeln oder am Rechenrahmen eine Subtraktion löst, kann dies nicht notwendig mit den Zehnerstangen oder gar mit Geldmünzen. Diese Rechenmittel haben nämlich ein anderes Abstraktionsniveau. Sie stellen daher andere Anforderungen. Sie unterstützen aber auch andere Aspekte in der Entwicklung des inneren Zahlkonzepts. Der häufig im Blick auf deren Abstraktionsniveau unreflektierte Gebrauch von Rechenmitteln im Schulalltag scheint mir neben der unten dargestellten Sackgasse der Analogieaufgaben beim Einstieg in neue Zahlräume eine wesentliche Ursachen dafür zu sein, dass strukturschwache Kinder

[1] vgl. den Aufsatz von Peschek in diesem Band.

in unserem üblichen Arithmetikunterricht zu rechenschwachen Kindern werden und ,Dyskalkulie' ein so großes Thema ist.

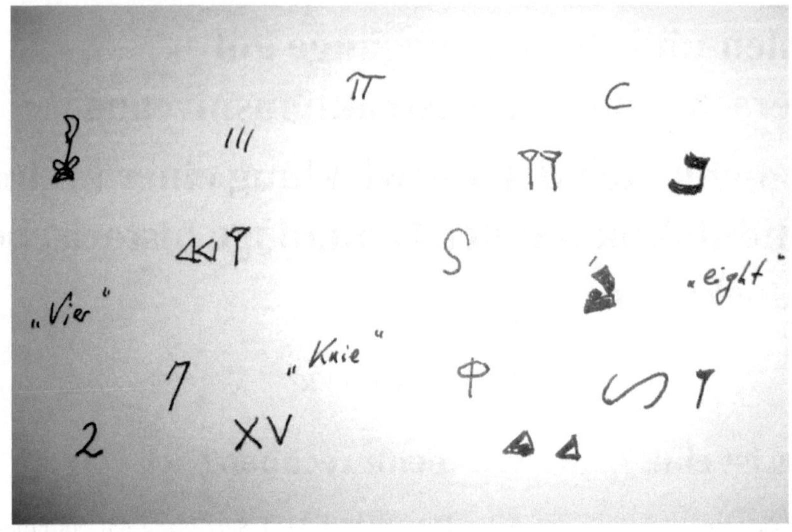


Abbildung 10.1: Viele Zahlen

Was ist eine Zahl? Was heißt Rechnen? Das sind Fragen, die ich in Fortbildungen oft zu Anfang stelle. Was eigentlich sollen die Kinder im Unterricht lernen und verstehen? In den Antworten der Teilnehmer zeigt sich, ebenso wie bei einem Blick in die unterschiedlichsten Schulbücher, dass unser Verständnis von Zahlen durch *unsere vertraute* Zahlreihe geprägt ist. Wir zählen mit Worten („Eins, Zwei, Drei, ...") und schreiben mit abstrakten Zeichen (1, 2, 3, ...). Die Zahlreihe scheint am Anfang zu stehen. Mit diesen Worten und Zeichen fängt alles an.

Kinder, die in die Schule kommen, können im Allgemeinen etwas zählen. Dieser Anfang wird in der Schule entwickelt, indem die Zahlreihe ausgebaut wird, man die Reihenfolge der Zahlen klärt und sich außerdem bemüht, den so verstandenen Zahlen der Zahlreihe kardinale Mengen zu unterlegen. Erst wenn die Zahlen in diesem Sinne bearbeitet sind, dann kommt das Rechnen mit diesen Zahlen. Zunächst ,plus', weil das einfacher ist. Dann ,minus'. Und in der zweiten Klasse, wenn der Zahlraum, also der Raum der bekannten Zahlen bis zur 100 hin erweitert ist, dann werden Multiplikation und Division behandelt. Natürlich erst in Form von Analogieaufgaben, weil sich die Zehner-Einer-Gliederung hier zeigt und optimal nutzen lässt.

Die Zahl steht immer am Anfang. Erst kommt die Zahl. Dann kommt das Rechnen. Aber stimmt das? Braucht man Zahlen, um Rechnen zu können? Muss man die Zahlwortreihe und die zugehörigen Zeichen kennen? Ist das alternativlos?
Die Antwort hängt davon ab, was man unter Rechnen und was man unter einer Zahl versteht.

Ich bin schon ,so alt', sagt ein dreijähriges Kind und zeigt drei Finger. Kinder, die in diesem Alter vielleicht noch nicht zählen können, sind durchaus in der Lage, Bonbons untereinander aufzuteilen und zu beurteilen, ob sie mit dem Ergebnis zufrieden sind. Sie besitzen protoquantitative Schemata[2], die es ihnen erlauben, ein Ergebnis zu beurteilen.

[2] Resnick nach [GersterSchultz2004, S. 74ff.]

Strukturell führen sie eine Division aus, also eine Aufgabe, die wir den Kindern – in Zahlen verwandelt – erst in der 2. Hälfte der 2. Klasse zumuten. Schaut man sich den Vorgang an, dann zeigt dieser aber, dass wesentliche Bausteine des späteren Rechnens in diesem Vorgang bereits enthalten sind: Etwas wird gleichwertig aufgeteilt. Vielleicht in der Form, dass sich jeder einige nimmt und damit zufrieden ist. Vielleicht, indem reihum verteilt wird. Es kann sein, dass ein Kind darauf besteht, wenigstens ein rotes Bonbon zu bekommen. Es kann sein, dass ein Kind bemerkt, dass da ein anderes Kind mehr oder weniger hat. Unabhängig davon, wie reif die Kinder sind und auf welcher Ebene die Aushandlung geschieht, letztlich werden (in der Logik der Anzahl oder des Wertes) mehr, weniger und gleich viel beurteilt. Gelingt der Teilvorgang, so dass alle zufrieden sind, so entstehen gleiche (oder gleichwertige) Haufen. Damit ist der gesamte operative Zusammenhang zwischen Division und Multiplikation im Handeln auf der Ebene der Wirklichkeit bereits präsent. Mögen die aufgeteilten Anzahlen auch noch nicht exakt gleich sein, so gibt es doch Kriterien von mehr, weniger und gleich viel (wert), also Grundlagen für eine später invariante Zahl („Genau *so* viel!“).

Das Problem des Verteilens wird hier auf der Ebene der Realität durch bereits entwickelte protoquantitative Schemata gelöst. Auf dieser Ebene zeigen sich sehr früh Kompetenz und Verständnis. Sie bildet die Grundlage, ohne die ein verständiges Rechnen später gar nicht möglich ist. *„72% der Vierjährigen, 81% der Fünfjährigen und 92% der Sechsjährigen zeigen ein unerschütterliches Verständnis der protoquantitativen Veränderungen der Teile-Ganzes-Beziehungen*“, schreiben Gerster und Schultz. Interessanterweise gelingt es rechenschwachen Kindern dagegen gerade nicht, unsere Zahlen und die mit ihnen vollzogenen Rechenvorgänge im Zusammenhang mit diesen protoquantitativen Schemata, das heißt in den Strukturen von Teile-Ganzen-Beziehungen zu sehen.[3] Vielmehr erscheinen ihnen die Zahlen als etwas ganz Eigenes, als eine andere Welt, die mit einem komplizierten Regelwerk verknüpft ist. Unsere abstrakten Zahlen lösen offensichtlich eine massive Verunsicherung aus, die eine Anbindung an die vorhandenen protoquantitativen Schemata erschwert.

Ich glaube, eine Ursache dafür liegt genau darin, dass wir unsere Zahlen nicht als ein Kommunikationsmittel begreifen, als eine bestimmte Sprache für Alltagserfahrungen, aus der heraus wir die Zahl entwickeln, sondern dass wir die Abstraktionen (das Endergebnis in heutiger Form) für das Eigentliche nehmen. Indem wir von der gesprochenen und geschriebenen Zahlreihe ausgehen, behandeln wir die Worte und Zeichen als Zahlen, obwohl sie nur eine Wort- bzw. Zeichenfolge sind. Damit ist das rechenschwache Kind von Anfang an auf der falschen Spur.

Ganz sicher hatten die frühen Menschen keine abstrakte Zahlreihe. Vermutlich gab es zahlreiche Gruppen, die nicht einmal konkrete Zahlwörter besaßen, um größere Anzahlen als 3 oder 4 zu benennen. Dennoch konnten sie solche Anzahlen festhalten, und zwar in Zählgegenständen oder Strichlisten.

Am Anfang der Zahl stehen kulturhistorisch nicht die abstrakten Zahlzeichen und nicht die gesprochene Zahlwortreihe, sondern die konkrete, gegenständliche Abbildung. Sie bildet die Brücke von der unmittelbaren Problemlösung auf der Ebene der Realität, auf der Basis protoquantitativer Schemata zum Rechnen mit Zahlen. Ähnlich übrigens wie das ‚so alt‘ des erwähnten dreijährigen Kindes.

[3] vgl. [GersterSchultz2004, S. 78f.]

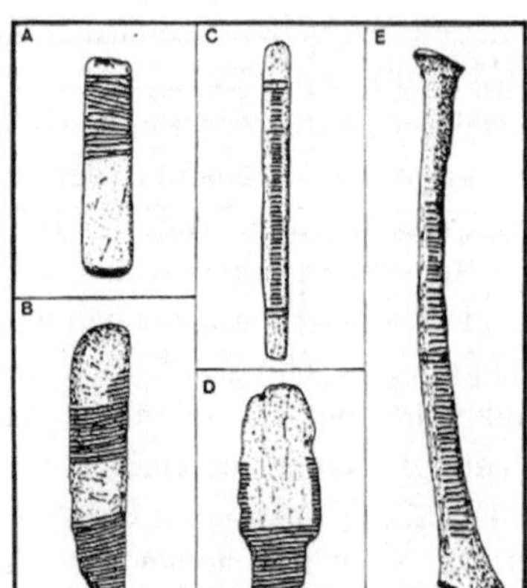


*Abb. 57: Gekerbte Knochen aus dem Spätpaläolithikum.*
*A und C: Aurignacien (30.000 bis 20.000 v. Chr.).*
*(Musée des Antiquités Nationales, St. Germain-en-Laye; der Knochen C stammt aus Saint-Marcel, Indien)*
*B und D: Aurignacien.*
*(Knochen aus der Külna-Grotte in Mähren)*
*E: Magdalénien (19.000 bis 12.000 v. Chr.).*
*(Knochen aus der Pekarna-Grotte in Mähren)*
*(Vgl. Jelinek 1975, 435–453)*

Abbildung 10.2: Gekerbte Knochen aus dem Spätpaläolithikum [Ifrah1987, S. 111]

## 10.2 Zahlen entstehen aus Zählprozessen

Was ist die didaktische Konsequenz? Wir beginnen mit Zählprozessen und bilden so *konkrete Zahlen*. Wir öffnen unsere Augen für den Anzahlaspekt in der Umwelt und fragen nicht als erstes, ob wir schon so weit mit Worten zählen können und ob wir die Zeichen kennen. Wer hat am Morgen die meisten Treppenstufen zu laufen? Gibt es mehr blaue oder weiße Autos? Wie viele Tage sind wir schon in der Schule? Wiegt eine Tannennadel etwas? (Oder: Wie viele Tannennadeln wiegen ein Gramm?) Zahlen werden wichtig, weil Anzahlen Bedeutung bekommen. Und diese zeigen sich in der analogen Abbildung in ein homogenes Zählmaterial. Zeichen und Worte folgen nach. Sie dienen der Kommunikation. Aber sie sind nicht die Sache selbst. Die Zahlen entstehen in Form *konkreter Zahlen* als analoge Abbildungen der Wirklichkeit.

Die in der analogen Abbildung gebildete konkrete Zahl bezieht ihre Invarianz aus der Tatsache des Zählvorgangs. „Ich habe *so viel* gezählt. Es sind *so viele* Kinder im Raum." Und indem die anderen Kinder mit in dieser Form gebildeten Zahlen konfrontiert werden, also Ergebnisse von solchen Zählprozessen vergleichen entstehen nicht nur Ordnungen von mehr, weniger oder gleich vielen Türen und Fenstern, sondern dieses mehr, weniger und gleich viel hat sich ja von der Wirklichkeit abgelöst in ein homogenes Zählmaterial. Die 3 Würfel oder 3 Striche können ja für alles mögliche stehen. Der eine hat 3 Computer im Raum gezählt, der andere 3 Kinder mit Brille. Die als Würfel oder Strichliste gelegte Zahl steht für die ganze Klasse an möglichen Zählanlässen. Es ist eben eine Abstraktion von der Wirklichkeit, die sie allein unter dem Anzahlaspekt unter die Lupe nimmt. Es ist die Schnittstelle, an der eine Zahl entsteht, deren unterste Abstraktionsstufe.

Während der traditionelle Lehrgang also von der vorhandenen (abstrakten) Zahl ausgeht und bemüht ist, diese durch konkrete und bildliche Mengen darzustellen und auf diese Weise kardinal zu unterfüttern, wird hier ein fundamental anderer Weg vorgeschlagen, der nur auf den ersten Blick ähnlich aussieht. Ausgangspunkt ist die Wirklichkeit und die Zahl entsteht in der analogen Abbildung als konkrete Zahl. Unsere (abstrakte) Zahl wird als Kommunkationsmittel begriffen und – ebenso wie die symbolischen Rechenzeichen – nur in diesem Sinne eingeführt und verwendet.

## 10.3 Rechnen durch Handeln

Die kardinale Basis jeder Zahl sowie Zahlaspekte wie Invarianz, Seriation, Klassifikation sind an diesen in Zählprozessen gebildeten Zahlen unmittelbar einsichtig, da sich diese Zahlen als analoge Abbildungen der Wirklichkeit unmittelbar mit den protoquantitativen Schemata verbinden. Auf dieser Grundlage lassen sich alle Grundoperationen von Anfang an einbringen. Bereits im Anfangsunterricht, in den ersten Wochen, können wir daher addieren, subtrahieren, multiplizieren und dividieren, weil diese Vorgänge nur Handlungen nachspielen, die vom Alltag bekannt sind. (Addieren heißt zusammenfügen. Subtrahieren heißt auseinanderziehen. Multiplizieren heißt mehrfach gleiches zusammenfügen. Dividieren heißt an eine bestimmte Anzahl von Kindern verteilen oder in gleiche Haufen aufteilen.) Nicht das Rechnen ist schwierig, sondern das Rechnen mit unseren Zahlen. Deshalb gilt es diese beiden Bereiche zu trennen, um den Bereich des Rechnens nicht mit dem Bereich der Zahlen zu behindern!

Wo zur Kommunikation die Kenntnis unserer Zeichen nötig ist und natürlich auch, um diese mit der Zeit zu erlernen, hilft eine entsprechende Übersetzungstabelle, so wie die Anlauttabelle die Kinder bereits schreiben lässt, obwohl sie die Lautbedeutung der Schriftzeichen noch nicht kennen.

| X | | | | | | | | | | | | | | | |
|---|---|---|---|---|---|---|---|---|---|---|---|---|---|---|---|
| 0 | 1 | 2 | 3 | 4 | 5 | 6 | 7 | 8 | 9 | 10 | 11 | 12 | 13 | 14 | 15 |

Tabelle 10.1: Die Würfel-Zahlzeichen-Tabelle (siehe [Rödler2007a, S. 36])

Entsprechend erinnern Informationsplakate die Kinder an die Bedeutung der Zeichen $+$, $-$, $\times$, $:$, $=$, $>$, $<$, die zur Bearbeitung der Arbeitsaufträge und zur Kommunikation über Erfahrenes früh verwendet werden.

Indem die Kinder Rechenvorgänge und Vergleiche durch analoge Handlungen vollziehen, erfahren sie unmittelbar die zentralen strukturellen Zusammenhänge von Operation und Gegenoperation, von Aufgabe und Tauschaufgabe. Sie erleben, wie die Multiplikation nichts anderes ist als eine fortgesetzte Addition und wie am Ende einer Division eine Multiplikation vor uns liegt. Zählend lernen sie die Zahlen kennen und festigen aufgrund ihrer Fähigkeit zur Spontanerfassung ebenso das Verständnis für eine Zahl selbst als etwas Ganzem wie für die Tatsache, dass Zahlen nicht nur aus Einzelelementen bestehen, sondern aus anderen Zahlen gebaut werden können (Teile-Ganzes-Prinzip). Auch die ‚0‘ ist von Anfang an im Spiel, etwa wenn kein Kind fehlt oder wenn bei ‚3 – 3‘ kein Würfel liegen bleibt. Die ‚0‘ ist eine Zahl wie alle anderen, ohne Sonderstatus.

Die Zahlzeichentabelle, die als Übersetzungshilfe für die noch unvertrauten Zeichen zur Verfügung steht, ist bewusst nicht am Zehner orientiert, der für die Kinder noch gar nicht existiert. Sie sollte den in der Klasse überwiegend behandelten Zahlraum etwas übersteigen, um die wichtigere Botschaft im Raum zu halten, dass die Zahlen im Prinzip immer weiter gehen, weil wir immer weiter zählen können wollen.

Das Rechnen mit *konkreten Zahlen* und der damit verbundene Verzicht auf den Primat der abstrakten Zahlreihe (die eben nur als Mittel der Kommunikation ins Spiel kommen) unterstützt Zahlen und Rechenvorgänge kardinal. Es erlaubt es, Zahlen und Rechenvorgänge vor allem im Blick auf deren innere Zusammenhänge und Strukturen kennen zu lernen.

Dies lässt sich, wenn der Keim gelegt ist, durch entsprechende Aufgabenstellungen gezielt fördern und trainieren. Geht man zum Beispiel vom homogenen Würfelmaterial zu zweifarbigen Holzwürfeln oder Wendeplättchen über, rückt der Zerlegungsaspekt auch bei der Addition deutlich in den Focus. Dies wird unterstützt, wenn entsprechende Übungen und Arbeitsblätter die Zerlegungen des ganz kleinen, spontan erfassbaren Zahlraums direkt mit den verschiedenen damit zusammenhängenden Operationen verbinden.[4]

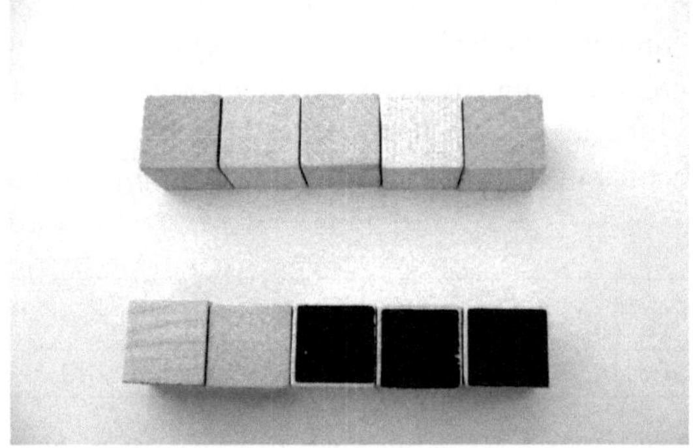

Abbildung 10.3: ‚$2+3$' mit homogenem und mit zweifarbigem Material

Rechnen ist Handeln. Die Begriffe und Abstraktionen setzen die Erfahrungen voraus. Unsere abstrakten Zahlen bilden ein Kommunikationsmittel über die Vorgänge, wenn wir anfangen, nicht mehr auf der Ebene der Wirklichkeit selbst, sondern mit analogen Abbildungen, also mit *konkreten Zahlen* zu rechnen. So wie es über Jahrtausende üblich war. So verstanden erlaubt und erfordert es die hier vorgeschlagene didaktische Wendung, alle Grundoperationen *von Anfang an* im Unterricht präsent zu haben, weil die Lebenswelt eben nicht didaktisch nach Addition, Subtraktion, Multiplikation und Division gestuft ist.

Dieses als Handlung verstandene Rechnen ist auf von der Wahrnehmung gestützte Kontrolle angewiesen. Es erzieht, Zahlen in Mustern oder auf andere Weise sichtbar zu machen, ihnen also ein Gesicht jenseits der gleichförmigen Zahlreihe zu geben. Veränderungen des Materials begründen sich nicht aus der didaktischen Logik des Zehnersystems, sondern aus der Optimierung des Handlungsvorganges. Sie müssen – wie der Übergang zu zweifarbigem Material – den Kindern einleuchten, wenn sie nicht als fremd empfunden werden sollen. Das führt zu einer dritten didaktischen Konsequenz.

[4] [Rödler2006, S. 72] und [Rödler2007a, S. 19ff.]

## 10.4 Rechnen mit konkreten Fünfern

Rechnen mit konkreten Zahlen wird schnell unübersichtlich. Wir können die vor uns liegenden Zahlen nicht spontan erfassen, wenn mehr als 4 in einer Reihe liegen. Und Muster verschleiern den Zahlreihenaspekt. Daher benötigen wir für die 5 eine Sehhilfe. Die Fünferstange erlaubt uns, alle Zahlen bis zur 24 gut sichtbar zu machen und daher alle Rechnungen im Zwanzigerraum von der Wahrnehmung gut kontrollierbar durchzuführen.

Die Fünferstange hat zwei weitere Nebeneffekte. Zum einen erlaubt sie, klassische Aufgaben im Zwanzigerraum ohne Zehnerübergang zu lösen. Da der Zehner bei ‚$6+7$' oder bei ‚$7+8$' aus den beiden Fünfern entsteht, genügt es, die Fünferreste zu addieren.[5]

Abbildung 10.4: ‚$6+7$' und ‚$7+8$' mit Fünferstruktur (siehe [Rödler2007a, S. 23ff.]; siehe auch [Flexer1986])

Ferner ist die Fünferstange – anders als eine räumliche Gliederung durch Abstand oder ein Rechenrahmen, bzw. eine Perlenkette – ein echtes *Bündelungsobjekt*. Deshalb nenne ich sie eine *konkrete Bündelung*. Sie zeigt den Kindern, dass eben nicht alles ‚Eins' ist. Damit legt sie den Grund für das Denken in Wertebenen. Und die konkrete Bündelung baut eine Grenze auf. Anders als eine reine Färbung von Kugeln am Rechenrahmen oder der Perlenkette zwingt sie in die Auseinandersetzung, etwa wenn die Aufgabe ‚$7-3=$' nicht zählend gelöst werden kann, weil sich nur zwei Würfel wegzählen lassen. Den dritten Würfel erhält man nur, wenn man die Fünferstange faktisch oder virtuell *entbündelt*.

[5] Siehe dazu: [Rödler2006, S. 73ff.] und [GersterSchultz2004, S. 344ff. und 365ff.].

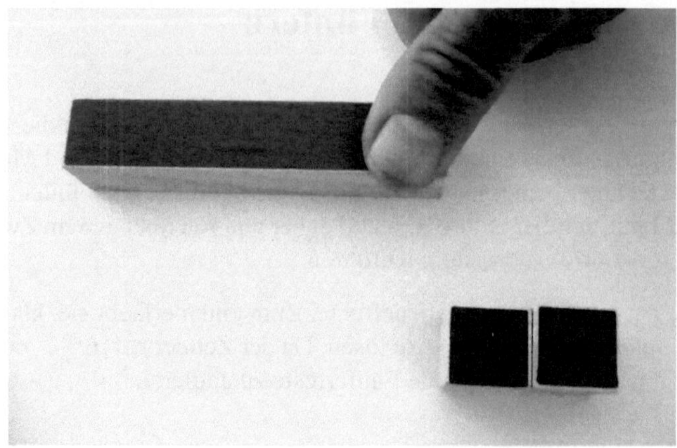

Abbildung 10.5: ‚7 − 3‘ durch virtuelles Entbündeln.

Rechenschwache Kinder, darauf weisen Gerster und Schultz hin, bauen keinen ‚reversiblen Zehner‘ auf. Sie behandeln die Zehner und Einer getrennt als zwei Sorten von Einern.[6] Entsprechend kommt es zu typischen Fehlern:

$$54 - 7 = 53$$
$$56 - 27 = 31$$

$$\begin{array}{r} 103 \\ -\quad 76 \\ \hline 173 \end{array}$$

Abbildung 10.6: Typische Rechenfehler

Rechenschwache Kinder besitzen oft keinen reversiblen Zehner, weil sie die Problematik mehrstelliger Aufgaben durch eine ‚Vorne-vorne/Hinten-hinten-Logik‘ unterlaufen. Das Grundproblem, dass man gerade bei der Subtraktion manchmal nicht weiterrechnen kann, ohne eine Wertebene aufzulösen, wird mit der Fünferstange sehr früh an die Kinder heran getragen. Und es geschieht hier mit einem Objekt, das sich durch die Spontanwahrnehmung gedanklich strukturieren lässt und außerdem ein geringes Zerlegungswissen verlangt.

Während beim Zehnerübergang alle Zerlegungen bis zur 10 abrufbar sein müssen, das sind 44 und 30 davon haben Bausteine, die die Wahrnehmungsgrenze 4 überschreiten, erfordert das Rechnen mit Fünfern nur 10 durchweg gut wahrnehmbare und daher sinnlich verwurzelte Zerlegungen (siehe: Abb. 10.7). Das für den Zehnerübergang zwingend nötige Zerlegungswissen besitzen viele Kinder im 1. Schuljahr noch nicht.

[6] [GersterSchultz2004, S. 80ff. und 279ff.]

| 2 | 3 | 4 | 5 | 6 | 7 | 8 | 9 | 10 |
|---|---|---|---|---|---|---|---|---|
| 1/1 | 1/2 | 1/3 | 1/4 | 1/5 | 1/6 | 1/7 | 1/8 | 1/9 |
| | 2/1 | 2/2 | 2/3 | 2/4 | 2/5 | 2/6 | 2/7 | 2/8 |
| | | 3/1 | 3/2 | 3/3 | 3/4 | 3/5 | 3/6 | 3/7 |
| | | | 4/1 | 4/2 | 4/3 | 4/4 | 4/5 | 4/6 |
| | | | | 5/1 | 5/2 | 5/3 | 5/4 | 5/5 |
| | | | | | 6/1 | 6/2 | 6/3 | 6/4 |
| | | | | | | 7/1 | 7/2 | 7/3 |
| | | | | | | | 8/1 | 8/2 |
| | | | | | | | | 9/1 |

Abbildung 10.7: Für den Zehnerübergang notwendiges Zerlegungswissen.

Der daher für viele Kinder verfrühte Zehnerübergang (der sich allein aus dem Blickwinkel eines für die Kinder noch gar nicht existenten Dezimalsystems legitimiert) zerstört aus meiner Sicht vorhandene Ansätze einer strukturierten Zahl und fixiert schwache und ängstliche Kinder auf das zählende Rechnen, das eigentlich durch die Struktur des Zehnerübergangs gerade überwunden werden soll.

Eine wichtige didaktische Konsequenz besteht also im Hinausschieben des Zehnerübergangs und in einer frühen Thematisierung von Bündelungen (Wertebenen) durch das Rechnen mit *konkreten Fünfern*.

## 10.5 Reversible Bündelungsebenen statt Analogieaufgaben

Die vierte didaktische Konzeptveränderung, die ebenfalls dem Ziel dient, die Aufmerksamkeit auf die reversiblen Wertebenen zu lenken, rührt nicht aus der Geschichte der Zahlen, muss hier aber angeführt werden, weil sie aus meiner Sicht im Blick auf verständiges Rechnen ausgesprochen wichtig ist. Üblicherweise beginnt das schulische Rechnen im Hunderterraum mit Analogieaufgaben.

$$
\begin{array}{rcrcr@{\qquad}rcrcr}
2 & + & 3 & = & 5 & 7 & - & 3 & = & 4 \\
20 & + & 30 & = & 50 & 70 & - & 30 & = & 40 \\
\hline
4 & + & 3 & = & 7 & 4 & - & 3 & = & 1 \\
24 & + & 3 & = & 27 & 24 & - & 3 & = & 21 \\
\hline
24 & + & 45 & = & 69 & 54 & - & 13 & = & 41
\end{array}
$$

Abbildung 10.8: Analogieaufgaben als Einstieg in den Hunderterraum

Dieser Einstieg hat den Nachteil, dass er Kindern erlaubt, genau das weiter zu machen, was es zu überwinden gilt, nämlich mit Ziffern statt mit Zahlen zu rechnen. Mit ‚vorne/vorne und hinten/hinten‘ lassen sich alle Aufgaben richtig lösen. Zehner erscheinen dem Kind (und mancher Lehrerin, bzw. manchem Lehrer) nicht als höhere Wertebenen, sondern als eine andere Art Einer. Der zentrale innere Zusammenhang zwischen Zehnern und Einern als ineinander zu überführende Wertebenen (Aus einem Zehner werden 10 Einer, aus 10 Einern entsteht ein Zehner.) bleibt beim Einstieg und über Wochen im Dunkeln. Der Weg darf an dieser Stelle also nicht ‚vom Einfachen zum Schweren‘ gehen denn *dieser Weg festigt gerade durch die richtigen Lösungen das falsche Zahlkonzept!* Vielmehr müssen Zehner und Einer von Anfang an im Zusammenhang sichtbar werden.

| | | | |
|---|---|---|---|
| $24+5=$ | $47+4=$ | $64-3=$ | $86-6=$ |
| $24+8=$ | $47+2=$ | $64-7=$ | $86-8=$ |
| $24+6=$ | $47+5=$ | $64-5=$ | $86-5=$ |
| $24+3=$ | $47+8=$ | $64-4=$ | $86-2=$ |
| $24+9=$ | $47+1=$ | $64-9=$ | $86-9=$ |
| $24+7=$ | $47+3=$ | $64-2=$ | $86-7=$ |

Abbildung 10.9: Wann geht es über den Zehner? – Die zentrale Frage für den Einstieg in den Hunderterraum

Einführungsaufgaben wie die in Abbildung 10.9, lenken den Blick dagegen auf die Grenze, an der etwas passiert: auf die 10. Nicht vom ‚Einfachen zum Schweren‘, sondern ‚vom Kern zum Allgemeinen‘ sollte die Regel jedes Lehrganges lauten, der auf Verständnis gerichtet ist. Hier sehe ich mich ganz in der Tradition von Martin Wagenschein und seinem Konzept der ‚gut gegründeten Brückenpfeiler‘.[7]

Der Arithmetikunterricht muss immer den aktuellen Kern im Auge behalten, die *Kernbotschaften*[8], die das Kind in sein Zahlkonzept integrieren, bzw. aus diesem heraus entwickeln muss. Im Anfangsunterricht ist das die *Kardinale Zahl* mit Eigenschaften wie Invarianz, Klassifikation und Seriation sowie deren Verbindung mit der gesprochenen und geschriebenen Zahlreihe. Auf dieser Grundlage geht es um die Entwicklung von *Ordnung und Gliederung* (Teile-Ganzes-Prinzip) und um den Aufbau *reversibler Wertebenen* in Form von konkreten Bündelungen. Im zweiten Schuljahr baut sich darauf das meist immer noch an konkrete Bündelungen gekoppelte Konzept *reversibler Zehner*, aus denen der Hunderterraum gebaut wird. Geschriebene Zahlen sind für viele Kinder auf dieser Stufe Wortbilder. Es sind Ganzheiten wie ‚100‘, die noch nichts über die Kompetenz zur stellenweisen Analyse verraten.

---

[7] [Wagenschein1970, S. 10f.]

[8] vergl. dazu ‚Verständnispfeiler des Unterrichts‘ in: [Rödler2006, S. 135ff.]

## 10.6 Rechnen mit symbolische Werten

Der Übergang zu rein symbolischen Werten (noch nicht zu Positionswerten!) findet historisch vor etwa 5.000 Jahren statt. Die Sumerer brannten Gegenstände, denen sie unterschiedliche Werte zuordneten. Entsprechend entstehen nun für diese Wertebenen symbolische Zeichen (Abbildung 10.10). Noch die Römer setzten ihre Zahlen aus symbolischen Werten zusammen (Abbildung 10.11).

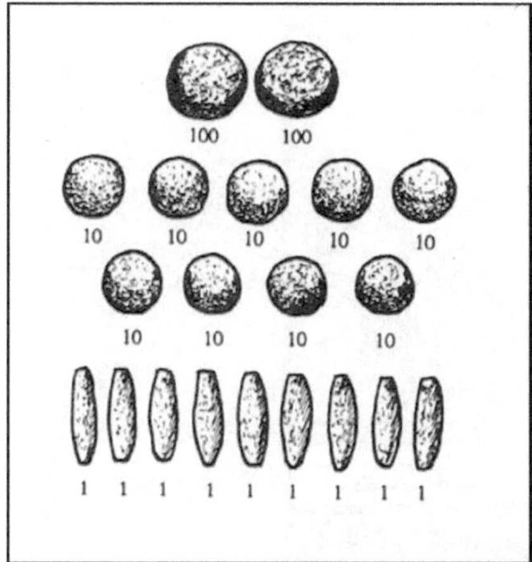


Abbildung 10.10: Hiermit dokumentierte ein reicher Viehzüchter vor über 5000 Jahren den Umfang seiner Herde. ([Ifrah1987, S. 191])

| | |
|---|---|
| M XX III | 1023 |
| C | 100 |

Abbildung 10.11: Römische Zahlzeichen und unsere Zahlen im Positionssystem

Vergleichen wir die römische Zahlschreibweise mit der unseren, so sehen wir, dass die römischen Zahlen dem Denken in konkreten Wertebenen entgegenkommen. Hier gibt es ja wirklich einen Tausender, zwei Zehner und drei Einer. Bei unserer Zahl verschwindet diese Aufmerksamkeit leicht. Wir sehen Ziffern und die Kinder sind geneigt, mit Ziffern zu rechnen statt mit Werten. Dies umso mehr, nachdem die schriftlichen Rechenverfahren in der Schule (oder von gut meinenden Eltern) eingeführt sind. Schauen Sie sich die auf uns vertraute Weise geschriebene Zahl ‚100' an. Wo steckt der Wert? Vorne in der 1???

Wesentliche Konzeptveränderungen (oder Kernbotschaften) wie der rein *symbolische Wert* einer Zahl, der nur auf einer *Konvention*, einer Absprache, beruht, werden durch das Rechnen auf der Abstraktionsstufe der *symbolischen Bündelung* sichtbar und erfahrbar. Vor allem erfährt man, dass eine Bündelung gar keine Stange oder Platte ist, sondern eine geistige Idee; eine Struktur. Eher etwas durch die Vorstellung Gemachtes *(Idee der Bündelung)*. Es ist das geistige Konzept *‚für 10 nehme ich 1 und aus 1 mache ich 10'*, das immer weiter geführt werden kann. Zahlen haben ihren Wert nicht an sich, sondern erhalten ihren Wert ebenso wie ihre Struktur erst durch den spezifischen Gebrauch des Rechners.

Gleichzeitig erlaubt dieses konkrete Rechnen gerade rechenschwachen Kindern, im Rahmen der Zahlraumerweiterung das operative Wissen (von Addition, Subtraktion, Multiplikation und Division) zu festigen, den Zahlraum bis 20 zu wiederholen und vor allem das Konzept reversibler Wertebenen noch einmal durchzuarbeiten.[9]

Abbildung 10.12: Mittelalterlicher Holzschnitt zum Streit zwischen Abakisten und Algoristen (aus [Ifrah1987, S. 147]).

## 10.7 Äußere und innere Zahl

Unsere Zahlen stehen am Ende einer Jahrtausende währenden Entwicklung. Sie sind noch jung. Unsere Rechenverfahren sind erst seit etwa 500 Jahren zunehmendes Allgemeingut. In östlichen Kulturen wurde noch vor 100 Jahren am Abakus konkret gerechnet. Das zeigt zugleich, dass diese früheren Techniken offensichtlich effektiv sind und vor allem, dass unsere aus Ziffern gebauten Zahlen dem Verständnis des Rechnenden Hürden aufbauen. Sonst hätten sie sich früher und schneller verbreitet.

Wir helfen den Kindern, wenn wir diese Hürden und Schwierigkeiten unseres abstrakten Positionssystems erkennen und aus diesem Wissen heraus das Abstraktionsniveau der Zahlen beim Schreiben und das Abstraktionsniveau beim Rechnen entkoppeln. Dies gilt als letzte didaktische Konsequenz auch für den Übergang in große Zahlräume, der für die vielen Kinder, die im Hunderterraum eben noch kein strukturiertes Zahlkonzept und schon gar kein echtes inneres

[9] Siehe [Rödler2006, S. 89ff.] sowie [Rödler2007b].

Stellen*wert*konzept aufgebaut haben, eben nicht aus der analogen Übertragung des Bekannten bestehen kann. Der Einsatz symbolischer Werte (Erbsen, Bohnen, etc.) und konkreter Stellenwertsysteme (Rechenbrett, Stellenwertrahmen) erlaubt es dagegen auch diesen Kindern, die im Blick auf unser Zahlsystem zentralen Kernbotschaften ‚symbolischer Wert', ‚Idee der Bündelung' und ‚Stellenwert' in ihrem inneren Zahlkonzept zu fundieren.

## 10.8 Zusammenfassung der wichtigsten didaktischen Konsequenzen

Unsere Zahlen sind zunächst ein Kommunikationsmittel. Sie sagen nichts darüber aus, auf welchem *inneren Abstraktionsniveau* ein Rechenvorgang durchgeführt wird. *Zwischen äußerer Zahl und innerem Zahlkonzept ist zu unterscheiden!* Der Lehrgang muss dabei vor allem die Entwicklung der inneren Zahl im Blick auf immer weitergehende Strukturierung im Auge haben. Dabei hilft der Blick auf die Abstraktionsstufe der verwendeten Rechenmittel und Klarheit im Blick auf die aktuell aufzubauende Kernbotschaft.

Verständiges Rechnen ist für alle möglich, wenn ihnen erlaubt wird, die Rechenvorgänge auf dem Abstraktionsniveau zu vollziehen, auf dem sich ihr inneres Zahlkonzept befindet, wenn die konkreten Zahlen, in denen der Vorgang vollzogen wird, dem entwickelten inneren Abstraktionsniveau entsprechen. Das ist die – um es mit einem aktuellen Modewort zu bezeichnen – *inklusive Konsequenz* dieses didaktischen Ansatzes. Inklusiv, weil er erlaubt, die Differenzierung nicht mehr nach Zahlraum und Operationsart vorzunehmen, sondern stattdessen im Blick auf das Abstraktionsniveau der Rechenhandlung. Das bedeutet: Es gibt kein Problem, das nicht im Unterricht behandelbar wäre, und es gibt kein Kind, das nicht an der Lösung des Problems teilhaben könnte.

Sichtbar wird diese neue Ausrichtung des Arithmetikunterrichts in der Ableitung der (konkreten) Zahl aus der in der Umwelt gefundenen Anzahl, in der Ableitung der (konkreten analog ausgeführten) Operation aus den protoquantitativen Schemata, was zum Beispiel die frühe Behandlung von Multiplikation und Division möglich macht. Schon im Anfangsunterricht (und in der Vorschulerziehung) erlaubt die Reduktion des Abstraktionsniveaus auf die Ebene der ‚analogen Abbildung' oder gar der ‚Realität', diese Operationen in ihrem inneren Zusammenhang kennen zu lernen. Die Entwicklung eines Teile-Ganzes-Konzepts wird durch frühe Multiplikationen und Divisionen unterstützt, weil sie sichtbar strukturierte Zahlen erzeugen ($12 = 3 \cdot 4, \quad 6 = 2 \cdot 3$). Das Problem der zu diesem Zeitpunkt eventuell fehlenden Kenntnis der Zahl- und Operationszeichen kann durch unterstützende Tabellen beseitigt werden. *Die Zeichen werden nicht vorausgesetzt, sondern im Gebrauch zunehmend kennen gelernt.*

Der Blick auf die Optimierung der Rechenhandlung relativiert die Bedeutung des Zehners im Anfangsunterricht. Und die Orientierung an den Abstraktionsstufen der Zahl[10] ermutigt ebenfalls, mit der Fünferstange frühzeitig ein Bündelungsobjekt, also eine ‚*konkrete Bündelung*', ins Spiel zu bringen. Die Orientierung der Rechenhandlungen und Rechenmittel am verwendeten

[10] Realität – analoge Abbildung (ungeordnet) – analoge Abbildung (geordnet) – konkrete Bündelung – symbolische Bündelung – konkretes Positionssystem mit Calculi – konkretes Positionssystem mit Zahlzeichen – abstraktes Positionssystem; siehe [Rödler2006, S. 53ff. und S. 161] und Kernbotschaftentabelle; siehe `www.rechnen-durch-handeln.de`

Abstraktionsniveau hilft zu erkennen, dass eine Stange beim Rechnen ganz andere Effekte hat als ein Rechenrahmen oder eine Perlenkette. Diese machen Zahlen und Rechenhandlungen eben auf der Ebene einer geordneten analogen Abbildung sichtbar, während jene konkrete Bündelungen darstellen. Rechenrahmen und Perlenketten erlauben es, Zahlen zählend anzuschauen, weshalb Kinder, die noch keine Fünfer- oder Zehnerstruktur aufgebaut haben, entsprechende Strukturierungen im Vorgang ignorieren. Das ist an der Stange nicht möglich. Echt zählende Kinder scheitern an ihr. Ein Bündelungsobjekt fordert und zeigt im Gebrauch den Schritt in der Entwicklung des inneren Konzepts.

Jedes komplexe Zahlsystem ist auf einer Hierarchie von Wertebenen begründet. Diese Wertebenen existieren aber nicht vor den Zahlen, sondern sie entstanden aus dem Bedürfnis, große Zahlen zu strukturieren. Entsprechend lernt man diese Wertebenen nicht wirklich kennen, wenn man sie isoliert beim Zerlegen an der Stellenwerttafel und nachfolgend in allen Arten von Analogieaufgaben kennen lernt.

Der allgemein verbreitete Einstieg in neue Zahlräume rührt aus der Tradition, den Lehrgang von den existierenden Zahlen her zu entwickeln. Das dezimale Positionssystem soll kennen gelernt werden, indem man die dezimale Schreibweise nach ihren Bausteinen zergliedert und die Vorteile der Analogie beim Rechnen ins Feld führt. Die breit sichtbare Konsequenz sind Kinder, die mit Ziffern statt mit Werten rechnen, mit vorne und hinten, und die das Wichtigste genau *nicht* entwickeln: einen reversiblen Zehner, bzw. später allgemein reversible Wertebenen. Der Sinn von aufbauenden Wertebenen, die Idee der Bündelung, wird durch entsprechende Ordnungsprozesse kennen gelernt, in denen unüberschaubare Mengen in der Ordnung sichtbar werden.[11] Reversible Wertebenen werden deutlich, wenn sie beim Rechnen mit Übergängen relevant sind. Diese Aufgaben müssen daher schon beim Einstieg in neue Zahlräume viel stärker berücksichtigt werden.

Die Fünferstange erlaubt es, schon im ersten Halbjahr der ersten Klasse Erfahrungen mit einem reversiblen Bündelungsobjekt zu sammeln. Diese Erfahrungen bauen ein Zahlkonzept, das im Hunderterraum den reversiblen Zehner fundiert. Zunächst noch auf der Abstraktionsebene der *konkreten Bündelung*. Später (mit Geld oder selbst geschaffenen Objekten) auf der Ebene der *symbolischen Werte*. Und schließlich am Rechenbrett im *konkreten Positionssystem*. Immer wieder machen Umtauschvorgänge sichtbar, was Bündelung und Entbündelung bedeuten, was sich auch hinter den Überträgen bei den schriftlichen Verfahren oder hinter zentralen Haltepunkten beim Rechnen am Rechenstrich verbirgt. Auch das Rechnen mit Größen spielt hier eine bedeutende Rolle, zumindest wenn man die Probleme nicht unangemessen filtert und auch hier Aufgaben und Probleme ins Spiel bringt, bei denen Wertebenen im Zusammenhang beachtet werden müssen.

Erst ein in reversiblen Wertebenen verwurzeltes inneres Zahlkonzept, das also Größen und Werte mitdenkt, erlaubt es situationsangemessene Strategien beim Rechnen zu entwickeln, also zu einem verständigen Rechnen zu gelangen.

[11] [Rödler2006, S. 150ff.]

# Literatur

[vonAster2005] Aster, M. v.; Lorenz, J. H. (Hrsg.): Rechenstörungen bei Kindern. Vandenhoek & Ruprecht, Göttingen 2005

[Dehaene1999] Dehaene, S.: Der Zahlensinn *oder* Warum wir rechnen können. Birkhäuser Verlag, Basel/Boston/Berlin 1999

[Flexer1986] Flexer, R. J.: The power of five: The Step before the power of ten. In: Arithmetic Teacher, 33 (11), S. 5-9

[GersterSchultz2004] Gerster, H. D.; Schultz, R.: Schwierigkeiten beim Erwerb mathematischer Konzepte. Bericht zum Forschungsprojekt ‚Rechenschwäche – Erkennen, Beheben, Behandeln'. Download der PH Freiburg (`www.freidok.uni-freiburg.de/freidok/volltexte/2004/1397/pdf/gerster.pdf`), Freiburg 2004

[Ifrah1987] Ifrah, G.: Universalgeschichte der Zahlen, Campus Verlag, Frankfurt/New York 1987

[Rödler1997] Rödler, K.: Rechnen am römischen Rechenbrett. In: Grundschule 11/97, Westermann, Braunschweig 1998

[Rödler1998a] Rödler, K.: Auf fremden Wegen ins Reich der Zahlen. In: Grundschule 5/98, Westermann, Braunschweig 1998

[Rödler1998b] Rödler, K.: Die Geschichte der Zahlen und des Rechnens. In: mathematik lehren 87/98, Friedrich Verlag, Seelze 1998

[Rödler2006] Rödler, K.: Erbsen, Bohnen, Rechenbrett: Rechnen durch Handeln, Kallmeyer Verlag, Seelze 2006

[Rödler2007a] Rödler, K.: Die rot-blauen Würfel und Fünferstangen – Rechnen durch Handeln, Kallmeyer Verlag, Seelze 2007

[Rödler2007b] Rödler, K.: Rechnen durch Handeln: Die Kartei, Kallmeyer Verlag, Seelze 2007

[Wagenschein1970] Wagenschein, M.: Verstehen lehren, Beltz Verlag, Weinheim 1970

# 11 Änderungen besser verstehen – Mathematik besser verstehen

FRANZ PICHER

## 11.1 Einordnung der Analysis – Die Analysis als eine Beschreibungsmöglichkeit von Änderungen

Wesentlich für die folgenden Überlegungen ist die Einordnung der Analysis in die Beschreibung von Änderungen. Diese Einordnung in eine „natürliche Umgebung“ scheint generell wichtig für den Unterricht in der Sekundarstufe II zu sein, weil sie Differenzen und Kontinuitäten[1] zwischen Bekanntem und neu zu Lernendem aufzeigt und daher eine wichtige Hilfe zum Verstehen und zur Generierung von Sinn durch die Lernenden darstellt.[2] Verstärkt werden sollten daher unterrichtliche Anstrengungen, die zum Erreichen eines Überblicks beitragen – und zwar nicht nur über einzelne Stoffgebiete, sondern auch gebietsübergreifend, auch über die gesamte Schulmathematik und darüber hinaus blickend: So stellt die Sprache einen natürlichen außermathematischen Ausgangspunkt für die (zunächst qualitative) Beschreibung von Änderungen dar und ist es wert, zum Thema des Mathematikunterrichts gemacht zu werden.

Innerhalb der Mathematik bedeutet die Einordnung, dass zunächst andere (quantitative) Beschreibungsmöglichkeiten von Änderungen, die uns die Mathematik bietet, in den Vordergrund gerückt werden. Diese helfen zu erkennen, wie zentral der Gedanke der Änderung für die Interpretation von Mathematik im Kontext ist, und dass häufig nicht nur eine „richtige Deutung“ existiert. Gerade die Besonderheiten der Beschreibung durch die Analysis können durch Vorüberlegungen, die noch nicht die Analysis direkt im Blick haben (aber sehr wohl den Grundgedanken der Änderung), besonders gut erfahrbar gemacht werden.

## 11.2 Die Idee der Änderung als roter Faden

Die „Idee der Änderung“[3] scheint geeignet, curriculare Konstruktionen zu leiten (Orientierungen zu geben) und diese horizontal und vertikal zu strukturieren. Horizontale Strukturierung meint

[1] Ich verweise auf die von [Dressler2007, S. 257] beschriebene „Differenzkompetenz“ als Bildungsziel und auf Überlegungen zu grundlegenden Ideen und der Rolle von Kohärenzen und Differenzen von [Vohns2009].

[2] Dies ist jedenfalls in der Sekundarstufe II möglich; die Schülerinnen und Schüler haben dann bereits genügend Inhalte kennen gelernt, um auf diese Art Sinn generieren zu können.

[3] Ich möchte die Idee der Änderung als „globale Idee“ im Sinne von [Peschek2005, S. 64] verstanden wissen. Die Bedeutung von (fundamentalen) Ideen für den Mathematikunterricht findet man etwa bei [Schweiger1982] und [Vohns2007].

dabei eine Abgrenzung der Beschreibung von Änderungen in der Mathematik von der Beschreibung von Änderungen im Alltag bzw. in der Alltagssprache. Vertikale Strukturierung bedeutet dagegen eine Abgrenzung der verschiedenen Möglichkeiten, mithilfe der Mathematik Änderungen zu beschreiben. Die vertikale Gliederung innerhalb der Schulmathematik ist Grundlage für den roten Faden in der Konstruktion einer Unterrichtsreihe.[4]

Die verschiedenen Beschreibungsmöglichkeiten von Änderungen dürfen von den Lernenden nicht nur als eine vertikale Aneinanderreihung von Inhalten (wenn auch mit einer logischen, inhaltlich aufbauenden Abfolge) erlebt werden – wobei dem „roten Faden“ damit schon genüge getan wäre. Vielmehr sollen die Beschreibungsmöglichkeiten von Änderungen verstärkt auch nebeneinander betrachtet und in Beziehung zueinander gesetzt werden. Dadurch können Änderungen und auch die Mathematik besser verstanden werden.

## 11.3 Beschreibung von Änderungen mithilfe der Alltagssprache

Im Folgenden wird ein kurzer Einblick in das Verhältnis von Alltagssprache und Mathematik in Bezug auf die Beschreibung von Änderungen gegeben.[5] Was macht die Besonderheit der Mathematik, und im Speziellen der Differentialrechnung, im Zusammenhang mit der Beschreibung von Änderungen im Vergleich zur alltagssprachlichen Beschreibung aus? Dazu betrachten wir zunächst die alltagssprachliche Beschreibung von Änderungen: Wie sieht diese aus? Was ermöglicht sie? Die Beschäftigung mit Fragen wie diesen kann in der Folge dabei helfen, zu erkennen, welche Besonderheiten mathematische Beschreibungen von Änderungen bieten und was hingegen schon in der Sprache beinhaltet ist.

Wesentlich scheint diesbezüglich, dass bereits in der Alltagssprache neue Größen eingeführt werden, die Änderungen zum Objekt machen, was einen wichtigen Denkschritt im Rahmen der Beschreibung von Änderungen darstellt. Mit „zum Objekt machen“ ist dabei „etwas zum Gegenstand der Betrachtungen machen“ gemeint. Dadurch können Änderungen wie Zustände behandelt werden, was im Folgenden näher ausgeführt werden soll: Die Einführung „neuer Größen“ bedeutet in der Alltagssprache die Verwendung neuer Wörter, die für Änderungen von Zuständen stehen und somit die Änderung in den Fokus der Aufmerksamkeit rücken helfen. Wörter wie „Temperatursturz“, „Neuverschuldung“ und „Geschwindigkeit“ stehen für Änderungen von Zuständen und helfen uns dabei, über Änderungen in der gleichen Art und Weise sprechen zu können wie über Zustände. In der Alltagssprache können somit dieselben Wörter verwendet werden, um die Änderung einer Änderung zu beschreiben, die auch verwendet werden, um die

[4]Dabei sollten sich Lehrende wie Lernende der verschiedenen Möglichkeiten, Änderungen zu beschreiben – und insbesondere deren Rolle für ein Verständnis der lokalen Änderungsrate und somit der Analysis – bewusst sein. Danckwerts und Vogel betonen die Wichtigkeit des Übergangs vom absoluten Zuwachs zum relativen Zuwachs und sehen Änderung als ein „... Paradebeispiel für eine vertikale Vernetzung: Die fundamentale Idee der Änderungsrate zieht sich wie ein roter Faden von den Anfängen der Prozentrechnung in der Unterstufe bis zur Differenzialrechnung in der Oberstufe. Ein sinnstiftender Mathematikunterricht wird dies bewusst machen.“[DanckwertsVogel2006, S. 58]

[5]Eine detailliertere Beschreibung der Rolle der Sprache im Rahmen der Beschreibung von Änderungen findet sich in [Picher2009]. Hier wird ein Gedanke daraus, der für die weiteren Überlegungen von Bedeutung ist, vorgestellt.

Änderung eines Zustandes zu beschreiben. Der Satz „Die Neuverschuldung des Bundes sinkt."[6] soll dies verdeutlichen helfen: „Neuverschuldung" steht für die Änderung der Verschuldung, und deren Beschreibung durch das Wort „sinkt" ist analog zur Beschreibung der Änderung eines Zustandes.[7]

## 11.4 Beschreibung von Änderungen mithilfe der Mathematik

Die Alltagssprache bietet uns also neue Begriffe, die für Änderungen von Zuständen stehen und uns die Kommunikation über Änderungen erleichtern. Wie sieht nun die Beschreibung von Änderungen mithilfe der Mathematik aus? Dazu muss man sich (und in Folge auch den Schülerinnen und Schülern) klar machen, dass Begriffe in der Mathematik abstrakt, also ohne Bezug auf einen bestimmten Inhalt, definiert werden. Solange keine Interpretation im Kontext stattfindet, muss daher weder von Änderung noch von Zustand gesprochen werden. Man arbeitet mit Objekten (zunächst denke man dabei an Zahlen), die dann als das eine bzw. als das andere interpretiert werden können.

Dieses Arbeiten mit Objekten führt (gerade in der Schule) zunächst zu einem operativen Verständnis, das heißt: beispielsweise können Rechenoperationen adäquat eingesetzt werden. Wesentlicher – im Rahmen einer elementaren Betrachtung der Beschreibung von Änderungen in der Schule, aber nicht nur dort – scheint aber ein inhaltliches Verständnis, und dazu ist eine Interpretation der mathematischen Objekte im Kontext notwendig. Einerseits ermöglicht es erst die Interpretation im Kontext, von Änderungen und Zuständen zu sprechen. (Hierzu können bereits innermathematische Visualisierungen dienen, besser geeignet scheinen aber außermathematische Anwendungen.) Andererseits hilft ein Nachdenken über die Abstraktheit (und somit auch über die Möglichkeit der „freien" Interpretation) mathematischer Objekte nicht nur dabei, sich der Beschreibungsmöglichkeiten von Änderungen mithilfe der Mathematik bewusster zu werden und dadurch dann die Beschreibung von Änderungen besser zu „verstehen". Es hilft ganz wesentlich auch dabei, eine Besonderheit der Mathematik, das „Zum-Objekt-Machen" hervorzuheben, das gerade im Rahmen der Beschreibung von Änderungen von wesentlicher Bedeutung ist. Die folgenden Überlegungen skizzieren einen Weg hin zu einem Verständnis dieser Tatsache.

### 11.4.1 Das Arbeiten mit mathematischen Objekten

Ausgangspunkt ist ein Blick „zurück" auf die Addition und hierbei die Frage nach der Bedeutung der in einer einfachen Gleichung vorkommenden Zahlen. Diese Bedeutung macht man sich am besten anhand eines Beispiels klar:

$$3+5=8$$

Die Addition zweier Zahlen kann (unter anderem) als Beschreibung der Änderung einer Grö-

[6][HahnPrediger2008, S. 177] betonen die Wichtigkeit der Unterscheidung zwischen Bestand und Änderung, um Ebenenverwechslungen zu vermeiden.

[7]Diese – völlig analoge – Beschreibung der Änderung einer Änderung und der Änderung von Zuständen wird uns in der Mathematik wieder begegnen.

ße um eine andere Größe aufgefasst werden.[8] Dabei steht die erste Zahl für einen Zustand und die zweite Zahl für die Änderung dieses Zustandes, die Summe gibt den neuen Zustand nach erfolgter Änderung an. Nun können dieselben Zahlen, die für die Beschreibung von Zuständen verwendet werden, auch für die Beschreibung der Änderung von Zuständen verwendet werden. So kann die Addition $3+5=8$ als Änderung von 3 um 5 oder als Änderung von 5 um 3 interpretiert werden. Erst die Interpretation im Kontext führt also zu einer Unterscheidung von Zuständen und Änderungen. In der mathematischen Beschreibung ist die Unterscheidung zwischen Größen, die einen Zustand beschreiben und Größen, die für eine Änderung stehen, irrelevant. Die Zahlen bekommen daher dieselben „Namen": Man spricht von „Summanden" (1. Summand, 2. Summand). Von der Anwendungsseite der Mathematik her betrachtet werden Änderungen – in derselben Art und Weise wie Zustände – zu Objekten mathematischen Tuns, der Einsatz von Mathematik bedeutet eine Entfernung von der (Alltags-)Vorstellung, die Änderungen mit Prozessen oder Handlungen verbindet.

Die konsequente Verfolgung dieses Grundsatzes führt dann auch zur Einführung der negativen Zahlen: Aus der Beschreibung einer Änderung mithilfe natürlicher Zahlen, $8-5=3$, wird in der Darstellung $8+(-5)=3$ das Zeichen $-5$ als Objekt definiert, das zu 8 addiert werden kann. Aus der (gedanklichen) Handlung „Subtrahieren von 5" entsteht ein Objekt, auf das Regeln angewandt werden können. Die Zahl „$-5$" kann dadurch einerseits für die Beschreibung einer Änderung und auf der anderen Seite für die Beschreibung eines Zustands dienen.[9] Diese beiden Grundvorstellungen zu den ganzen Zahlen können (im Unterschied zu Grundvorstellungen zu den natürlichen Zahlen) nicht mehr aus gegenständlichen Handlungen entwickelt werden. Vom Hofe spricht diesbezüglich von sekundären Grundvorstellungen[10]. An dieser Stelle gilt es, sich klar zu machen, warum die Mathematik mit solchen „zunächst uneinsichtigen" (Man denke an die Einführung von Berechnungen wie $3-(-5)=8$.) Objekten arbeitet: „Ziel der Einführung der vollen Addition und Multiplikation von ganzen und schließlich von rationalen Zahlen ist es, einen Zahlenbereich in der Algebra zur Verfügung zu haben, in dem man die Rechenoperationen – abgesehen von der Division durch 0 – uneingeschränkt ausführen kann. Das sollte man den Schüler(innen) an geeigneter Stelle auch deutlich machen"[11]. Man könnte dies in Bezug auf das Thema dieses Textes auch so ausdrücken: Die ganzen Zahlen ermöglichen innerhalb der Mathematik einen uneingeschränkteren Umgang mit der Beschreibung von Zuständen und Änderungen als die natürlichen Zahlen. Die wesentliche Motivation für ein Arbeiten mit negativen (ganzen) Zahlen ist also eine innermathematische, und wiederum führt erst die Interpretation im Kontext zu einer Unterscheidung von Zuständen und Änderungen.[12]

---

[8] Verschiedene Deutungsmöglichkeiten der Addition findet man etwa bei [Kirsch2004, S. 64]) und [vomHofe2003, S. 6].

[9] Man denke dazu an das Beispiel der Temperatur.

[10] [vomHofe2003, S. 6]

[11] [Postel2005, S. 200]

[12] Mit welchen Schwierigkeiten diese Interpretation verbunden ist, beschreibt beispielsweise [Malle1989]. Ähnliche Schwierigkeiten bei der Sinngebung neuer Objekte zeigen sich auch bei der Einführung der lokalen Änderungsrate.

### 11.4.2 Die lokale Änderungsrate

Wesentlich für die mathematische Beschreibung von Änderungen ist, neben der Verwendung von Objekten, also gerade deren Interpretation in (außermathematischen) Kontexten. Durch den Gebrauch berechneter Größen[13] stellt uns die Mathematik neue Beschreibungsmöglichkeiten für Änderungen zur Verfügung, die in ihrer Interpretation immer weiter von Alltagsvorstellungen von Zuständen und Änderungen entfernt liegen. Dies zeigte sich eben schon am Beispiel der ganzen Zahlen und wird besonders deutlich, wenn mithilfe der Analysis nun auch kontinuierliche Änderungen erfasst und beschrieben werden.

Dazu wird die lokale Änderungsrate formal mittels Grenzwert definiert:

$$f'(x_0) = \lim_{x \to x_0} \frac{f(x) - f(x_0)}{x - x_0}$$

Definition der lokalen Änderungsrate (1)

Im Unterschied zu diskreten Änderungen, die jeweils zwischen zwei Zuständen gedacht werden können, gibt es im Falle kontinuierlicher Änderungen keinen natürlichen nächsten Zustand, auf den sich die Änderung beziehen könnte, was eine inhaltliche Interpretation der lokalen Änderungsrate erschwert: Die lokale Änderungsrate kann „direkt"[14] weder als Zustand noch als Änderung (zwischen zwei Zuständen) gedacht werden: Aus der obigen Definition (1) der lokalen Änderungsrate geht schließlich einerseits hervor, dass zwei Zustände für ihre Berechnung vonnöten sind. Dies spricht zunächst einmal gegen die Interpretation als Zustand. Auf der anderen Seite setzt unser Alltagsverständnis von Änderungen voraus, dass jede Änderung zwischen zwei wohldefinierten und unterscheidbaren Zuständen stattfinden muss. Dies widerspricht zunächst der Interpretation der lokalen Änderungsrate als Änderung.

Daher soll an dieser Stelle behauptet werden, dass die lokale Änderungsrate eine „ungebundene" Beschreibungsform darstellt, die weder einen Zustand noch eine Änderung beschreibt. Dies stellt eine Fortführung des obigen Gedankens dar, dass in der mathematischen Beschreibung die Unterscheidung von Größen, die einen Zustand beschreiben von Größen, die für eine Änderung stehen, im Kalkül irrelevant sei. Durch die Einführung der lokalen Änderungsrate gibt man die Möglichkeit zur Unterscheidung auf.

Warum lässt sich die (Schul-)Mathematik auf die lokale Änderungsrate ein? Welche Vorteile ergeben sich durch ihre Verwendung? Die lokale Änderungsrate stellt ein „Änderungsmaß" dar,

---

[13] In Form der Ergebnisse dieser Berechnungen stellt uns die Mathematik neue Begriffe zur Beschreibung von Änderungen zur Verfügung. Im Falle der Mathematik zeichnen sich die neuen Begriffe dadurch aus, dass sie aus mehreren Größen – dies können Zustände und Änderungen sein – hervorgehen und damit neben der Größe der Änderung zusätzliche Informationen beinhalten. Beispielsweise kann mithilfe der relativen Änderung eine Zusatzinformation über den Ausgangswert berücksichtigt werden und durch Verwendung der mittleren Änderungsrate die Frage nach dem „Wie schnell?" betrachtet werden. (vgl. [Picher2009, S. 793])

[14] Die lokale Änderungsrate kann durchaus in (außermathematischen) Kontexten gedeutet werden; dies geschieht, wenn die Ableitung einer Funktion als Steigung oder als Momentangeschwindigkeit interpretiert wird. Nicht vergessen werden sollte diesbezüglich aber, dass es sich hierbei um Interpretationen mithilfe von Idealisierungen handelt: Steigung und Momentangeschwindigkeit werden schließlich als Idealisierungen unserer Beobachtungen gerade über die obige Grenzwertformel (1) definiert. Die Möglichkeit zur Interpretation im Kontext ausschließlich über Idealisierungen ist gemeint, wenn oben davon die Rede ist, dass die lokale Änderungsrate „direkt" weder als Zustand noch als Änderung gedacht werden kann.

das zwar aus dem Differenzenquotienten (1) – und somit aus zwei Änderungen – hervorgeht, aber die „Änderung in einem Punkt" beschreibt und somit auch als Zustand interpretiert werden kann. Ein Vorteil liegt gerade in dieser „Ungebundenheit": Durch die Möglichkeit der Definition einer Änderung an jeder Stelle eines Intervalls kann mit Änderungsfunktionen (also Funktionen, bei denen jedem Punkt eine Änderung an dieser Stelle zugeordnet wird) wie mit Zustandsfunktionen gearbeitet werden. Dadurch können alle Berechnungsverfahren für Änderungsmaße, die Änderungen zwischen zwei Zuständen beschreiben, auch auf Änderungsmaße, die die Änderung einer Änderung beschreiben, erweitert werden. Dies geschieht beispielsweise, wenn man die zweite Ableitung einer Funktion betrachtet: Die erste Ableitung (die ja zunächst die Änderung eines Bestandes beschreibt) wird als Bestand aufgefasst, dessen Änderung dann betrachtet werden kann.[15] Damit werden erneut Einschränkungen in der mathematischen Beschreibung von Zuständen und Änderungen reduziert.

Das Arbeiten mit Änderungen in völlig analoger Weise zum Arbeiten mit Zuständen wird ermöglicht, weil nach Definition (1) durch den Grenzübergang die Anzahl der Variablen reduziert wird. Somit kann dann auch für einzelne Stellen einer Funktion deren Änderung festgelegt werden – vorausgesetzt, die Funktion lässt sich nach einfachen Regeln differenzieren. Fischer und Malle weisen in Zusammenhang mit der Frage nach dem Sinn des Begriffs der Ableitung im Rahmen der Schulmathematik auf die Vorteile dieser „Variablenreduktion" hin. Der zweite – wichtigere – Aspekt ist für sie jedoch, „daß die Ableitung zur *Definition von Begriffen* gebraucht wird, die ihrerseits einen *Erklärungswert* im Rahmen außermathematischer Theorien haben. Wir denken hier beispielsweise an Begriffe wie ‚Geschwindigkeit', ‚Beschleunigung', ‚Stromstärke', ‚Druckabfall', ‚Grenzkosten', ‚Spitzensteuersatz' usw."[16]. Nicht vergessen werden sollten aber die Betonung der Theoretizität dieser Begriffe und die oben beschriebenen Schwierigkeiten bei der Interpretation im Kontext.[17]

Zusammengefasst: Die lokale Änderungsrate ist nur mehr über den gedanklichen Prozess des Grenzwertes verstehbar. Durch die Verwendung des Grenzwertes können Änderungen in derselben Art und Weise wie Zustände beschrieben werden. Ich möchte noch weiter gehen und davon sprechen, dass unter Verwendung der lokalen Änderungsrate Änderungen zu Zuständen „gemacht" werden. Die „Ungebundenheit" der lokalen Änderungsrate bietet damit neue Möglichkeiten im Rahmen der Beschreibung von Änderungen; so wird beispielsweise die Definition neuer (theoretischer!) Begriffe ermöglicht. Die lokale Änderungsrate ermöglicht es darüber hinaus, zwischen modellhaft gedachten Änderungen und Zuständen hin- und herzuwechseln (Aufhebung von Einschränkungen!). Dieser Wechsel zwischen Objekt der Betrachtung und Mittel zur Beschreibung sollte auch im Rahmen der Einführung der lokalen Änderungsrate in der Sekundarstufe II thematisiert werden.

### 11.4.3 „Verstehen" der lokalen Änderungsrate

„Verstehen" ist ein vielschichtiger Begriff, dessen Weite in Bezug auf die Analysis auf drei zentrale – in diesem Text beschriebene – Aspekte, die wesentlich für die Sekundarstufe II scheinen, reduziert werden soll:

[15] vgl. dazu das Modell „Ebenen- und Aspektwechsel" bei [Hahn2008, S. 40].

[16] [FischerMalle2004, S. 167] (Hervorhebungen im Original)

[17] [Friedrich2001, S. 54] beschreibt die Schwierigkeiten von Schülerinnen und Schülern bei der Interpretation der Momentangeschwindigkeit.

Es ist dies erstens der „*Einordnungsaspekt*": Die lokale Änderungsrate soll als *eine* Beschreibungsmöglichkeit von Änderungen erfahrbar gemacht und mit anderen in Beziehung gesetzt werden. Die Lernenden sollen sich bewusst darüber sein, dass es auch andere Beschreibungsmöglichkeiten gibt und sollen die lokale Änderungsrate in ihr bereits vorhandenes Bild von Änderungen einordnen können. Um eine solche Einordnung in schon vorhandenes Wissen vornehmen zu können, scheint es notwendig, den Blick zunächst zurück – auf bereits gelernte Inhalte der Schulmathematik – zu lenken und diese genauer zu betrachten. Die oben angestellten Überlegungen zur Addition natürlicher Zahlen und zur Einführung der negativen Zahlen können als Hinweise darauf gesehen werden, was damit gemeint sein kann. Auch soll diesbezüglich nochmals auf die bereits erwähnte vertikale Gliederung innerhalb der Schulmathematik hingewiesen werden: Wesentlich für ein „Verstehen" in der Sekundarstufe II scheint, dass der rote Faden nicht nur vorhanden ist – bzw. in den Köpfen der Lehrplan- oder Schulbuchautoren und -autorinnen oder Unterrichtenden existiert. Der rote Faden, in diesem Fall die Beschreibung von Änderungen in der Schulmathematik, muss zum Thema des Unterrichts gemacht werden. Nur dadurch kann er auch von den Lernenden erkannt werden und zum Verstehen beitragen.

Der zweite wesentliche Aspekt ist die „*Interpretation der lokalen Änderungsrate im Kontext*": Die lokale Änderungsrate kann „direkt" weder als Zustand noch als Änderung (zwischen zwei Zuständen) interpretiert werden. Ein adäquater Umgang mit dieser Tatsache erfordert eine reflektierte Betrachtung der Definition von Objekten und des Umgangs damit in der Mathematik (vgl. dazu wiederum die obige Darstellung der Einführung der negativen Zahlen), setzt also die Einordnung des Themas in die Beschreibung von Änderungen voraus. Die Schülerinnen und Schüler sollen erkennen, dass gerade das Interpretieren in verschiedenen Kontexten ganz wesentlich für die Anwendung mathematischer Inhalte ist, und dieses Interpretieren aber gerade nicht innerhalb des mathematischen Apparates stattfinden kann.

Drittens soll auf das Stellen der Frage nach dem „*Sinn*" hingewiesen werden: Dies bedeutet einen reflektierten Umgang mit Fragestellungen wie: „Was kann durch die Einführung der lokale Änderungsrate besser beschrieben werden?" und „Wozu führen wir die lokale Änderungsrate in der Schule ein?" Der Versuch einer Beantwortung dieser Fragen setzt eine reflektierte Auseinandersetzung mit den beiden obigen Verstehens-Aspekten voraus: Sie bedingt einerseits die Betrachtung alternativer Beschreibungsformen für Änderungen, wie sie in diesem Text hervorgehoben wurden, und andererseits die Anwendung dieser Beschreibungsformen und damit eine Interpretation in verschiedenen Kontexten.[18]

Alle drei Aspekte dienen nicht nur dazu, die Analysis und ihre Rolle für die Beschreibung von Änderungen besser zu verstehen, sondern können auch dazu beitragen, die Mathematik als Ganzes besser zu verstehen. So stellt schon die Einordnung der Analysis in die Beschreibung von Änderungen eine Verbindung zu anderen mathematischen Themengebieten her. Die Interpretation im Kontext und damit einhergehend die Erläuterung der Definition von und des Umgangs mit mathematischen Objekten stellt einen direkteren Beitrag zu einem besseren Verständnis der Mathematik dar. Die Frage nach dem Sinn schließlich liegt quer zu den beiden anderen Aspek-

[18] Die Frage nach dem Sinn entspricht unter dem Gesichtspunkt der Bildungsperspektive mathematischer Mündigkeit bei Lengnink den dort genannten Aspekten „Sinnreflexion (Nachdenken über Sinn und Bedeutung grundlegender mathematischer Begriffe und Konzepte in ihrer Idealisierung für innermathematische Zwecke und in ihrer Beziehung zum allgemeinen Denken)" [Lengnink2005, S. 29] und „Modell- und kontextorientierte Reflexion (Nachdenken über die Angemessenheit eines mathematischen Modells für einen Zweck und dessen gesellschaftliche Funktion)" (ebd.).

ten und bedingt eine gewisse Distanz zum Gegenstand und damit auch zum betrachteten Thema Analysis.

## 11.5 Ausblick auf Möglichkeiten der Konkretisierung im Unterricht

Ziel einer Unterrichtsreihe im Sinne der vorangegangenen Überlegungen ist die aktive Teilhabe der Schülerinnen und Schüler an möglichst vielen der hier vorgestellten Reflexionen und damit einhergehend ein Verstehen der lokalen Änderungsrate (sowie des Umgangs mit der Beschreibung von Änderungen in der Mathematik) in obigem Sinne.

Um den erwähnten Aspekten des Verstehens gerecht zu werden, gilt es, die verschiedenen Möglichkeiten, Änderungen zu beschreiben, und deren Deutungen und Anwendungen in (außermathematischen) Kontexten zu diskutieren. Dies scheint (erst) in der Sekundarstufe II sinnvoll möglich, die Schülerinnen und Schüler haben bis dahin bereits vieles kennen gelernt, das sie auch in Diskussionen einbringen können.

Spezieller sollen die Lernenden über verschiedene Formen der Beschreibung von Änderungen vergleichend nachgedacht haben und Vor- und Nachteile sowie Gründe für die Verwendung der verschiedenen Darstellungen angeben können. So sollen sie erkennen, dass die Verwendung von Zahlen ein sehr flexibles Mittel zur Beschreibung von Änderungen und Zuständen darstellt und Zahlbereichserweiterungen unter dem Gesichtspunkt des Wunsches zur Erweiterung dieser Flexibilität gesehen werden können. Die Quantifizierung von Änderungen über die Einführung neuer Objekte in der Mathematik bringt in der Anwendung dann aber Vor- und Nachteile mit sich. Es gibt einerseits Freiheit in den Interpretationen (natürliche Zahlen: freie Interpretation der Summanden), andererseits neue Interpretationen (ganze Zahlen: negative Zahlen beschreiben Zustände) und schließlich Interpretationen über Idealisierungen (lokale Änderungsrate: keine „direkte“ Interpretation). Anhand der lokalen Änderungsrate zeigen sich innermathematische Vorteile aber auch Brüche zu bisherigen Vorstellungen, die explizit thematisiert werden müssen.

Womit sollten sich die Schülerinnen und Schüler also beschäftigt haben? Die folgenden Aufgabestellungen geben Hinweise auf mögliche Reflexionsanlässe in Bezug auf die drei genannten Aspekte:

- Stelle die Addition $3+5=8$ auf verschiedene Arten dar, und erläutere die unterschiedliche Interpretation der vorkommenden Zahlen jeweils anhand eines Beispiels.
- Diskutiere Gründe für die Verwendung der Schreibweise $8+(-5)=3$.
- Warum werden für die Beschreibung einer Kostenänderung manchmal „Grenzkosten“ verwendet?
- Warum werden Begriffe wie „Grenzsteuersatz“ und „Momentangeschwindigkeit“ verwendet?
- Warum können die Begriffe „Grenzsteuersatz“ und „Momentangeschwindigkeit“ nicht direkt interpretiert werden?

- Beschreibt die Momentangeschwindigkeit einen Zustand oder eine Änderung?
- Erkläre die Begriffe „Momentangeschwindigkeit" und „Steigung einer Kurve". Versuche dabei, zunächst ohne Mathematik auszukommen und verwende dann die Mathematik. Vergleiche die beiden Beschreibungsformen.
- In der folgenden Auflistung beschreibe $f(t)$ den Verlauf der Temperatur in Abhängigkeit von der Zeit. Was beschreiben dann die anderen Terme? Welche sind sinnvoll interpretierbar, welche hingegen nicht? [Variante: $f(t)$ beschreibe die zu zahlende Einkommensteuer in Abhängigkeit vom Einkommen.]

1. $f(t)$
2. $f(t)-f(t_0)$
3. $\dfrac{f(t)-f(t_0)}{f(t_0)}$
4. $\dfrac{f(t)-f(t_0)}{t-t_0}$
5. $\lim\limits_{t\to t_0}\dfrac{f(t)-f(t_0)}{t-t_0}$

# Literatur


[DanckwertsVogel2006] Danckwerts, R.; Vogel, D. (2006): Analysis verständlich unterrichten. München: Elsevier.

[Dressler2007] Dressler, B. (2007): Modi der Weltbegegnung als Gegenstand fachdidaktischer Analysen. Journal für Mathematik-Didaktik, 28(3/4), S. 249-262.

[FischerMalle2004] Fischer, R.; Malle, G. (2004): Mensch und Mathematik. München/Wien: Profil.

[Friedrich2001] Friedrich, H. (2001): Schülerinnen- und Schülervorstellungen vom Grenzwertbegriff beim Ableiten. Dissertation. Paderborn.

[Hahn2008] Hahn, S. (2008): Bestand und Änderung – Grundlegung einer vorstellungsorientierten Differentialrechnung. Beiträge zur Didaktischen Rekonstruktion 21. Universität Oldenburg.

[HahnPrediger2008] Hahn, S.; Prediger, S. (2008): Bestand und Änderung – Ein Beitrag zur Didaktischen Rekonstruktion der Analysis. Journal für Mathematik-Didaktik, 29(3/4), S. 163-198.

[vomHofe2003] Hofe, R. v. (2003): Grundbildung durch Grundvorstellungen. Mathematik lehren 118, S. 4-8.

[Kirsch2004] Kirsch, A. (2004): Mathematik wirklich verstehen. Köln: Aulis Verlag Deubner.

[Lengnink2005] Lengnink, K. (2005): Mathematik reflektieren und beurteilen: Ein diskursiver Prozess zur mathematischen Mündigkeit. In: Lengnink, K.; Siebel, F. (Hrsg.): Mathematik präsentieren, reflektieren, beurteilen. Darmstädter Texte zur Allgemeinen Wissenschaft 4. Darmstadt: Allgemeine Wissenschaft, S. 21-36.

[Malle1989] Malle, G. (1989): Die Entstehung negativer Zahlen als eigene Denkgegenstände. Mathematik lehren 35, S. 14-17.

[Peschek2005] Peschek, W. (2005): Reflexion und Reflexionswissen in R. Fischers Konzept der höheren Allgemeinbildung. In: Lengnink, K.; Siebel, F. (Hrsg.): Mathematik präsentieren, reflektieren, beurteilen. Darmstädter Texte zur Allgemeinen Wissenschaft 4. Darmstadt: Allgemeine Wissenschaft, S. 55-68.

[Picher2009] Picher, F. (2009): Beschreibung von Änderungen. In: BzMU 2009, S. 791-794.

[Postel2005] Postel, H. (2005): Grundvorstellungen bei ganzen Zahlen. In: Henn, H.-W.; Kaiser, G. (Hrsg.): Mathematikunterricht im Spannungsfeld von Evolution und Evaluation. Hildesheim: Franzbecker, S. 195-201.

[Schweiger1982] Schweiger, F. (1982): Fundamentale Ideen der Analysis und handlungsorientierter Unterricht. In: BzMU 1982, S. 103-111.

[Vohns2007] Vohns, A. (2007): Grundlegende Ideen und Mathematikunterricht. Nordstedt: Books on Demand.

[Vohns2009] Vohns, A. (2009): Basic ideas and the role of coherence and difference for secondary math curricula. Proceedings of the 33rd Conference of the International Group for Psychology of Mathematics Education. Aristotle University of Thessaloniki. Volume 1, S. 486.

# 12 Geometrie verstehen: statisch – kinematisch

EKKEHARD KROLL

## 12.1 Einleitung

Dem Allgemeinen steht begrifflich das Besondere gegenüber. In diesem Sinne sind allgemeine Überlegungen zum Verstehen von Mathematik zu ergänzen durch Untersuchungen hinsichtlich des Verstehens der einzelnen mathematischen Disziplinen, insbesondere der Geometrie. Hier haben viele Schülerinnen und Schüler Probleme. Diese rühren hauptsächlich daher, dass eine fertige geometrische Konstruktion in ihrer statischen Präsentation auf Papier nicht mehr die einzelnen Konstruktionsschritte erkennen lässt; zum Nachvollzug müssen sie daher ergänzend in einer Konstruktionsbeschreibung festgehalten werden.

Anders ist die Situation beim Konstruieren mit einem System der dynamischen Geometrie (DGS): Dieses fertigt automatisch ein Protokoll an, aus dem jeder einzelne Konstruktionsschritt ersichtlich ist; vor allem aber kann in einer „Rückblende" die Abfolge der Schritte von den Ausgangselementen bis zur fertigen Konstruktion beobachtet, also die gesamte Konstruktion noch einmal durchlaufen und somit ihr Zustandekommen verstanden werden. Dies nützt natürlich auch dem Lehrer oder der Lehrerin, wenn eine vorgelegte Konstruktion auf ihre Korrektheit hin überprüft werden soll.

Das Verstehen geometrischer Zusammenhänge wird beim „dynamischen" (richtiger: kinematischen) Konstruieren besonders im „Zugmodus" unterstützt, wenn beobachtet werden kann, wie sich eine geometrische Figur beim Verändern ihrer Ausgangselemente verhält: Auch wenn sich die Form eines Dreiecks beim Ziehen an seinen Eckpunkten noch so sehr verändert, bleibt es offensichtlich Tatsache, dass sich die Mittelsenkrechten seiner drei Seiten in einem gemeinsamen Punkt treffen. Auch die Begründung, warum dies so sein muss, ist schnell über die Abstandsgleichheit dieses Punktes zu den drei Eckpunkten gefunden, was durch das Zeichnen des Umkreises besonders augenfällig wird.

Da die Konstruktion einer geometrischen Figur einen Algorithmus darstellt, lässt sie sich leicht in Computer-Programme übertragen. Dies eröffnet die Möglichkeit, zu den schon vorhandenen Werkzeugen des Programms durch Abspeichern des Konstruktionsalgorithmus neue Werkzeuge, „Makros" genannt, hinzuzufügen und so immer komplexere Aufgaben mit reduziertem Aufwand zu lösen. Hierbei muss allerdings verstanden worden sein, welches die unabhängigen Ausgangselemente und welches die daraus eindeutig konstruierbaren Zielelemente sind. Somit ist diese Besonderheit der dynamischen Geometrie, immer mächtigere Werkzeuge dem Vorrat hinzufügen zu können, eine vorzügliche Gelegenheit, funktionale Abhängigkeiten innerhalb einer geometrischen Figur zu erfassen.

## 12.2 Drei Beispiele aus der ebenen Geometrie

Der Zugmodus gestattet es auch, eine Schüler-„Mogelei“ schnell aufzudecken wie in folgender *Berührungsaufgabe*:
Konstruiere einen Kreis $k$, der eine gegebene Gerade $g$ berührt und durch zwei gegebene Punkte $P$, $Q$ (auf derselben Seite von $g$ gelegen) geht!

Wie die Abbildung 12.1a zeigt, scheint die Aufgabe richtig gelöst zu sein: Der Kreis $k$ geht durch $P$ und $Q$ und berührt $g$. Wird aber im Zugmodus die Lage der Geraden $g$ durch Verschieben eines ihrer Punkte, zum Beispiel $P_1$, verändert (Abbildung 12.1b), wird $g$ nicht mehr von $k$ berührt. Wird einer der beiden gegebenen Punkte, $P$ oder $Q$, bewegt, dann geht $k$ nicht mehr durch $Q$. Es wurde also zweifach gemogelt: Erstens wurde zwar der Mittelpunkt $M$ von $k$ auf die Mittelsenkrechte $m$ von $P$ und $Q$ als dem geometrischen Ort aller Punkte, die von $P$ und $Q$ gleichen Abstand haben, „gelegt“ und anschließend der Kreis $k$ um $M$ durch $P$ gezogen, aber $M$ wurde nicht auf $m$ „gebunden“, also nicht zu einem Element von $m$ gemacht, so dass $M$ bei Verschiebung von $P$ oder $Q$ nicht mehr auf $m$ liegt und folglich $Q$ nicht mehr auf $k$. Zweitens wurde die Berührung von $g$ durch $k$ durch eine Verschiebung von $M$ längs $m$ nur näherungsweise erreicht; der Fußpunkt $B$ des Lotes von $M$ auf $g$ ist also tatsächlich kein Punkt von $k$.

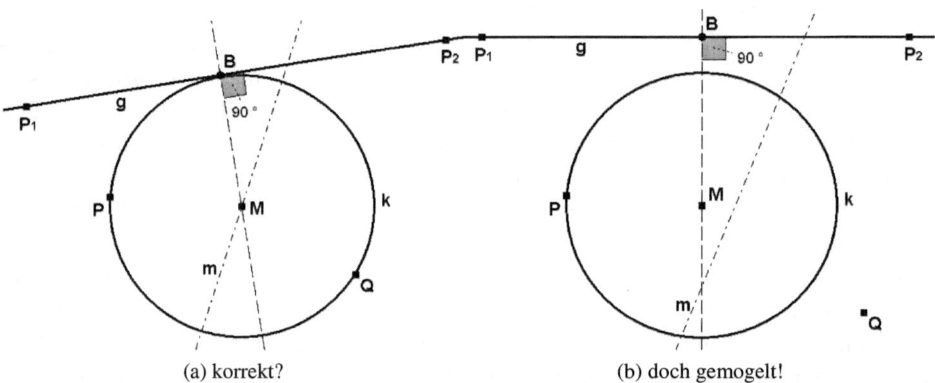

(a) korrekt? (b) doch gemogelt!

Während beim Konstruieren auf Papier in der fertigen Zeichnung ein Punkt einer Geraden bereits anzugehören scheint, wenn er – zumindest im Rahmen der Zeichengenauigkeit – hinreichend nahe bei der Geraden liegt (erst eine Vergrößerung, zum Beispiel mittels einer Lupe, würde die Trennung deutlich werden lassen), muss bei einem DGS-Zeichenprogramm die Zusammengehörigkeit geometrischer Objekte verstanden und dann konstruktiv (das heißt im Programm analytisch) erklärt werden.

In diesem Sinne wird bei einer richtigen Lösung ein Hilfspunkt $M'$ auf die Mittelsenkrechte $m$ von $P$ und $Q$ gebunden(!), das Lot von $M'$ auf $g$ gefällt und anschließend der Kreis $k'$ um $M'$ durch den Lotfußpunkt $B'$ erzeugt. Anschließend wird $k'$ vom Schnittpunkt $S$ von $m$ und $g$ aus zentrisch zum Kreis $k$ durch $P$ (und $Q$) gestreckt (Abbildung 12.1). Diese Konstruktion ist konsistent bei Veränderung der Lage von $g$ (durch Verschieben von $P_1$ oder $P_2$) und auch gegenüber Lageveränderungen bei $P$ oder $Q$, solange diese Punkte nur auf derselben Seite von $g$ bleiben. Da dieser Kreis eine Funktion nur der Ausgangselemente Gerade und Punktepaar ist, ermöglicht die Abspeicherung der Konstruktion als Makro die Erzeugung eines neuen Werkzeuges, das nach Vorgabe einer Geraden und von zwei Punkten (auf derselben Seite der Geraden gelegen) einen Kreis durch die beiden Punkte liefert, der die Gerade berührt.

Natürlich unterbindet die Verwendung dynamischer Geometrieprogramme nicht die Verlockung zu „mogeln“, aber diese Systeme erleichtern das Aufdecken solch unerlaubter Manipulationen und schrecken daher von diesen ab.

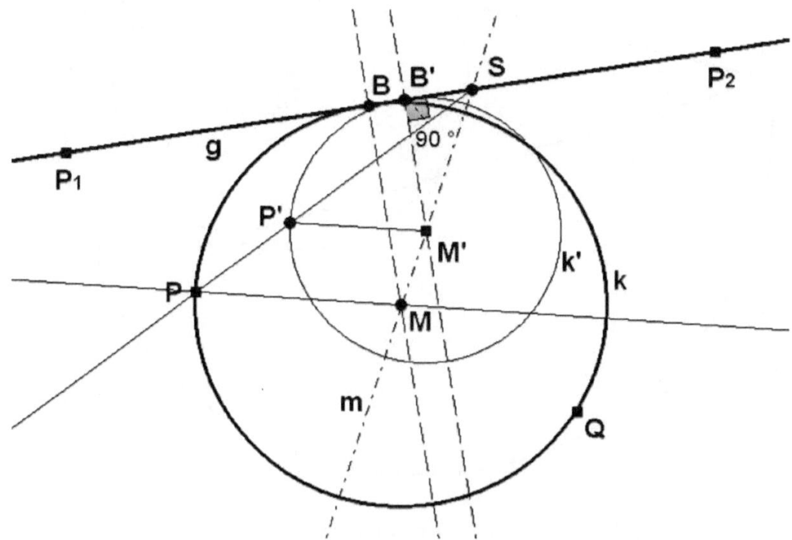


Abbildung 12.1: Konstruktion mittels zentrischer Streckung

Ein anderer Lösungsweg benutzt den Sekanten-Tangentensatz

$$d(G,B)^2 = d(G,P) \cdot d(G,Q)$$

mit $G$ als dem Schnittpunkt der Tangente $g$ mit der Sekanten $PQ$, was numerisch durch Messen und Berechnen oder auch synthetisch mit Hilfe des Höhensatzes am rechtwinkligen Dreieck umgesetzt werden kann.

Der *Feuerbach-Kreis* eines gegebenen Dreiecks $ABC$, auch Neunpunktekreis genannt, kann als Umkreis seines Mittendreiecks erklärt und mit Zirkel und Lineal leicht konstruiert werden. Als weitere Punkte gehören ihm die Lotfußpunkte der Dreieckshöhen und die Mitten zwischen Höhenschnittpunkt H und den Eckpunkten $A,B,C$ an. Diese letzte Eigenschaft kann aber auch als Anregung für eine kinematische Erzeugung mit einem DGS genommen werden: Der Mittelpunkt $F$ der Strecke zwischen dem Höhenschnittpunkt $H$ und einem auf den Umkreis des Dreiecks $ABC$ gebundenen Punkt $P$ erzeugt als Ortskurve offensichtlich einen Kreis, wenn $P$ den Umkreis durchläuft: Man sieht es – und versteht es auch sofort, wenn man den Mittelpunkt $M$ der Strecke $HU$ mit $F$ verbindet, wobei $U$ der Umkreismittelpunkt sei. Diese Strecke $MF$ ist nämlich Mittelparallele im Dreieck $HUP$, so dass der Abstand des Kurvenpunktes $F$ von $M$ also konstant gleich dem halben Umkreisradius $r$ ist (Abbildung 12.2).

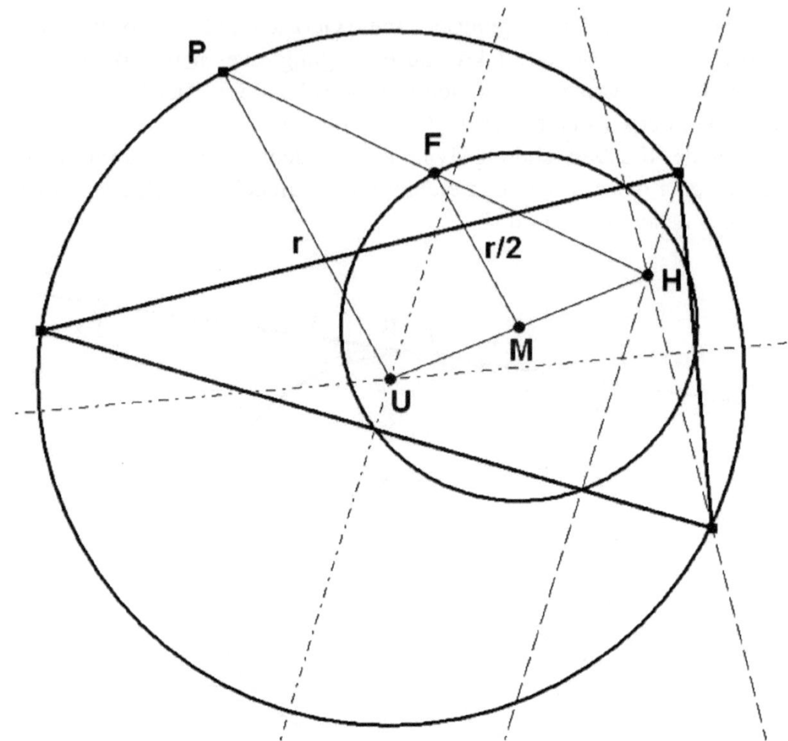


Abbildung 12.2: Kinematische Erzeugung des *Feuerbach*-Kreises

Damit ist die Ortskurve von $F$ tatsächlich ein Kreis und zwar der Neunpunktekreis von Dreieck $ABC$, da $P$ bei seinem Umlauf auch die Lage der Eckpunkte $A,B,C$ einnimmt und $F$ dabei die Mittelpunkte zwischen den Dreiecksecken und $H$ durchläuft.

Bei Untersuchungen geometrischer Zusammenhänge spielt die Frage nach der *Orientierung* geometrischer Objekte (Strecken, Geraden, Kreise, Ebenen, Flächen, Räume, ...) immer wieder eine wichtige Rolle. Beispielsweise kann ein Kreis im Uhrzeigersinn (mathematisch negativ) oder entgegen dem Uhrzeigersinn (mathematisch positiv) orientiert werden. Das lässt sich sehr schön demonstrieren, indem ein Punkt $P$ auf eine Kreislinie $k$ gebunden und im Animationsmodus eines DGS auf die Umlaufbahn geschickt wird, für die es genau zwei Richtungen gibt. Wie verhält sich die Orientierung gegenüber Achsen- und Punktspiegelungen? Werden Kreis $k$ und Kreispunkt $P$ an einer Geraden $a$ als Spiegelungsachse gespiegelt, dann bewegt sich der gespiegelte Punkt $P'$ auf dem gespiegelten Kreis $k'$ in entgegengesetzter Richtung: aus mathematisch positiv wird also mathematisch negativ und umgekehrt (Abbildung 12.3). Anders bei der Punktspiegelung: Hier bleibt die Orientierung erhalten. Das lässt sich leicht erklären, indem die Punktspiegelung am Zentrum $Z$ in der bekannten Weise aus zwei Achsenspiegelungen zusammengesetzt wird (Abbildung 12.4), so dass nach zweimaliger Umkehr der Orientierung die ursprüngliche Orientierung wieder vorliegt.

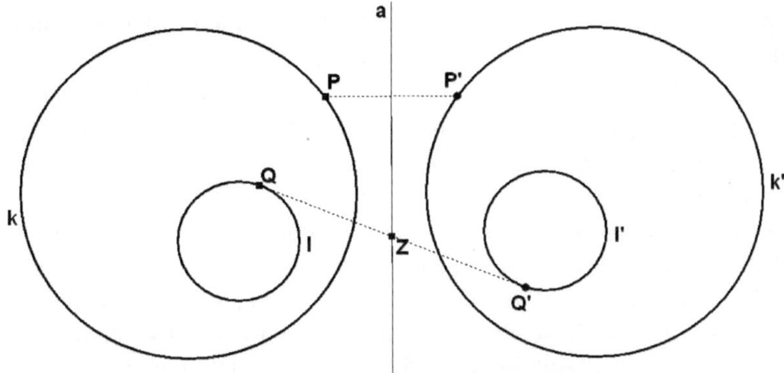


Abbildung 12.3: Achsen- und Punktspiegelung

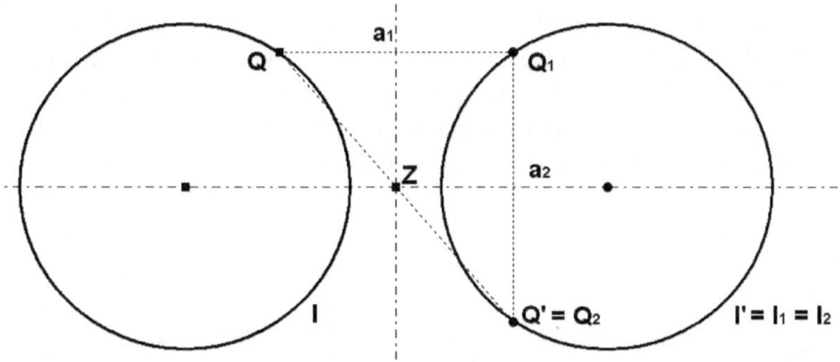


Abbildung 12.4: Zerlegung einer Punktspiegelung in zwei Achsenspiegelungen

Die Konstruktionen in den Abbildungen 1 bis 6 wurden mit dem DGS *Euklid DynaGeo* erstellt. Dieses System ist besonders gut geeignet, um in den Klassen 5 und 6 das auf Punkt- und Achsenspiegelungen basierende Thema „Symmetrie“ zu behandeln. Die Schülerinnen und Schüler dieser Altersstufe sind ausgesprochen erfinderisch, wenn es zum Beispiel darum geht, Gesichter zu konstruieren, die im Animationsmodus ihre Augen verdrehen oder den Mund öffnen und schließen; Beispiele hierzu sind in [Kroll2008] zu finden.

## 12.3 Zwei Beispiele aus der Raumgeometrie

Das Verstehen räumlicher geometrischer Zusammenhänge ist bei Lehrenden wie Lernenden eng gekoppelt an den Besitz von Raumanschauung. Daran allerdings fehlt es bei den meisten Studierenden, wie uns Kolleginnen und Kollegen, die künftige Architekten, Bauingenieure und Maschinenbauer in konstruktive und darstellende Geometrie einführen, berichten. Hier bieten DGS für Raumgeometrie wie *Cabri 3D* wertvolle Unterstützung.

Als ein Beispiel für das auf solche Weise zu erzielende Verständnis für eine raumgeometrische Tatsache soll der *Satz vom Mittenparallelogramm* gezeigt werden:

*Die Seitenmitten eines beliebigen Vierecks bilden die Ecken eines Parallelogramms.*

Im Falle eines ebenen Vierecks ist schnell eine Zeichnung angefertigt und nach Eintragung der beiden Vierecksdiagonalen mittels viermaliger Anwendung des Strahlensatzes die Behauptung bewiesen. Aber im Raum?

Ausgehend von der Basisebene, die *Cabri 3D* bei Öffnung eines Konstruktionsfensters zur Verfügung stellt, errichten wir auf dieser Ebene vier Lotgeraden, an die wir jeweils einen Punkt binden. Diese vier Punkte werden durch Strecken zu einem räumlichen Viereck *ABCD* verbunden. Die Mittelpunkte $E, F, G, H$ seiner vier Seiten werden ebenfalls durch Verbindungsstrecken zu einem Viereck ergänzt (Abbildung 12.5a). Dieses ist nicht nur eben, wie die von *Cabri 3D* bereit gestellte Ausfüllung als ebenes Polygon schon andeutet, sondern sogar ein Parallelogramm. Dazu werden wie im ebenen Fall die beiden Vierecksdiagonalen eingezeichnet (Abbildung 12.5b), und mit Hilfe des Strahlensatzes wird die Parallelität der Gegenseitenpaare gezeigt: Da *E* und *H* die Seiten *AB* und *AD* im gleichen Verhältnis teilen, sind *EH* und *BD* parallel; aus gleichem Grund sind $FG$ und *BD* und folglich auch $FG$ und $EH$ parallel. Auf gleiche Weise folgt $EF||AC||GH$. Man versteht den Beweis, weil man ihn sieht. Zusätzlich kann durch Bewegen der Punkte *A*, *B*, *C* und *D* die Gestalt des Vierecks verändert werden und durch Veränderung des Standpunktes die gesamte Konfiguration aus verschiedenen Blickwinkeln betrachtet werden: $EFGH$ bleibt ein Parallelogramm und damit insbesondere eben.

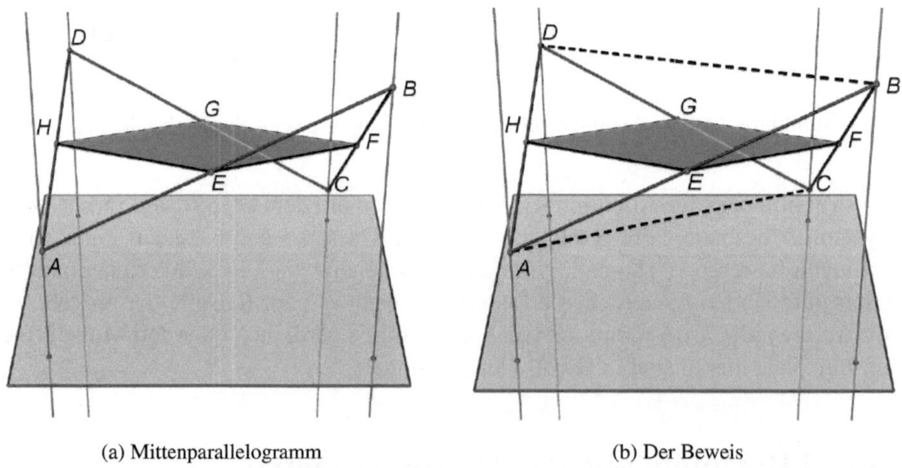


(a) Mittenparallelogramm (b) Der Beweis

Ein anderes Beispiel, das die enge Verzahnung von Verstehen und Sich-Vorstellen-Können dokumentiert, ist der ebene Schnitt eines Polyeders, etwa eines Würfels. So soll sich eine zu einer der Raumdiagonalen des Würfels senkrechte Ebene von einer Raumecke entlang dieser Diagonalen zur gegenüberliegenden Würfelecke bewegen. Wie sehen die Schnittpolygone der Ebene mit dem Würfel aus?

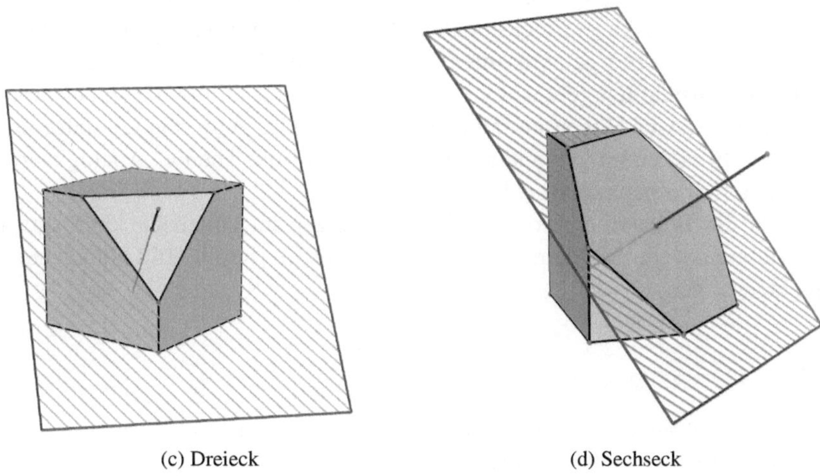

(c) Dreieck (d) Sechseck

Abbildung 12.5: Ebener Würfelschnitt

Die Simulation dieses Vorgangs mit *Cabri 3D* liefert die Antwort: Nacheinander erkennen wir nach Verlassen der Startecke die Form eines gleichseitigen Dreiecks (Abbildung 12.5c), dann eines Sechsecks (Abbildung 12.5d), danach wieder eines Dreiecks, bis die Ebene schließlich am gegenüber liegenden Eckpunkt den Würfel verlässt. Diese Schnittpolygone sind gut zu erkennen, wenn wir – wie hier geschehen – das „abgeschnittene" Würfelteil entfernen.

Bei anderen Lagen der schneidenden Ebene im Raum sind als Schnittpolygone auch Vierecke (Abbildung 12.6a) und Fünfecke (Abbildung 12.6b) möglich. Hier haben wir einen Würfel in die Basisebene eintauchen lassen, das unterhalb der Basisebene gelegene Würfelteil entfernt und die Sicht „von unten" wiedergegeben: Man sieht es – und versteht es!

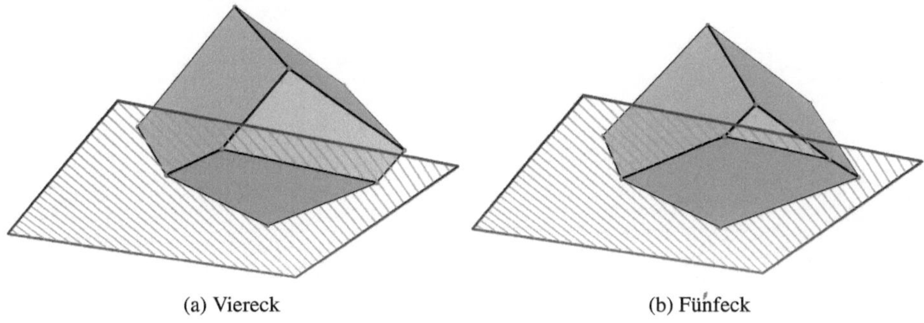

(a) Viereck (b) Fünfeck

Abbildung 12.6: Ebener Würfelschnitt

Das Verstehen räumlicher Situationen durch die simulierte parallel- oder zentralperspektive Sicht, wie sie *Cabri 3D* bietet, unterstützt insbesondere Untersuchungen, in wie weit sich Sätze der ebenen Geometrie analog ins Räumliche übertragen lassen. So ist ein Tetraeder als dreidimensionales Analogon eines zweidimensionalen Dreiecks aufzufassen. Aber welche Sätze wie etwa dem von der Existenz des gemeinsamen Schnittpunktes der Höhen lassen sich ins Räumliche übertragen? Offensichtlich geht es schon mit dem Höhenschnittpunkt schief, wie eine einfache Untersuchung der vier Höhen am allgemeinen Tetraeder zeigt. Gelten dafür ersatzweise andere Aussagen? Mit vielen interessanten Überraschungen zum Thema „Analogisieren" wartet Heinz Schumann in [Schumann2006] auf.

Allerdings setzt die Behandlung solcher Fragestellungen im Unterricht eine entsprechende Aus- und Fortbildung unserer Mathematiklehrkräfte voraus; in [Kroll2007] bin ich auf Möglichkeiten hierzu eingegangen.

# Literatur

[Kroll2007] Kroll, E.: Mediengestützte Geometrieausbildung: Geometrie – kinematisch erfahrbar. Der Mathematik-Unterricht 53 (2007), Heft 4, S. 18-19.

[Kroll2008] Kroll, E.: Forscherwerkstatt PC-Labor – Eine andere Form von angewandter Mathematik. Der Mathematik-Unterricht 54 (2008), Heft 5.

[Schumann2006] Schumann, H,: Interaktives Analogisieren ebener Geometrie im virtuellen Raum. Der Mathematik-Unterricht 52 (2006), Heft 6: Analogiebildung, S.37-60.

# Teil III

# Mathematikunterricht verstehen

# 13 Fehler begehen – Mathematik verstehen Über die Bedeutung von Fehlern für das Verstehen

UDO KÄSER

Auch wenn eine historisch oder systematisch umfassende Darstellung zur Fehlerthematik bislang nicht vorliegt,[1] ist die Idee, einer Fehleranalyse unter der Leitfrage, welche Fehler von Schülerinnen und Schülern aufgrund welcher epistemologischen Überzeugungen begangen werden, zentralen Raum für die Betrachtung von Verstehensprozessen einzuräumen, nicht neu. So ist es geradezu ein Charakteristikum einer modernen konstruktivistischen Didaktik, die eigenen Fehler von Lernenden als ihre individuellen Lerngelegenheiten zu begreifen, die einen wichtigen Motor für den subjektiven Lernfortschritt bilden.[2] Diese Sichtweise wurzelt aus psychologischer Perspektive in Analysen in der Tradition Piagets, der in Abkehr von einer quantitativen, psychometrischen Beschreibung kognitiver Prozesse, wie sie sich zum Beispiel in Intelligenztheorien nach Binet findet,[3] qualitativ zu beschreiben versuchte, in welcher Weise Kinder und Jugendliche denken und urteilen.[4] Doch auch schon in der klassischen Philosophie sind entsprechende Ansätze zu finden. Prominente Beispiele hierfür sind die Idolenlehre Bacons und die Ideenlehre Platons.

## 13.1 Die Idolenlehre Bacons

In seinem Hauptwerk, dem „Novum Organum“, in dem Kant die entscheidende „Revolution der Denkart“ sah, in der sich die moderne empirische Wissenschaft begründete, wandte sich Bacon gegen die mittelalterliche Scholastik und suchte eine Erneuerung der Wissenschaft zu begründen. Im Rahmen seiner Idolenlehre, die er im ersten Teil seines Werks entwickelte, untersuchte er die Entstehungsgründe für Idole, unter denen er falsche Begriffe verstand, die vom menschlichen Verstand Besitz ergriffen haben, tief in ihm verwurzelt sind und Erkenntnishindernisse darstellen, die zu Scheinwissen führen.[5] Vier unterschiedliche Idole werden von Bacon in Abhängigkeit von ihrem jeweiligen Entstehungsgrund unterschieden: Die Idole des Stamms haben ihren Ursprung in der menschlichen Natur und resultieren aus Denkfehlern, die für den Menschen typisch sind; die Idole der Höhle sind gekennzeichnet durch individuelle Schwächen, die ihre Wurzeln

[1] [Weingardt2004]

[2] [GuldimannZutavern1999, S. 233-258], [Weinert1999], [Führer2004, S. 4-8], [vonGlasersfeld2005, S. 214-223], [Schumacher2008, S. 49-72], [Spychiger2008, S. 25-48]

[3] [Roth u. a. 1980]

[4] [GinsburgOpper1998]

[5] [Krohn2006]

zum Beispiel in der Art und Weise haben können, wie das Subjekt im Erziehungsprozess beeinflusst und geprägt worden ist; die Idole des Marktes entstehen durch Kommunikationsprobleme und Sprachverwirrung, d. h. durch die begrenzte Möglichkeit der menschlichen Sprache, Gedanken Ausdruck zu verleihen; die Idole des Theaters erwachsen aus einer unkritischen Dogmatik, welche zu fehlerhaften Urteilen führt.[6]

Durch diese Differenzierung verweist Bacon unmittelbar sowohl auf mögliche Barrieren, welche Verstehen erschweren oder verhindern können, als auch auf Aspekte, die im Vermittlungsprozess zu beachten sind, um solche Barrieren für das Verstehen zu vermeiden oder abzubauen: Die Idole des Stamms benennen eine anthropologisch-psychologische Dimension möglichen Nicht-Verstehens, die dem Menschen als Mangel seiner Erkenntnisinstrumente eigen ist wie die Tendenz zur Übergeneralisierung. Die Idole der Höhle zeigen eine pädagogische Dimension möglichen Nicht-Verstehens auf, gemäß derer fehlerhafte Erziehungs- und Unterrichtsmaßnahmen die Folge haben können, Irrtümer des Lernenden zu begründen. Die Idole des Marktes weisen auf die linguistische Dimension möglichen Nicht-Verstehens hin, welche in den Grenzen Niederschlag findet, uns einander mittels Sprache zu verständigen. Und die Idole des Theaters thematisieren eine soziokulturelle Dimension in dem Sinn, dass Traditionen und Denkgewohnheiten Barrieren für das Verstehen bilden.

Bacon entwirft insofern in seiner Philosophie das Ideal eines selbstkritischen Forschers, der in einer reflexiven Einstellung zur Erkenntnis Wissenschaft treibt und sich im Wissen um und in Auseinandersetzung mit den Gründen für mögliche Irrtümer um gesichertes Wissen bemüht. Auch für schulisches Lernen heute ist dies ein wichtiger Gedanke. Der Umgang mit Fehlern von Schülerinnen und Schülern sowie von Lehrerinnen und Lehrern sollte vor diesem Hintergrund gekennzeichnet sein als Selbstreflektion der Lernenden und der Lehrenden, welche eigene Grenzen bewusst macht und zu einem vertieften Verstehen führt. Ähnlich heißt es bei Piaget:

> „The principal goal of education is to create men who are capable of doing new things, not simply of repeating what other generations have done – men who are creative, inventive, and discoverers. The second goal of education is to form minds which can be critical, can verify, and not accept everything they are offered.“[7]

## 13.2 Der Status von Irrtümern in der Philosophie Platons

Platons umfassendes Werk thematisiert an verschiedenen Stellen die Fragen, was das Wesen von Wissen und Können ist und wie der Mensch zu Wissen gelangt. Im Sinne der Platon-Interpretation nach [Wieland1999] wird von Platon der Gedanke entwickelt, dass Wissen und Verstehen als Anteilhabe an der Welt der Ideen letztlich immer auch nicht-propositionale Anteile besitzen, die zumindest in ihrer Bedeutung für das Subjekt, welches Träger dieses Wissens ist, nicht vollständig propositional aufgelöst werden können und sich als Gebrauchswissen erst im Handeln erweisen.

Hierbei geht es immer auch darum zu ergründen, welche Relevanz Fehler und Irrtümer im Fortschreiten von Erkenntnis haben bzw. in welcher Weise sich ein bloßes Meinen, das zufällig

[6] [Krohn2006]

[7] [Duckworth1972, S. 5]

richtig, aber auch falsch sein kann, von Wissen unterscheidet. Neben zum Beispiel dem Höhlengleichnis in der Politeia oder dem Theutmythos im Phaidros ist für diese Frage im Hinblick auf Verstehen in der Mathematik gerade der Dialog Menon von besonderer Wichtigkeit, da Platon in einem Teil dieses Dialogs den Ablauf von Lernprozessen an einem geometrischen Beispiel untersucht.

Hierzu lässt Platon seinen Protagonisten Sokrates im Gespräch mit Menon eine Demonstration vorführen, in der ein Junge sich mit der Frage beschäftigt, wie aus einem vorliegenden Quadrat ein neues Quadrat konstruiert werden kann, das den doppelten Flächeninhalt des ursprünglichen Quadrats besitzt. Diese Demonstration gliedert sich in drei Etappen[8]: Im ersten Teil wird festgestellt, dass der Junge fälschlich zu wissen glaubt, wie die Konstruktion vorgenommen werden könne. Dann wird er in die Aporie geführt, d. h. ihm wird klar, dass er in Wirklichkeit nicht weiß, wie das Problem gelöst werden kann – Sokrates spricht vom „Erstarren" des Jungen, welches nicht schädlich ist, sondern gerade erst das anschließende Erkennen ermöglicht. Hiernach folgt die Lösung des Problems; im Sinne der Anamnesis-Vorstellung Platons wird die Erinnerung des Jungen wieder geweckt. Schließlich äußert Platon durch Sokrates im nachfolgenden Gesprächsverlauf noch die Auffassung, dass der Junge durch die einmalige Lösung der Aufgabe noch kein Wissen erworben hätte, sondern zunächst nur eine richtige Meinung besäße. Erst durch weitere Übung würde er mit der Zeit tatsächliches Wissen erwerben können.

Jede dieser drei Etappen, aber auch der nachfolgende Prozess der Übung, entsprechen Stufen der Selbstreflektion, d. h. die Form des Wissens ist jeweils durch die vorliegende Form der Selbstreflexion gekennzeichnet und charakterisiert. In der ersten Etappe weiß der Lernende unreflektiert noch nicht um die Fehler, die er begeht, und glaubt, richtig zu handeln – im Beispiel will er zunächst ein doppelt so großes Quadrat konstruieren, indem er beide Seiten verdoppelt, ohne zu erkennen, dass sich die Fläche dann vervierfacht. In der Auseinandersetzung mit Widersprüchen erlebt der Lernende dann seine Fehler und erkennt, dass er lediglich einer falschen Meinung folgte. Dieses handlungsorientierte Nachdenken über die eigenen Fehler räumt ihm somit aber auch erst die Möglichkeit ein, in der dritten Etappe zur einer richtigen Meinung zu gelangen - der Sklavenjunge sieht, dass das doppelt so große Quadrat über die Diagonale konstruiert werden kann. Erst Übung führt dann aber zu Wissen, welches unter anderem durch Sicherheit in der Anwendung gekennzeichnet ist, über die der Lernende in der dritten Etappe noch nicht verfügt, und die sich des Weiteren dadurch auszeichnet, dass das Subjekt als Wissender in der Lage ist, andere beim Lernen zu unterstützen.[9]

Lernpsychologisch interpretiert bedeutet diese Sicht vom Wissenserwerb, dass es eine notwendige Abfolge im Lernprozess gibt, die in der Konfrontation mit eigenen Fehlern und dem Erleben von Widersprüchen in einem „Aha-Effekt" mündet, in welchem der Lernende das Problem begreift und seine Lösung erfasst. Übung festigt das Erlernte und sorgt für ein sicheres Wissen, welches dann erst in seiner Anwendung auch unter wechselnden Bedingungen robust ist und mit Vermittlungskompetenz einhergeht.[10] Im Hinblick auf heutiges schulisches Lernen ist eine solche Perspektive immer noch bedeutsam: Das Verstehen erscheint als eine Stufe der Einsicht, die in einem kreativen Prozess erreicht wird, der durch die Auseinandersetzung mit eigenen Irrtümern vorbereitet werden muss und subjektiv in einem Moment mündet, in dem vom Lernen-

[8] [Friedländer1957]
[9] [Wieland1999]
[10] [Käser2004]

den Assoziationen rekombiniert werden, d. h. in dem sich der Lernende bereits zuvor bekannter Zusammenhänge unter einer neuen Perspektive bewusst wird.[11]

Sowohl die Idolenlehre Bacons als auch die Ideenlehre Platons weisen aus historisch-philosophischer Perspektive auf die Bedeutsamkeit von Fehlern für den Prozess des Lernens und das Verstehen hin. Für eine differenzierte Fehleranalyse im Kontext schulischer Lehr-Lern-Arrangements erweist sich eine Differenzierung nach typischen und systematischen Fehlern als fruchtbar.

## 13.3 Typische und systematische Schülerfehler

Unter typischen Fehlern werden solche Fehler verstanden, die bei Aufgaben eines Typs gehäuft vorkommen. Beispiele hierfür sind Fehler beim Third-Person-Singular-s im Kontext der englischsprachigen Grammatik, Fehler in der Dehnung von Vokalen in Zusammenhang mit der deutschsprachigen Rechtschreibung oder Fehler im Umgang mit Klammern bei Term- oder Äquivalenzumformungen im Mathematikunterricht, wenn zum Beispiel beim Auflösen einer binomischen Formel ein Vorfaktor nur noch auf den ersten Summanden bezogen wird (z. B.: $4 \cdot (a+b)^2 \neq 4 \cdot a^2 + 2 \cdot a \cdot b + b^2$). Empirische Untersuchungen und praxisorientierte Überlegungen hierzu finden sich für den Englischunterricht etwa bei [Knapp-Potthoff1987, S. 205-220], [Kordes1993, S. 15-34], [Wenzel2004] oder [Kieweg2007, S. 2-11], für den Deutschunterricht zum Beispiel bei [HinneyMenzel1998, S. 258-305], [Thomé1999], [ThoméEichler2000, S. 12-14] oder [Risel2008] und für den Mathematikunterricht unter anderem bei [Cox1975], [Gerster1982], [Radatz1985], [Padberg1987], [ThiemannPadberg2002, S. 38-45], [Gerster2003, S. 222-237] oder [Padberg2005].

Von solchen typischen Fehlern sind systematische Fehler grundsätzlich zu unterscheiden. Sie bezeichnen Fehler, die bei einzelnen Schülerinnen oder Schülern bei gleichartigen Aufgabenstellungen wiederkehrend auftreten.[12] Während typische Fehler durch die Häufigkeit ihres Auftretens in der Schülerpopulation charakterisiert sind, ist für systematische Fehler die Charakteristik der individuellen Schülerleistung wesentlich. Zur Häufigkeit systematischer Fehler bei mathematischen Operationen liegen ebenfalls verschiedene empirische Befunde vor – insbesondere für arithmetische Operationen.[13]

Solche Analysen sind für ein Verständnis der Art und Weise, wie Schülerinnen und Schüler mathematische Zusammenhänge verstehen, besonders aufschlussreich: Denn während eine Quelle typischer Fehler auch Flüchtigkeit sein kann, folgen systematische Fehler einer epistemologischen Überzeugung des Subjekts. Ihnen liegt im Zuge einer inneren Regelbildung eine kognitive Struktur zugrunde, gemäß derer die jeweilige Schülerin bzw. der jeweilige Schüler von der Richtigkeit des eigenen Vorgehens überzeugt ist, obschon sie für den Aufgabentyp nicht adäquat ist, so dass immer wieder die gleichen Fehler bei einer bestimmten Art von Aufgabe unterlaufen.

Dabei sind solche systematischen Fehler enorm robust gegen ein Lernen durch Versuch und Irrtum. Dies ist darauf zurückzuführen, dass das Lernen von Schülerinnen und Schülern mit sub-

[11] [Weisberg1989]

[12] [Cox1975]

[13] z. B. [Cox1975], [Gerster1982], [Padberg1987], [Padberg2005]

jektiven Erwartungen einhergeht. So ist das Lösen von Aufgaben in einer Lernsituation auch mit Erwartungen hinsichtlich der Häufigkeit richtiger Antworten verbunden. Die kognitiven Strukturen, welche systematischen Fehlern zugrunde liegen, führen aber bei bestimmten Aufgaben auch zu richtigen Resultaten, so dass die objektiv fehlerhafte epistemologische Überzeugung dazu führen kann, dass die jeweilige Schülerin bzw. der jeweilige Schüler mehr richtige Antworten produziert als sie oder er es selbst erwartet hat. In diesem Fall führt die undifferenzierte Rückmeldung über einen singulären Fehler, der durch eine solche Überzeugung entstand, nicht zu einer Vermeidung der Struktur – vielmehr wird diese insgesamt verstärkt und bestätigt.

Des Weiteren stellen systematische Fehler als Lernbarrieren auch außerordentliche Belastungen im individuellen Lernfortschritt dar.[14] Wird ein Thema, in dessen Zusammenhang ein Fehler systematisch ausgebildet wurde, zu einem späteren Zeitpunkt im Sinne des Spiralprinzips auf komplexerem Niveau fortgeführt, steht die objektiv inadäquate Struktur einem Verständnis fundamental im Wege. Insofern sind systematische Fehler umso mehr ein elementares Hindernis für mathematisches Verstehen, je basaler die mathematischen Operationen sind, welche durch sie belastet werden.

Schließlich eröffnet die Analyse systematischer Fehler immer auch eine Perspektive auf Fehler in der Gestaltung des schulischen Lehr-Lern-Arrangements durch die Lehrperson.[15] Treten bei vergleichbaren Rahmenbedingungen systematische Fehler im Klassenvergleich in stark unterschiedlicher Weise auf, lässt dies den Rückschluss zu, dass bestimmte methodische Aspekte im Verhalten einzelner Lehrkräfte systematische Fehler zumindest begünstigen oder sogar bewirken, während die Unterrichtskonzeption anderer Lehrkräfte dem Auftreten systematischer Fehler entgegen steht und ein adäquates Verständnis des Schülerinnen und Schüler fördert.

## 13.4 Systematische Fehler bei elementaren arithmetischen Operationen auf $\mathbb{N}$

Im Überblick werden erste Ergebnisse einer empirischen Studie vorgestellt, die sich in Nachfolge und Rekonstruktion diagnostischer Studien, wie sie seit den 1980er Jahren im Wesentlichen von Padbeg und Kollegen[16] durchgeführt wurden, mit der Frage beschäftigt, welche Fehler heutzutage von Schülerinnen und Schüler bei schriftlichen elementaren arithmetischen Operationen (Addition, Subtraktion, Multiplikation und Division) auf der Menge der natürlichen Zahlen systematisch begangen werden. Weiterhin sollen Bedingungsfaktoren für das Auftreten systematischer Fehler untersucht werden, inwiefern etwa systematische Fehler eher leistungsstärkeren oder leistungsschwächeren Schülerinnen und Schülern unterlaufen. Außerdem soll auf Grundlage einer sehr umfangreichen Stichprobe der Fokus gezielt darauf gerichtet werden, wie sehr sich das Auftreten systematischer Fehler im Vergleich unterschiedlicher Klassen unterschiedlicher Schulformen voneinander unterscheidet.

[14] [Weinert1999]
[15] [Führer2004, S. 4-8]
[16] im Überblick: [Padberg2005]

### 13.4.1 Methodik der Untersuchung

Die Kompetenz, elementare arithmetische Operationen auf der Menge der natürlichen Zahlen schriftlich lösen zu können, sollte gemäß der Curricula für deutsche Schulen in der Primarstufe vollständig erworben worden sein. Aus diesem Grund wurden $N = 1151$ Schülerinnen und Schüler der fünften und sechsten Klassen der Hauptschule, Realschule und des Gymnasium auf systematische Fehler hin getestet.

Der Test bestand aus 16 Aufgaben zur Addition, 18 Aufgaben zur Subtraktion, 19 Aufgaben zur Multiplikation und 15 Aufgaben zur Division, die in Orientierung an frühere Untersuchungen zu systematischen Fehlern[17] entwickelt worden waren. Auf die Formulierung der Aufgaben in Form von Sachtexten wurde verzichtet, um die Kompetenz elementare arithmetische Operationen schriftlich zu lösen nicht durch die Fähigkeit zu überlagern, Sachinformationen aus Texten zu extrahieren und in mathematische Ausdrücke zu überführen. Fehler von Schülerinnen und Schülern wurden in Anlehnung an [Cox1975] als systematisch identifiziert, wenn sie in mindestens 60 Prozent vergleichbarer Aufgaben auftraten.

Neben der Testleistung wurden persönliche Angaben zu Geschlecht und Alter der Schülerinnen und Schüler erhoben. Darüber hinaus wurden die Kinder über die Merkmale des Mathematikunterrichts an ihrer Grundschule befragt. Ebenfalls wurden die Lehrmethoden der Mathematiklehrer der weiterführenden Schulen durch eine Befragung der entsprechenden Lehrpersonen ($N = 25$) erfasst.

### 13.4.2 Deskriptive Ergebnisse

Werden zunächst systematische und nicht-systematische Fehler gemeinsam betrachtet, wird deutlich, dass mit Ausnahme der Addition durchschnittlich nur geringe Kompetenzen in schriftlichen Rechenverfahren vorliegen. Während lediglich $4,9\%$ der bearbeiteten Aufgaben zur Addition nicht korrekt gelöst werden, liegen für die Aufgaben zur Subtraktion bei $29,4\%$ aller Aufgaben Fehler vor. Für die Multiplikation ergibt sich ein Anteil von $29,1\%$ Prozent, für die Division von $30,6\%$ fehlerhafter Lösungen. Bei Aufgaben der Addition treten entsprechend systematische Fehler nur zu einem verschwindend geringen Anteil auf: Lediglich für $0,4\%$ der Probanden lassen sich systematische Fehler beim Addieren nachweisen. Mehr als der Hälfte der Probanden ($57,8\%$) unterlaufen hingegen bei der Subtraktion systematische Fehler, die mehrheitlich dann auftreten, wenn der Minuend kleiner ist als der Subtrahend ($57,2\%$). Für die Multiplikation lassen sich demgegenüber drei unterschiedliche Arten von systematischen Fehlern unterscheiden: Positionsfehler im Umgang mit Stellenwerten (z. B. links- oder rechtsbündige Anordnung aller Teilsummen), Rechenfehler des Einmaleins (z. B. wiederkehrende Fehler bei spezifischen Aufgaben des Einmaleins wie $7 \cdot 8$) und Fehler im Umgang mit Übertragsziffern (z. B. Weglassen der Übertragsziffer oder ihre Notation in der Endsumme). Positionsfehler treten bei $8,4\%$, Einmaleinsfehler bei $11,5\%$ und Übertragsfehler bei $6,1\%$ aller Schülerinnen und Schüler systematisch auf. Schließlich gibt es für die Division zwei größere Gruppen systematischer Fehler. Der Fehler, gleichzeitig zwei Ziffern beim schriftlichen Dividieren herunter zu holen, wenn der Teildividend kleiner als der Divisor ist und im Ergebnis Zwischennullen entstehen, wird von $19,6\%$ aller

[17] [Gerster1982], [Padberg1987]

Schülerinnen und Schüler systematisch begangen. Und $18,3\%$ der Fünft- und Sechstklässler begehen im letzten Schritt der Division zum Beispiel im Umgang mit einem Rest Fehler, wenn etwa der Rest einer Divisionsaufgabe als Zahlwert zum ganzzahligen Ergebnis hinzuaddiert wird.

Vergleicht man diese Befunde mit den Ergebnissen älterer empirischer Untersuchungen, so zeigen sich einige Übereinstimmungen. So berichtet auch [Padberg2005] in einem Überblick davon, dass systematische Fehler bei der Addition nur vereinzelt auftreten, während drei bis vier Schülerinnen und Schülern im Durchschnitt pro Klasse mindestens ein systematischer Fehler beim Subtrahieren unterläuft. Beim Multiplizieren begehen zwei bis drei Schülerinnen und Schülern, beim Dividieren drei bis vier Schülerinnen und Schüler im Durchschnitt pro Klasse mindestens einen systematischen Fehler. Auffallend sind im Vergleich zu früheren Untersuchungen die Unterschiede für die Auftretenshäufigkeit systematischer Fehler beim Subtrahieren und Dividieren. Während die Ergebnisse für die einfacheren Operationen der Addition und der Multiplikation vergleichbar ausfallen, treten systematische Fehler bei der Subtraktion erheblich häufiger auf, wie auch bei der Division eine Zunahme der Fehlerhäufigkeit festgestellt werden kann. Dies ist besonders bemerkenswert, da [Padberg2005] konstatiert, dass die Häufigkeit von systematischen Fehlern beim Dividieren im Vergleich von Untersuchungen aus den 1980er Jahren[18] zum Ende der 1990er Jahre[19] zwischenzeitlich leicht zurückgegangen ist.

### 13.4.3 Inferenzstatistische Ergebnisse

Wovon hängt das Auftreten systematischer Fehler nun ab? Binäre logistische Regressionen weisen die Mathematiknote und die Schulform als signifikante Prädiktoren mit einer Varianzaufklärung von $20\%$ für das Auftreten systematischer Fehler aus. Es zeigt sich, dass schulformübergreifend systematische Fehler häufiger von leistungsschwächeren Schülerinnen und Schülern begangen werden. Zugleich treten systematische Fehler seltener bei Gymnasialschülern als bei Schülerinnen und Schülern von Haupt- oder Realschule auf – mit Ausnahme von systematischen Fehlern der Division, die unabhängig von der Schulform vergleichbar häufig unterlaufen.

Darüber hinaus ist es besonders interessant, klassenspezifische Besonderheiten zu betrachten. Tabelle 13.1 zeigt im Überblick Minima, Maxima und Mittelwerte für die Häufigkeit des Auftretens systematischer Fehler bei Subtraktion, Multiplikation und Division im Vergleich der verschiedenen Schulformen weiterführender Schulen. Im Vergleich zeigen sich für alle drei Operationen erhebliche Unterschiede hinsichtlich der Häufigkeit, mit der systematische Fehler in einzelnen Klassen auftreten. Im Vergleich zu früheren Untersuchungen zeigt sich insofern neben

Tabelle 13.1: Prozentuale Häufigkeit des Auftretens systematischer Fehler in verschiedenen Klassen und Schulformen

| | **Subtraktion** | | | **Multiplikation** | | | **Division** | | |
|---|---|---|---|---|---|---|---|---|---|
| | **M** | **Min** | **Max** | **M** | **Min** | **Max** | **M** | **Min** | **Max** |
| **Hauptschule** | 73 | 53 | 92 | 37 | 19 | 67 | 22 | 0 | 45 |
| **Realschule** | 69 | 38 | 82 | 37 | 10 | 82 | 24 | 6 | 60 |
| **Gymnasium** | 29 | 0 | 50 | 10 | 0 | 32 | 25 | 9 | 38 |

[18] [Bathelt u. a. 1986, S. 29-44]

[19] [Beckmann2000]

der Zunahme der Häufigkeit von systematischen Fehlern auch eine Vergrößerung der Spannweite ihrer Auftretenshäufigkeit.

## 13.5 Schülerfehler, mathematisches Verstehen und schulischer Unterricht

Die vorgestellten Ergebnisse machen unabhängig von der spezifischen Betrachtung systematischer Fehler deutlich, dass es um die mathematischen Grundkenntnisse deutscher Schülerinnen und Schüler nicht gut bestellt ist. Elementare arithmetische Fähigkeiten erfolgreich zu vermitteln kann für das deutsche Schulwesen nicht in Anspruch genommen werden, wenn knapp ein Drittel aller Aufgaben zur Subtraktion, Multiplikation und Division von deutschen Fünft- und Sechstklässlern fehlerhaft gelöst wird. Es liegt ein Vermittlungsdefizit vor, das in der Grundschule seinen Anfang nimmt und den Mathematikunterricht der weiterführenden Schule belastet. So ist für diejenigen Schülerinnen und Schüler, die bereits basale Fähigkeiten nur eingeschränkt beherrschen, das Verstehen komplexer Zusammenhänge und selbstständiges mathematisches Arbeiten kaum noch möglich. Insofern unterstreichen bereits die Ergebnisse der undifferenzierten Fehleranalyse die Notwendigkeit einer Verbesserung der Vermittlung elementarer mathematischer Kenntnisse und Kompetenzen sowie einer besseren Förderung von Schülerinnen und Schülern mit niedrigen mathematischen Kompetenzen.[20]

Darüber hinaus weist das häufige Auftreten systematischer Fehler beim Subtrahieren darauf hin, dass insbesondere unzutreffende Vorstellungen hinsichtlich der Anordnung von Zahlen eine wichtige Ursache für Schwierigkeiten beim Rechnen bilden, in deren Folge die Struktur der dezimalen Anordnung von Zahlen nicht adäquat genutzt wird.[21] Hierfür sprechen auch die Positions- und Übertragsfehler der Multiplikation sowie die Fehler der Division beim Herunterholen von zwei Ziffern bzw. beim Rechnen mit Rest. Deren systematisches Auftreten lässt den Rückschluss zu, dass die jeweiligen Schülerinnen und Schüler das Arbeiten im Dezimalsystem nicht ausreichend geübt und nicht genügend verstanden haben, so dass sie beim Rechnen subjektiven Regeln folgen, die häufig funktionieren, aber in der Sache falsch sind.

Dass es häufig nicht gelingt, Schülerinnen und Schülern in der Grundschule ein Verständnis für elementare mathematische Operationen und damit verbunden für das Stellenwertsystem zu vermitteln, ist umso bemerkenswerter, als dass es durchaus methodische Vorgehensweisen und didaktische Konzepte gibt, die an den diagnostizierten Mängeln ansetzen. So erscheinen nach [Padberg2005] gerade Klecksaufgaben wie zum Beispiel $\Box 4 \Box - 1 \Box 9 = 256$, bei denen fehlende Ziffern bestimmt werden müssen, gut geeignet um das Verständnis für das Stellenwertsystem zu vertiefen. Hilfreich für die Reduktion systematischer Fehler erweisen sich auch Übungen zum Rechnen in nichtdezimalen Stellenwertsystemen mit kleinen nichtdezimalen Basen.[22] Auch liegen moderne Unterrichtskonzepte vor, die für die Prävention und Intervention von systematischen Fehlern sinnvoll erscheinen. Hierzu zählt etwa das Konzept ‚Rechnen durch Handeln‘ nach [Rödler2006a] und in diesem Band, das zur Vermittlung zentraler Zahlaspekte wie dem

[20] [Walther u. a. 2004, S. 117-140], [Frey u. a. 2007, S. 249-276]

[21] [Rödler2006b, S. 59-67]

[22] [Henke2001]

Stellenwertsystem und den Mengeneigenschaften auf gestufte Rechenmittel in einem handlungsorientierten Unterricht zurückgreift. Doch bereits die historisch-philosophische Analyse macht Grundsätze klar, die für die Gestaltung von Lehr-Lern-Arrangements und den Umgang mit Fehlern sinnvoll wären. So ergibt sich die Forderung nach einem Unterricht, in dem die Individualdiagnose von Fehlern unmittelbar mit der weiteren Gestaltung des Lernprozesses verbunden ist, schon aus den Überlegungen Platons und Bacons. In der Praxis würde dies aber bedeuten, dass Lehrer diagnostisch geschult wären und Zeit hätten, individuelle Fehler nicht nur zu notieren, sondern auch ihren Ursachen nachzugehen. Dass Schülerinnen und Schüler von einer solchen Unterrichtspraxis erheblich profitieren, ist in unterschiedlichen Zusammenhängen gut dokumentiert.[23] Der heutigen Praxis einer Test- und Beurteilungskultur, die sich nicht einer Individualdiagnose verpflichtet sieht, sondern die auf das Messen und Vergleichen der Leistungsstände von Schülergruppen abzielt, stehen solche Grundsätze aber diametral entgegen.

Insofern lassen die Befunde zur Häufigkeit systematischer Fehler nur den Schluss zu, dass einerseits bewährte Konzepte der Didaktik die pädagogische Praxis in der Breite nicht erreichen und sich andererseits Vorgehensweisen der aktuellen Praxis bei einer kritischen Prüfung nicht bewähren. Unter diesem Aspekt ist auch die im Vergleich zu früheren Untersuchungen[24] noch größer gewordene Divergenz der Häufigkeit des Auftretens systematischer Fehler im Klassenvergleich von eklatanter Bedeutung. Dass selbst innerhalb der Schulformen der Hauptschule, der Realschule und des Gymnasiums enorm große Unterschiede hinsichtlich des Anteils von Schülerinnen und Schüler, die bei elementaren schriftlichen arithmetischen Operationen systematische Fehler begehen, herrschen, macht deutlich, dass es sowohl Lehrerinnen und Lehrer gibt, durch deren Unterricht systematische Fehler so gut wie gar nicht auftreten, während systematische Fehler bei anderen Lehrkräften fast zur Regel werden. Dies zeigt zumindest, dass die entsprechenden Anforderungen im Unterricht nicht ausreichend behandelt werden,[25] legt aber auch nahe, dass bestimmte methodische Vorgehensweisen durchaus spezifische systematische Fehler nach sich ziehen können.[26] Umso wichtiger erscheint es daher, methodisch-didaktische Konzepte weiter zu entwickeln und hinsichtlich ihrer Wirksamkeit kritisch auf die Probe zu stellen[27] sowie Forschungsergebnisse aus den Bereichen Mathematikdidaktik, Unterrichtsforschung und Pädagogische Psychologie mit Lehreraus- und -weiterbildung und der unmittelbaren pädagogischen Arbeit in Schulen noch wesentlich stärker zu verzahnen.[28]

# Literatur

[Bathelt u. a. 1986] Bathelt, J.; Post, S.; Padberg, F. (1986): Über typische Schülerfehler bei der schriftlichen Division natürlicher Zahlen. Der Mathematikunterricht, 32.

[Beckmann2000] Beckmann, D. (2000): Schriftliche Division – eine empirische Untersuchung auf der Grundlage des „Welt der Zahl"– Konzeptes. Bielefeld: Universität Bielefeld.

[23] z. B. [Mosteller1995, S. 113-127], [Keldenich2008, S. 163-178]

[24] [Padberg2005]

[25] [Gerster1984, S. 56-74], [Radatz1985]

[26] [Padberg2005]

[27] [Röhr-Sendlmeier2007, S. 1-15]

[28] [Jahnke2001, S. 22-26], [Käser2004]

[Cox1975] Cox, L. S. (1975): Systematic Errors in the Four Vertical Algorithms in Normal and Handicapped Populations. Journal for Research in Mathematics Education, 6, S. 202-220.

[Duckworth1972] Duckworth, E. (1972):Piaget rediscovered. In: Ripple, R.E.; Rockcastle, V.N. (Hrsg.): Piaget rediscovered: A report of the Conference on Cognitive Studies and Curriculum Development, March 1964. 2. Auflage. Ithaca: Cornell University.

[Frey u. a. 2007] Frey, A.; Asseburg, R.; Carstensen, C. H.; Ehmke, T.; Blum, W. (2007): Mathematische Kompetenz. In: Prenzel, M.; Artelt, C.; Baumert, J.; Blum, W.; Hammann, M.; Klieme, E.; Pektrun, R. (Hrsg.): PISA 2006. Die Ergebnisse der dritten internationalen Vergleichsstudie. Münster, New York, München, Berlin: Waxmann.

[Friedländer1957] Friedländer, P. (1957): Platon. Band II. Die platonischen Schriften. Erste Periode. 2. Auflage. Berlin: de Gruyter

[Führer2004] Führer, L. (2004): Fehler als Orientierungsmittel. Vom respektvollen Umgang mit Fehlleistungen. Mathematik lehren, 125.

[Gerster1982] Gerster, H.-D. (1982): Schülerfehler bei schriftlichen Rechenverfahren – Diagnose und Therapie. Freiburg: Herder.

[Gerster1984] Gerster, H.-D. (1984): Lerndefizite als Folge von Lehrdefiziten? – Erfahrungen aus der Analyse von Schülerfehlern bei den schriftlichen Rechenverfahren. In: Lorenz, J. H. (Hrsg.): Lernschwierigkeiten: Forschung und Praxis. Köln: Aulis.

[Gerster2003] Gerster, H.-D. (2003): Probleme und Fehler bei den schriftlichen Rechenverfahren. In: Fritz, A.; Ricken, G.; Schmidt, S. (Hrsg.): Handbuch Rechenschwäche – Lernwege, Schwierigkeiten und Hilfen bei Dyskalkulie. Weinheim: Beltz.

[GinsburgOpper1998] Ginsburg, H. P.; Opper, S. (1998): Piagets Theorie der geistigen Entwicklung. 8. Auflage. Stuttgart: Klett-Cotta.

[vonGlasersfeld2005] Glasersfeld, E. v. (2005): Was heißt ‚Lernen' aus konstruktivistischer Sicht? In: Voß, R. (Hrsg.). Unterricht aus konstruktivistischer Sicht. Die Welten in den Köpfen der Kinder. 2. Auflage. Weinheim, Basel: Beltz.

[GuldimannZutavern1999] Guldimann, T.; Zutavern, M. (1999): „Das passiert uns nicht noch einmal!"– Schülerinnen und Schüler lernen gemeinsam den bewußten Umgang mit Fehlern. In: Althof, W. (Hrsg.): Fehlerwelten. Vom Fehlermachen und Lernen aus Fehlern. Opladen: Leske & Budrich.

[Henke2001] Henke, B. N. (2001): Schriftliche Subtraktion – eine empirische Untersuchung auf der Grundlage des Zahlenbuchkonzeptes. Bielefeld: Universität Bielefeld.

[HinneyMenzel1998] Hinney, G.; Menzel, W. (1998): Didaktik des Rechtschreibens. In: Lange, G., Neumann, K.; Ziesenis, W. (Hrsg.): Taschenbuch des Deutschunterrichts. Bd 1. 6. Auflage. Baltmannsweiler: Schneider.

[Jahnke2001] Jahnke, J. (2001): Phasenübergreifende Lehrerausbildung – welche Aufgaben haben die Studienseminare? In: Fraktion Bündnis 90 / Die Grünen im Landtag Nordrhein Westfalen (Hrsg.): Lehramtsausbildung – Illusionen ohne Ende? Modelle für einen Neuanfang. Dokumentation der Veranstaltung vom 21. August 2001. Düsseldorf: Fraktion Bündnis 90 / Die Grünen im Landtag Nordrhein-Westfalen.

[Käser2004] Käser, U. (2004): Didaktische Modelle mathematisch-naturwissenschaftlichen Unterrichts und ihre Umsetzung in der Unterrichtswirklichkeit. [WWW-Dokument]. Verfügbar unter: `http://hss.ulb.uni-bonn.de/diss_online/phil_fak/2004/kaeser_udo/`

[Keldenich2008] Keldenich, A. (2008): Lernsoftware als pädagogisches Instrument im Mathematikunterricht. In: Käser, U. (Hrsg.): Lernen mit dem Computer. Berlin: Logos.

[Kieweg2007] Kieweg, W. (2007): Fehler erkennen – Fehler vermeiden. Unterricht Englisch, 88.

[Knapp-Potthoff1987] Knapp-Potthoff, A. (1987): Fehler aus spracherwerblicher und sprachdidaktischer Sicht. Englisch-Amerikanische Studien, 2.

[Kordes1993] Kordes, H. (1993): Aus Fehlern lernen. Fremdsprachen Lehren und Lernen, 22.

[Krohn2006] Krohn, W. (2006): Francis Bacon. 2. Auflage. München: Beck.

[Mosteller1995] Mosteller, F. (1995: The Tennessee study of class size in the early school grades. The Future of Children: Critical Issues for Children and Youths, 5.

[Padberg1987] Padberg, F. (2005): Didaktik der Arithmetik für Lehrerausbildung und Lehrerfortbildung. 3. Aufl. München: Spektrum.

[Padberg2005] Padberg, F. (2005): Didaktik der Arithmetik für Lehrerausbildung und Lehrerfortbildung. 3. Aufl. München: Spektrum.

[Radatz1985] Radatz, H. (1985): Möglichkeiten und Grenzen der Fehleranalyse im Mathematikunterricht. Der Mathematikunterricht, 31, S. 18-24.

[Risel2008] Risel, H. (2008): Arbeitsbuch Rechtschreibdidaktik. Hohengehren: Schneider

[Rödler2006a] Rödler, K. (2006): Erbsen, Bohnen, Rechenbrett: Denken durch Handeln. Seelze: Kallmeyer.

[Rödler2006b] Rödler, K. (2006): Rechnen mit konkreten Zahlen – Neue Vorschläge für einen fördernden und differenzierenden Rechenunterricht. Behindertenpädagogik, 45.

[Röhr-Sendlmeier2007] Röhr-Sendlmeier, U. M. (2007): Evaluation der Frühförderung. In: Röhr-Sendlmeier, U. M. (Hrsg.): Frühförderung auf dem Prüfstand. Die Wirksamkeit von Lernangeboten in Familie, Kindergarten und Schule. Berlin: Logos.

[Roth u. a. 1980] Roth, E.; Oswald, W. D.; Daumelang, K. (1980): Intelligenz. Aspekte, Probleme, Perspektiven. 4. Auflage. Stuttgart: Kohlhammer.

[Schumacher2008] Schumacher, R. (2008): Der produktive Umgang mit Fehlern. Fehler als Lerngelegenheit und Orientierungshilfe. In: Caspary, R. (Hrsg.): Nur wer Fehler macht, kommt weiter. Wege zu einer neuen Lernkultur. Freiburg, Basel, Wien: Herder.

[Spychiger2008] Spychiger, M. (2008): Lernen aus Fehlern und Entwicklung von Fehlerkultur. In: Caspary, R. (Hrsg.): Nur wer Fehler macht, kommt weiter. Wege zu einer neuen Lernkultur. Freiburg, Basel, Wien: Herder.

[ThiemannPadberg2002] Thiemann, K.; Padberg, F. (2002): Alles noch beim Alten? Eine vergleichende Untersuchung über typische Fehlerstrategien bei der schriftlichen Multiplikation. Sache, Wort, Zahl, 30.

[Thomé1999] Thomé, G. (1999): Orthographieerwerb. Qualitative Fehleranalyse zum Aufbau der orthographischen Kompetenz. Frankfurt am Main: Lang.

[ThoméEichler2000] Thomé, G.; Eichler, W. (2000): Über unterschiedliche Lernwege im Orthographieerwerb. Innere Regelbildung im Orthographieerwerb. Grundschule, 32.

[Walther u. a. 2004] Walther, G.; Geiser, H.; Langeheine, R.; Lobemeier, K. (2004): Mathematische Kompetenzen am Ende der vierten Jahrgangsstufe in einigen Ländern der Bundesrepublik Deutschland. In: Bos, W.; Lankes, E.-M.; Prenzel, M.; Schwippert, K.; Valtin, R.; Walther, G. (Hrsg.): IGLU. Einige Länder der Bundesrepublik Deutschland im nationalen und internationalen Vergleich. Münster, New York, München, Berlin: Waxmann.

[Weinert1999] Weinert, F. E. (1999): Aus Fehlern lernen und Fehler vermeiden lernen. In: Althof, W. (Hrsg.). Fehlerwelten. Vom Fehlermachen und Lernen aus Fehlern. Opladen: Leske & Budrich, S. 101-110.

[Wenzel2004] Wenzel, T. (2004): FMM – Frequently Made Mistakes. `http://www.twenzel.de`. (Aktualisierung: 1. Juni 2010)

[Weingardt2004] Weingardt, M. (2004): Fehler zeichnen uns aus. Transdisziplinäre Grundlagen zur Theorie und Produktivität des Fehlers in Schule und Arbeitswelt. Bad Heilbrunn / Obb.: Klinkhardt.

[Weisberg1989] Weisberg, R.W. (1989): Kreativität und Begabung. Was wir mit Mozart, Einstein und Picasso gemeinsam haben. Heidelberg: Spektrum der Wissenschaft.

[Wieland1999] Wieland, W. (1999): Platon und die Formen des Wissens. 2. Auflage. Göttingen: Vandenhoeck & Ruprecht.

# 14 Wie verstehen Schülerinnen und Schüler den Begriff der Unendlichkeit?

TABEA SCHIMMÖLLER

*„The infinite! No other question has ever moved so profoundly the spirit of man; no other idea has so fruitfully stimulated his intellect; yet no other concept stands in greater need of clarification than that of the infinite...“*[1]

Wie Hilbert bereits feststellte, wirkt die Idee der Unendlichkeit, wie keine andere, schon seit Zeiten sehr anregend und fruchtbar auf den Verstand und bewegt das Gemüt der Menschen. Der Begriff der Unendlichkeit bedarf aber auch, wie kein anderer, der Aufklärung, denn mit ihm eröffnet sich ein weites Feld, welches nicht nur aus vielen verschiedenen Definitionen besteht, sondern auch aus völlig unterschiedlichen Disziplinen. Physiker suchen immer dringender nach einer „Theorie für Alles“ oder einer „Weltformel“, Kosmologen beschäftigen sich unter anderem mit der Ewigkeit des Universums, Theologen interessiert eher die Unendlichkeit Gottes, Philosophen diskutieren unter anderem Grenzfragen zwischen Naturwissenschaft und Philosophie und die Mathematiker versuchen den Paradoxien des Unendlichen einen Sinn zu geben.[2] Und so wird ersichtlich, dass nichts abstrakter ist als das Unendliche: Obwohl die Unendlichkeit für die unterschiedlichsten Wissenschaften von großer Bedeutung ist, „[ist] in der Wirklichkeit das Unendliche nirgends zu finden, [egal] was für Erfahrungen und Beobachtungen und welcherlei Wissenschaft wir auch heranziehen“[3].

In meinem Promotionsvorhaben steht der Unendlichkeitsbegriff in der Mathematik bzw. Mathematikdidaktik im Vordergrund, wobei das Hauptaugenmerk auf das Verstehen dieses Begriffs gelegt wird.

## 14.1 Relevanz des Themas

Besonders in der Mathematik ist die Unendlichkeit von zentraler Bedeutung. Weyl bezeichnet sie sogar als „Wissenschaft von der Unendlichkeit“[4]. Angefangen beim Zählen in der Grundschule bis hin zur Grenzwertberechnung in der gymnasialen Oberstufe tritt die Unendlichkeit immer wieder zu Tage und findet sich folglich auch in den Inhalten des Mathematikunterrichts wieder. Obwohl der Unendlichkeit in der Mathematik eine besondere Rolle zukommt, muss aber dennoch festgestellt werden, dass sie im Unterrichtsgeschehen selten bzw. gar nicht auftaucht und

[1] David Hilbert, zit. nach [Maor1987, S. VII]
[2] vgl. [Barrow2006, S. 11ff.]
[3] David Hilbert, zit. nach [Wallace2003, S. 30]
[4] [Weyl1966, S. 89]

weder in den Bildungsstandards für den Mittleren Schulabschluss noch in dem Kerncurriculum des Fachs Mathematik für die Realschule explizit erwähnt wird.[5] Dessen ungeachtet lassen sich jedoch in beiden Richtlinien Aspekte finden, die sowohl das Verständnis von mathematischen Begriffen als auch mathematische Inhalte hervorheben, die mit Unendlichkeitsaspekten einhergehen. So wird in den Bildungsstandards für den Mittleren Schulabschluss zunächst allgemein als Beitrag des Fachs Mathematik zur Bildung formuliert, dass „die Schüler/innen Mathematik mit ihrer Sprache, ihren Symbolen, Bildern und Formeln in der Bedeutung für die Beschreibung und Bearbeitung von Aufgaben und Problemen inner- und außerhalb der Mathematik kennen und begreifen sollen".[6] Weiterhin wird angesprochen, dass „bei der Auseinandersetzung mit mathematischen Inhalten sachgebietsübergreifendes, vernetzendes Denken und Verständnis grundlegender mathematischer Begriffe erreicht werden soll"[7].

Im Kerncurriculum des Fachs Mathematik für die Realschule werden zudem innerhalb des inhaltsbezogenen Kompetenzbereichs „Zahlen und Operationen"[8] direkt Themen und Erwartungen an die Schülerinnen und Schüler aufgeführt, die implizit Unendlichkeitsaspekte, wie bspw. die Zahlbereichserweiterung, das Darstellen von Zahlen auf der Zahlengeraden oder das Rechnen mit Dezimalbrüchen, beinhalten.[9] Zudem wird in diesem Kompetenzbereich konkretisiert, dass „ein vorstellungsgestützter Zahlbegriff und sicheres Operieren im jeweiligen Zahlbereich Grundlage des Kompetenzerwerbs in vielen Kompetenzbereichen sind und im täglichen Leben ständig benötigt werden"[10]. Festzuhalten bleibt, dass weder in den Bildungsstandards noch im Kerncurriculum explizit vom Unendlichkeitsbegriff gesprochen wird, dennoch aber Erwartungen genannt werden, die ein Verständnis dieses implizieren.

Betrachtet man zudem die Unendlichkeit außerhalb der Rahmenrichtlinien, so lässt sich erkennen, dass von ihr an sich auch eine Faszination ausgeht, die für uns endliche Menschen ein Erlebnis besonderer Art ist. Und vor allem die Mathematik bietet, im Gegensatz zum alltäglichen Leben, eine Gelegenheit mit der Unendlichkeit umzugehen.

## 14.2 Verstehen

Um zu ergründen, wie Schülerinnen und Schüler den Begriff der Unendlichkeit verstehen, muss zunächst „das Verstehen" an sich näher beleuchtet werden. Ab wann kann man davon sprechen, dass etwas „verstanden" wurde? Und ab wann kann man davon sprechen, dass ein Schüler bzw. eine Schülerin dann einen (mathematischen) Begriff „verstanden" hat?

„Verstehen" kann als ein komplexer kognitiver Prozess betrachtet werden, mit dem „allgemein das Erfassen bzw. Begreifen von Sachverhalten und Zusammenhängen jeglicher Art [gemeint ist] und [welcher auch] genauer als das Erfassen von Bedeutungs- bzw. Sinnzusammenhängen

[5] Im weiteren Verlauf beziehe ich mich nur auf die Bildungsstandards für den Mittleren Schulabschluss und das Kerncurriculum für das Fach Mathematik für Realschulen in Niedersachsen, da diese aufgrund der durchgeführten empirischen Erhebung in Realschulen relevant sind.

[6] [KMK Bildungsstandards 2003, S. 9]

[7] ibid.

[8] Ich beziehe mich nur auf diesen Kompetenzbereich, da dieser für die durchgeführte empirische Untersuchung relevant ist.

[9] [NK2006, S. 26]

[10] ibid. [S. 27]

bestimmt wird“[11]. Eine weitere Definition, in der Verstehen als die Fähigkeit beschrieben wird, „sich etwas hinreichend zu einem Begriff vorzustellen“[12], rückt hingegen einen neuen Aspekt in den Vordergrund.

Nach Vollrath (2001) lässt sich das Verstehen eines mathematischen Begriffs durch typische Kenntnisse und Fähigkeiten beschreiben. „Lernende haben einen mathematischen Begriff verstanden, wenn sie

- die Bezeichnung des Begriffs kennen,
- Beispiele angeben und wenn sie begründen können, weshalb es sich um ein Beispiel handelt
- Begründen können, weshalb etwas nicht unter einen Begriff fällt
- Oberbegriffe, Unterbegriffe und Nachbarbegriffe kennen
- charakteristische Eigenschaften des Begriffs kennen.“[13]

Auch Weigand (2009) formuliert, dass das Verstehen eines Begriffs weit mehr als nur die Kenntnis einer Definition beinhaltet. So gehört nach ihm zum Begriffsverständnis insbesondere, „dass Lernende

- Vorstellungen über Merkmale oder Eigenschaften eines Begriffs und deren Beziehungen untereinander entwickeln, also Vorstellungen über den Begriffsinhalt aufbauen,
- einen Überblick über die Gesamtheit aller Objekte erhalten, die unter einem Begriff zusammengefasst werden, also Vorstellungen über den Begriffsumfang entwickeln und
- Beziehungen des Begriffs zu anderen Begriffen aufzeigen können, also Vorstellungen über das Begriffsnetz ausbilden“[14].

So ist nach Weigand das Ziel der Begriffsbildung „der Aufbau angemessener Vorstellungen über den Begriff, der Erwerb von Kenntnissen über Eigenschaften und deren Beziehungen sowie Aneignungen von Fähigkeiten im Zusammenhang mit dem Begriff“[15].

Anhand der von Vollrath als auch der von Weigand dargestellten Aspekte zum Begriffsverständnis wird deutlich, dass eine Vielzahl von Faktoren beim Analysieren des Unendlichkeitsverständnisses betrachtet werden müssen, um anschließend Aussagen darüber treffen zu können.

## 14.3 Forschungsstand

In wichtigen einschlägigen Arbeiten wurden bereits verschiedene Aspekte des Unendlichkeitsbegriffs untersucht. So beschäftigten sich Pietzsch (1967) und Neumann (1997) mit dem Aspekt des unendlich Kleinen bzw. mit Schülervorstellungen bezüglich der Dichtheit von Bruchzahlen; Tall (1977) und Winter (2000) untersuchten hingegen den Unendlichkeitsbegriff im Zuge der Grenzwertberechnung bzw. im Zusammenhang mit unendlich periodischen Dezimalbrüchen; Piaget & Inhelder (1971), die Arbeitsgruppe um Fischbein (1979) und Marx (2006) befassten sich dagegen mit Schülervorstellungen zu unendlichen Prozessen.

[11] [RegenbogenMeyer2005, S.453]
[12] [Eisler1930, S. 414]
[13] [Vollrath2001, S. 50]
[14] [Weigand u. a. 2009, S. 99]
[15] [ibid., S. 100]

Bereits Pietzsch (1967) erforschte in einer 10. Klasse der Polytechnischen Oberschule der ehemaligen DDR den Aspekt des unendlich Kleinen mittels der Frage nach einem Nachfolger der Zahl $0,17$ im Bereich der reellen Zahlen. Diese wurde nur von einem geringen Prozentsatz richtig beantwortet und 75% der Befragten gaben $0,18$ oder $0,171$ als Nachfolger an, sodass deutlich wird, dass in diesem Bereich noch erhebliche Unklarheiten bestehen.[16]

Neumann (1997) dagegen beschäftigte sich mit Schülervorstellungen bezüglich der Dichtheit von Bruchzahlen, welche er anhand von 411 Probanden der 7. Jahrgangsstufe in Gesamtschulen untersuchte. Die Schülerinnen und Schüler wurden unter anderem aufgefordert einen Dezimalbruch zwischen ein Drittel und zwei Drittel (Item 45) und einen gemeinen Bruch zwischen $0,3$ und $0,6$ (Item 46) zu nennen. Nur 10% der Probanden gaben bei Item 45 eine richtige Antwort, 18% bei Item 46. Neumann führt dieses Ergebnis darauf zurück, dass viele Schüler glauben, dass es zwischen ein Drittel und zwei Drittel keinen Dezimalbruch geben kann, weil die Zahl 2 der direkte Nachfolger der Zahl 1 ist. Weitere mögliche Ursachen können sein, dass die Aufgabe für viele Schüler zu schwer ist, so dass sie einfach raten oder dass die Schüler in Dezimalbrüchen und in gemeinen Brüchen zwei verschiedene Arten von Zahlen sehen, die nicht miteinander in Beziehung stehen.[17]

Tall wiederum beschäftigte sich 1977 im Zuge der Grenzwertberechnung mit dem Unendlichkeitsbegriff. In einer Befragung von Studierenden der Anfangssemester in Mathematik stellte er einen erheblichen Unterschied in der Beantwortung der Frage nach dem Ergebnis von

$$\lim_{n \to 0} \left(1 + \frac{9}{10} + \frac{9}{100} + \ldots + \frac{9}{10^n}\right) = ?$$

und der Frage ob $0,9999\ldots$ gleich, kleiner oder größer als 1 ist fest. So wurde die zweite Frage erheblich schlechter beantwortet als die erste, welches durch die Dominanz und Langlebigkeit intuitiver Vorstellungen erklärt werden kann, da die Frage in Zusammenhang mit einer verstandenen Grenzwertdefinition steht.[18]

Winter (2000) griff die Problematik bezüglich periodischer Dezimalbrüche nochmals in einem Fragebogen an 72 Lehramtsstudierende der Mathematik auf.

Mittels zweier Fragen (Ist $0,\bar{9} = 1$? und Ist $0,\bar{3} = \frac{1}{3}$?) stellte er fest, dass der Umgang mit periodischen Dezimalbrüchen von widersprüchlichen Vorstellungen geleitet ist. So wurde die zweite Frage mit großer Sicherheit richtig beantwortet, während die eigentlich logisch konsequente Übertragung dieses Faktums auf das Dreifache dieser Zahl nicht akzeptiert wird.[19]

Von Piaget & Inhelder wurde zudem 1971 die Fähigkeit zur Vorstellung von unbegrenzt fortführbaren Prozessen bei Kindern verschiedener Altersstufen (4-12 Jahre) untersucht. Dafür sollten die Kinder geometrische Figuren fortgesetzt teilen, verkleinern und vergrößern, sowie die Form von „letzten" Elementen und die Umkehrbarkeit dieser Prozesse erklären. Dabei ergab sich, dass Kinder erst auf der Stufe der formalen Operationen (10-12 Jahre) in der Lage sind, eine potentiell unendliche Folge von Objekten zu konstruieren.[20] Aufbauend auf diesen Untersuchungen erforschte die Arbeitsgruppe um Fischbein 1979 durch eine Befragung von Schülerinnen und

[16] vgl. [BeutelspacherWeigand2002, S. 8]
[17] vgl. [Neumann1997, S. 111]
[18] vgl. [BeutelspacherWeigand2002, S. 8]
[19] vgl. [Winter2000, S. 38f.]
[20] vgl. [PiagetInhelder1971, S. 160ff.]

Schülern im Alter von 10 bis 16 Jahren die intuitiven Grundlagen eines potentiellen und aktualen Unendlichkeitsbegriffs. Die Probanden sollten unter anderem den Prozess der fortgesetzten Streckenteilung bei verschieden langen Strecken und die Mächtigkeit zweier unendlicher Mengen miteinander vergleichen. Die Ergebnisse zeigten, dass die Mehrzahl der getesteten Probanden aller Altersstufen durchaus fähig waren, die grundlegende Idee von unendlichen Prozessen im potentiell unendlichen Sinn nachzuvollziehen, jedoch diese Vorstellungen nicht ausreichen, um auch die Frage nach dem Vergleich unendlicher Mengen zu beantworten.[21]

Auch Marx (2006) beschäftigte sich mit Schülervorstellungen zu unendlichen Prozessen, indem er Interviews mit Schülerinnen und Schülern der 10. Klasse eines Gymnasium führte, bei denen zum einen eine geometrische Aufgabe zur Grenzwertberechnung und zum anderen ein Zahlenrätsel zu periodischen Dezimalbrüchen als Gesprächsgrundlage diente. In dieser Untersuchung stellte er fest, dass die Schülerinnen und Schüler zwar einen phantasievollen und kreativen Umgang mit unendlichen Prozessen pflegen, merkt aber kritisch an, dass für diesen Umgang mit unendlichen Prozessen geeignete Mittel fehlen um solche Prozesse zu beschreiben. Marx zufolge mangelt es bei den Schülerinnen und Schülern an einem „ausgeschärften Verständnis von Zahlen“ und auch die Vorstellungen zur Unendlichkeit, welche ein differenziertes Verständnis von den beiden Aspekten potentiell[22] und aktual[23] unendlich beinhaltet, sind defizitär. Er erachtet es weiterhin als notwendig, dass als Grundlage für die Beschreibung unendlicher Prozesse zunächst eine genauere Beschreibung des Begriffs „unendlich“ erfolgen, sowie auf die beiden unterschiedlichen Aspekte von Unendlichkeit eingegangen werden muss und die Beziehung des Begriffs zur Mathematikwelt und Außenwelt herausgearbeitet wird.[24]

Anhand der hier genannten Arbeiten wird deutlich, dass der Unendlichkeitsbegriff durch seine Vielschichtigkeit ein sehr schwer zu fassender Ausdruck ist und die Vorstellungen der Probanden über die Unendlichkeit auffallend defizitär sind. Jedoch muss an dieser Stelle auch kritisch angemerkt werden, dass insgesamt nur wenige Studien existieren, die sich mit dem Phänomen der Unendlichkeit auseinandersetzen und dass diese, mit der Ausnahme von Marx, wenig aktuell sind. Zudem konzentrieren sich viele Untersuchungen auf einzelne Unendlichkeitsaspekte und auf die Begegnung mit der Unendlichkeit in der Sekundarstufe II bzw. im Studium.

Unter Berücksichtigung der hier vorgestellten Untersuchungen kristallisierte sich mein Promotionsvorhaben im Fach Mathematikdidaktik heraus. Innerhalb diesem soll unter anderem untersucht werden, wie Schülerinnen und Schüler den Begriff der Unendlichkeit verstehen, welche individuellen Vorstellungen sie vom Unendlichkeitsbegriff haben und inwieweit sie ihr Verständnis und ihre Vorstellungen auf mathematische Inhalte transferieren können. Weiterhin ist zu klären, ob sich das Verstehen des Begriffs der Unendlichkeit durch eine pädagogische Intervention beeinflussen lässt bzw. inwieweit die Schülerinnen und Schüler in der Lage sind, einen völlig neuen und eventuell für sie paradoxen Unendlichkeitsaspekt aufzunehmen.

[21] vgl. [BeutelspacherWeigand2002, S. 8]

[22] ein Prozess, der zwar unbegrenzt wiederholt werden kann, der jedoch zu jedem beliebigen Zeitpunkt nur aus einer endlichen Anzahl von Schritten besteht (vgl. [Maor1987, S. 53f.])

[23] ein Prozess, bei dem bereits zu jedem beliebigen Zeitpunkt unendlich viele Wiederholungen vorangegangen sind (vgl. [Maor1987, S. 53f.])

[24] vgl. [Marx2006, S. 117ff.]

## 14.4 Untersuchungsdesign

Da der Begriff der Unendlichkeit in so unterschiedlichen Teilgebieten der Mathematik zentral ist, musste ich für mein Promotionsvorhaben zunächst eine Eingrenzung vornehmen, welches durch die Fokussierung auf die Unendlichkeitsaspekte innerhalb der Zahlbereiche der natürlichen, ganzen und rationalen Zahlen geschehen ist.

Um zu ermitteln, was Schülerinnen und Schüler unter dem Begriff der Unendlichkeit verstehen und was sie mit ihm verbinden, wurde innerhalb des Promotionsvorhabens auf eine empirische Untersuchung zurückgegriffen, welche sich aus vier Phasen zusammensetzte: Standortbestimmung 1 (SOB1), pädagogische Intervention, Standortbestimmung 2 (SOB2) und Follow-Up-Test. Als Probanden wurden insgesamt vier Gruppen gewählt, welche wiederum in zwei Untersuchungsstränge, zum einen in die Experimental- (EG), zum anderen in die Kontrollgruppe (KG), unterteilt wurden. Diese Probandengruppen setzten sich, entsprechend der im Vorfeld gemachten Eingrenzung auf Unendlichkeitsaspekte innerhalb der Zahlbereiche der natürlichen, ganzen und rationalen Zahlen, aus Schülerinnen und Schüler der achten Jahrgangsstufe der Realschule zusammen, sodass die Untersuchung an insgesamt zwei Realschulen in jeweils zwei achten Klassen des gleichen Jahrganges erfolgte. Zur Standortbestimmung wurde ein Fragebogen ausgearbeitet, um das Verständnis und die Vorstellungen vom Unendlichkeitsbegriff zu erheben. Durch den nun möglichen Vergleich der Ergebnisse von Standortbestimmung 1 und 2 kann weiterhin eine mögliche Veränderung der Auffassung durch die pädagogische Intervention, also den experimentellen Stimulus, festgestellt werden.

<table>
<tr><th></th><th>Gr.</th><th>SOB1</th><th>Päd. Intervention</th><th>SOB2</th><th>Follow-Up-Test</th></tr>
<tr><td rowspan="2">Schule 1</td><td>EG</td><td rowspan="4">Fragebogen</td><td>Unterrichtseinheit</td><td rowspan="4">Fragebogen</td><td rowspan="4">Einzel-interviews</td></tr>
<tr><td>KG</td><td>-</td></tr>
<tr><td rowspan="2">Schule 2</td><td>EG</td><td>Unterrichtseinheit</td></tr>
<tr><td>KG</td><td>-</td></tr>
</table>

| Zeitlicher Überblick | | | | | | | |
|---|---|---|---|---|---|---|---|
| | 1 Tag | 2 Wochen | 1 Woche | 2 Wochen | 1 Tag | 2 Monate | 1-2 Tage |

Der experimentelle Stimulus wurde mit einer Unterrichtseinheit gesetzt, welche für eine Dauer von fünf Unterrichtsstunden konzipiert wurde und als Thematik die „Mächtigkeit von Mengen" beinhaltete. Die Auswahl des Unterrichtsinhaltes erfolgte mit Ziel der nun möglichen Untersuchung, inwieweit die Schülerinnen und Schüler mit einem völlig neuen und eventuell für sie abwegigen Unendlichkeitsaspekt umgehen.

Da das Hauptaugenmerk in diesem Promotionsvorhaben auf den Untersuchungen von Schülervorstellungen und -verständnis zum Unendlichkeitsbegriff liegt, folgte zwei Monate nach der Standortbestimmung 2 ein Follow-Up-Test mit der Durchführung von Interviews, um die Ansichten einzelner Probanden zum Unendlichkeitsbegriff näher zu ergründen und um die Nachhaltigkeit der Intervention zu untersuchen. Als Methode qualitativer Forschung wurde hierbei das problemzentrierte, halbstrukturierte Einzelinterview ausgewählt, welches den Befragten ermöglicht, möglichst frei zu Wort zu kommen, um ein offenes Gespräch zu erzeugen. „Das Interview wählt somit den sprachlichen Zugang, um seine Fragestellung auf dem Hintergrund subjektiver Bedeutungen, vom Subjekt selbst formuliert, zu eruieren.“[25] Im Mittelpunkt des Interviews stand die individuelle Auffassung vom Unendlichkeitsbegriff bzw. lag der Fokus auf ausgewählten Unendlichkeitsaspekten, die in einem Leitfaden zusammengestellt und innerhalb des Interviews erarbeitet wurden. Somit wurde der Interviewte durch einen Leitfaden auf bestimmte Fragestellungen hingelenkt, sollte jedoch offen, ohne Antwortvorgaben, darauf reagieren.[26]

## 14.5 Exemplarische Interpretation

Ergebnisse der Untersuchung liegen noch nicht vor, daher soll durch die Auswahl von vier Fragen aus dem Fragebogen ein erster Einblick in das Datenmaterial gegeben werden. Dazu sollen die Antworten von zwei Schülerinnen bzw. Schülern zu diesen Fragen betrachtet und auf das mögliche Verständnis vom Unendlichkeitsbegriff gedeutet werden.

Die vier Frage- bzw. Aufgabenstellungen beinhalteten: (1) Was verstehst du unter „unendlich“? (2) Nenne ein Beispiel, wo etwas Unendliches vorkommt. (3) Wo findest du in der Mathematik etwas Unendliches? und (4) Wie viele Bruchzahlen gibt es zwischen $\frac{1}{3}$ und $\frac{2}{3}$? Begründe deine Antwort.[27]

Bei der Interpretation der Antworten ist große Vorsicht geboten. Hier wird zur Interpretation nur ein kleiner Ausschnitt aus dem Datenmaterial verwendet, die jeweiligen Antworten müssen bei der tatsächlichen Auswertung nochmals in Relation zum gesamten Datenmaterial gesetzt werden. Weiterhin müssen mögliche Fehlerquellen analysiert werden, so muss unter anderem geprüft werden, inwieweit Schülerinnen und Schüler in der Lage sind, ihre Vorstellungen und Ansichten zu versprachlichen und auch der Fragebogen als Untersuchungsinstrument muss untersucht werden.

Schüler: VICTOR (KG-SOB2)

(1) Was verstehst du unter „unendlich“?
*„Dass es kein Ende gibt, irgendwann fängt alles von vorne an wie so ein Kreis.“*
(2) Nenne ein Beispiel, wo etwas Unendliches vorkommt.
*„Donut, Pizza also die Form hat weder Anfang noch Ende“*
(3) Wo findest du in der Mathematik etwas Unendliches?
*„Ein Kreis, eine 8 und ∞ und Periode.“*
(4) Wie viele Bruchzahlen gibt es zwischen $\frac{1}{3}$ und $\frac{2}{3}$? Begründe deine Antwort.
*„Viele, Begründung $\frac{2}{4}$, $\frac{1}{2}$ usw.“*

[25] [Mayring2002, S. 69]
[26] vgl. [Mayring2002, S. 66f.]
[27] Diese Reihenfolge der Fragen wurde hier aufgrund der Strukturierung gewählt und entspricht nicht der tatsächlichen Reihenfolge aus dem Fragebogen. Die ausgewählten Fragen tauchen im Fragebogen wie folgt auf: (4) → Frage 7, (1) → Frage 12, (3) → Frage 13, (2) → Frage 14

Victor ist der Auffassung, dass etwas unendlich ist, wenn es kein Ende gibt und untermauert dieses mit dem Beispiel eines Kreises, welches er auch als Beispiel für etwas Unendliches in der Mathematik ansieht. Dieses begründet er, indem er etwas Unendliches in den Zusammenhang mit einem Kreislauf bringt („alles fängt von vorne an"). Verfolgt man den Weg auf einer Kreislinie, so hat sie einen Anfangspunkt, sobald der Kreis aber vervollständigt wird und man, wie Victor davon ausgeht, dass es von neuem beginnt, keinen Endpunkt. Als weiteres Beispiel für etwas Unendliches nennt Victor darüber hinaus die Form eines Donuts oder einer Pizza, welche beide durchaus kreisförmiger Natur sein können. Bei der Erwähnung dieser Beispiele gibt er, in Erweiterung der zu (1) genannten Antwort („dass es kein Ende gibt") an, dass etwas Unendliches auch keinen Anfang hat, was bedeuten würde, dass das Unendliche bereits in seiner Vollendung, also im Sinne des Aktual-Unendlichen, vorliegt. Als weitere Beispiele für etwas Unendliches in der Mathematik nennt er weiterhin noch „eine 8, $\infty$ und Periode".

Eventuell ist ihm das Unendlichkeitszeichen bekannt und er verbindet damit den mathematischen Umgang mit der Unendlichkeit oder er betrachtet erneut den Verlauf der Linie der 8 und des Unendlichkeitszeichens als liegende Acht, ähnlich zu der des Kreises. Um beide Figuren zu zeichnen, müsste der Stift nur einmal an- und bräuchte niemals abgesetzt werden.

Auch das Beispiel der Periode unterstützt die Überlegung eines fortlaufenden Prozesses, bei dem „alles von vorne anfängt", d. h. sich Werte in regelmäßigen Abständen wiederholen.

Auf die Frage (4), wie viele Bruchzahlen es zwischen $\frac{1}{3}$ und $\frac{2}{3}$ gibt, antwortet Victor „viele" und nennt „$\frac{2}{4}$, $\frac{1}{2}$ usw." als Begründung.

Zunächst ist festzustellen, dass Victor mit $\frac{1}{2}$ in der Lage ist eine Bruchzahl zwischen den vorgegeben rationalen Zahlen zu nennen und für ihn noch weitere Bruchzahlen innerhalb des vorgegeben Bereichs zu existieren scheinen.

Evtl. ist ihm weiterhin aufgefallen, dass $\frac{2}{4}$ und $\frac{1}{2}$ die gleiche Bruchzahl darstellen, wodurch jedoch nicht geschlussfolgert werden kann, dass ihm auch der Unendlichkeitsaspekt, dass eine Bruchzahl eine Äquivalenzklasse ist, die unendlich viele Brüche beinhaltet, bewusst ist. Schließlich schreibt er, dass es „viele" Bruchzahlen zwischen $\frac{1}{3}$ und $\frac{2}{3}$ gibt, jedoch nicht „unendlich viele". An dieser Stelle wird deutlich, dass die zu dieser Frage gegebene Antwort nicht ausreicht um eine genauere Interpretation vorzunehmen, sodass hier weiteres Datenmaterial herangezogen werden muss.

Schülerin: ANNA (KG-SOB1)

(1) Was verstehst du unter „unendlich"?
*„Dass man die Zahlen nicht mehr lesen kann, so viele Nullen."*
(2) Nenne ein Beispiel, wo etwas Unendliches vorkommt.
*„Straße"*
(3) Wo findest du in der Mathematik etwas Unendliches?
*„Zahlen"*
(4) Wie viele Bruchzahlen gibt es zwischen $\frac{1}{3}$ und $\frac{2}{3}$? Begründe deine Antwort.
*„Weiß ich nicht."*

Anna assoziiert in erster Linie „Zahlen" mit etwas Unendlichem und nennt diese auch als Beispiel für etwas Unendliches in der Mathematik. Würde nur die Antwort der dritten Frage vorliegen, so ließe diese einen zu großen Spielraum für eine genaue Interpretation, da keine weiteren Begründungen oder Erklärungen seitens der Schülerin erfolgen. Durch die Antwort der ersten Frage wird jedoch ein genaueres Bild von dem gezeichnet, was sie mit dem Begriff Zahlen in Verbindung mit dem Unendlichkeitsbegriff meint. Für Anna beginnt Unendlichkeit ab dem Zeitpunkt, ab dem man nicht mehr in der Lage ist, die Zahlen zu lesen, d. h. ein Wort für sie zu finden. Sie konkretisiert die Zahlen zudem auf Zahlen mit „vielen Nullen". Erstaunlicherweise nennt Anna nicht eine Zahl mit vielen Nullen, sondern formuliert es im Plural, was daraufhin deutet, dass Anna eine Art Grenze dort sieht, wo sie die Zahlen nicht mehr benennen kann, es nach dieser Grenze jedoch noch viele weitere Zahlen gibt. Alle Zahlen nach der von ihr gesetzten Grenze sind für sie unendlich. Evtl. ist sie sich sogar bewusst, dass es immer noch eine größere Zahl in dem Sinne gibt, dass immer noch eine weitere Null angehängt werden kann.

Als weiteres Beispiel für etwas Unendliches nennt Anna zudem eine „Straße". Betrachtet man die Länge einer Straße oder die Anzahl aller, so bilden diese Werte sicherlich kein Beispiel für etwas Unendliches. Auch führen Straßen nicht unendlich weit. Dennoch kann auch dieses angegebene Beispiel mit den weiteren Äußerungen Annas in Einklang gebracht werden. Obwohl die Anzahl aller Straßen oder die Länge dieser einen endlichen Wert annehmen, ist dieser auf Anhieb nicht zu bestimmen und kann von Anna evtl. auch nicht mehr benannt werden.

Die gegebene Antwort zu Frage (4) kann vorerst nicht gedeutet werden. Hier muss weiteres Datenmaterial herangezogen werden, um das Verständnis zu diesem Unendlichkeitsaspekt genauer zu interpretieren.

Zusammenfassend kann gesagt werden, dass anhand der hier gegebenen Antworten Anna mit etwas Unendlichem etwas Großes zu verbinden scheint, so bspw. eine Zahl mit vielen Nullen oder etwas, dass in einer Anzahl vorliegt, die für sie nicht mehr beschreibbar ist.

## 14.6 Fazit und Ausblick

Durch diesen nur kleinen Einblick in das Datenmaterial wird deutlich, wie vielschichtig der Unendlichkeitsbegriff ist und wie breit gefächert und individuell die Antworten der Schülerinnen und Schüler sind. Festzuhalten bleibt, dass der Begriff der Unendlichkeit, als fundamentaler und faszinierender Begriff in der Mathematik, auch im Mathematikunterricht durch die Verankerung in so vielen mathematischen Inhalten ständig präsent ist. Dennoch werden im Mathematikunterricht zentrale Begriffe oft vernachlässigt, weil sie keine unmittelbare Bedeutung in Anwendungsbereichen haben. Dadurch können Defizite entstehen, welche sich auf das Verständnis von Zusammenhängen auswirken.

Als Ziel für den Mathematikunterricht formuliert Weigand, „dass es [zunächst] die Aufgabe der Lehrerin und des Lehrers ist, diesen Prozess der Begriffsbildung zu planen und zu steuern"[28]. „Macht es sich [dann] ein Lehrer zur Aufgabe, die inhaltliche Begriffsgenese seiner Schüler bewusst zu verfolgen und zu unterstützen – dies schließt einen entsprechenden behutsamen Umgang mit Fehlern und Fehler verursachenden Vorstellungen mit ein – so scheint [...] auch die nächste Stufe einer solchen Sensibilisierung möglich und naheliegend zu sein: Nämlich die Einbeziehung der Schüler als Subjekte in den reflektierten Umgang mit ihren Verstehensprozessen."[29]

[28] [Weigand u. a. 2009, S. 99]

[29] [vomHofe1995, S. 105]

# Literatur

[Barrow2006] Barrow, J. D. (2006). Einmal Unendlichkeit und zurück. Was wir über das Zeitlose und Endlose wissen. Frankfurt, New York: Campus Verlag.

[BeutelspacherWeigand2002] Beutelspacher, A.; Weigand, H.-G. (2002): Endlich ... unendlich!. In: Mathematik lehren, 112, S. 4-8.

[Eisler1930] Eisler, R. (1930): Wörterbuch der philosophischen Begriffe (4. Aufl.), Berlin: Mittler & Sohn.

[vomHofe1995] Hofe, R. v. (1995): Grundvorstellungen mathematischer Inhalte. Heidelberg, Berlin, Oxford: Spektrum.

[KMK Bildungsstandards 2003] Kultusministerkonferenz (KMK)(2003): Bildungsstandards im Fach Mathematik für den Mittleren Schulabschluss.

[Maor1987] Maor, E. (1987): To Infinity and Beyond. A Cultural History of the Infinite. Boston, Basel, Stuttgart: Birkhäuser.

[Marx2006] Marx, A. (2006): Schülervorstellungen zu „unendlichen Prozessen". Texte zur mathematischen Forschung und Lehre 50. Hildesheim, Berlin: Franzbecker Verlag.

[Mayring2002] Mayring, P. (2002): Einführung in die Qualitative Sozialforschung (5. Aufl.). Weinheim und Basel: Beltz.

[Neumann1997] Neumann, R. (1997): Schülervorstellungen bezüglich der Dichtheit von Bruchzahlen. In: Mathematica Didactica, 20, 1, S. 109-119.

[NK2006] Niedersächsisches Kultusministerium (NK)(2006): Kerncurriculum für die Realschule. Schuljahrgänge 5-10. Mathematik. Hannover: Unidruck.

[PiagetInhelder1971] Piaget, J.; Inhelder, B.; u. a. (1971): Die Entwicklung des räumlichen Denkens beim Kinde, Stuttgart: Ernst Klett Verlag.

[RegenbogenMeyer2005] Regenbogen, A.; Meyer, U. (Hrsg.) (2005): Wörterbuch der philosophischen Begriffe. Hamburg: Felix Meiner Verlag.

[Schimmöller2010] Schimmöller, T. (2010): Schülervorstellungen zur Unendlichkeit. In: Festschrift Martin Winter. Vechtaer Fachdidaktische Forschungen, Vechta: o.S. (im Druck)

[Vollrath2001] Vollrath, H.-J. (2001): Grundlagen des Mathematikunterrichts in der Sekundarstufe. Heidelberg, Berlin: Spektrum

[Wallace2003] Wallace, D. F. (2003): Georg Cantor. Der Jahrhundertmathematiker und die Entdeckung des Unendlichen. München, Zürich: Piper.

[Weigand u. a. 2009] Weigand, H.-G. u. a. (2009): Didaktik der Geometrie für die Sekundarstufe I. Heidelberg: Spektrum Akad. Verlag

[Weyl1966] Weyl, H. (1966): Philosophie der Mathematik und Naturwissenschaft. 3. Aufl. München: R. Oldenbourg.

[Winter2000] Winter, M. (2000): Am liebsten habe ich nur gerechnet .... Reflexionen zu Einstellungen von Lehramtsstudenten zur Mathematik und zum Mathematikunterricht. In: Institut für Didaktik der Naturwissenschaften, der Mathematik und des Sachunterrichts (Hrsg.): Zugänge zur Mathematik: Lernprozesse – Verfahren – Einstellungen, Vechtaer fachdidaktische Forschungen und Berichte, Heft 2, S. 35-58.

# 15 Ebenen des Verstehens: Überlegungen zu einem Verfahren zum Wurzelziehen

MARTIN WINTER

## Algorithmen und Verstehen

Wir bemühen uns, insbesondere bei Kindern, den Lernprozess auch im Mathematikunterricht durch den Einsatz von Materialien zu unterstützen. Die Arbeitsschritte dienen dabei oft der Vorbereitung oder Herleitung von Verfahren – in der Hoffnung, dass durch die Veranschaulichung Zusammenhänge besser verstanden werden. Worin dann das Verstehen besteht, wenn im Ergebnis ein Verfahren von den Kindern erfolgreich abgearbeitet wird, ist nicht unmittelbar zu sehen.

Insbesondere in der Montessori-Pädagogik erlernen Kinder materialgebundene Verfahren, die ergebnisorientiert ablaufen und dabei zum Teil auch noch selbst-kontrollierend sind. Gerade in diesem Zusammenhang wird oft kritisch angemerkt, dass die Beherrschung derartiger Verfahren ausschließlich das Ergebnis eines Trainingsprozesses sein könnte, der nicht von dem Verständnis von Zusammenhängen begleitet ist. Es könnte sogar noch schärfer formuliert werden: Wird nicht möglicherweise nur ein geforderter Umgang mit dem Material ohne Bezug zu den mathematischen Gegenständen gelernt? Demgegenüber steht das Argument, dass der handlungsorientierte Zugang zu den im Material verankerten Zusammenhängen eine vertiefte begriffliche Basis und einen nachhaltigen Lerneffekt sicher stellt.[1]

## Das „Wurzelbrett“ und das Verfahren zum Wurzelziehen

In der Montessori-Pädagogik gibt es u. a. das „Wurzelbrett“[2], mit dem Kinder leicht Quadratzahlen, repräsentiert durch strukturiertes Material, in einer quadratischen Anordnung visualisieren. An der unteren oder der rechten Seite des in Perlen ausgelegten Quadrats lässt sich dann die Wurzel ablesen.

Das Verfahren ist bereits zugänglich für Kinder in der Primarstufe, wenn sie (über das Goldene Perlenmaterial und anschließende Abstraktionsschritte) einen Einblick in das Dezimalsystem gewonnen haben.

Das Verfahren basiert auf der Umsetzung von Zusammenhängen, die die Kinder bereits im Rahmen der Multiplikation kennen gelernt haben. Bei der Multiplikation mehrstelliger Zahlen im Dezimalsystem unter Ausnutzung des Distributivgesetzes haben sie die Erfahrung gemacht, welche Stufenzahlen bei der stellenweisen Multiplikation erreicht werden. Wie schon auf dem

[1] Dazu ausführlicher: [Winter2000]

[2] Als „kleines Wurzelbrett“ für Zahlen bis unter 1 Million geeignet; für größere Zahlen das „große Wurzelbrett“

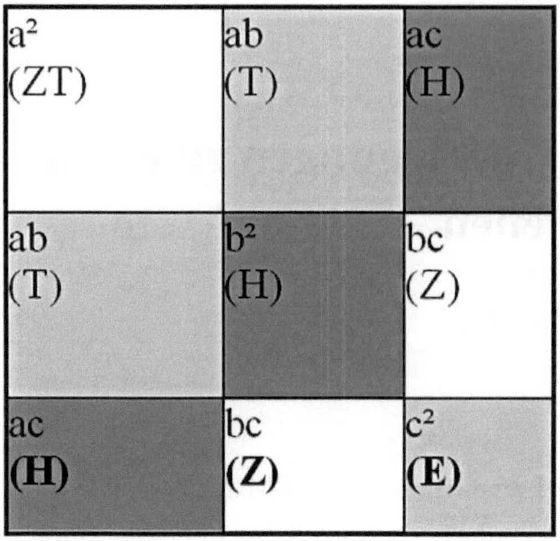

| $a^2$ (ZT) | ab (T) | ac (H) |
|---|---|---|
| ab (T) | $b^2$ (H) | bc (Z) |
| ac **(H)** | bc **(Z)** | $c^2$ **(E)** |

Abbildung 15.1: Schema zum Quadrieren dreistelliger Zahlen

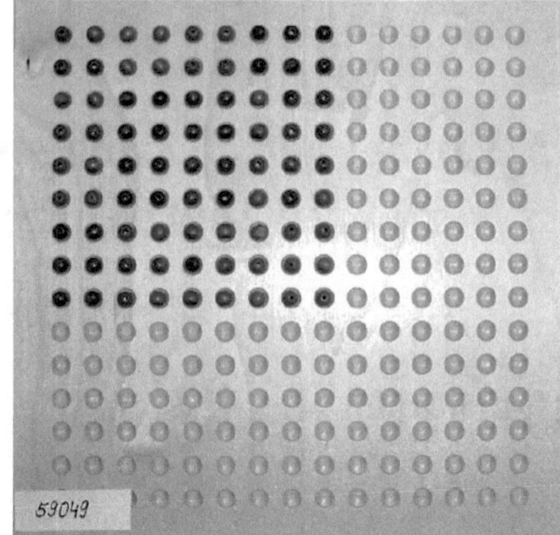


Abbildung 15.2: „Kleines Wurzelbrett“ mit ausgelegten Perlen für 59049; visualisiert wird $243^2$.

Multiplikationsbrett für die „große Multiplikation“ sind auch auf quadratischen Schemata zur Unterstützung der Bildung der Quadrate mehrstelliger Zahlen die den jeweiligen Stufenzahlen entsprechenden Felder in den vertrauten Farben grün (E) – blau (Z) – rot (H) – grün (T) – blau (ZT) unterlegt.

Abb. 15.2 zeigt die Anordnung der durch farbiges Perlenmaterial dargestellten Zahl 59049. Im Montessori-Material tragen die Felder und die Perlen stellenbezogen jeweils eine einheitliche Färbung, und zwar grün für Einer, blau für Zehner, rot für Hunderter und wieder grün für Tausender usw.. Von den 5 (blauen) Zehntausenderperlen lassen sich zunächst 4 im Quadrat anordnen. Die 5. ZT-Perle wird in (grüne) Tausenderperlen eingetauscht. Mit den noch verfügbaren Perlen werden rechts und unterhalb des Quadrats zwei Rechtecke mit grünen Perlen das entstehende Quadrat mit (roten) Hunderter-Perlen gebildet – solange der Vorrat reicht, wobei evtl. Perlen dem Stellenwert entsprechend getauscht werden müssen. Die danach verbliebenen Perlen bilden links unten und rechts oben zwei Rechtecke aus H-Perlen, daneben und darunter jeweils zwei Rechtecke aus Zehner-Perlen und schließlich in der Ecke

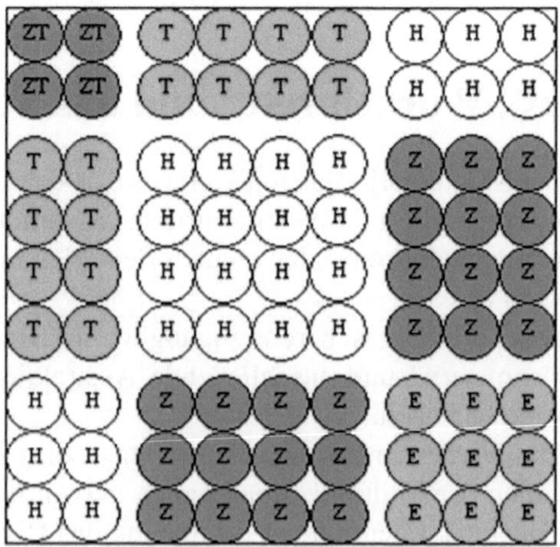


Abbildung 15.3: Perlenverteilung auf dem Wurzelbrett

rechts unten ein Quadrat aus Einer-Perlen. Damit ist gemäß dem Schema zum Quadrieren die Zahl 59049 als $243^2$ visualisiert.

In dieser knappen Darstellung mag dieses Verfahren außerordentlich komplex erscheinen.[3] Für Kinder in der Praxis der Montessorischulen ist dies jedoch nicht der Fall. Die Vertrautheit mit dem vorausgegangenen Material, das die Vorstellung des Dezimalsystems mit der Bedeutung des Stellenwerts der Ziffern, die Bedeutung der Stufen Einer, Zehner, Hunderter usw. und in der Anwendung beim Multiplizieren die Nutzung des Distributivgesetzes fundiert hat, macht zunächst den Umgang mit den Schemata zum Quadrieren zwei- und mehrstelliger Zahlen (worauf implizit die binomische – und „trinomische"! – Formel visualisiert werden) für die Kinder recht einfach. Der umgekehrte Vorgang, nämlich eine durch entsprechendes Perlenmaterial repräsentierte Zahl in ein dem Schema des Quadrierens entsprechendes Muster zu legen, erweist sich daraus als eine konsequente Fortsetzung.

In diesem Zusammenhang ist es für die Kinder kein Problem, dass das quadratische Perlenmuster nicht als geometrische Figur aufgefasst wird, deren Seitenlänge in der Anzahl der Perlen am Rande des Quadrats besteht. Vielmehr ist für sie der Kontext der Unterscheidung der Perlen hinsichtlich ihres durch die Farbe gekennzeichneten Stellenwerts unmittelbar offenkundig: Die „Wurzel" ist am unteren und rechten Rand „ablesbar", weil das Muster nach dem vertrauten Schema des „Quadrierens" einer Zahl gebildet wurde.

Gleichwohl stellt sich die Frage: Worin besteht das Verstehen der Kinder beim Wurzelziehen mit dem Wurzelbrett?

## Verstehensebene 1: Was können Kinder beim Wurzelziehen am Wurzelbrett verstehen?

Nachdem die Kinder zuvor mit Hilfe des Schemas Quadratzahlen finden konnten, haben sie nun mit der Umkehrung des Verfahrens auch die Möglichkeit, Wurzeln zu finden, das heißt, wenn das Verfahren am Wurzelbrett „glatt aufgeht", ohne dass eine Perle übrig bleibt, können die Kinder *verstehen*, dass die vorgelegte Zahl eine Quadratzahl ist, deren „Wurzel" am Rand des ausgelegten Musters ablesbar ist.

Da das Verfahren – auch bei fehlerfreier Arbeit – nicht immer glatt aufgeht, können sie *verstehen*, dass man nicht zu jeder (natürlichen) Zahl eine (natürliche Zahl als) Wurzel findet. In der Vielfalt der bearbeiteten Fälle besteht auch die Möglichkeit, auf Sonderfälle zu stoßen – insbesondere ist dies der Fall, wenn in der Dezimaldarstellung der Wurzel (mindestens) eine Null vorkommt. Hier zeigt sich, ob Kinder den Zusammenhang mit der dezimalen Struktur des Schemas zum Quadrieren und dem Prozess des Wurzelziehens *verstanden* haben. Dass es sich tatsächlich um eine Ebene des Verstehens handelt, lässt sich auf der Grundlage der Beschreibung des „Verstehens eines Sachverhalts" und des „Verstehens eines Verfahrens" nach H.-J. Vollrath begründen[4]:

Bei der Anwendung des Wurzelziehens auf dem Wurzelbrett wissen die Kinder, was man damit erreicht, sie wissen, wie es geht, können es auf Beispiele anwenden und wissen, wann

[3] Eine ausführliche Darstellung mit Beschreibung der einzelnen Schritte in: [Winter2003]

[4] vgl. [Vollrath2001, S. 51-52]

es funktioniert. Ob sie auch noch wissen, *warum* es funktioniert, wäre zu prüfen. Wieviel sie zum Sachverhalt des Zusammenhangs zwischen Quadratzahlen und Wurzeln *verstanden* haben, bleibt ebenfalls zu prüfen. Zumindest können die Kinder mit der Kenntnis des Verfahrens auch beschreiben, was eine Quadratzahl, bzw. eine Wurzel ist und Beispiele angeben; darüber hinaus können sie auch feststellen, ob eine (natürliche) Zahl keine Wurzel besitzt und in diesem Fall evtl. sogar aus dem vorhandenen Rest heraus angeben, welche die beiden Quadratzahlen sind, zwischen denen die vorgelegte Zahl liegt. Ob dieses ansatzweise bereits vertieftere Verstehen zum Alltag der Praxis der Montessori-Pädagogik gehört, kann an dieser Stelle nicht beantwortet werden.

## Das analoge algebraische Verfahren

Hinter dem für Kinder einfachen Vorgang steckt mathematisch ein Algorithmus, der früher in seiner algebraischen Form auch in der Schule gelehrt wurde: Hier kamen viele Schüler in ihrem „Verstehen" über das Abarbeiten des Algorithmus kaum hinaus. Im Rahmen einer einführenden didaktischen Veranstaltung für Studierende mit Lehramtsperspektive wurde eine Aufgabe zum Verfahren des Wurzelziehens in der folgenden Form mit der Vorgabe eines Beispiels gestellt, um aus dem Beispiel heraus den Algorithmus zu erarbeiten:

Ein Verfahren zum Wurzelziehen: Beispiel: $\sqrt{6985449}$

$$
\begin{array}{rrrrcl}
\sqrt{\phantom{0}}\ 6 & 98 & 54 & 49 & = & 2\,6\,4\,3 \\
\underline{-4} & & & & & \sqrt{6} \approx 2 \text{ weil } 2^2 = 4 \\
2 & 98 & & & & 2 \cdot 2 = 4; 29 : 4 \approx 6 \text{ (7 wäre zu knapp, s. weitere Rechnung)} \\
\underline{-2} & \underline{76} & & & & 40 \cdot 6 + 6^2 = 276 \\
 & 22 & 54 & & & 26 \cdot 2 = 52; 225 : 52 \approx 4 \\
 & \underline{-20} & \underline{96} & & & 520 \cdot 4 + 4^2 = 2096 \\
 & 1 & 58 & 49 & & 264 \cdot 2 = 528; 1584 : 528 \approx 3 \\
 & \underline{-1} & \underline{58} & \underline{49} & & 5280 \cdot 3 + 3^2 = 15849 \\
 & & & 0 & & \text{Ohne Rest aufgegangen}
\end{array}
$$

1. Bestimmen Sie mit dem hier dargestellten Verfahren in derselben Schrittfolge jeweils die Wurzel aus 841, 7396, 53361, 178929. (Was herauskommen muss, können Sie ja mit dem Taschenrechner (TR) überprüfen – versuchen Sie es dennoch vorher ohne TR!)

2. Können Sie die einzelnen Schritte des Verfahrens erklären und begründen?

3. In der Schulzeit v. TR mussten (durften?) SchülerInnen dieses Verfahren erlernen, um damit wirklich Wurzeln zu berechnen. Kann man auch in der Zeit n. TR noch etwas daran lernen?

Es stellte sich heraus, dass eine große Anzahl von Studierenden mit dieser Erarbeitung erhebliche Schwierigkeiten hatte (es waren lediglich einzelne, die sich aufgrund einer Recherche zusätzliche Informationen verschafften). Mit Hilfe der schrittweisen Übertragung gelang es den meisten, das Verfahren, wie im Aufgabenteil a) gefordert, auf andere Zahlen zu übertragen. Erst im Rahmen der Tutorien zur Veranstaltung konnten Zusammenhänge – etwa in Verbindung mit der binomischen Formel – aufgearbeitet werden, die von den Studierenden in der eigenständigen Erarbeitung nicht erkannt worden waren, was auch nicht überraschend war. Erst nach dieser Reflexionsphase, in der auch die Visualisierung in Anlehnung an das „Wurzelbrett- Verfahren“ einbezogen wurde, konnte man von Ansätzen zum Verstehen sprechen.[5]

Im Folgejahr wurde in der entsprechenden Veranstaltung die Aufgabe zum Wurzelziehen in veränderter Form gestellt:

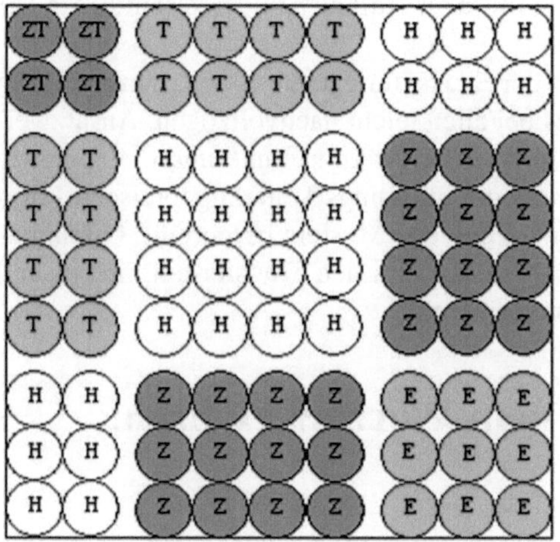


In der Abbildung nebenan befinden sich Kreise für 4 Zehntausender, 12 Tausender, 13 Hunderter, 6 Zehner und 1 Einer. Umgerechnet sind dies 53361. Die eigenartige Anordnung stellt ein Quadrat dar, an dessen Seiten (siehe untere Zeile oder rechte Spalte) „231“ ablesbar ist. Damit ist hier $231^2 = 53361$ dargestellt. Das „Muster“ ist geeignet, eine Quadratzahl zu ermitteln oder umgekehrt die Wurzel aus einer Quadratzahl zu bestimmen.

Abbildung 15.4: Visualisierung von $\sqrt{53361}$ bzw. $231^2$ (auf dem „Wurzelbrett“)

**Aufgabe:**

1. Bestimmen Sie durch Herstellen eines derartigen Musters $23^2$ und $323^2$ sowie umgekehrt die Wurzeln $\sqrt{1849}$ und $\sqrt{123904}$.
2. Bestimmen Sie ebenso $203^2$ und $\sqrt{11449}$. Welche besonderen Probleme tauchen dabei auf?

Können Sie den Vorgang so beschreiben, dass ein Rechenverfahren zur Bestimmung von Wurzeln entsteht? Versuchen Sie es mit $\sqrt{116964}$.

In der Auseinandersetzung mit dieser Aufgabenstellung zeigten sich bei den Studierenden Ergebnisse, die auf ein vertiefteres Verstehen der Zusammenhänge hindeuteten.

[5] Das Ziel der Aufgabestellung war damit allerdings erreicht: Mehr, als es mit einem den Studierenden zuvor vertrauten Verfahren möglich gewesen wäre, konnte hier Sensibilität für die Wirkung des Erarbeitens eines unverstandenen Verfahrens auf Schülerinnen und Schüler erzeugt werden!

## Verstehensebene 2: Studierende verstehen Zusammenhänge des Wurzelalgorithmus

Aus der Visualisierung des Algorithmus gelingt den Studierenden problemlos das Nachbilden der Muster, zunächst im Bilden der Quadratzahlen, aber ebenso auch im Herstellen der Muster für die Wurzeln. Dies bedeutet zunächst, dass das Verfahren zum Wurzelziehen in dieser Form in relativ kurzer Zeit selbstständig erarbeitet und angewandt werden konnte. Den Studierenden gelingt es aber ebenso auch, die „Problemfälle" (wie im Aufgabenteil b) gefordert) zu meistern. Das *Verstehen* des Verfahrens reicht dazu, diese Fälle mit dem Auftauchen der Ziffer „0" in der Dezimaldarstellung begründet korrekt zu bewältigen.

Eine Reihe von Studierenden artikuliert bereits aus der Erarbeitung heraus den Zusammenhang zur binomischen Formel, in den Tutorien wird dieses bei allen leicht nachvollzogen. Ansatzweise gelingt auch den meisten eine „Erklärung" des Verfahrens (warum funktioniert es?), sowie eine nachvollziehbare Beschreibung des Algorithmus, die allerdings keine algebraische Form annimmt, sondern eher die Vorgehensweise der Herstellung des Musters beschreibt. Offenkundig zeigt sich aber insgesamt darin ein vertiefteres *Verstehen*, das den Transfer auf Grenz- und Problemfälle sowie ein erkennbar hohes Reflexionsniveau enthält.

## Vertiefte Auseinandersetzung mit dem Wurzelverfahren: Aspekte aus Bachelorarbeiten

Im Rahmen von Themenstellungen in Bachelorarbeiten hatten Studierende die Gelegenheit, sich vertieft mit dem Wurzelverfahren auseinander zu setzen. Sie konnten sich dabei einerseits auf die Kenntnis des materialgebundenen Verfahrens aus der Montessori-Pädagogik stützen, ergänzt auch durch weiteres Material, das geeignet sein konnte, Impulse für die Reflexion des Verfahrens zu liefern. Andererseits stand diesen Studierenden auch der Zugang zur algebraischen Darstellung des Verfahrens zur Verfügung.

Unabhängig von den themenbezogenen Schwerpunktsetzungen der Arbeiten lassen sich besondere Aspekte beschreiben, die Rückschlüsse auf den Verstehensprozess der beteiligten Studierenden in Bezug auf den Wurzelalgorithmus zulassen. Eine *„höhere Ebene des Verstehens"* lässt sich dabei vor allem erkennen in einem gehobenen Reflexionsniveau – etwa in der Analyse von Sonderfällen – sowie in Transferüberlegungen, die im Wesentlichen eine Erweiterung des Verfahrens beinhalten. Zu den letzteren sollen drei Beispiele skizziert werden.

## Erweiterung des Verfahrens: Die Fortsetzung „hinter dem Komma"

Offenbar angeregt durch Materialien, mit denen auch die Multiplikation mit Dezimalzahlen dargestellt werden kann, wird in einer Arbeit die Erweiterung des Wurzelverfahrens „über das Komma hinaus" mit Zehnteln, Hundertsteln, Tausendsteln und Zehntausendsteln dargestellt. In Abb. 15.5 wird gezeigt, wie das Muster für die Zahl $5,3824$ aussieht, wenn sie als Quadrat von $2,32$

| E | E | z | z | z | h | h |
|---|---|---|---|---|---|---|
| E | E | z | z | z | h | h |
| z | z | h | h | h | t | t |
| z | z | h | h | h | t | t |
| z | z | h | h | h | t | t |
| h | h | t | t | t | zt | zt |
| h | h | t | t | t | zt | zt |

Abbildung 15.5: Muster für $2,32 = 5,3824$

| E | E | z | z | h | h | h | t | t | t | t | t | t |
|---|---|---|---|---|---|---|---|---|---|---|---|---|
| E | E | z | z | h | h | h | t | t | t | t | t | t |
| z | z | h | h | t | t | t | zt | zt | zt | zt | zt | zt |
| z | z | h | h | t | t | t | zt | zt | zt | zt | zt | zt |
| h | h | t | t | zt | zt | zt | ht | ht | ht | ht | ht | ht |
| h | h | t | t | zt | zt | zt | ht | ht | ht | ht | ht | ht |
| h | h | t | t | zt | zt | zt | ht | ht | ht | ht | ht | ht |
| t | t | zt | zt | ht | ht | ht | m | m | m | m | m | m |
| t | t | zt | zt | ht | ht | ht | m | m | m | m | m | m |
| t | t | zt | zt | ht | ht | ht | m | m | m | m | m | m |
| t | t | zt | zt | ht | ht | ht | m | m | m | m | m | m |
| t | t | zt | zt | ht | ht | ht | m | m | m | m | m | m |
| t | t | zt | zt | ht | ht | ht | m | m | m | m | m | m |

Abbildung 15.6: Muster für $\sqrt{5} \approx 2,236$

dargestellt wird. Es ergibt sich eine Abweichung, die reflektiert wird: „2, 32“ ist am oberen oder linken Rand abzulesen.

# Ein Impuls zur Entdeckung des Irrationalen

Das in Abb. 15.6 dargestellte Muster stellt eine Näherung für $\sqrt{5}$ dar. Wenn man bei der Herstellung des Musters für die Wurzel Reste behält, so kann man diese prinzipiell weiter in kleinere Einheiten verwandeln, die die Fortsetzung des Verfahrens ermöglichen. In seiner Bachelorarbeit erörtert ein Kandidat, ob das Verfahren abbrechen könnte. Die Betrachtung der Reste führt dazu, dass man, wie hier im vorliegenden Fall der $\sqrt{5}$, zu dem Schluss kommt, dass das Verfahren nicht abbricht, und dass man auf diese Weise auf irrationale Zahlen stößt.

Tatsächlich kann die Reflektion dieses Wurzelverfahrens, auch in seiner algebraischen Form, zur „Entdeckung“ der Irrationalität führen.[6]

# Erweiterung zum (Kubik-)„Wurzelwürfel“

In einer Bachelorarbeit wurde das Verfahren auf die räumliche Situation übertragen. In diesem Zusammenhang kann es der Bestimmung der dritten Wurzel dienen. Abb.15.7 zeigt den Aufbau eines dreidimensionalen Musters für die Zahl 1728: Es wird angenommen, dass die Zahl durch farbige, den Stellenwert charakterisierende Würfel, repräsentiert ist, also durch 1T, 7H, 2Z, 8E. Zunächst wird der Tausenderwürfel gelegt ($1000 = 10^3$). Daran schließen sich drei Hunderter Würfel an – es verbleiben 4H, 2Z, 8E. Drei Zehnerwürfel und ein Einer vervollständigen das Muster zu einem „Würfel“ der $11^3$ repräsentiert – dazu muss ein Hunderter-Würfel in 10 Zehner-

[6] In diesem Zusammenhang sei auf [Warneke2000], sowie auf [Klingens2001] und [Verweij2001] verwiesen.

Abbildung 15.7: Aufbau eines dreidimensionalen Musters für $12^3 = 1728$

Würfel verwandelt werden – es verbleiben 3H, 9Z, 7E. Mit diesem kann die nächste Schicht vervollständigt werden, das Ergebnis repräsentiert $12^3$.

Auch wenn diese Idee der Übertragung des Verfahrens auf die dritte Dimension mit der Bestimmung der dritten Wurzel auf die Anregung durch das Material des so genannten „Trinomischen Kubus“ zurück geführt werden kann, stellt diese Übertragung doch eine enorme Transferleistung dar, die ein tieferes Verstehen des Verfahrens dokumentiert. Dies wird insbesondere damit bestätigt, dass dieses Verfahren zur Bestimmung der dritten Wurzel auch noch in eine algebraische Beschreibung der Vorgehensweise umgesetzt wird.

## Verstehensebene 3: Vertiefte Reflexion des Algorithmus in Bachelor-Arbeiten

In der vertieften Reflexion des Wurzelverfahrens in den Bachelorarbeiten zeigt sich eine weitere, deutlich höhere Ebene des Verstehens. Diese besteht darin, dass das Verfahren nicht nur beherrscht und in seinen Möglichkeiten ausgelotet wurde, sondern dass darüber hinaus das Verfahren selbst als Ausgangspunkt neuer Überlegungen genommen werden konnte, um z. B. das Verfahren über die seine zunächst materialgebundenen Grenzen zu erweitern. Inwiefern auch dies wiederum ein weiterer Entwicklungsprozess ist, zeigt sich daran, dass den Studierenden bei der Erschließung neuer Inhalte aus dem tieferen Verstehen heraus im Rahmen dieser neuen Inhalte nun wieder an neue Grenzen stoßen, die überwunden werden müssten: So tauchen im Rahmen der algebraischen Reflexion gerade der erweiterten Verfahren Fehler auf, die ihrerseits wieder zum Gegenstand der Reflexion gemacht werden könnten und aus denen man dann wiederum lernen könnte.

# Ein Resümee für den Mathematikunterricht

Die unterschiedlichen Ebenen des Verstehens werfen Fragen auf: Welche mathematischen Inhalte muten wir Schülerinnen und Schülern im Mathematikunterricht zu? Welche unterschiedliche Ebenen des Verstehens von Mathematik erreichen wir dabei, welche können wir erreichen?

Die beschriebenen Stufen des Verstehens seien zunächst noch einmal zusammengefasst:

1. Auf einer ersten Stufe besteht das Verstehen in der Einsicht in die Funktionalität eines Verfahrens. Durch wiederholte Anwendung entwickelt sich eine erfahrungsbasierte Plausibilität von Zusammenhängen; Lernende gewinnen eine intuitive Sicherheit im Umgang mit den behandelten Gegenständen.

2. Auf einer zweiten Stufe kommt im Verstehen eine stärker bewusste Ebene eines wissensbasierten Nachvollzugs hinzu. Die Sicherheit, die sich auf Erfahrungen und Anwendungen stützt, wird ergänzt durch eine Reflexion der Zusammenhänge, insbesondere durch eine reflektierende Einordnung der erlernten Inhalte in ein bestehendes Wissensnetz.

3. Auf einer dritten Stufe schließlich wird mit einer vertieften Reflektionsebene eine hohe Flexibilität im Umgang mit den Gegenständen erreicht. Das tiefere Verstehen ermöglicht es, eigenständig über die zunächst mit den Inhalten gegebenen Grenzen hinauszugehen, und diese zu erweitern. Es wird ein hohes Maß an selbstständigen Transfermöglichkeiten erreicht.

Was wollen wir, was können wir davon im Mathematikunterricht erreichen? Die Bedeutung des ersten Niveaus als Fundament ist besonders hervor zu heben. Verstehen wird fundiert durch eine breite Erfahrungsbasis, möglichst in Eigentätigkeit. Rahmenbedingungen müssen dabei sicher stellen, dass die Herstellung von Bezügen zu vorher Gelerntem ermöglicht wird. In den beschriebenen Beispielen zeigt sich, dass ein tieferes Verstehen des Wurzelverfahrens erst ermöglicht wird durch Einsicht und Einübung in einen Prozess, der die Zusammenhänge erkennbar werden lässt. So wird das Einüben und wiederholte Abarbeiten zum Beispiel von Verfahren nicht zu einer „Dressur des Unverstandenen“ – wie es etwa beim Eintrainieren des algebraischen Verfahrens zum Wurzelziehen der Fall sein konnte.

Mit diesem Fundament können wir im Mathematikunterricht den Zugang zum zweiten Niveau des Verstehens öffnen. Durch Wiederholung und Anwendung, die eingebettet werden in eine bewusste Reflexion der zugrunde liegenden Zusammenhänge, und ergänzt durch Impulse zu strukturellen Vergleichen werden Anknüpfungspunkte in das Netzwerk bereits vorhandenen Wissens ermöglicht.

Für das Erreichen des dritten Niveaus des Verstehens ist die selbstständige, intensive Auseinandersetzung der Lernenden mit den Gegenständen in hohem Maße erforderlich. Dazu gehören zeitliche und inhaltliche Freiräume, die im regelhaften Ablauf des Schulunterrichts schwer zu realisieren sind. Dennoch ist zu wünschen, dass Schülerinnen und Schüler auch die Chance bekommen, durch eigenständige, vertiefte Auseinandersetzung mit mathematischen Gegenständen die Erfahrung vertieften Verstehens machen zu können.

# Literatur

[Klingens2001] Klingens, D. (2001): Dat bijna vergeten algoritme, en wat er wel dergeleijk vergeten is. In: Euclides 76(6), S. 250-251

[Verweij2001] Verweij, A. (2001): Een bijna vergeten algoritme. In: Euclides 76 (5), S.188-191

[Vollrath2001] Vollrath, H.-J. (2001): Grundlagen des Mathematikunterrichts in der Sekundarstufe. Heidelberg, Berlin. Spektrum Akademischer Verlag

[Warneke2000] Warneke, K. (2000): Irrationalität „sehen“ durch Algorithmen. In: Vechtaer fachdidaktische Forschungen und Berichte, Heft 2, S. 29-34

[Winter2000] Winter, M. (2000): Mit (Bruch-)Zahlen vertraut werden – handfestes Material für eine abstrakte Welt. Oldenburger VorDrucke 427, Oldenburg

[Winter2003] Winter, M. (2003): Mit Montessori-Material Mathematik entdecken. Oldenburger VorDrucke 472, Oldenburg

# 16 Mathematikunterricht verstehen Zur Akzeptanz didaktischer Theorien bei angehenden Lehrkräften

SEBASTIAN SCHORCHT

## 16.1 Einführung

> „Mein idealer Unterricht ist schülerzentriert und es herrscht eine angenehme Lernatmosphäre. Kein Schüler sollte Angst oder Hemmungen haben etwas nachzufragen. Außerdem sollte entdeckendes Lernen Teil des Unterrichts sein, da dies ein nachhaltigeres Lernen fördert. Verschiedene Methoden sollten eingesetzt werden, damit der Unterricht abwechslungsreich ist und es sollte kein Leistungsdruck herrschen."[1]

Die Aussage einer Lehramtsstudentin der Universität Siegen zur Vorstellung vom idealen Mathematikunterricht: Angenehme Lernatmosphäre, keine Angst oder Hemmungen, kein Leistungsdruck, schülerzentrierter Mathematikunterricht unter Berücksichtigung des nachhaltigen Lernens. Die subjektiv gewählten Anforderungen der Studentin an ihren späteren Beruf sind klar formuliert. Hohe Ideale, denen eine Realität entgegensteht, in der Aussagen wie: „Mathematik habe ich nie verstanden!" zum guten Ton gehören, Flächenmaße über das Verlegen von Teppichfliesen eingeführt werden, obwohl Lernende in ihrer Wirklichkeit wohl kaum Teppiche verlegen müssen und Freude am Mathematiktreiben nach fünfundvierzig, im besten Fall nach neunzig Minuten rasch ein Ende findet. Angst, Hemmungen, keine Schülerzentrierung und Leistungsdruck prägten anscheinend den Mathematikunterricht der Studentin, denn die oben erwähnte Aussage zeigt die Präsenz dieser Probleme durch ihre Negation.

Da alle Unterrichtsbeteiligten den Mathematikunterricht gestalten, muss der Lehrende im gleichen Umfang wie der Lernende betrachtet werden. Das Denken von Schülern[2] und von Lehrern wird seit einigen Jahren erforscht. Zu erwähnen sind die Bemühungen der Erschließung des kindlichen Mathematikverständnisses bei Selter, Spiegel[3] oder Müller, Wittmann[4] u. a., sowie die Ansätze von Lehrervorstellungen bei Törner[5], Pehkonen, Gellert, Eichler u. a.[6] Die Beliefs-Forschung gibt Einsicht in die Denkstrukturen von Lehrern, doch warum, wenn obige Aussagen

[1] [Schorcht2010, S. 37]

[2] Man entschuldige in Zukunft das nicht erwähnte weibliche Pendant.

[3] [SelterSpiegel2005]

[4] [WittmannMüller2005]

[5] [TörnerPehkonen1995]

[6] [Eichler2005]

von Studenten weitestgehend geäußert werden, finden diese Ideale keine Anwendung im Mathematikunterricht? Welche Ideale werden überhaupt von Lehrern geäußert?

Auf der theoretischen Grundlage von intersubjektiven Theorien und einem Akzeptanzbegriff aus der Medien- und Kommunikationsforschung, sowie auf Basis der semantischen Wortbedeutung und im Kontext des epistemologischen Menschenbilds, wurde ein Instrument zur Untersuchung entwickelt, welches die Vorstellungen von angehenden Lehrkräften zum Mathematikunterricht erfasst. Das Instrument ist eine Abwandlung der Repertory Grid Technik aus der Psychologie. Die gewonnenen Daten bieten einen ersten Einblick in die Natur der Ergebnisse einer ‚Akzeptanzforschung' und dienen als Ausgangspunkt für weitere Überlegungen.

## 16.2 Von subjektiven zu intersubjektiven Theorien

Die Strukturierung von Wissen in Wissensnetzen ermöglicht es dem Individuum unterschiedliche neue Ereignisse oder Sachverhalte mit seinem Vorwissen zu verknüpfen. Wie diese Wissensnetze organisiert sind, versucht die Beliefs-Forschung zu ergründen: Sie geht von einer subjektiven Konstruktion des erworbenen Wissens oder einer subjektiven Theorie über dieses Wissen aus, welche sich auf Einstellungen, Vorstellungen und Handlungen auswirkt. Um Ausgestaltungen spezieller mathematikdidaktischer Theorien erfassen zu können, ist die Erkenntnis über die Organisation und Auswirkung der subjektiven Theorien allgemein vorteilhaft.

Groeben u. a. definieren subjektive Theorien durch verschiedene Merkmale. Zum einen handelt es sich um „Kognitionen der Selbst- und Weltsicht", die „als komplexes Aggregat mit (zumindest impliziter) Argumentationsstruktur" auftreten. Zum anderen muss berücksichtigt werden, dass „[...] auch die zu objektiven (wissenschaftlichen) Theorien parallelen Funktionen der Erklärung, Prognosen, Technologien erfüllt" sind.[7] Pehkonen benutzt den Begriff subjektive Theorien im Sinn von Vorstellungen und definiert ihn als „fixiertes subjektives Wissen über bestimmte Objekte oder Erfahrungs- und Handlungsfelder"[8]. Diese Definition deckt, nach Grigutsch, den kognitiven und affektiven Aspekt von Vorstellungen ab. Kognitiv meint dabei das Wissen, das ein Individuum zu einem bestimmten Sachverhalt besitzt. Affektiv dagegen die Emotion, die eine Person mit dem Wissen verbindet, da Vorstellungen unter anderem im sozialen Kontext aufgenommen werden.[9] Pehkonen und Törner beschreiben subjektive Theorien oder ‚beliefs'[10] als Zwischenelement des affektiven und kognitiven Aspekts. Sie sind demnach Verbindungsglieder zwischen Emotionen und Wissen, also in einer sogenannten „twilight zone" angesiedelt.[11]

Eichler beschreibt drei zentrale Merkmale subjektiver Theorien: Kognitive Elemente, die mit Elementen der Emotion verbunden sind und verhaltensbezogene Elemente, die als „nicht direkt beobachtbare Teile von Handlungen, die in nicht näher bestimmten Maße das beobachtbare

[7] [GroebenScheele1988, S. 19]

[8] [Pehkonen1994, S. 2]

[9] [Grigutsch1996, S. 6ff]

[10] In der Beliefs-Forschung wird ‚subjektive Theorie' auch als ‚belief' verstanden. Bei Dann 1983 wird auch der Begriff ‚subjektive Konzepte' benutzt. Damit wird die Verknüpfung der einzelnen Wissenskonstrukte hervorgehoben. [Dann1983, S. 82f]; üblich sind auch die Begriffe ‚Weltbild' und ‚belief system'.

[11] [TörnerPehkonen1995, S. 1]

Verhalten steuern"[12] definiert werden. Außerdem umfassen subjektive Theorien überdauernde[13] Konstrukte, die während der gesamten „gegenstandsbezogenen Sozialisation" ausgearbeitet werden.

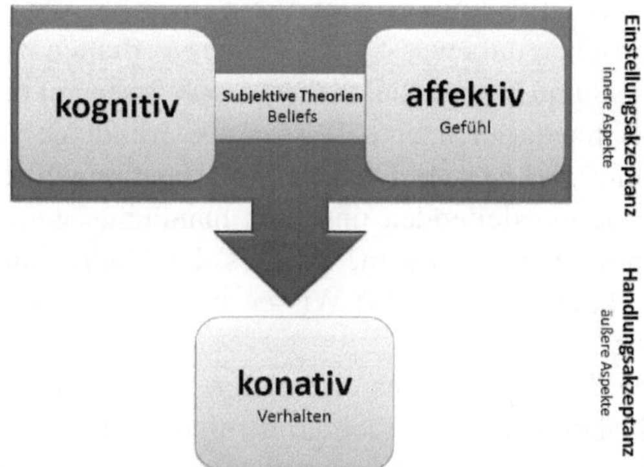


Abbildung 16.1: Erweiterter Drei-Komponenten-Ansatz

Einstellungen auf Basis subjektiver Theorien können folglich in drei Sichtweisen betrachtet werden: In kognitiver und affektiver Hinsicht und in Hinsicht auf das Verhalten. Äußert ein Individuum seine Einstellung, tritt der kognitive Aspekt in den Vordergrund. Gefühlsäußerungen entsprechen dem affektiven Aspekt, während das real beobachtbare Verhalten eine sichtbare Äußerungsmöglichkeit von Einstellungen darstellt. In der Psychologie nennt man diese Einteilung den „Drei-Komponenten-Ansatz" nach Rosenberg und Hovland (1960).[14] Die drei Faktoren können untereinander konsistent sein, müssen es aber nicht.[15] Man geht davon aus, dass ähnliche Anreize ähnliche Einstellungen hervorrufen, da subjektive Theorien als ‚zeitlich länger überdauerndes' System aufgefasst werden.

Berger und Luckmann, die richtungsweisend für die Wissenssoziologie waren, beschreiben in ihrem Buch *Die gesellschaftliche Konstruktion der Wirklichkeit*, erschienen 1969, die Auswirkungen der Gesellschaft für die Konstruktion einer eigenen Weltsicht. Der entscheidende Punkt ihrer Ausführung ist die Relativierung der Objektivität von Wissen.

Nach Berger und Luckmann deklariert die Gesellschaft eine Handlungslösung als Wissen. Durch die Sozialisation internalisieren die Nachkommen dieser Gesellschaft dieses Wissen. Die Weltsicht und die subjektiven Theorien dieser Menschen beinhalten demnach einen von der Gesellschaft festgelegten subjektiven Wissensvorrat. „Alle Wissenselemente [...] sind wirklich Bestandteile der von den Mitgliedern der Gruppe definierten Situation, wenn diese glauben, dass sie

[12] [Eichler2005, S. 76]

[13] In welchem Maße überdauernd gemeint ist, wird nicht genannt. Im Sinn der Assimilation, Neuordnung und Übernahme von Weltsichten anderer, nach Piaget, tritt hier eine Diskrepanz auf: ‚Beliefs' können demnach nicht unbedingt als überdauernd bezeichnet werden.

[14] [Grigutsch1996, S. 7]

[15] Ein Lehrer kann beispielsweise kognitiv verstanden haben, dass es wichtig ist, Kindern individuelle Zugänge zu ermöglichen, hat aber Angst die Kontrolle aufzugeben.

wahr sind.“[16] Es kann vorkommen, dass Handlungen auf die Realität nicht mehr anwendbar sind, das Wissen aber dennoch vermittelt wird. Erst wenn diesem Wissen der Anspruch des allgemeinen Wissens langsam entzogen wird, ändert sich der subjektive Wissensvorrat der Gesellschaft. „Erst durch diese Sinnerzeugungen [...] ist es möglich, dass zwar Handeln immer wissensgeleitet ist, nicht aber jedes Wissen handlungsleitend sein muss.“[17] Wissensgeleitet beinhaltet an dieser Stelle auch, dass Menschen unbewusst auf gelerntes Verhalten zurückgreifen.

Auch Reinmann-Rothmeier und Mandl stellen fest, dass Wissen auf der Basis von Handlungen erworben wird und kennzeichnen gleichzeitig Wissen als Grundlage von Handlungen.[18] Radtke unterteilt die Komponente ‚Wissen als Ursache von Handlungen‘ in zwei unterschiedliche Arten von Wissen: dem handlungsleitenden und dem handlungsbegründenden Wissen. Handlungsbegründendes Wissen kann Wissen sein, welches dem Individuum nicht direkt während der Handlung bewusst ist. Handlungsleitendes Wissen meint hier das ‚Können‘ von etwas; das Beherrschen einer Handlung.[19]

Die subjektiven Theorien des Individuums orientieren sich folglich an scheinbar objektivem Wissen, welches eigentlich aber gesellschaftlich konstruiert ist. Handlungen auf Basis von Wissen sind somit nur Handlungen auf Basis von subjektivem Wissen, welches das Individuum während seiner Sozialisation konstruiert hat. Die Gesellschaft formt maßgeblich die Vorstellungen und Einstellungen der Individuen. Subjektive Theorien sind folglich eher als intersubjektive Theorien zu betrachten und Lehrervorstellungen als von der Gesellschaft stark geprägte Vorstellungen.

## 16.3 Wesen der Akzeptanz und Ablehnung

Zur Erschließung der vielfältigen Möglichkeiten bei der Gestaltung didaktischer Großformen, sind die Aspekte interessant, die von Lehrkräften akzeptiert werden. Welche semantische Bedeutung wird nun dem Begriff Akzeptanz zugeschrieben?

Der Begriff Akzeptanz wird im Herkunftswörterbuch von Duden mit den Worten „Bereitschaft, etwas [Neues] zu akzeptieren“[20] beschrieben und ist auf das lateinische Wort „acceptare“ zurückzuführen. Betrachten wir das Verb ‚akzeptieren‘ im Universalwörterbuch von Duden, zeichnet sich ein vages Bild von Akzeptanz ab: „annehmen, hinnehmen, billigen, anerkennen, mit jmdm. od. etw. einverstanden sein“[21]. Akzeptieren von etwas bedeutet folglich es anzunehmen, wobei es sich dabei um eine Person oder Sache handeln kann. Das Deutsche Wörterbuch der Gebrüder Grimm von 1854 verweist beim Begriff Akzeptanz nicht nur auf die Annahme von Objekten, sondern bringt das Subjekt als Bedeutungsträger mit ein: „1. bereitwilligkeit, etwas (neues) zu akzeptieren, aufzugreifen [...] 2. das akzeptiertwerden“[22], Rechtschreibung nach Quelle. Schulz und Basler beschreiben Akzeptanz mit folgenden Worten und bieten eine erste Arbeitsdefinition:

[16] [LuckmannBerger1970, S. 65]
[17] [Knoblauch2005, S. 160]
[18] [Reinmann-RothmeierMandl1996, S. 11]
[19] [Radtke1996, S. 106]
[20] [Drosdowski1989, S. 27]
[21] [Drosdowski2002, S. 112]
[22] [GrimmGrimm1854, S. 192]

> „annehmende, anerkennende, positive Haltung, Einstellung einer Person, Personengruppe oder Bevölkerung eines Staates gegenüber anderen Personen(-gruppen), Sachen und Sachverhalten, vor allem technischer Neuerungen, neuen Produkten, aber auch politischen Entscheidungen u.ä.; Anerkennung, Annahme, Einverständnis, Zustimmung; das Dulden, Hinnehmen [...] (→ Toleranz 1)"[23].

Akzeptanz bedeutet folglich, dass Personen oder Sachen von einem Subjekt angenommen werden. Das Gegenteil ist die Ablehnung von Personen oder Sachen durch ein Subjekt. Zu unterscheiden ist Akzeptanz, als aktives Aufnehmen, von Toleranz. Toleranz ist das passive Dulden von Objekten; Akzeptanz die aktive Umgestaltung eigener oder die Übernahme fremder intersubjektiver Theorien.

Um klar zwischen Akzeptanz und Ablehnung zu unterscheiden, wird der Begriff Haltung als Überbegriff verwendet. Akzeptanz meint dann die positive Haltung gegenüber Sachen, Personen etc.. Haltung wird als Grad einer Disposition verstanden: einem Zustand der Abneigung – negative Einstellung – oder Akzeptanz – positive Einstellung – gegenüber Personen, Sachen oder intersubjektiven Theorien. Zu beachten ist, dass es zwischen den beiden Ausprägungen ‚ablehnen' und ‚annehmen' noch weitere graduell unterschiedliche Zustände gibt. Beispielsweise kann eine intersubjektive Theorie nur teilweise angenommen oder abgelehnt werden.

Die Haltung als Zustand von Dispositionen, die auf Basis intersubjektiver Theorien entstehen, tritt in Verknüpfung mit dem Drei-Komponenten-Ansatz demgemäß in drei Aspekten auf: Dem kognitiven, affektiven und konativen Aspekt.[24] Quiring unterscheidet Einstellungsakzeptanz von Handlungsakzeptanz. Erstere orientiert sich an dem Modell der Beliefs-Forschung und beinhaltet eine affektive und kognitive Eigenschaft. Die Handlungsakzeptanz dagegen ist beobachtbar und verweist auf das Verhalten.

Die drei Aspekte der Haltung können verschiedene Ausprägungen annehmen. Im Folgenden soll ein Beispiel das Zusammenspiel verdeutlichen: Die kognitive Ablehnung, affektive und konative Annahme könnte bei Lehrern wie folgt aussehen: Ein Lehrer lehnt beispielsweise bei der Bewertung fehlerhafte Ergebnisse ab. Er sanktioniert subjektive Fehler bewusst und akzeptiert diese Vorgehensweise affektiv, doch kognitiv lehnt er sein Vorgehen vielleicht wegen seiner Ausbildung ab. Der affektive Aspekt der Haltung dominiert in diesem Fall und beeinflusst die Handlung. Es wäre auch möglich, dass der kognitive Aspekt die Handlung beeinflusst: Diese Lehrer führen dann ihre Gefühle nicht aus, die Emotion ist aber vorhanden. Akzeptiert der Lehrende mathematikdidaktische Theorien affektiv und kognitiv, kann sie aber nicht ausführen, weil die Rahmenbedingungen der Schule es subjektiv ‚unmöglich' machen, so sind innere und äußere Haltungsaspekte nicht in Balance. Der Lehrende wird vermutlich frustriert und führt seinen Beruf ohne ‚Freude am Lehren' aus. Die Lehrkraft lebt eine ‚Lüge', da sie die Objekte affektiv **und** kognitiv akzeptiert oder ablehnt, die Handlungen aber durch keine der beiden Aspekte beeinflusst werden. Es zeigt sich dadurch, dass Handlungen nicht auf die inneren Aspekte der Haltung von Lehrkräften schließen lassen. Es kann nur eine Balance zwischen den Aspekten der Haltung entstehen, falls die Vorstellung der Lehrkräfte affektiv bestätigt und kognitiv akzeptiert, sowie die Handlung ausführbar wird.

---

[23] [SchulzBasler1995, S. 335]
[24] [Quiring2009, S. 4]

## 16.4 Die Repertory Grid Technik

Zur Analyse der Ausprägungen mathematikdidaktischer Großformen müssten Faktoren gegeben sein, die die Probanden und nicht der Forscher als entscheidend empfinden. Die Methode der Repertory Grid Technik bietet die Möglichkeit einer voraussetzungsarmen Erhebung, weil sie strukturiert erfolgt und trotzdem die Sprache der Probanden erfasst, ohne dass der Forscher entwickelte Items vorgibt. Der Forscher ‚drängt' dem Probanden seine intersubjektiven Theorien nicht indirekt auf, sondern lässt den Probanden in seiner Sprache über seine Theorien sprechen.

Die Repertory Grid Technik versucht Beziehungen zwischen Elementen und Eigenschaften herzustellen. Scheer und Catina bieten einen Einführungsband[25], in dem die Methodenerhebung des Repertory Grid erläutert wird. Eine kurze Beschreibung soll einen Überblick verschaffen:

| Element Handy | Element Computer | Element Fernseher | Merkmale | |
|---|---|---|---|---|
| | | | Eigenschaft 1 2 | Gegensatz 3 4 |
| 2 | 1 | 4 | multifunk-tional | einseitig |

Tabelle 16.1: Repertory Grid

Im ersten Schritt werden Objekte zum Vergleich gewählt, ob diese Elemente vorgegeben oder erarbeitet werden, kann der Forscher selbst bestimmen. „Als Element werden [...] die einzelnen Personen, Ereignisse, Gegenstände etc. bezeichnet, auf die sich das Konstruieren bezieht."[26] Drei Elementen werden über eine Triadenmethode Eigenschaften zugewiesen. Die Triadenmethode muss so erfolgen, dass zwei der drei Elemente ähnlich sind, während das dritte einen Kontrastpol bildet. Der Proband wählt folglich zwei Elemente die sich in einer Eigenschaft gleichen, nennt diese Eigenschaft und wählt im nächsten Schritt ein Element, das den anderen beiden gegensätzlich ist. Die Elemente werden in einer Tabelle festgehalten. Es folgt ein Rating, das entweder über Zahlen oder über Symbole jedes Element mit dem Merkmalspaar in Beziehung setzt. Der Eigenschaft wird der Wert eins oder zwei zugeordnet, wobei eins die stärkste Ausprägung definiert und zwei die schwächste Ausprägung. Dem Gegensatz wird der Wert drei oder vier zugeordnet. Vier entspricht der stärksten und drei der schwächsten Ausprägung des Gegensatzes. Der Forscher erhält ein Bild der Konstruktion des Probanden zu einem bestimmten Element und die Anordnung der Elemente zueinander über die Eigenschaften und Gegensätze. Im Beispiel 16.1 entsteht so das Merkmalspaar ‚multifunktional vs. einseitig' in Bezug zu den Elementen *Handy*[27], *Computer* und *Fernsehen*. Das Eigenschaft/Gegensatz-Paar ist subjektiv und entspricht der Sprache des

[25] [ScheerCatina1993]

[26] [ScheerCatina1993, S. 29]

[27] Elemente werden in diesem und nächstem Abschnitt kursiv gekennzeichnet.

Probanden: ,multifunktional' ist als Gegensatz zu ,einseitig' zu verstehen. Der Forscher kann nun erkennen, dass der *Fernseher* in der Vorstellung des Probanden eher ,einseitig', das *Handy* oder der *Computer* ,multifunktional' betrachtet werden.[28]

Um Ausgestaltungen mathematikdidaktischer Großformen zu erschließen, sollen die Untersuchungspersonen mit dem Repertory Grid ihren *eigenen Mathematikunterricht* in Bezug zu selbst ausgewählten Unterrichtsbeispielen von Kollegen, Kommilitonen oder ehemaligen Lehrern setzen und Unterschiede, sowie Gemeinsamkeiten feststellen. Die Vergleichselemente sind vorerst frei wählbar. Da sich die Elemente am Unterricht orientieren, entstehen Merkmale die die methodische Ausgestaltung wiedergeben.[29] Neben den Elementen des *Unterrichts der Kommilitonen* und dem *Mathematikunterricht ehemaliger Lehrer* oder *Kollegen*, soll der *eigene Mathematikunterricht* im zweiten Schritt näher erläutert werden. Dafür wird auf einem zweiten Blatt die Gelegenheit geboten im Fließtext Erläuterungen zu notieren, die dem Probanden wichtig erscheinen. Jedes Merkmalspaar wird über eine vierstufige Skala in ihrer Ausgestaltung zugeordnet. Die stärkste Ausprägung der Eigenschaft erhält den Wert 1, die schwächste Ausprägung 2. Danach folgt der subjektive Gegensatz, dieser wird bei der schwächsten Ausprägung mit 3 klassifiziert, die stärkste Ausprägung erhält den Wert 4. Falls einige Merkmale nicht konkret auf die ausgewählten mathematikdidaktischen Großformen[30] anwendbar waren, konnten die Probanden Zellen frei lassen. Im vierten und letzten Schritt, werden den Probanden einige ausgewählte Grundformen des Mathematikunterrichts genannt. Die Merkmalspaare sollen über die differenzierte Klassifizierung mit den Werten 1 bis 4 den methodischen Großformen zugeordnet werden.

Wenn die Eigenschaften und Elemente, wie Scheer und Catina beschreiben, in einem Grid angeordnet sind, können die eingetragenen Ausprägungen verglichen werden. Im folgenden Ansatz wird davon ausgegangen, dass der subjektiv *eigene Mathematikunterricht* handlungsbegründend ist: Lehrende wünschen sich ihren eigenen Mathematikunterricht – abhängig von der subjektiven Vorstellung einer ,Einschränkung' durch einen Gesetzes- und/oder Gesellschaftsrahmen – entsprechend ihren ,Idealen'. In Abbildung 16.2 zeigt der *eigene Mathematikunterricht* in der ersten Zeile eine Ausprägung von 1. Beim *lernzielorientierten Unterricht* zeigt die Ausprägung des Merkmals der ersten Zeile, dass im Moment der Befragung eine Akzeptanz in kognitiver Hinsicht vorliegt, denn dem *lernzielorientierten Unterricht* wurde ebenfalls die Ausprägung 1 zugeordnet, während beispielsweise dem *aktiv-entdeckenden Unterricht* die Ausprägung 3 zugeordnet wurde. Die Probandin sieht diese Großform folglich als teilweise unterschiedlich zu ihrem *eigenen Mathematikunterricht*.[31]

---

[28] [ScheerCatina1993, S. 25f]

[29] Durch andere Elemente könnten inhaltliche oder zielorientierte Ausgestaltungen des Mathematikunterrichts in Erfahrung gebracht werden. Der Erkenntnisgewinn hängt von den gewählten Elementen ab: Der Proband könnte durch die Elemente *Mathematik*, *Deutsch* und *Philosophie* beispielsweise eher inhaltsbezogene Merkmale assoziieren.

[30] *Aktiv-entdeckender Unterricht, problemorientierter Unterricht, realitätsbezogener Unterricht, lernzielorientierter Unterricht* und *lehrgangsbezogener Unterricht.*

[31] Nähere Erläuterungen und Ergebnisse finden sich in der Abschlussarbeit *Schorcht, H. M. S.: Akzeptanz von mathematikdidaktischen Theorien bei angehenden Lehrkräften. Erste Untersuchungsansätze. Unveröffentlichte Masterarbeit TU Dortmund. Dortmund 2010.*

## 16.5 Exemplarische Möglichkeiten der Repertory Grid Technik

| Merkmalspaare (1 2 3 4) | strukturiert – chaotisch | verständlich – missverständlich | vielfältig – einseitig | motivierend – überfordernd | entdeckendes Lernen – Frontalunterricht |
|---|---|---|---|---|---|
| **Lehrgangsbezogener Unterricht** | 1 | 2 | 3 | 3 | 3 |
| **Lernzielorientierter Unterricht** | 1 | 2 | 3 | 3 | 4 |
| **Realitätsbezogener Unterricht** | 3 | 2 | 2 | 2 | 1 |
| **Problemorientierter Unterricht** | 2 | 2 | 1 | 1 | 2 |
| **Aktiv-entdeckender Unterricht** | 3 | 2 | 1 | 1 | 1 |
| **Umgang mit Mathematik bei R.** | 4 | 4 | 4 | 3 | 4 |
| **Umgang mit Mathematik bei J.** | 2 | 1 | 2 | 2 | 3 |
| **Umgang mit Mathematik im eigenen MU** | 1 | 1 | 1 | 1 | 1 |

Abbildung 16.2: Beispiel eines Repertory Grids aus der Untersuchung

In Abbildung 16.2 wird der *eigene Mathematikunterricht*[32] von der Probandin als strukturiert, verständlich, vielfältig, motivierend und auf Basis des entdeckenden Lernens dargestellt. Wird das Augenmerk auf die Spalte *Umgang mit Mathematik bei R.* gelegt, zeigt sich ein komplett anderes Bild der Ausgestaltung von MU. Dieser Unterricht wurde als chaotisch, missverständlich, einseitig, teilweise überfordernd empfunden und wird mit Frontalunterricht assoziiert. Im Vergleich mit dem *eigenen MU* wird deutlich, dass die Probandin diese Ausgestaltung des MU nicht als tragendes Konzept für den eigenen MU ansieht. Als teilweise chaotisch wird der *aktiv-entdeckende* und der *realitätsbezogene Unterricht* empfunden. Die Ausprägungen in der dritten Zeile – vielfältig und motivierend – sind beim *eigenen MU* und den ersten beiden Grundformen von Unterricht gleich. Diese Aspekte der methodischen Großformen werden von der Studentin auch für ihren eigenen MU vorgesehen. Alle Großformen sind als nur teilweise verständlich eingestuft. Die Methoden *lernzielorientierter* und *lehrgangsorientierter Unterricht* werden in der

[32]Mathematikunterricht wird in diesem Abschnitt mit MU abgekürzt.

Vorstellung der Probandin eher einseitig und überfordernd, als vielfältig und motivierend wahrgenommen.

Die ablehnende Haltung gegenüber den Theorien des *lehrgangs-* und *lernzielorientierten Unterrichts* lässt sich dadurch erklären, dass die Lehramtskandidatin vermutlich die methodischen Großformen als unveränderbar wahrnimmt oder eine idealtypische Vorstellung der methodischen Großform im Repertory Grid abbildet. Würde die Probandin eine flexible Zuschreibung der Merkmale bei der Beschreibung der Elemente notieren wollen, müssten unabhängig von den vorgegebenen Methoden fast alle Merkmale in gleicher Ausprägung zugeteilt werden und zwar im Sinn des *eigenen MU*. Eine Studentin verweist auf die bewusste Ausgestaltungsmöglichkeit der vorgegebenen Grundformen und schreibt in ihrer Anmerkung: „Die fünf vorgegebenen Unterrichtsformen können unterschiedl. interpretiert werden“[33]. Auch im folgenden Beispiel zeigt sich anscheinend ein differenziert flexibles Bild von mathematikdidaktischen Theorien:

> „Obwohl man die Kriterien/Merkmalspaare selbst aufgestellt hat, neigt man auch hier dazu, selten Extreme zu bewerten. Also: Wie so oft → Tendenz zur Mitte“[34].

Während der Analyse haben einige Probanden die methodischen Großformen *lernzielorientierter* und *lehrgangsorientierter Unterricht* mit ähnlichen Eigenschaftsausprägungen belegt wie den früher *erlebten MU*, der unterschiedlich zur Vorstellung vom *eigenen MU* war. Im tertiären Bildungssektor lernen die Lehramtsanwärter Definitionen von Methoden kennen und vergleichen diese Definition mit der Praxiserfahrung. Da die Praxis meistens dem erlebten MU entspricht, kommt es zu einer Projektion. Der erlebte MU zur eigenen Schulzeit beeinflusst dann maßgeblich die Lehrervorstellungen. Ist der erlebte Unterricht affektiv oder kognitiv nicht akzeptiert worden, möchte der Lehrende womöglich diese Unterrichtsform vermeiden.

## 16.6 Schlussfolgerungen

Die Methode des Repertory Grids eignet sich für einen Einblick in den kognitiven Aspekte der Haltung und ermöglicht die Erfassung der Sprache von angehenden Lehrern. Viele allgemeine Aspekte von Mathematikunterricht sind in Kap. 16.1 und Kap. 16.5 genannt worden und weisen vielfältige Ausgestaltungen auf. Die Mehrheit der acht Untersuchungspersonen präferierte den realitätsbezogenen Mathematikunterricht. Die Probanden zeigten eine Ablehnung gegenüber lehrgangsbezogenem und lernzielorientiertem Mathematikunterricht.[35] Als These wurde der Einfluss von erlebtem Mathematikunterricht herangezogen, der über die Projektion auf die Methodendefinitionen durch die Reflexion an der erlebten Praxis entsteht. Die Praxis bei Lehramtskandidaten kann der eigene erlebte Mathematikunterricht der Schulzeit sein. Dieser wird zum Sinnbild mathematikdidaktischer Großformen. Fünf der acht Probanden sind die Aspekte *Strukturiertheit* und *Alltagsbezug*[36] im Mathematikunterricht wichtig. *Entdeckendes Lernen* und *Gruppenarbeit* wird von vier Probanden als entscheidend wahrgenommen. Die Einordnung der intersubjektiven Aspekte zu den mathematikdidaktischen Großformen ist unterschiedlich. Die

[33] [Schorcht2010, S. xiii]

[34] [Schorcht2010, S. xv]

[35] [Schorcht2010, S. xxvi]

[36] Die Begriffe *lebensnah* und *anwendungsbezogen* wurden ebenfalls unter diesem Aspekt gefasst.

beiden abgelehnten Großformen von Mathematikunterricht zeigen eine Tendenz zu den gegensätzlichen Aspekten der vier oben genannten Eigenschaften. Die Hochschul- und Fortbildungsdidaktik kann daran anknüpfen und die methodischen Großformen in einem facettenreichen Licht vermitteln. Das Verständnis intersubjektiver Theorien von Lehramtsstudierenden dient als Weg zu einer zielgruppenorientierten Lernendendidaktik im tertiären Bildungssektor, die zu einem ersten Annäherungsversuch der Fachdidaktik an die Ideale der zukünftigen Lehrenden werden kann.

# Literatur

[Dann1983] Dann, H.-D.: Subjektive Theorien: Irrweg oder Forschungsprogramm? Zwischenbilanz eines kognitiven Konstrukts. Kognition und Handeln. Stuttgart 1983.

[Drosdowski1989] Drosdowski, G.: Duden Etymologie: Herkunftswörterbuch der deutschen Sprache. Bd. 7. Mannheim 1989$^2$.

[Drosdowski2002] Drosdowski, G.: Duden Deutsches Universalwörterbuch. Mannheim 2002$^5$.

[Eichler2005] Eichler, A.: Individuelle Stochastikcurricula von Lehrerinnen und Lehrern. Technische Universität Braunschweig. Dissertation. Hildesheim 2005.

[Grigutsch1996] Grigutsch, S.: Mathematische Weltbilder von Schülern: Struktur, Entwicklung, Einflußfaktoren. Universität-Gesamthochschule Duisburg. Duisburg 1996.

[GrimmGrimm1854] Grimm, J.; Grimm, W.: Deutsches Wörterbuch: Affront - ansüszen; Bd. 2. Leipzig 1854.

[GroebenScheele1988] Groeben, N.; Scheele, B.: Dialog-Konsens-Methoden zur Rekonstruktion Subjektiver Theorien: die Heidelberger Struktur-Lege-Technik (SLT), konsensuale Ziel-Mittel-Argumentation und kommunikativee Flussdiagramm-Beschreibung von Handlungen. Tübingen 1988.

[Heymann1997] Heymann, H. W.: Allgemeinbildung und Fachunterricht. Hamburg 1997.

[Knoblauch2005] Knoblauch, H.: Wissenssoziologie. Konstanz 2005.

[LuckmannBerger1970] Luckmann, T.; Berger, P. L.: Die gesellschaftliche Konstruktion der Wirklichkeit. Frankfurt 1970.

[Pehkonen1994] Pehkonen, E.: Mathematische Vorstellungen von Schülern: der Begriff und einige Forschungsresultate. Schriftenreihe des Fachbereichs Mathematik. Heft 265. Duisburg 1994.

[Quiring2009] Quiring, O: Methodische Aspekte der Akzeptanzforschung bei interaktiven Medientechnologien. Münchener Beiträge zur Kommunikationswissenschaft. Heft 6. München 2009.

[Radtke1996] Radtke, F.-O.: Wissen und Können: die Rolle der Erziehungswissenschaft in der Erziehung. Studien zur Erziehungswissenschaft und Bildungsforschung. Heft 8. Opladen 1996.

[Reinmann-RothmeierMandl1996] Reinmann-Rothmeier, G.; Mandl, H.: Wissen und Handeln: eine theoretische Standortbestimmung. Forschungsbericht / Ludwig-Maximilians-Universität München, Institut für Pädagogische Psychologie und Empirische Pädagogik. Heft 70. München 1996.

[ScheerCatina1993] Scheer, J. W.; Catina, A. (Hrsg.): Einführung in die Repertory Grid Technik: Grundlagen und Methoden. Bern 1993.

[Schorcht2010] Schorcht, H. M. S.: Akzeptanz von mathematikdidaktischen Theorien bei angehenden Lehrkräften. Erste Untersuchungsansätze. Unveröffentlichte Masterarbeit TU Dortmund. Dortmund 2010.

[SchulzBasler1995] Schulz, H.; Basler, O.: Deutsches Fremdwörterbuch; Bd. 1. Berlin 1995[2].

[SelterSpiegel2005] Selter, C.; Spiegel, H. : Wie Kinder rechnen. Leipzig 2005.

[TörnerPehkonen1995] Törner, G.; Pehkonen, E.: Mathematical Belief Systems and Their Meaning for the Teaching and Learning of Mathematics. Current State of Research on Mathematical Beliefs; Gerhard-Mercator-Universität Gesamthochschule Duisburg, Schriftenreihe des Fachbereichs Mathematik. Duisburg 1995.

[Winter1996] Winter, H.: Mathematikunterricht und Allgemeinbildung. In: Mitteilungen der Gesellschaft für Didaktik der Mathematik Nr. 61. 1996, S. 37-46.

[WittmannMüller2005] Wittmann, E. C.; Müller, G. N.: Handbuch produktiver Rechenübungen. Bd. 2. Vom halbschriftlichen zum schriftlichen Rechnen. Bd. 2. Stuttgart u.a. 2005.

# 17 Sicherung mathematischer Grundkompetenzen am Beispiel des österreichischen Zentralabiturs

WERNER PESCHEK

## 17.1 Einführung des Zentralabiturs in Österreich

Der österreichische Nationalrat (Parlament) hat im Sommer 2009 eine Neugestaltung der Reifeprüfung (Abitur) beschlossen; die wesentlichste Änderung besteht darin, dass die Aufgabenstellungen der für alle Schülerinnen und Schüler verbindlichen schriftlichen Reifeprüfung (sRP) in den Fächern Deutsch, Mathematik und einer lebenden Fremdsprache zentral und nicht wie bisher durch die jeweilige Klassenlehrerin bzw. den Klassenlehrer erfolgen. Für die Allgemeinbildenden Höheren Schulen („Gymnasien“) soll diese neue Regelung ab dem Schuljahr 2013/14 gelten, für die Berufsbildenden Höheren Schulen (u. a. höhere technische oder kaufmännische Schulen mit Abitur) ab dem Schuljahr 2014/15.

Das Österreichische Kompetenzzentrum für Mathematikdidaktik am Institut für Didaktik der Mathematik der Alpen-Adria-Universität Klagenfurt wurde bereits im Sommer 2008 vom zuständigen Unterrichtsministerium mit der Entwicklung eines Konzepts für eine zentrale schriftliche Reifeprüfung in Mathematik (sRP-M) sowie mit der Vorbereitung und Durchführung eines Schulversuchs betraut, in dessen Rahmen 20 ausgewählte Allgemeinbildende Höhere Schulen erstmals im Schuljahr 2011/12 eine zentrale sRP-M nach diesem Konzept durchführen sollen. Die Erfahrungen aus diesem Schulversuch sollen bei der Gestaltung der zentralen sRP-M ab 2013/14 Berücksichtigung finden.

## 17.2 Intentionen

Von Seiten der Bildungsbehörde wurde die geplante Einführung des Zentralabiturs recht vage mit einer besseren „Vergleichbarkeit der Bildungsabschlüsse“ sowie mit größerer „Objektivität“ begründet.

Ersteres wirkt etwas befremdend angesichts eines Schulsystems wie dem österreichischen, das seit Jahren stark auf äußere Differenzierung, Schulautonomie und innere Differenzierung bis hin zur Individualisierung setzt. Eine konstruktive Interpretation dieses Arguments könnte sein, dass durch das Zentralabitur Gemeinsamkeiten in einem hoch differenzierten Schulsystem identifiziert bzw. hergestellt werden sollen.

Eine Erhöhung der Objektivität wäre am stärksten durch Fremdbeurteilung der Leistungen der Abiturient(inn)en nach einheitlichen Korrekturanleitungen erreichbar. Einheitliche Korrekturanleitungen soll es beim österreichischen Zentralabitur geben, die Beurteilung der bei der zentralen sRP erbrachten Leistungen soll jedoch weiterhin einer klassenspezifischen Prüfungskommission obliegen und auf Vorschlag der jeweiligen Klassenlehrerin bzw. des jeweiligen Klassenlehrers erfolgen.

Aus fachdidaktischer Sicht lassen sich an der traditionellen sRP-M verschiedene Schwachstellen identifizieren. Insbesondere lassen die oft spezifischen Kontexte und die (vor allem operative) Komplexität der Abituraufgaben vermuten, dass diese Aufgaben den jeweiligen Schülerinnen und Schülern sehr vertraut sein müssen und somit eher reproduktive als eigenständige mathematische Leistungen verlangen. Die beiden folgenden Beispiele, Abituraufgaben aus dem Jahre 2008, sollen dies exemplarisch illustrieren.

**Beispiel 1**

Eine Blumenschale, die 12 cm hoch ist, wird außen von einem (halben) Drehhyperboloid und innen von einem Drehparapoloid begrenzt. Die äußeren Abmessungen der Schale betragen:
Grundkreisradius 12 cm, oberer äußerer Radius $12 \cdot \sqrt{2}$ cm.
Die Gleichung der Parabel, die durch Drehung das Paraboloid erzeugt wird, lautet $y = 1/20 \cdot x^2 + 2$.

- In die Schale werden 1,5 Liter Wasser gegossen. Wie hoch steht das Wasser in der Schale?
- Soll man diese mit 1,5 Liter Wasser gefüllte Glasschale auf ein Wandbord stellen, das mit maximal 11 kg belastet werden darf?
(Dichte von Glas: 2,5 kg/dm$^3$)

**Beispiel 2**

Beim Einschalten eines Stromkreises mit einem Ohmschen Widerstand R = 60 Ohm und einer bestimmten Eigeninduktivität L steigt der Strom I nach der Funktion $I(t) = I_0 \cdot (1 - e^{-(R/L) \cdot t})$ an, wobei $I_0$ = 0,1 A (Ampere) beträgt. Die Halbwertszeit beträgt: $t_H$ = 2,31 s.

a) Berechne die Eigeninduktivität L.
b) Berechne die Zeit (in s), bis der Strom 0,09 A (Ampere) erreicht.
c) Berechne die im Widerstand R in 1 min geleistete Arbeit.

Nimmt man die häufige Beobachtung hinzu, dass es unseren Abiturientinnen und Abiturienten vielfach an grundlegenden mathematischen Kenntnissen und Fähigkeiten mangelt, dann lässt sich eine zentrale Kritik an der traditionellen sRP-M zu folgender Aussage verdichten:

*Die österreichischen Schülerinnen und Schüler bewältigen bei der schriftlichen Reifeprüfung mit Bravour relativ komplexe (vorwiegend operative) Aufgaben, zu deren Lösung grundlegende mathematische Kenntnisse und Fähigkeiten erforderlich sind, über die sie in der Regel nicht (ausreichend) verfügen.*

Wenn dieser Befund zutreffend ist, dann erklärt er zwei geläufige Beobachtungen:

1. Vor dem Mathematikabitur sind längere zielgerichtete Übungsphasen unerlässlich. (Manche nennen dies „teaching to the test", andere sehen darin eine „Dressur des Unverstandenen"[1].)

2. Eine in Klasse A erfolgreich bewältigte Abituraufgabe kann man in keiner anderen österreichischen Klasse zum Abitur geben, ohne dort eine Katastrophe auszulösen. (Dem hoch differenzierten österreichischen Mathematikunterricht mangelt es an sichtbaren Gemeinsamkeiten bzw. Verbindlichkeiten.)

Mit einem Zentralabitur in Mathematik kann versucht werden, für alle Abiturientinnen und Abiturienten verbindliche Gemeinsamkeiten herzustellen bzw. sichtbar zu machen. Eine Herausforderung besteht darin, relevante Gemeinsamkeiten bzw. Verbindlichkeiten zu identifizieren (welche mathematischen Inhalte, welches Verständnis dieser mathematischen Inhalte erscheinen wofür und warum relevant?), eine weitere Herausforderung besteht darin, Gemeinsamkeiten und Verbindlichkeiten festzulegen, ohne die Freiräume wesentlich einzuschränken (diese eher deutlicher erkennbar, bewusster zu machen). Denn in jedem sozialen System sind Verbindlichkeiten ebenso notwendig (zur Identitätsfindung, Verständigung und Kooperation etc.) wie Freiräume (zur Selbstverwirklichung, für Kreativität und Innovation). Pointiert auf den Mathematikunterricht bezogen: Ein Mathematikunterricht, der sich auf im Detail festlegbare und messbare Verbindlichkeiten beschränkt ist armselig, ein Mathematikunterricht, der sich allen relevanten Verbindlichkeiten entzieht, ist gesellschaftlich inakzeptabel und obsolet.

## 17.3 Gegenstand einer zentralen schriftlichen Reifeprüfung in Mathematik

Für eine kleine, überschaubare und vertraute Lerngruppe wie die eigene Klasse können die Inhalte einer Leistungsüberprüfung vergleichweise leicht festgelegt werden, zudem stehen verschiedene Verfahren der Leistungsüberprüfung zur Verfügung. Für eine zentrale Leistungsüberprüfung (mit beträchtlichen biografischen Auswirkungen für die Betroffenen) ist die Frage, welche mathematischen Fähigkeiten *für alle* Schüler(innen) verbindlich sein sollen, ebenso heikel wie entscheidend. Im Sinne des Klagenfurter Konzepts[2] für eine zentrale sRP-M in Österreich muss es sich dabei um Fähigkeiten handeln,

- die für das Fach grundlegend sowie
- gesellschaftlich relevant sind

und darüber hinaus

- längerfristig verfügbar sein sollten sowie
- leicht („massig") überprüfbar sein müssen.

[1] Wagenschein, M. zitiert nach [Vollrath1987, S. 376]

[2] [IDM/AECC-M2009]

Im Kontext dieses Konzepts werden solche Fähigkeiten Grundkompetenzen genannt.

*Mathematische Grundkompetenzen* sind hier somit grundlegende, gesellschaftlich relevante mathematische Fähigkeiten, die *allen* österreichischen Abiturient(inn)en längerfristig verfügbar sein sollten und einer produkt- bzw. zustandsorientierten Überprüfung zugänglich sind.

## 17.4 Identifizierung von mathematischen Grundkompetenzen

Bei der Identifizierung von mathematischen Grundkompetenzen sind verschiedene Aspekte zu berücksichtigen:

- *traditionell-pragmatische Aspekte*: „das Wesentliche" aus dem Lehrplan
- *fachliche Aspekte*: fachliche und fachdidaktische Zusammenhänge
- *bildungstheoretische Aspekte*: Rolle des Individuums in der Gesellschaft
- *soziale Aspekte*: Aushandelung

Die bei der zentralen sRP-M überprüften mathematischen Fähigkeiten müssen sich selbstverständlich im Rahmen der aktuell gültigen Lehrpläne bewegen. Das bedeutet nicht, dass alle im Lehrplan angeführten Ziele und Inhalte auch in der zentralen sRP-M angesprochen werden müssen (das ist ja auch bei der traditionellen, von der jeweiligen Klassenlehrerin bzw. vom Klassenlehrer erstellten sRP-M nicht der Fall), vieles davon kann durchaus den Freiräumen – mit elaborierteren Methoden der Leistungsüberprüfung – überlassen bleiben. Es meint vielmehr, dass die zentrale sRP-M keine Inhalte und Ziele umfassen kann, die nicht auch im Lehrplan genannt werden. Dies auch dann, wenn sie „wesentlich" erscheinen.

Die zentrale SRP-M sollte weiters auf Ziele und Inhalte fokussieren, die für das Fach grundlegend sind in dem Sinn, dass entsprechende Defizite einen verständigen Umgang mit diesen mathematischen Inhalten bzw. eine weiterführende Lernentwicklung behindern. Es geht dabei keineswegs um eine Vorwegnahme weiterführender mathematischer Inhalte sondern vielmehr um reflektiertes Basiswissen, das verständig eingesetzt und auf dem aufgebaut werden kann.

Konzeptionell zentral ist die bildungstheoretische Positionierung, also die Frage, welche Mathematik die Abiturient(innen) zu ihrem eigenen Nutzen als mündige Bürger(innen) unserer Gesellschaft wie auch zum Nutzen der Gesellschaft lernen und längerfristig verfügbar haben sollen. Die im Klagenfurter Konzept zur zentralen sRP-M vertretene bildungstheoretische Position ist wesentlich durch R. Fischers Konzept der Höheren Allgemeinbildung[3] geprägt: Eines der Schlüsselprobleme unserer arbeitsteiligen Gesellschaft ist das der Verständigung zwischen Expert(inn)en und Lai(inn)en. Daher muss die *Kommunikationsfähigkeit mit Expert(inn)en und der Allgemeinheit* ein zentrales Anliegen einer allgemeinbildenden höheren Schule sein, für R. Fischer wird sie zum wesentlichsten *Orientierungsprinzip für die Auswahl von Inhalten.*

Kommunikationsfähigkeit mit Expert(inn)en meint zum einen, die richtigen Fragen an die Expert(inn)en stellen und deren Antworten verständig aufnehmen zu können (wofür *Grundwissen* erforderlich ist), es meint zum anderen aber auch, die Wichtigkeit und Bedeutung der Expertisen für die eigenen Entscheidungen und Handlungen bewerten zu können (was Reflexion bzw. Reflexionswissen erfordert).

[3] [Fischer2001]

Abbildung 17.1: Kompetenzspektrum nach [Fischer2009][4]

Einem Zentralabitur sind in diesem Kompetenzspektrum durch die (einfache, „massige") Messbarkeit Grenzen gesetzt: Durch „primitive" Verfahren wie einem schriftlichen Test sind eher (weniger komplexe) Inhalte messbar, die dem Bereich des Grundwissens zugeordnet werden können, komplexere Anwendungen, kreative Problemlösungen oder gar Reflexionsprozesse hingegen verlangen entsprechend elaborierte, allenfalls prozessorientierte Evaluationsmethoden; zentrale Vorgaben verlangen darüber hinaus, dass die überprüften Inhalte im Detail festlegbar sind und klar benannt werden können (Transparenz!). Ein Zentralabitur wird sich daher auf die Überprüfung verständigen (allenfalls reflektierten) Grundwissens beschränken müssen, Gemeinsamkeiten und Verbindlichkeiten sind in diesem Bereich anzusiedeln.

Unterrichtlich relevante Bildungsziele sind nicht durch Verordnung vorschreibbar, sie werden sozial ausgehandelt. Dazu sind zentrale Vorgaben (als Vorschläge und Diskussionsgrundlage) notwendig, (rationaler, begründeter, konstruktiver) Widerstand ist erwünscht. Bei der Vorbereitung, Durchführung und Evaluation des Schulversuchs wird versucht, solche *Aushandlungsprozesse* zwischen der Projektgruppe, den beteiligten Pilotschullehrer(inn)en und -schüler(inne)n und deren Betreuer(inne)n sowie externen Expert(inn)en zu organisieren:
Die siebenköpfige Steuerungsgruppe des Projekts sRP-M ist recht heterogen mit drei Vertretern der Fachdidaktik Mathematik, zwei Vertreter(inne)n der Schuladministration und zwei fachdidaktisch sehr kompetenten Vertretern der Schulpraxis zusammengesetzt – bereits hier ist also Widerstand (bewusst) organisiert. Aufgabe der Steuerungsgruppe ist die Entwicklung des Konzepts, die Festlegung der Grundkompetenzen und die Auswahl der in den Pilottests und im Schulversuch eingesetzten Aufgaben. Ein Fachdidaktiker und die beiden Vertreter der Schulpraxis sind zugleich Leiter von drei regionalen Arbeitsgruppen, denen jeweils 2-3 weitere Vertreter(innen) der Schulpraxis angehören. Aufgabe der regionalen Arbeitsgruppen ist die Entwicklung von Aufgaben für die Pilottests und den Schulversuch sowie die Beratung und Betreuung der Lehrerinnen und Lehrer an den Pilotschulen.

Wesentliche Aushandlungsprozesse erfolgen zunächst innerhalb der Steuerungsgruppe sowie mit den Mitarbeiter(innen) der regionalen Arbeitsgruppen. Hinzu kommen im Rahmen des Projekts organisierte Expert(inn)entreffen mit Vertreter(inne)n der österreichischen Fachdidaktik sowie Vorstellung und Diskussion des Projekts (und der darin vorgesehenen Grundkompetenzen)

[4] Die Grafik suggeriert ein eindimensionales Kompetenzspektrum. Tatsächlich werden Kompetenzen hier – und wohl auch bei R. Fischer – als mehrdimensionale Konstrukte gedacht.

im Rahmen von wissenschaftlichen Veranstaltungen sowie in Weiterbildungsveranstaltungen für Lehrer(innen).

Zentral sind auch die Aushandlungsprozesse zwischen Mitarbeiter(inne)n der regionalen Arbeitsgruppen und den von ihnen betreuten Pilotlehrer(inne)n. Diese Aushandlungsprozesse werden dokumentiert, in den regionalen Arbeitsgruppen verdichtet und an die Steuerungsgruppe zur Diskussion und Entscheidung weitergegeben.

Der wesentlichste Teil der Aushandlungsprozesse ist jedoch in den Rückmeldungen der Schülerinnen und Schülern zu sehen. Diese Rückmeldungen erreichen das Projektteam zum einen über die Lehrerinnen und Lehrer der Pilotschulen (die in ihren Klassen Aushandlungsprozesse erleben und moderieren), vor allem aber auch über die Pilottests, die in den betreuten Pilotschulen wie auch in nicht betreuten Vergleichsschulen durchgeführt werden.

Es wird versucht, diese Aushandelungsprozesse in ihrer ganzen Komplexität zu erfassen, zu dokumentieren und für die Entscheidungen innerhalb der Steuerungsgruppe nutzbar zu machen.

Das Projekt steht derzeit (Mai 2010) am Beginn eines Pilotversuchs, *an dessen Ende* jene Grundkompetenzen ausgehandelt sein sollten, deren Erwerb dann tatsächlich von allen Abiturient(inn)en in hohem Maße nachweislich verlangt werden soll.

## 17.5 Beispiele für mathematische Grundkompetenzen

Im Konzept für die zentrale sRP-M[5] wird eine Liste von Grundkompetenzen vorgeschlagen, die nach den zuvor angeführten Kriterien (insbesondere bildungstheoretischen Aspekten) identifiziert wurden und im Rahmen der Pilotphase ausgehandelt, weiterentwickelt sowie konkretisiert werden und Grundlage für die zentrale sRP-M im Rahmen des Schulversuchs 2012 sein soll; zu einigen der aufgelisteten Grundkompetenzen werden prototypische Aufgaben angegeben.

Die vorgeschlagene Liste der Grundkompetenzen ist thematisch nach vier Themenbereichen geordnet:

- Algebra und Geometrie
- Funktionale Abhängigkeiten
- Analysis
- Wahrscheinlichkeit und Statistik

Jedem dieser Themenbereiche sind themenspezifische bildungstheoretische Überlegungen vorangestellt, die Themenbereiche selbst sind weiter untergliedert in thematische Abschnitte, für die dann jeweils die vorgeschlagenen Grundkompetenzen aufgelistet werden. So etwa ist der Themenbereich „Funktionale Abhängigkeiten“ gegliedert in

- Funktionsbegriff, reelle Funktionen, Darstellungsformen und Eigenschaften
- Lineare Funktion
- Potenzfunktion

[5] [IDM/AECC-M2009]

- Polynomfunktion
- Exponentialfunktion
- Allgemeine Sinusfunktion

und für den thematischen Abschnitt „Lineare Funktion“ etwa werden folgende Grundkompetenzen angeführt:

Lineare Funktion $[f(x) = k \cdot x + d]$

- Den typischen Verlauf des Graphen kennen
- Die Wirkung der Parameter $k$ und $d$ kennen und die Parameter in unterschiedlichen Kontexten deuten können
- Charakteristische Eigenschaften kennen und im Kontext deuten können:

$$f(x+1) = f(x) + k; \frac{f(x_2) - f(x_1)}{x_2 - x_1} = k = [f'(x)]$$

- Die Angemessenheit einer Beschreibung mittels linearer Funktion bewerten können
- Den Schnittpunkt zweier linearer Funktionsgraphen ermitteln und im jeweiligen Kontext deuten können
- Direkte Proportionalität als lineare Funktion vom Typ $f(x) = k \cdot x$ beschreiben können

Zu Illustration und Konkretisierung werden im Folgenden zu einigen Grundkompetenzen (GK) aus verschiedenen Themengebieten zugehörige prototypische Aufgabenstellungen angeführt:

GK: *Terme im Kontext interpretieren können.*

***Aufgabenstellung*** Es sei $s : e \to s(e)$ die Funktion, die jedem Einkommen $e$ die zugehörige Einkommensteuer $s(e)$ zuordnet; $e_1$ sei ein bestimmtes Einkommen (siehe Grafik). Was bedeuten die Terme

$$T_1 : e_1 - s(e_1) \quad \text{und}$$

$$T_2 : \frac{s(e_1)}{e_1}$$

in diesem Kontext?

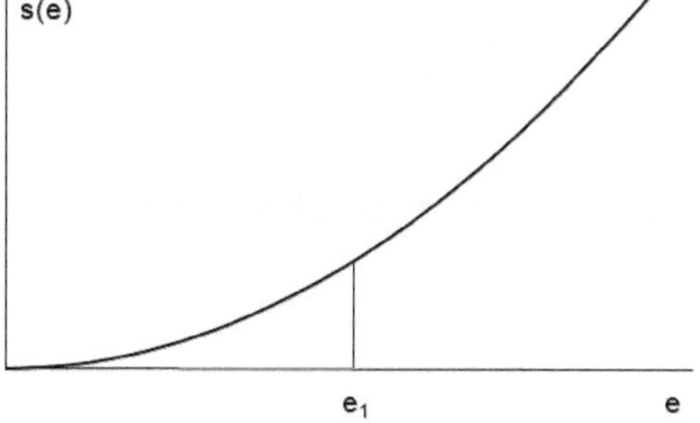

GK: *Den typischen Verlauf des Graphen einer linearen Funktion kennen. Die Wirkung der Parameter k und d kennen und die Parameter in unterschiedlichen Kontexten deuten können.*

***Aufgabenstellung*** Die UNO veröffentlichte mehrere Prognosemodelle für die Entwicklung der Weltbevölkerung ab dem Jahr 2000. Bei einer der vier Varianten wurde linear modelliert.
Welche Variante ist dies?
Geben Sie die für diese Modellierung zu Grunde liegende jährliche Bevölkerungszunahme an!

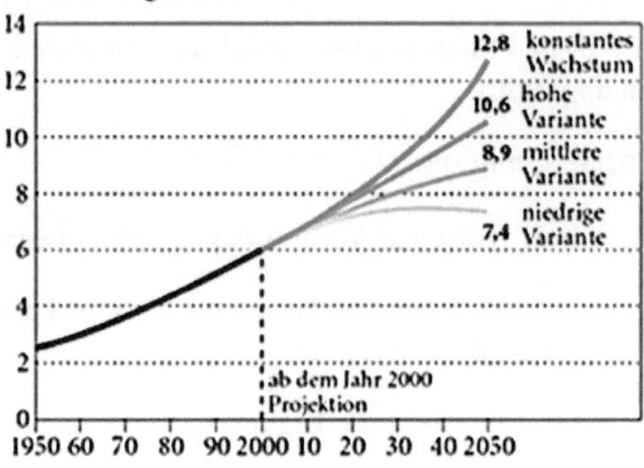


GK: *Die Wirkung der Parameter a und b einer Exponentialfunktion mit $f(x) = a \cdot b^x$ kennen.*

***Aufgabenstellung*** Veränderungen der Parameter einer Funktionsgleichung bewirken Veränderungen des zugehörigen Funktionsgraphen. Wie verändert sich der Graph einer Funktion $f$ mit

$$f(x) = a \cdot b^x,\ a > 0 \text{ und } b > 1,$$

wenn

- der Wert von $a$ erhöht wird ($b$ bleibt konstant),
- der Wert von $b$ erhöht wird ($a$ bleibt konstant)?

GK: *Entsprechende Sachverhalte durch Integrale beschreiben können.*

***Aufgabenstellung*** Die Bewegung eines Körpers werde durch die Geschwindigkeitsfunktion $v$ mit

$$v(t) = 36 - t^2$$

beschrieben.
Stellen Sie den Weg des Körpers in den ersten sechs Sekunden durch ein Integral dar!

GK: *Werte aus Liniendiagrammen ablesen bzw. zusammengesetzte Werte ermitteln können.*

***Aufgabenstellung***

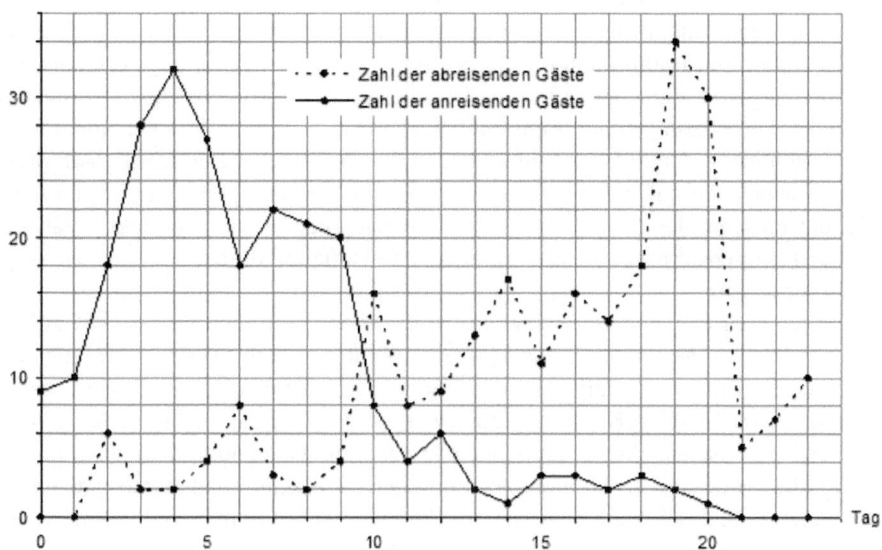


Abbildung 17.2: An- und abreisende Gäste eines Hotels

- An welchen Tagen ist die Gästezahl gestiegen?
- An welchem Tag war die Gesamtzahl der Gäste am größten?
- An welchem Tag war der Zuwachs der Gästezahl am größten?

GK: *Wahrscheinlichkeit als relative Häufigkeit in einer Versuchsserie anwenden und interpretieren können.*

***Aufgabenstellung*** Ein Meteorologe meint. Die Wahrscheinlichkeit, dass es im Land Salzburg im März schneit, sei 70%. Welche der folgenden Aussagen gibt die Bedeutung der Aussage des Meteorologen am besten wieder?

☐ Im März schneit es in 70% aller Salzburger Gemeinden.

☐ Im Land Salzburg schneit es an 70% aller Märztage.

☐ Im Land Salzburg gibt es 70% aller Schneefälle im März.

☐ Man hat über viele Jahre für das Land Salzburg Aufzeichnungen gemacht aus denen hervorgeht, dass es in ca. 70% aller Jahre im März Schneefall gab.

☐ Die Wahrscheinlichkeit von 70% ist größer als $\frac{1}{2}$, daher schneit es im Land Salzburg im März sicher jedes Jahr.

☐ Es ist sicher, dass es in Salzburg in 7 der kommenden 10 Jahre im März schneien wird.

## 17.6 Abschließende Bemerkungen

Mit einer so konzipierten sRP-M ist ein mehrfacher Paradigmenwechsel verbunden, der vielen österreichischen Lehrerinnen und Lehrern (wahrscheinlich auch deren Schülerinnen und Schülern) Angst zu machen scheint. Der Paradigmenwechsel bezieht sich auf den Wechsel von der Leistungspräsentation der traditionellen Reifeprüfung hin zu einer Leistungsfeststellung, ebenso auf den Übergang von einer in der Intimität des jeweiligen Klassenzimmers verhandelbaren Intransparenz der Anforderungen der traditionellen sRP-M hin zu transparenter, aber unpersönlicher und unbestechlicher „Objektivität" zentral gestellter Anforderungen. Der Paradigmenwechsel bezieht sich aber auch auf den Wechsel von vermeintlich unbegrenzten Freiräumen hin zu diesen Freiraum einschränkenden Verbindlichkeiten wie auch auf gravierende Veränderungen hinsichtlich der Kompensierbarkeit von grundlegenden Defiziten durch Leistungsnachweise bei anderen Anforderungen.

Sehr wesentlich aber zielt die hier skizzierte Konzeption einer zentralen s-RPM auf ein verändertes Verständnis von Mathematik und Mathematikunterricht ab (was selbstverständlich und durchaus rational begründet ebenfalls Ängste erzeugt). Zwar ist es nicht so, dass im traditionellen Mathematikunterricht keine Kompetenzen erworben werden, dass dabei nicht auch gewisse Formen von mathematischem Verständnis gefordert wären. Verständnis ist aber immer relativ und vieldeutig, die Forderung nach einem bestimmten Verständnis (mathematischer Inhalte, der Mathematik generell oder des Mathematikunterrichts) wird somit immer eine normative Setzung sein (müssen).

Letztlich zielt die hier skizzierte Form der sRP-M nur vordergründig auf eine Objektivierung der finalen Leistungsüberprüfung ab, ihr viel bedeutsameres Ziel ist

- ein verändertes Verständnis grundlegender mathematischer Inhalte und Tätigkeiten (Reduktion operativer Inhalte und Tätigkeiten, Intensivierung kommunikativer und reflektierender Aspekte der Mathematik)
- ein verändertes Verständnis davon, was in der (Schul-)Mathematik *grundlegend* sein soll (und warum)
- ein verändertes Verständnis der (Schul-)Mathematik generell und ihrer Rolle in unserer Gesellschaft

Diese Veränderungen sollten von den Schülerinnen und Schülern ebenso vollzogen werden wie von ihren Lehrerinnen und Lehrern – was eine nicht unbeträchtliche Zumutung insbesondere für Lehrerinnen und Lehrer darstellt.

## Literatur

[Fischer2001] Fischer, R. (2001). Höhere Allgemeinbildung. In: A. Fischer-Buck u. a. (Hrsg.), Situation – Ursprung der Bildung (S. 151-161). Leipzig: Universitätsverlag.

[Fischer2009] Fischer, R. (2009). Grundbildung und Gesellschaft. `http://imst.uni-klu.ac.at/tagung2009/sym/programm/Fischer.pdf`

[IDM/AECC-M2009] IDM/AECC-M (2009). Das Projekt „Standardisierte schriftliche Reifeprüfung aus Mathematik". `http://www.uni-klu.ac.at/idm/downloads/Konzept_sRP_M_9-09.pdf`

[Vollrath1987] Vollrath, H.-J. (1987). Störungen des „didaktischen Gleichgewichts" im Mathematikunterricht. Der mathematische und naturwissenschaftliche Unterricht, 40 (6), S. 373-378.

# 18 Mathematik im Kontext Bericht aus dem Projekt „Fächerkonzepte und Bildung“

ANDREAS VOHNS

## 18.1 Zur Einführung

„Mathematik – das hab ich nie verstanden“. Wenn man diese Aussage im Alltag hört, dann ist damit in der Regel mehr gemeint als der bloße Hinweis auf gewisse individuelle Wissenslücken. Es geht auch (vielleicht sogar vorrangig) um eine mangelnde Vorstellung davon, worin eigentlich die Bedeutung dessen liegt, was man unter der Überschrift „Mathematik“ in der Schule gelernt hat.

Ob und inwiefern die individuelle und gesellschaftliche Bedeutung dessen, was man unter den jeweiligen Fächerbezeichnungen versammelt in der Schule lernt angesichts der derzeitigen schulischen Verfasstheit der Fächer klar werden kann, ist eine der zentralen Fragestellungen des Projekts „Fächerkonzepte und Bildung“. Seit Herbst 2008 arbeiten über 20 Didaktiker(innen) verschiedener Fächer daran, sich über die spezifischen Erkenntnisinteressen, Welt- und Menschenbilder der Fächer zu verständigen, sie weiters zu einem integralen Teil des Fachunterrichts zu machen und allenfalls einen Vorschlag für eine dazu notwendige Revision des Fächerkanons der Sekundarstufe I zu erarbeiten. Dabei interessiert uns vor allem das Spannungsfeld von Ganzheitlichkeit und Fachlichkeit von Bildungsprozessen in der Sekundarstufe I. Unsere gemeinsamen Positionen, die einen Überblick über Motivation und Zielsetzungen des Projekts ermöglichen, haben wir im Dezember 2008 in folgender Weise festgehalten:

- „**Fächer sind unverzichtbare Elemente** von Bildung. Sie stellen Kristallisationspunkte von Wissen und Kompetenzen, aber auch von 'Modi der Weltbegegnung'[1] dar.
- Gleichwohl bestehen **Zweifel**, ob die Fächer in ihrer gegenwärtigen schulbezogenen Verfasstheit ihre Bildungsaufgabe in wünschenswertem Ausmaß erfüllen. Dies betrifft die Frage, ob der **Welt- und Menschenbild** vermittelnde Kern der Fächer hinreichend deutlich wird, weiters die Frage, ob das **Verhältnis der Fächer** zueinander, die Differenzen und die Komplementaritäten in den Blick kommen. Schließlich kann auch bezweifelt werden, ob die Fächer ihre Aufgabe hinsichtlich Vorbereitung auf **Alltags-Lebensbewältigung** ausreichend erfüllen.
- Ziel des Projekts ist eine **Neuerfindung des Kern-Kanons der Schulfächer**, ausgehend von den bestehenden Fächern der Sekundarstufe I, aber unter Offenhalten des Ergebnisses dieser Neuerfindung. Jedenfalls scheint eine **Bündelung** zur Ermöglichung einer Gesamtsicht und zur Fokussierung von Differenzen angebracht.

[1] [Dressler2007]

- **Motor der Neuerfindung** sind der Anspruch,
  - **Modi der Weltbetrachtung** in ihrer Spezifität und in ihrem Verhältnis zueinander explizit zu machen, und
  - notwendiges **Alltagswissen** in die Fächerkonzepte aufzunehmen.
- Es geht nicht darum, eine konsensuelle Gesamtsicht zu entwickeln, sondern darum, die **Möglichkeit von Gesamtsicht** zu erschließen, zunächst für die Gruppe der am Projekt Beteiligten, in der Folge für LehrerInnen, SchülerInnen und alle daran Interessierten."[2]

Die Erschliessung der Möglichkeit einer Gesamtsicht ist im Rahmen des Projekts in der Form von *Aushandlungsprozessen* auf verschiedenen Ebenen mit z. T. unterschiedlichen Akteuren konzipiert.

Dabei lässt sich zwischen *(projekt-)internen und externen Aushandlungsprozessen* unterscheiden. Die *projektintern Aushandlungsprozesse* verlaufen mittelfristig mit der Zielsetzung, einen Vorschlag für eine neue Bündelung von Fächern zu erarbeiten. Zunächst geht es uns dabei allerdings um eine interne Verständigung darüber, worin der Welt- und Menschenbild vermittelnde Kern der Fächer, ihr spezifisches Erkentnisinteresse, die Spezifität der durch die Fächer ermöglichten Weltzugänge besteht und welche Momente der derzeitigen Verfasstheit der Schulfächer einem Zugang zu diesen Aspekten der Fächer im Wege stehen.

Den gemeinsamen bildungstheoretischen Rahmen der Überlegungen stellt dabei eine von Ulrike Greiner und Roland Fischer erarbeitete Konzeption dar, die die oben genannten Positionen zu einer stark auf Kommunikationsfähigkeit und reflektierte Entscheidungsfähigkeit abzielenden Bildungsvorstellung verdichtet. „Reflektierte Entscheidungsfähigkeit" beschreibt dabei ein Bildungsideal, demgemäß es für jeden einzelnen Menschen (wie für die Gesellschaft insgesamt) als erstrebenswert gilt, Entscheidungen treffen zu können, „und zwar mit guten Gründen und im Wissen, dass diese Entscheidungen auch Unsicherheiten beinhalten. Z. B. wenn es darum geht, sich für einen Beruf zu entscheiden, oder wenn man daran mitwirkt, dass sich eine Schulklasse für ein Ausflugsziel entscheidet. Oder wenn es um die Frage geht, welche Energiepolitik verfolgt werden soll."[3]

Zielsetzung der *externen Aushandlungsprozesse* ist eine (über die Interdisziplinarität hinausgehende) Öffnung des Diskurses über Fächerkonzepte gegenüber der Allgemeinheit. Reflektierte Entscheidungsfähigkeit meint wie oben angedeutet, dass über Fragen der Bedeutung von Wissen, über Bildungsinhalte und -ziele, *mit allen am Bildungsprozess Beteiligten* auszuhandeln ist. Hierzu gilt es, einerseits angehende und praktizierende Lehrer(innen) in die Aushandlung einzubinden[4] und Formen der Aushandlung über Fächerkonzepte mit Schüler(innen) zu konzipieren und zu erproben[5]. Wenn es um Fragen möglicher Fächerbündelung geht, können auch die bildungspolitischen Akteure nicht außen vor bleiben, wir suchen daher das Gespräch mit ihnen bezüglich möglicher (auch struktureller) Konsequenzen für Schule und Lehrer(innen)bildung.

Im Folgenden wird die Frage der Fächerbündelung allerdings weitgehend ausgespart. Exemplarisch am Beispiel des Faches Mathematik soll vorgestellt werden, wie eine die spezifischen Chancen der Weltsicht des betroffenen Faches, gleichwohl kritisch-distanzierend auch ihre Schwächen aufzeigende Auseinandersetzung mit dem Fachkonzept der Mathematik aussehen

[2] [FKB2008]

[3] [FischerGreiner2009, S. 2]

[4] Dazu ist ein Seminars „Interdisziplinäre Bildung" im Sommer 2010 vorgesehen.

[5] Hier ist die Beantragung eines Modellprojekts angedacht.

könnte. Die Überlegungen beruhen sehr stark auf Fischer[6] und die gewählten (mathematischen) Beispiele sind sehr bewusst eher elementarer Natur, da jedenfalls Teile der folgenden Überlegungen auch Teil der Textbasis sein sollen, mit der wir uns im Projekt in Form einer Publikation an die größere, nicht per se mathematik affine Allgemeinheit richten wollen.

## 18.2 Das Fachkonzept der Mathematik – Reflexionsanlässe und Bedeutungsangebote

Warum soll in der Schule überhaupt Mathematik gelernt werden? Und: Welche Mathematik soll dort eigentlich gelernt werden? Man kann versuchen, diese Fragen zu beantworten, indem man sich ansieht, welche Mathematik Erwachsene jenseits der Schulzeit in Alltagssituationen typischerweise in nennenswertem Umfang einsetzen.

Hans Werner Heymann hat sich mehrere Studien zu diesem Thema angesehen und selbst Interviews mit einigen Erwachsenen geführt. Er ist dabei zu folgendem Katalog gelangt:

„**Arithmetischer Bereich:** Anzahlbestimmungen; Beherrschung der Grundrechenarten (je nach Komplexität „im Kopf“ oder schriftlich); Rechnen mit Größen, Kenntnis der wichtigsten Maßeinheiten, Durchführung einfacher Messungen (vor allem Zeit und Längen); Rechnen mit Brüchen mit einfachen Nennern in anschaulichen Kontexten; Rechnen mit Dezimalbrüchen; Ausrechnen von Mittelwerten (arithmetisches Mittel); Prozentrechnung; Zinsrechnung; Schlussrechnung („Dreisatz“); Durchführung arithmetischer Operationen mit einem Taschenrechner; Grundfertigkeiten im Abschätzen und Überschlagen.

**Geometrischer Bereich:** Kenntnis elementarer regelmäßiger Figuren (Kreis, Rechteck, Quadrat etc.) und Körper sowie elementarer geometrischer Beziehungen und Eigenschaften (Rechtwinkligkeit, Parallelität etc.); Fähigkeit zur Deutung und Anfertigung einfacher graphischer Darstellungen von Größen und Größenverhältnissen (Schaubilder, Diagramme, Karten) sowie von Zusammenhängen zwischen Größen mittels kartesischer Koordinatensysteme“[7].

Wenn man sich diese mathematischen Tätigkeiten ansieht, kann man – wie Heymann – zu dem Schluss gelangen, dass 6 oder 7 Schuljahre Mathematik zur Erlangung der oben genannten Fähigkeiten eigentlich ausreichen sollten. Trotzdem lernen fast alle Menschen bei uns länger Mathematik (und auch Heymann möchte es nicht bei diesen Fähigkeiten belassen). Aber wie legt man fest, was sinnvoll noch darüber hinaus gelernt werden sollte?

Eine pragmatische Antwort auf diese Frage kann lauten: Welche – und jedenfalls zum Teil auch *warum* – Mathematik gelernt werden soll, steht ohnehin in Lehrplänen und Standards. Die „Standards für die mathematischen Fähigkeiten österreichischer Schülerinnen und Schüler am Ende der 8. Schulstufe“ beschreiben die Bedeutung der Mathematik wie folgt:

> „Täglich und fast überall trifft man auf mathematische Zeichen, Darstellungen und Objekte – Mathematik ist *Inventar unserer Lebenswelt.*
> Dieses mathematische Inventar ist dann auch wesentliches Mittel menschlicher Verständigung – Mathematik ist ein wichtiges *Mittel menschlicher (Massen-)Kommunikation.*
> Mathematik ist aber auch eine spezifische Brille, durch die wir die Welt sehen, und sie ist

[6] [Fischer2006]
[7] [Heymann1996, S. 136f.]

> zugleich auch ein Instrument, mit dem wir die Welt, in der wir leben, strukturieren, ordnen und gestalten. Mathematik ist also sowohl *Erkenntnis- als auch Konstruktionsmittel.*“[8]

Im Anschluss daran verlangen die Standards von den Schüler(innen), Fähigkeiten und Fertigkeiten zum Darstellen und Modellieren, zum Rechnen und Operieren, zum Interpretieren sowie zum Argumentieren und Begründen in den Inhaltsbereichen „Zahlen, Maße“, „Variable, funktionale Abhängigkeit“, „Geometrische Figuren und Körper“ und „Statistische Darstellungen und Kenngrößen“. Sie betonen ferner, dass es nicht nur darum geht, sich in den einzelnen Bereichen auszukennen, es wird auch ein „Nachdenken über Zusammenhänge, die aus dem dargelegten mathematischen Sachverhalt nicht unmittelbar ablesbar sind“ verlangt, z. B. über „Modellannahmen, Idealisierungen, Aussagekraft, Grenzen des Modells, Modellalternativen“[9].

Kann man damit zufrieden sein? Wenn es um die Frage *reflektierter Entscheidungsfähigkeit* geht, dann geben uns die Standards wie auch der Katalog von Heymann erste wertvolle Hinweise, wo(zu) Mathematik eingesetzt wird und welche Mathematik der/die „Durchschnittsbürger(in)“ (Heymann) normalerweise einsetzen, bzw. welche Mathematik der/die „Durchschnittsschüler(in)“ (Standards) aus Sicht der Bildungsverwaltung einzusetzen in der Lage sein sollte. Sie bleiben uns allerdings auch einige wichtige Antworten schuldig:

- In welchen Bereichen unseres gesellschaftlichen Lebens gehört Mathematik besonders fest zum *Inventar*? Wieso haben wir uns eigentlich gerade dort besonders daran gewöhnt?
- Warum wird Mathematik (vor allem) zur Stützung von *(Massen-)Kommunikation* eingesetzt? Was leistet sie dort, was ohne sie nicht, nicht so gut, nicht so einfach zu leisten wäre?
- Was sind insbesondere die besonderen *Erkenntnis- und Konstruktionsmittel* der Mathematik, bzw. worin liegen Vor- und Nachteile, sich auf mathematische Erkenntnis- und Konstruktionsmittel einzulassen?

Genau diese Fragen sind es, die sich aus meiner Sicht als Leitfragen anbieten, um mit den Lehrer(innen) und Schüler(innen) (bzw. der „Allgemeinheit“) in Aushandlungsprozesse über die Bedeutung der (Schul-)Mathematik einzutreten. Wenn im Folgenden Antworten auf diese Fragen versucht werden, dann wird sehr wohl eingeräumt, dass das *Suchen nach Antworten* auf die Fragen selbst ein wesentlicher Schritt zur Erlangung von so etwas wie „reflektierter Entscheidungsfähigkeit“ sein dürfte. Die gegebenen Antworten stellen demnach erneut die Basis von möglichen Aushandlungen dar und erheben daher keinerlei Anspruch auf Vollständigkeit oder Abgeschlossenheit, sie sollen nicht zur kritiklosen Rezeption, sondern zur Diskussion anregen.

### 18.2.1 Mathematik als Inventar der Lebenswelt

Wo kommt Mathematik vor und was leistet sie dort? Die kurze Antwort: Wir nutzen mathematische Hilfsmittel vor allem, um unser Leben in zeitlicher, räumlicher und finanzieller Hinsicht zu organisieren, zu ordnen, Vergleiche anzustellen und allgemein einen Überblick zu bekommen.

Es sei zunächst noch einmal an den Katalog von Heymann erinnert: Er unterteilt in arithmetische und geometrische Fähigkeiten. Das was Menschen in ihrem Alltag an Mathematik tun, hat

[8] [IDM2007, S. 7]
[9] [IDM2007, S. 14]

| **Phänomeme** | **Handlungen** |
|---|---|
| • zeitlicher Art | • Vergleichen und Unterscheiden |
| • räumlicher Art | • Ordnen und Organisieren |
| • finanzieller Art | • Überblick verschaffen |

Individuum <> Gesellschaft

Mathematisierung der Gesellschaft $\neq$ Mathematische Anforderungen an ein Individuum

Abbildung 18.1: Mathematik als Inventar

mit Zahlen, Maßangaben und geometrischen Grundbegriffen zu tun, einige einfache Operationen (Vergleichen, Schätzen, Messen, Grundrechnungsarten) kommen hinzu. Wo setzen wir diese Fähigkeiten ein? Zahlen, Maße und geometrische Begriffe begegnen uns vor allem dort, wo es gilt, Übersicht über zeitliche, räumliche und finanzielle Dinge zu erlangen[10]. Jeder Einzelne von uns erfasst dabei seine Umwelt und plant seinen Alltag mithilfe zahlreicher mathematischer Kategorien. Wir sehen runde und eckige Tische, reden von parallelen Straßen und monieren schiefe Wände als Pfuscherei. Wir richten unsere Leben an der Uhr, am Kalender, am Stundenplan, am Kontostand und Preisvergleichen aus. Wir zahlen Steuern und bekommen Pensionen. Wir vergleichen unser Körpergewicht am Ideal des BMI und die Note bei der Schularbeit am Durchschnitt der Klasse, wir suchen Wohnungen mit ausreichender Wohnfläche, in guter Lage, zum angemessenen Preis.

Neben dieser offensichtlichen – aber in der Regel auf relativ einfachen mathematischen Objekten und Verfahren beruhenden – Bedeutung der Mathematik für unser tägliches Leben sind fast alle Bereiche unserer Gesellschaft durch und durch von Mathematik durchzogen. Im wirtschaftlichen Bereich von der industriellen Fertigung über die betriebliche Planung bis zum Marketing. Im wissenschaftlichen Bereich angefangen mit traditionell mathematiknahen Gebieten wie der Physik oder allgemeiner den Naturwissenschaften, bedienen sich zunehmend die Gesellschaftswissenschaften oder etwa die Linguistik mathematischer und informationstechnischer Methoden. Nicht zuletzt sind nahezu alle unsere Lebensbereiche in zunehmendem Maße Gegenstand statistischer Erfassung. Sollten wir dann nicht zunehmend mehr Mathematik anwenden, sie verstehen oder uns jedenfalls mit ihr auseinandersetzen können?

Zwingend erforderlich scheint das nicht zu sein: Mathematik „funktioniert" relativ unabhängig vom Einzelnen. Im Alltag wird nicht wirklich mehr Mathematik von uns verlangt als vor hundert Jahren. Eher ist das Gegenteil der Fall: Anspruchsvolle Mathematik wird zunehmend an Computer und aufwändig gestaltete Software ausgelagert, die den Benutzer(inn)en scheinbar problemlose Hilfsmittel zur Verfügung stellt, denen „von außen" die in sie „investierte Mathema-

[10]Hier mag eingewendet werden, dass uns Mathematik in sehr viel vielfältigerer Form im Alltag begegnen kann, als nur bei zeitlichen, räumlichen und finanziellen Phänomenen. In der Aufzählung fehlen etwa Gewichte, die sehr wohl eine sehr hohe individuelle Bedeutung und alltäglichen Umgang mit Mathematisierungen nach sich ziehen können (Übergewichtigkeit und Schlankheitswahn). Dass wir darüber hinaus eher passiv von Mathematisierungen in erheblich breiteren Anwendungsgebieten betroffen sind, darauf wird weiter unten eingegangen.

tik nicht mehr anzusehen ist“[11]. Als Benutzer(in) muss man diese investierte Mathematik auch nicht „verstehen“ – zumindest ist ein anderes Verstehen nötig als dasjenige, welches zur „händischen“ Ausführung nötig wäre. Wer mit einem GPS navigiert, muss nicht annähernd soviel von Navigation und dazugehöriger Mathematik verstanden haben, wie der Seemann, der mit Karte, Kompass und Sextant hantieren musste.[12]

### 18.2.2 Mathematik als Mittel der (Massen-)Kommunikation

Warum ist Mathematik für Kommunikation, insbesondere Massenkommunikation interessant? Die kurze Antwort: Mathematik erlaubt die Konzentration auf Wesentliches und vereinfacht die Kommunikation dort, wo ein unmittelbares Vergleichen relevanter Informationen nicht, nicht so einfach oder nur mit unverhältnismäßigem Informationsaufwand möglich wäre.

Mathematik spielt eine Rolle, wo wir etwas mitteilen wollen oder uns etwas mitgeteilt wird. Ein zentraler Gesichtspunkt ist dabei wiederum das Vergleichen. Bin ich größer oder kleiner als mein Bruder? Dafür brauche ich nicht unbedingt mathematische Hilfsmittel: Wir stellen uns Rücken an Rücken und schauen, wer wen überragt. Bin ich größer als mein(e) Brieffreund(in) (Chatpartner(in)) in den USA? Bin ich dieses Jahr mehr oder weniger gewachsen als letztes Jahr? Ist mein Bruder dieses Jahr stärker gewachsen als ich? Ist in meinem Zimmer genug Platz für das neue Regal aus dem IKEA-Katalog? Bei solchen Fragen bin ich froh, dass ich die relevanten Informationen im Wesentlichen auf ein paar Maßangaben zurückführen kann. Immer dann, wenn unmittelbare Vergleiche nicht ohne Weiteres möglich sind, kann Mathematisierung helfen, die relevanten Informationen sparsam (mit wenigen Worten bzw. sogar einzelnen Zahlen), mit einer gewissen Genauigkeit (nicht nur: größer oder kleiner, sondern 10 cm kleiner) und einer gewissen Objektivität festzuhalten. Wenn die zu Besuch kommende Tante sagt, ich sei dieses Jahr aber besonders stark gewachsen, hat das einen ganz anderen Charakter, als wenn ich nachmesse und unterschiedliche Größenzuwächse feststelle.

Der Einsatz von Mathematik verlangt dabei gewisse Festlegungen (Was ist eigentlich ein Meter?), er verlangt die Konzentration auf bestimmte Aspekte: Ob „Billy“ passt, wird gemäß der in Abbildung 18.2 dargestellten Katalogseite offensichtlich als Problem von Länge, Breite und Höhe angesehen (eventuell noch als Problem des ausreichend großen Geldbeutels), nicht aber z. B. als Problem, wie gut es farblich oder unter anderen ästhetischen Gesichtspunkten mit dem Rest meiner Möbel harmoniert.

[11] [Heymann1996, S. 137]

[12] Wenn laut einer Studie der Stiftung Rechnen „95 Prozent der Befragten glauben, dass mathematische Kompetenz wichtig für eine erfolgreiche Lebensführung ist“ und „89 Prozent [...] von der Bedeutung einer guten Rechenfähigkeit für ihre Zukunft überzeugt“ [MDMV2009, S. 209] sind, habe ich gewisse Zweifel, auf welcher Reflexionsbasis die hier zum Ausdruck kommende Wertschätzung der Mathematik zu Stande gekommen ist.

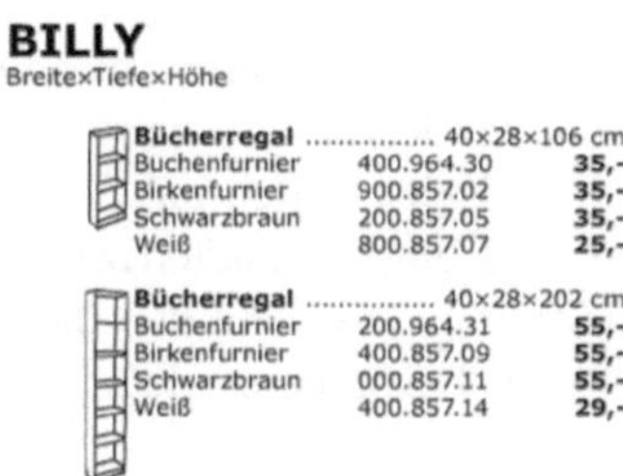

Abbildung 18.2: Mathematik als Mittel der Massenkommunikation

Wir reduzieren die Komplexität der Realität unter Einhaltung bestimmter Spielregeln und können dadurch leichter (oder überhaupt erst) über die Dinge kommunizieren oder zu Entscheidungen gelangen. Je weniger das unmittelbare Betrachten der Einzelsituation möglich oder erwünscht erscheint, desto bedeutsamer werden Mathematisierungen.

**Beispiel 1:**
Wenn wir im Sinne der Allgemeinheit akzeptieren, dass der öffentliche Straßenverkehr etwas ist, dass sich ohne Regulierung nicht im Sinne einer einigermaßen sicheren Teilnahme aller Verkehrsteilnehmer(innen) ausgestalten läßt, so müssen wir beinahe zwangsläufig die Notwendigkeit von Geschwindigkeitsbegrenzungen als Mathematisierung angemessen vorsichtigen Autofahrens an Orten potenziell größerer Unfallgefährlichkeit als präventive Maßnahme akzeptieren. Jede(r) Einzelne von uns kennt naturgemäß dennoch Orte und Situationen, in denen er sich aus bestimmten Gründen nicht an vorgeschriebene Geschwindigkeitsbegrenzungen zu halten müssen glaubt. Wir sind dennoch gewohnt, für ein solches Verhalten bestraft zu werden und kaum eine(r) von uns dürfte ob eines noch so saftigen Bußgeldes prinzipiell die Notwendigkeit von Verkehrsregulierung und in der Folge die von Geschwindigkeitsbegrenzungen in Frage stellen.
Dabei bleibt die einzelne Geschwindigkeitsbegrenzung, etwa auf 30 km/h in der Nähe einer Schule, zwar eine sehr bescheidene Mathematisierung eines angemessenen Fahrverhaltens, deren Willkürlichkeit nicht schon aufgrund der Verwendung von Mathematik prinzipiell aufgehoben wird. Wir sind durch die Mathematisierung, die eine einfache Entscheidung über Befolgen oder Nicht-Befolgen des Grundsatzes „angemessen vorsichtiges Fahren" ermöglicht, grundsätzlich bereit, diese Willkür als Notwendigkeit hinzunehmen – in dem Wissen, dass 35 km/h oder 40 km/h grundsätzlich genauso gut denkbar wären. Mathematik hilft gleichwohl auch, die im Empfinden des Einzelnen womöglich vernachlässigbaren 10 km/h mehr zum möglicherweise überlebensentscheidenden Unterschied werden zu lassen, zwischen rechtzeitig zum Stehen kommen und mit 35 km/h Restgeschwindigkeit auf den plötzlich auf die Straße springenden jungen Menschen prallen.[13]

Dass Mathematik sich nun ausgerechnet für Massenkommunikation eignet, liegt vielleicht gerade an der Schlichtheit ihrer Maßstäbe und dem Nicht-Einlassen auf den konkreten Einzelfall. Unsere modernen Gesellschaften sind einfach zu groß, als dass wir uns auf jede Einzelsituation einlassen könnten. Wir müssen Regelungen festlegen, an die sich der Einzelne im Sinne der Allgemeinheit zu halten hat und an die er sich auch halten kann – ohne sich allzu große Gedanken

[13] Vgl. ausführlicher [Jahnke1996].

über die Auslegung dieser Regeln machen zu müssen.

Je nach Zusammenhang lassen sich dabei mehr oder minder komplizierte Zusammenhänge erfassen. Die Umsatzsteuer, die allgemein abzuführen ist, beträgt derzeit in Österreich 20% bzw. 10% für einige ausgewählte Güter wie Bücher, Lebensmittel, Zeitschriften und Wohnungsvermietungen. Durch diese Steuersätze wird festgelegt: Egal, was ein(e) Händler(in) für eine bestimmte Ware oder Dienstleistung verlangen möchte (Nettopreis), auf jeden Euro, die er oder sie verlangen möchte, muss er oder sie 20 Cent (bzw. 10 Cent für die bevorzugten Güter) aufschlagen und an den Staat abführen. Man kann das als Formel notieren:

$$\text{Bruttopreis} = 1{,}2 \cdot \text{Nettopreis}$$

Ob das die Kommunikation leichter macht als die verbale Beschreibung, wäre dann allerdings durchaus diskussionswürdig. Komplizierte Regelungen, bei denen man ohne eine solche Formel nicht mehr auskommt, gelten etwa, wenn man sich in Österreich ein neues Auto kauft. Hier ist vom Händler für Dieselfahrzeuge etwa zusätzlich zur Mehrwertsteuer eine so genannte „Normverbrauchabgabe" zu zahlen, deren Höhe in Abhängigkeit vom Kraftstoffverbrauch sich als

$$\text{Prozentsatz} = (\text{Verbrauch} - 2) \cdot 2$$

berechnet, die allerdings auf höchstens 16% beschränkt ist[14]. Dabei spielen offenbar ökologische Erwägungen eine Rolle, wobei ein Verbrauch über 10 Liter dann aus irgendwelchen (vermutlich ökonomischen) Gründen nicht mehr als relevant gelten soll. Die Formel für die Berechnung der Einkommenssteuer ist dann bereits so kompliziert, dass man in der öffentlichen Kommunikation darüber in der Regel eher mit Tabellen arbeiten wird.

### 18.2.3 Mathematik als Erkenntnis- und Konstruktionsmittel

Inwiefern wirkt Mathematik als Erkenntnis- und Konstruktionsmittel? Die kurze Antwort: Mathematik ermöglicht es, Abstraktes (vor allem Zusammenhänge und Beziehungen) darzustellen und die Darstellungen der Mathematik erlauben regelgeleitete Manipulationen, die zu weiterer Informationsverdichtung führen und Zuspitzungen erlauben.

Während in den oberen Beispielen der Gedanke des *Vorschreibens* mit Hilfe von Mathematik im Vordergrund steht, steht in den (Natur-)Wissenschaften häufig der Gedanke des allgemeinen *Beschreibens* mit Hilfe von Mathematik im Vordergrund. So wird etwa in der klassischen Physik folgendes Gesetz für den freien Fall notiert:

$$s = \frac{g}{2} \cdot t^2$$

wobei $s$ den zurückgelegten Weg, $g$ die Fallbeschleunigung durch die Erdanziehungskraft und $t$ die Zeit bezeichnet. Dieses Gesetz hat offenbar eine andere Aufgabe als die Vorschrift, in der Nähe einer Schule höchstens 30 km/h zu fahren oder das auf jeden Euro 20 Cent Mehrwertsteuer aufzuschlagen und an den Staat abzuführen sind. Gemeinsam ist diesen „Vorschriften", dass sie uns helfen, uns untereinander über den freien Fall, das angemessene Fahrverhalten in Schulnähe

[14] Zusätzlich gibt es gewisse Boni und Mali falls etwa ein Rußpartikelfilter installiert ist.

oder die beim Kauf von Gütern an den Staat abzuführenden Steuern zu verständigen. Man kann auch sagen: Mit den oberen Beispielen wird Realität geschaffen: Durch die Geschwindigkeitsbegrenzung wird angemessenen Fahrverhalten erst greifbar, Steuern könnte es nicht geben, wenn diese nicht in ihrer Höhe festgelegt wären. Man sagt: Mathematik ist ein *Konstruktionsmittel*. Beim Fallgesetz wird Mathematik eher zur Beschreibung genutzt, man nutzt sie dazu, das Phänomen des freien Falls überhaupt zu ergründen. Man sagt: Mathematik ist ein *Erkenntnismittel*.

In der Formel für den freien Fall kommen neben Zahlen auch Variablen vor, wodurch nochmals ein höherer Grad der Allgemeinheit erreicht wird. Mit der Formel wird gleichzeitig eine Vielzahl von Situationen beschrieben: Sie gilt so im Prinzip für jeden Himmelskörper (man muss nur die entsprechende Gravitationskonstante $g$ kennen) und sie gilt unabhängig davon, ob ein Körper sich 5 Sekunden, 10 Sekunden oder 5 Minuten lang im freien Fall befindet (so lange er dann noch nicht am Boden angekommen ist). Ich kann die Gleichung nutzen, um weitergehende Fragen zu klären wie: Wann schlägt ein 60 m vom Erdboden entfernt abgeworfener Stein auf den Boden auf? Oder: Ich werfe einen Stein in einen Brunnen und zähle bis sieben bis er auf die Wasseroberfläche aufschlägt. Wie tief ist der Brunnen?

Mit Gleichungen (und Funktionen) lassen sich ganz allgemein Beziehungen und Abhängigkeiten noch übergreifender beschreiben, als wenn ich nur mit einzelnen Zahlen hantiere. In den Naturwissenschaften sind sie deshalb besonders relevant, weil man dort an der Ergründung solcher Beziehungen und Abhängigkeiten, die über Einzelfallbetrachtungen hinaus gehen, besonders interessiert ist. Ähnlich wie wir uns im Fall der Geschwindigkeitsbegrenzung oder der Normverbrauchsabgabe nicht auf gerade viele Details einlassen konnten, bleiben auch beim Fallgesetz wesentliche Aspekte unberücksichtigt (etwa der Luftwiderstand). Es ist wichtig sich klar zu machen, dass man bei jedem Erkenntnis- und Entscheidungsprozess nicht darum herum kommt, gewisse Dinge unberücksichtigt zu lassen – hoffentlich behält man die aus übergreifender Sicht entscheidenden Aspekte im Blick. Dieser Abstraktionsprozess ist für (natur-)wissenschaftliche Erkenntnis- wie für gesellschaftliche Entscheidungsprozesse ungemein wichtig.[15]

Das Besondere an mathematischen Abstraktionen ist, dass sich diese besonders weit von den Dingen, die Gegenstand der Abstraktion sind, entfernen und dass sie mit ihren Begriffen und Darstellungsweisen geradezu darauf abzielen, Abstraktes selbst zum „Ding“ werden zu lassen, mit dem dann wieder operiert werden kann.

Nehmen wir als Ausgangspunkt den Satz: „Dort fliegen 7 Vögel.“ „Vögel“ stellt eine (biologische) Abstraktion dar: Wir sehen eine Gruppe gewisser Entitäten, denen wir die Eigenschaft zuschreiben, der Gattung „Vogel“ anzugehören. Wir könnten auch sagen „7 Tiere“ oder „7 Lebewesen“ oder aber „7 Schwalben“, der Grad biologischer Abstraktion wäre jedes Mal ein anderer. Dennoch sähen wir vom einzelnen „Ding“, das wir da unmittelbar vor uns sehen, in gewisser Weise ab bzw. erklären seine Zugehörigkeit zur Gattung „Vogel“, „Tier“, „Lebewesen“ oder „Schwalbe“ für aus übergreifender Sicht entscheidend. Das ist durchaus typisch für (natur-

[15]Das hier zwischen Vorschreiben und Beschreiben getrennt wird, bzw. zwischen Erkenntnis- und Entscheidungsprozessen, sollte man nicht überbewerten. Naturwissenschaftliches Erkennen und Beschreiben hängt sehr wohl von Entscheidungen, von gewissen Setzungen (Was ist für mich wesentlich?) ab. Moderne wissenschaftstheoretische Ansätze sehen daher in Erkenntnisprozessen immer auch Konstruktionen: Durch die „Brille“ durch die wir die Realität betrachten, machen wir sie abhängig von unserem Denken, wir „konstruieren“ damit letztlich das, was wir für Realität halten.

)wissenschaftliches Herangehen: Wenn ein Vogelkundler eine Gruppe von Vögeln beobachtet, so mag er sich den einzelnen Tieren widmen, sein Interesse besteht aber nicht darin, Aussagen über Vogel *X* und Vogel *Y* zu gewinnen (so wie die Presse an den Eskapaden der Filmstars *X* und *Y* interessiert sein mag). Es geht ihm darum, etwas herauszubekommen, das auch für andere Vertreter dieser Gattung relevant ist, für sie in ähnlicher Weise Gültigkeit beanspruchen kann.

Die mathematische Abstraktion ist allerdings deutlich weitgehender. Der Mathematiker und Philosoph Alfred N. Whitehead schreibt dazu: „Uns scheint die Zahl 'Fünf' auf die entsprechenden Gruppen beliebiger Einzelwesen anwendbar: auf fünf Fische, fünf Kinder, fünf Äpfel oder fünf Tage. Betrachten wir die Relationen zwischen den Zahlen 'Fünf' und 'Drei', dann denken wir an zwei Gruppen von Dingen, von denen die eine fünf und die andere drei Elemente hat. Aber wir abstrahieren vollständig von den Eigenarten einzelner Entitäten oder auch von einzelnen Sorten von Entitäten, welche die Zugehörigkeit zu einer der beiden Gruppen begründen. Uns interessieren nur jene Beziehungen zwischen den beiden Gruppen, die von der individuellen Eigenart der Elemente völlig unabhängig sind."[16]

Mit diesem Grad der Abstraktion gehen auch Einschränkungen in der Art der Erkenntnisse bzw. Entscheidungshilfen einher, die uns mathematische Erkenntnis- und Konstruktionsmittel zur Verfügung stellen.

**Beispiel 2:**
Wenn wir uns nun die mathematische Abstraktion im obigen Satz ansehen, so bleiben wir auf die „Siebenheit" der Gruppe von Vögeln zurückgeworfen. Wir könnten damit aus mathematischer Sicht z. B. sagen: Es ist nicht möglich, dass diese Gruppe von Vögeln paarweise nebeneinander fliegt, ein Vogel hätte keinen Partner. Die Aussage hat nicht nur nichts mit etwaigen Unzulänglichkeiten im Flugverhalten der konkret beobachteten Vögel zu tun, sie hat nichts mit Vögeln, nichts mit Lebewesen, nichts mit dem Vorgang des Fliegens zu tun. Sieben lässt sich allgemein nicht als Summe von lauter Zweien darstellen. Um uns dieser Tatsache zu vergewissern, könnten wir z. B. sieben Steine hernehmen, und sie paarweise nebeneinander legen. Wir können auch Strichbilder auf ein Blatt Papier malen. Oder wir ziehen mit dem Taschenrechner immer wieder zwei von sieben anfangend ab und schauen, ob wir bei Null landen. Im einen Fall symbolisiert uns der alleine liegende Stein oder der einzelne Strich die Unmöglichkeit, im anderen Fall das Zeichen „1" oder „−1" am Taschenrechner. In jedem Fall sind wir überzeugt, eine Antwort gefunden zu haben, die für jede Menge von sieben Objekten Gültigkeit hat, die in Teilmengen von je zwei Objekten aufgeteilt werden soll.
Man kann einwenden: Für wen ist die Entscheidung eigentlich relevant, ob sieben Vögel paarweise nebeneinander fliegen können? Diese Relevanzfrage bezieht sich dann aber gar nicht auf die Eigenschaften der Siebenheit, was man an folgendem Beispiel erkennen kann: Zwei Kinder wollen sieben Bonbons gerecht unter sich aufteilen, wie sollen sie vorgehen? Gerechtigkeit im Sinne der Gleichverteilung lässt sich in der Welt ganzer Bonbons nicht realisieren, was erneut nicht an den Kindern oder den Bonbons liegt, sondern an der Anzahl Sieben, in diesem Kontext allerdings sehr wohl eine Information hoher Relevanz darstellt.

Die Möglichkeit des Operierens auf abstrakter Ebene ist eine Besonderheit der Mathematik. Sie beschäftigt sich damit, dem Abstrakten zu einer eigenen Realität zu verhelfen, sie mehr (Rechensteine, Abakus) oder weniger (in Stellenwertschreibweise auf dem Papier, im Inneren des Computers als elektrische Impulse) materiell zu repräsentieren und diese Repräsentationen

[16][Whitehead1988, S. 32]

(„Stellvertreter") dann zum Gegenstand von Manipulationen zu machen. „Was vorher eine vage Idee in einem Kopf war, steht dann schwarz auf weiß, als Zahl, als Figur oder Diagramm, als Formel auf dem Papier"[17]. Und: Es ermöglicht uns weitere Verdichtungen und Zuspitzungen, die sich wieder auf einen konkreten Kontext zurückbeziehen lassen. Mathematik entwickelt Regeln für den Umgang mit Zeichen, Diagrammen oder Formeln, die wir auf dem Papier niederschreiben. Sie sagt uns, wie diese Darstellungen manipuliert werden können, um bestimmte Informationen einfacher entnehmen zu können. Wir können eine Gleichung nach einer bestimmten Variable hin auflösen. Wir können Rechtwinkligkeit prüfen, in dem wir bestimmte Längen abmessen (Pythagoras).

Mathematik als Grundlage von Entscheidungen spielt also insbesondere dort eine Rolle, wo es gilt vergleichsweise abstrakte Dinge (vor allem: Zusammenhänge und Beziehungen) in einer möglichst eindeutigen, gut kommunizierbaren Weise darzustellen. Als Erkenntnis- und Konstruktionsmittel ist sie vor allem dort interessant, wo man sich durch regelgeleitete Manipulation solcher Darstellungen weitere Verdichtungen oder Zuspitzungen erwartet.

## 18.3 Mathematik als Entscheidungsgrundlage verstehen

Diesen Stärken mathematischer Darstellungen stehen unbenommen auch Risiken und Einschränkungen entgegen, deren Wahrnehmung sehr wohl auch Teil einer reflektierten Entscheidungsfähigkeit sein sollten. Abschließend sollen daher drei Besonderheiten der Mathematik angeführt werden, die gleichermaßen Stärke und Beschränktheit ihrer Weltsicht ausmachen.

### Mathematik wirkt indirekt

Das heißt, allein „die Tatsache, dass zwei mal zwei vier ist, oder dass der Pythagoräische Lehrsatz gilt, hat keine unmittelbaren Auswirkungen auf unser Handeln. Erst wenn sich herausstellt, dass mit einem Produkt kein Gewinn zu machen ist, oder wenn der Pythagoras zur Berechnung von Kräften bei einem Brückenbau gebraucht wird, hat die Mathematik einen Einfluss auf Entscheidungen"[18]. Der „mathematische Blick" ist auf abstrakte Zusammenhänge und Beziehungen ausgerichtet, sein Beitrag zur Entscheidungsfindung besteht eben in der Verdichtung und Zuspitzung, nicht aber darin, die Relevanz der im konkreten Kontext betrachteten Zusammenhänge und Beziehungen selbst einzuschätzen. Überall dort, wo Mathematik genutzt wird, um Entscheidungen automatisiert ablaufen zu lassen, bestehen daher ernorme Missbrauchspotenziale.[19]

### Mathematik funktioniert

Mathematisches Operieren heißt in letzter Konsequenz, das Denken systematisch auszulagern und sich auf Routinen zu stützen, bei denen man sich gerade nicht in jedem Schritt fragt, warum

[17] [Fischer2006, S. 73]

[18] [Fischer2006, S. 51]

[19] Die automatisch ablaufende Entscheidung kann ja immer nur so gut sein, wie das mathematische Modell der Realität, auf dem sie beruht. Blendet dieses Modell relevante Entscheidungsgrundlagen aus, kann kein noch so guter Algorithmus diesen Mangel beheben.

die durchgeführte Handlung eigentlich zum gewünschten Ziel führt. Für Mathematikdidaktiker(innen) ist das insofern ein besonders schwer zu akzeptieren, als wir unter „Mathematik verstehen" nicht selten dagegen protestieren, dass Schüler(innen) überhaupt nicht wissen, wieso das, was sie tun, eigentlich den gewünschten Erfolg erzielt. Nicht zuletzt stellt es ein hohes Ideal der Mathematik dar, sich über die Zulässigkeit und Korrektheit der eingesetzten Verfahren im Prozess des Beweisens Sicherheit zu verschaffen. Das ist auch nötig, damit man das Denken guten Gewissens auslagern kann.

Aus der Perspektive der Anwender(innen) stellt sich die Sache allerdings anders dar: Wenn wir von einer arbeitsteiligen Gesellschaft ausgehen, so dürfen diese sich auf die Korrektheit der mathematische Verfahren verlassen. Was den Einsatz eines bestimmten Verfahrens zur Informationsverdichtung und Zuspitzung in einem konkreten Anwendungszusammenhang anbelangt, ist hingegen wieder die Expertise der Anwender(innen) gefragt (s. oben).

## Mathematik vergisst

Um überhaupt Mathematisieren zu können, muss die Komplexität der Realität stets vereinfacht werden. Das ist nun nicht unbedingt eine Besonderheit der mathematischen Wissenschaft sondern eher ein Kennzeichen wissenschaftlichen Herangehens an sich. Mathematik fordert allerdings zu einer besonders strikten Festlegung auf das, was aus übergreifender Sicht als entscheidend angesehen werden soll und somit Gegenstand der Mathematisierung sein soll.

Vergessen und (automatisiertes) Funktionieren von Mathematik bilden zusammengenommen ein nicht zu vernachlässigendes Gefahrenpotenzial der Nutzung von Mathematik: „Die Mathematik verführt, insbesondere im Wege genormter Darstellungsformen dazu, zu vergessen. Es kann passieren, dass Wichtiges außer Acht gelassen wird, ohne dass man es merkt. [...] Die Entscheidung, manches nicht zu berücksichtigen, wird nicht immer bewusst getroffen"[20]. Das ist insbesondere dann gefährlich, wenn schon die Mathematisierung an sich unhinterfragt als Kennzeichen größerer Objektivität genommen wird. Der kritische Medienjournalist Stefan Niggemeier schreibt dazu unlängst:

> „Der Zahlenfetisch der Massenmedien hat bizarre Ausmaße angenommen. Irgendwelche Prozentwerte, Statistiken und Hitparaden sagen zwar oft nichts aus, tun aber immer so, als ob. Sie wirken wie Fakten, lassen sich knackig auch in kürzesten Meldungen formulieren und ersetzen die ungleich mühsamere Auseinandersetzung mit der Wirklichkeit in Form von Anschauung und Reflexion. Was will eigentlich Karl-Theodor zu Guttenberg, wofür steht er, welche Widersprüche tun sich auf? Egal, aber er ist in der Liste der beliebtesten Politiker von Platz 2 auf Platz 1 geklettert!"[21].

Selbst dort, wo man die Sinnhaftigkeit der Mathematisierung nicht so grundsätzlich in Frage stellen mag, ist die Unterstellung größerer Objektivität durch den Einsatz mathematischer Darstellungen kritisch zu hinterfragen. Mathematik bietet in der Regel schon für sehr einfache Gegebenheiten durchaus unterschiedliche Darstellungsmittel an: Ob ich einen Anteil als $0,75$, $\frac{3}{4}$ oder 75 % angebe, macht durchaus einen Unterschied. Ob ich den Zuwachs der Arbeitslosenquote prozentual, in Prozentpunkten oder in absoluten Zahlen angebe, vermittelt sehr unterschiedliche Eindrücke. Wie genau ich diese Arbeitslosenquote ermittle, ist durchaus diskussionsbedürftig

[20] [Fischer2006, S. 78]
[21] [Niggemeier2010]

(Von was sind die 20% Arbeitslosen in Wien eigentlich der Anteil? Und: Wie wird diese Zahl erhoben? Was ist mit der „verdeckten Arbeitslosigkeit“?). Mathematik kann mir zwar nicht helfen zu sagen: Dieser oder jener Weg die Zahlen zu ermitteln oder anzugeben ist richtig. Auseinandersetzung mit Mathematik im Kontext einer reflektierten Entscheidungsfähigkeit müsste allerdings gerade deshalb bedeuten, etwas über verschiedene Darstellungs- und Erhebungsmöglichkeiten in ihren allgemeinen Vor- und Nachteilen und in Anwendung auf ausgewählte typische Anwendungskontexte zu erfahren.

## Resümee

Zunehmende Mathematisierung unserer Gesellschaft führt – wie oben bereits angesprochen – nicht zu dem unmittelbaren Bedürfnis, dass immer mehr Menschen immer mehr Mathematik in einem Sinne verstehen müssten, der sie in die Lage versetzen würde, die Mathematik, der sie ausgeliefert sind, operativ vollständig nachvollziehen zu können. Jedenfalls kann man von den „Segnungen“ automatisiert ablaufender Mathematik profitieren, ohne die Voraussetzungen des Funktionierens dieses automatischen Ablaufs verstehen zu müssen.

Im Sinne reflektierter Entscheidungsfähigkeit scheint es allerdings wesentlich, dass man über die Reichweite mathematischer Argumente und die Auswirkungen ihrer Anwendung auf zunehmende Bereiche unseres gesellschaftlichen Lebens nachdenkt. Verstehen heißt ja nicht nur, sich zu vergewissern, wie und warum etwas so funktioniert, wie es funktioniert. Verstehen meint, den Dingen einen Sinn zu geben, zu ergründen, was die (mathematischen) Verfahren mit uns und den Dingen anstellen, welche Schlüsse sie zulassen und welche eben nicht.

# Literatur

[Dressler2007] Dressler, B.: Modi der Weltbegegnung als Gegenstand fachdidaktischer Analysen. In: Journal für Mathematik-Didaktik (28) 2007, Heft 3-4, S. 249-262.

[Fischer2006] Fischer, R.: Materialisierung und Organisation – Zur kulturellen Bedeutung der Mathematik. Fokus-Verlag, München / Wien 2006.

[FischerGreiner2009] Fischer, R.; Greiner, U.: Fächerkonzepte und Bildung – Einleitung. Unveröffentlichtes Manuskript. Wien 2009.

[FKB2008] Projektgruppe „Fächerkonzepte und Bildung“: Positionspapier. Unveröffentlichtes Manuskript. Wien 2008.

[Heymann1996] Heymann, H. W.: Allgemeinbildung und Mathematik. Beltz, Weinheim / Basel 1996.

[IDM2007] Institut für Didaktik der Mathematik (IDM) (Hg.): Standards für die mathematischen Fähigkeiten österreichischer Schülerinnen und Schüler am Ende der 8. Schulstufe. Version 4/07. Klagenfurt 2007.

[Jahnke1996] Jahnke, T.: Beispiele für Themen in einem allgemeinbildenden Mathematikunterricht an Schule und Hochschule. In: Biehler, R. et al. (Hrsg.): Mathematik allgemeinbildend unterrichten: Impulse für Lehrerbildung und Schule. Aulis, Köln, S. 137-151.

[MDMV2009] Mitteilungen der Deutschen Mathematiker Vereinigung, 17/2009, Heft 4.

[Niggemeier2010] Niggemeier, S.: Malen nach Zahlen. Internet: http://www.stefan-niggemeier.de/blog/malen-nach-zahlen/, 2010 (Letzter Aufruf: 08.01.2010).

[Whitehead1988] Whitehead, A. N.: Wissenschaft und moderne Welt. Suhrkamp, Frankfurt am Main 1988 (Englische Originalausgabe: 1925).

# Teil IV

# Außenperspektiven auf das Verstehen von Mathematik

# 19 „Das Konkrete ist das Abstrakte, an das man sich schließlich gewöhnt hat.“ (Laurent Schwartz) Über den Ablauf des mathematischen Verstehens

MARTIN LOWSKY

Die im Titel genannte Aussage findet sich in den Lebenserinnerungen von Laurent Schwartz (1915-2002), einem der fruchtbarsten Mathematiker, Mitglied der Gruppe Bourbaki. Im Original lautet die Aussage: „un objet concret est un objet abstrait auquel on a fini par s'habituer.“[1] Schwartz erläutert sie am Beispiel des Integrals über $e^{-\frac{1}{2}x^2}$, das den Wert Wurzel aus $2\pi$ hat und in dem sich also die Zahlen $e$ und $\pi$ verknüpfen. Was Schwartz aber vor allem ausdrücken will, ist dies: Das mathematische Verständnis geht langsam vor sich und es bedarf der Anstrengung. „Es ist eine Frage der Zeit und der Energie“, sagt Schwartz, und gerade dies mache es so schwer, die höhere Mathematik unter das Volk zu bringen. Das Lernen und Lehren von Mathematik laufe eben mühevoll und langsam ab.

Liest man offizielle Verlautbarungen von heute, so kommt einem Schwartz' Standpunkt hoffnungslos veraltet vor. So sind in der Broschüre ‚Bildungsstandards‘[2] die bekannten Kompetenzen K1 bis K6 aufgeschlüsselt, wobei es zur Erklärung kurz heißt „Lösungswege beschreiben und begründen“, „vorgegebene und selbst formulierte Probleme bearbeiten“, „das Finden von Lösungsideen und die Lösungswege reflektieren“, „die Fachsprache adressatengerecht verwenden.“[3] Ein Kommentarbuch dazu sagt: „Jede einzelne Unterrichtsstunde und jede Unterrichtseinheit muss sich daran messen lassen, inwieweit sie zur Förderung und Weiterentwicklung inhaltsbezogener und allgemeiner Schüler-Kompetenzen beiträgt“[4], und in der Broschüre selbst steht: Dabei „illustrieren die Aufgabenbeispiele exemplarisch die Standarderreichung, indem sie zeigen, welche konkrete Qualität an mathematischer Leistung jeweils erbracht werden muss, um die Standards zu erfüllen“[5]. Das heißt doch: Nach jeder Stunde soll vom Lehrer irgendetwas abgehakt werden, was ab jetzt angeblich gekonnt wird – unabhängig davon, ob die Zeit wirklich ausgereicht und bei den Schülern die erforderliche Energie in dieser Zeit vorhanden gewesen ist. In der Broschüre ‚Bildungsstandards‘ sind eine Fülle von Aufgaben beigegeben, denen verschiedene Kompeten-

[1] [Schwartz1997, S. 166]
[2] [Beschlüsse2004]
[3] ibid.[S. 8f.]
[4] [Blum2006, S. 17]
[5] [Beschlüsse2004, S. 7]

zen zugeordnet werden. Wer diese oder jene Aufgabe gelöst hat, hat angeblich gezeigt, dass er diese und jene Kompetenz trainiert hat und sie nun bis zu dem jeweiligen Standard beherrscht. Im Kommentar heißt es dazu noch: Dabei „dienen Standards als Basis für Leistungsüberprüfungen“[6]. Doch zu fragen ist: Gaukelt mir eine gelöste Aufgabe oder Aufgabenserie nicht nur vor, jetzt eine Kompetenz zu beherrschen? Und mehr noch: Habe ich, wenn ich eine Aufgabe gelöst habe und einen mir sichtbaren mathematischen Sachverhalt nun zu verstehen meine und dabei die betreffenden Kompetenzen trainiert habe – habe ich dann den mathematischen Hintergrund wirklich verstanden?

In Wahrheit zeigen die meisten der hier offiziell vorgeschlagenen Aufgaben – die zweifellos intelligent gemacht sind – nur an, dass sich die Mathematik, wenn man es will, passgenau auf die Wirklichkeit anwenden lässt. Die Aufgaben lehren also Passgenauigkeit, sie lehren nicht Mathematik. Ein extremes Beispiel ist die folgende Aufgabe, die die Mathematik für einseitige kaufmännische Logistik benutzt. Sie steht in dem erwähnten Kommentarbuch[7]: „Carola Lützel kocht besonders leckere Marmeladen und Konfitüren. Sie beschließt, ihre Produkte gewinnbringend zu verkaufen und nicht mehr nur an Freunde und Verwandte zu verschenken. a) Carolas Marmeladen bestehen aus einem Teil Zucker und zwei Teilen Obst. Berechne, wie viele Gläser zu je 450 g Marmelade (...)“ etc. Wer etwas verschenkt, so klingt es hier heraus, handelt falsch; besser ist es, „gewinnbringend zu verkaufen“, wobei einem die Mathematik hilft. Das ist die „Kompetenz im neuen Kapitalismus“[8], das ist die Erziehung zum ‚homo oeconomicus‘[9], hin zu einem Wissen der „ökonomischen Verwertbarkeit“[10], wie prominente Kritiker der neuen Didaktik-Strömungen seit langem sagen.

Wenden wir uns von dem modernen Kompetenztraining ab, und suchen wir woanders Auskunft über das mathematische Verstehen. 1972 teilte Benjamin S. Bloom das Verstehen und also auch das mathematische Verstehen ein in die Kategorien „Übertragung“ (der Übergang vom Symbolischen zum Verbalen und umgekehrt), „Auslegung“ (das Interpretieren von Daten) und „Extrapolation“ (etwa Voraussagen Machen)[11]. Das ist eine breit angelegte und damit realistische Beschreibung des Verstehens. 1996 schrieb Hans Werner Heymann in seiner Studie ‚Allgemeinbildung und Mathematik‘:

> „Als verstehende Person *erlebe* ich mein Verstehen; es ist – mehr oder weniger ausgeprägt – von einem Gefühl der Erleuchtung begleitet [...]. Man kann hier Carnaps Unterscheidung von Ding- und Erlebnissprache aufgreifen: ‚Verstehen‘ wäre dann ein Wort der Erlebnissprache. Die Mitteilung ‚ich verstehe den Sachverhalt X‘ hätte damit einen vergleichbaren erkenntnistheoretischen Status wie die Mitteilung ‚ich habe Zahnschmerzen‘“[12].

Hierzu noch zwei andere Zitate. Der Psychologe und Humanist Erich Fromm (1900-1980) hat die Kreativität so definiert: „Kreativität ist die Fähigkeit, zu *sehen* [...] und zu *antworten*“[13]. Und

[6] [Blum2006, S. 16]
[7] ibid.[S. 196]
[8] [Krautz2009, S. 94]
[9] vgl. [Fuhrmann2002, S. 52]
[10] [Liessmann2006, S. 39]
[11] [Claus1995, S. 25]
[12] [Heymann1996, S. 211]
[13] [Fromm1981, S. 399]

der amerikanische Mathematiker und Philosoph Reuben Hersh schrieb 1997 diesen radikalen Satz: „Mathematics is like money, war, or religion – not physical, not mental, but social“[14].

Mit dieser Betonung des ganzheitlichen Erlebens bei Heymann, Fromm und anderen sind wir wieder ganz nah bei dem Standpunkt von Laurent Schwartz, dass das Mathematik-Verständnis etwas ist, das Zeit und beständige mentale Energie erfordert und dass es sich keineswegs mittels erledigter Aufgaben messen lässt. Dieses andere Bild von Mathematik möchte ich dadurch vertiefen, dass ich im Folgenden drei Episoden von mathematischem Verstehen erzähle. Die beiden ersten Episoden stammen aus der schöngeistigen Literatur, die dritte aus meiner eigenen Erfahrung.

Die erste Episode! Theodor Storm berichtet in seiner Novelle ‚Der Schimmelreiter‘, die er 1888 veröffentlicht hat und die an den Deichen der Nordsee spielt, wie seine Hauptperson Hauke Haien als Kind dem Vater zuschaut, der Grundstücksflächen zeichnet und berechnet.

> „Und eines Abends frug er den Alten, warum denn das, was er eben hingeschrieben hatte, gerade so sein müsse und nicht anders sein könne [...]. Aber der Vater [...] schüttelte den Kopf und sprach: ‚Das kann ich dir nicht sagen; genug, es ist so [...]. Willst du mehr wissen, so suche morgen aus der Kiste, die auf unserem Boden steht, ein Buch; einer der Euklid hieß, hat's geschrieben; das wird's dir sagen!‘“[15]

Dann bei den Deicharbeiten heißt es:

> „Und der Junge karrte; aber den Euklid hatte er allzeit in der Tasche, und wenn die Arbeiter ihr Frühstück oder ihr Vesper aßen, saß er auf seinem umgestülpten Schubkarren mit dem Buche in der Hand.“[16]

Hauke wird später Deichgraf und entwirft einen neuen genialen Deich, der sodann gebaut wird. Haukes Familienglück aber ist gestört. Seine Frau erkrankt schwer bei der Geburt ihrer Tochter. Und da, an seine kranke Frau denkend, spricht Hauke etwas aus, das Mathematiker wieder hellhörig macht.

> „‚Herr, mein Gott‘, schrie er; ‚nimm sie mir nicht! Du weißt, ich kann sie nicht entbehren!‘ Dann war's, als ob er sich besinne, und leiser setzte er hinzu: ‚Ich weiß ja wohl, du kannst nicht allezeit, wie du willst, auch du nicht; du bist allweise; du mußt nach deiner Weisheit tun [...]‘.“[17]

Dieser Moment hat Folgen:

> „seine Gebetsworte liefen um von Haus zu Haus: er hatte Gottes Allmacht bestritten; was war ein Gott denn ohne Allmacht?“[18]

Was bedeutet dies? Hauke hält es für ausgeschlossen, „dass Gott Wunder vollbringen kann“[19] und insbesondere dass Gott die Logik außer Kraft setzen kann – jene Logik, die Hauke bei Euklid gelernt hat. Hauke ist überzeugt: Die mathematisch-logische Gesetzmäßigkeit ist stärker als

[14] [Hersh1997, S. 248]
[15] [Storm1988, S. 639f.]
[16] ibid.[S. 641]
[17] ibid.[S. 715]
[18] ibid.[S. 716]
[19] [Jackson2001, S. 320]

Gottes augenblicklicher Wille, zu dessen Weisheit sie freilich passt. Man muss Haukes Denken nicht folgen, er hält sich, könnte man sagen, zu verbissen an die logische Seite Mathematik. Aber jedenfalls erweist sich Hauke als ein mathematisch gebildeter, ein durch die Mathematik gebildeter Mensch. Dabei steht Hauke in einer ehrwürdigen Tradition. Auch der Philosoph René Descartes, 250 Jahre vor Storm, betonte in ähnlicher Weise, dass die mathematischen Schlüsse auch für Gott gelten. Er hat diesen Sachverhalt einmal so ausgedrückt: „Gott erläßt in der Natur mathematische Gesetze, wie ein König Gesetze in seinem Reich erläßt“ (Brief Descartes' an Mersenne)[20]. Für die Romanfigur Hauke ist dabei festzuhalten: Für ihn war die Mathematik einst ein abstrakter Lernstoff, und im Laufe seines Lebens sind ihm die Mathematik und ihr Denkweise so konkret und konkret handhabbar geworden, dass er mit ihnen Fragen seiner Lebensführung beantworten kann.

Nun zur zweiten Episode. Sie entstammt Karl Mays Roman ‚Winnetou Band IV‘ aus dem Jahr 1910. (Der Roman ist auch unter dem Titel ‚Winnetous Erben‘ bekannt.) Der Ich-Erzähler ist ein alter Mann und bereist zusammen mit seiner Frau und zwei Begleitern den ehemaligen Wilden Westen. Dabei kommen sie zu einem Tal mit senkrecht abfallenden Wänden, das künstlich angelegt ist und die Form einer Ellipse hat. May schreibt:

> „Wer sich mit Geometrie beschäftigt hat, der weiß, was man unter einer Ellipse versteht. Weil aber nicht alle meine Leser Geometer sind, will ich mich hier nicht geometrisch, sondern als Laie ausdrücken, um leichter verstanden zu werden: Eine Ellipse ist ein Kreis, der so lang ausgezogen ist, daß er zu dem einen Mittelpunkte noch einen zweiten bekommen hat. Diese beiden Mittelpunkte werden auch Brennpunkte genannt. Wer einen Fischkessel in der Küche hat, der kennt die länglich runde Form einer solchen Ellipse.“[21]

Nach diesem Blick in die Küche kommt der Rückblick in die Geschichte. In diesem Ellipsen-Tableau zeige sich, teilt May mit, eine „im Altertum oft auch baulich behandelte Tatsache“, es erinnere an „Pyramiden“ und „Tempelwerke aus früherer Zeit“[22], und auch „vor alten, ja uralten Zeiten“ sei von Indianern dieser Talkessel geschaffen worden[23]. Natürlich, man ahnt es gleich, geht es hier um Schallwellen und ihre Steuerung und Bündelung, und der Roman schildert dann in einer spannenden im Tal stattfindenden Handlung, wie man in einem Brennpunkt dieses Ellipsentales genau verstehen kann, was im anderen Brennpunkt geflüstert wird. Den Abschluss dieser Erzählsequenz bildet dieser Moment: Die Reisenden klettern auf einen weit oben gelegenen Punkt.

> „Von da oben aus hatten wir die Ellipse der Devils pulpit so deutlich und so instruktiv unter uns liegen, daß es mir nicht schwer wurde, meiner Frau geometrisch nachzuweisen und zu erklären, in welcher Weise es zustande kam, daß man an je einem Brennpunkte Alles, was an dem anderen gesprochen wurde, so deutlich hören konnte.“[24]

[20] zit. nach [Merchant1987, S. 208]
[21] [May1984, S. 174]
[22] ibid.[S. 177]
[23] ibid.[S. 175]
[24] ibid.[S. 198]

Hier werden, meine ich, sehr schön die verschiedenen Phasen des Denkens gezeigt, die sich im mathematischen Verstehensprozess ergeben. Zuerst geht es um das Tal und den Vergleich mit dem alltäglichen Gegenstand Fischkessel sowie um die Erinnerung an die Bauten des Altertums. Dann geschieht das Hörerlebnis in den Brennpunkten. Und schließlich wird das Ganze mathematisiert, indem von ganz oben herabgeblickt wird, wo sich nur noch die reine Ellipse als zweidimensionales geometrisches Objekt darbietet. Die visuellen Erfahrungen und die akustischen Wahrnehmungen fließen zusammen, und am Ende steht die Erläuterung einer Lehrer-Person, die bestrebt ist – wie May sagt –, „geometrisch nachzuweisen und zu erklären". Man beachte die beiden Verben ‚nachweisen' und ‚erklären', die zwei Bestandteile des gut geführten Mathematikunterrichts beschreiben. Wichtig ist aber noch dies: An dieser Stelle ist das Thema im Roman nicht erledigt. Denn 300 Seiten später ist wieder von Schallexperimenten und Ellipsen die Rede, wobei sogar „eine große Doppelellipse"[25] genannt wird. Das Thema Mathematik wird weitergeführt, Erläuterungen entfallen aber, und es ist, als wollte der Erzähler sagen: An unsere abstrakten mathematischen Vorstellungen haben wir uns gewöhnt, wir betrachten sie nun als etwas Konkretes.

Nun die dritte Episode. In meinen frühen Studienjahren wurde uns Studenten diese Aufgabe gestellt: ‚Beweisen Sie: Die Menge aller stetigen reellen Funktionen auf dem Intervall von 0 bis 1 bildet einen Vektorraum.' Für mich, im ersten oder zweiten Semester, war das zunächst eine sehr schwere Aufgabe. Wie soll ich mir eine Funktion als Vektor vorstellen? Doch ein Student im höheren Semester erklärte mir, wie leicht die Aufgabe ist: Summen und Vielfache von stetigen Funktionen sind wieder stetig, Distributiv- und andere Gesetze gelten sowieso. Meine Reaktion war: „Ach so, so einfach ist das! Den Beweis habe ich verstanden!" Das Niederschreiben dieses Beweises, also das erfolgreiche Lösen dieser Aufgabe, war ein Teil meiner mathematischen Ausbildung. Aber es bedeutete noch keine mathematische Bildung.

Erst nach und nach, im Laufe des Mathematikstudiums, verstand ich, was ich da bewiesen hatte. Ich bemerkte den Hintergrund und die mathematische Verflechtung des Ganzen, indem ich etwa auf die Probleme gestoßen wurde: Welche Dimension hat dieser Vektorraum? Welche Unterräume gibt es? Welche von ihnen haben eine abzählbare, welche eine endliche Dimension? (Man denke etwa an Polynomfunktionen.) Welche Abstandsmessung kann man in solchen Gebilden einführen? Wie dicht liegen die speziellen Unterräume im ganzen Raum der Funktionen? Welche Morphismen und welche Faktorräume bieten sich an? Welche Skalarbereiche, auch nicht kommutative, sind neben den reellen Zahlen denkbar? Kurz gesagt: Am Anfang war für mich der Vektorraum nur eine Serie von Axiomen, am Ende war er ein reich gestaltetes konkretes Gebilde, in das Fragen der Unabhängigkeit, der Dimension, der Dichtheit, der Einbettung usw. hineinspielen. Erst allmählich verstand ich den Begriff des Vektorraums und die inspirierende und vereinheitlichende Kraft, die von diesem Begriff ausströmt. Als ich einst meinte, den Beweis „habe ich verstanden", hatte ich noch gar nichts verstanden. (Und mancher Spezialist der linearen Algebra, der meinen Überlegungen folgt, könnte mir vorhalten, ich habe den Vektorraum bis heute noch nicht umfassend verstanden. Ich würde den Vorwurf hinnehmen eingedenk der Tatsache, dass auch innerhalb spezieller Domänen der Mathematik das Lernen ein unendlicher Prozess ist.)

Solche Episoden wie die drei berichteten sollte man vor Augen haben, wenn man mathematische Lernprozesse beurteilt oder plant und dabei darauf hinarbeiten will, dass Schüler sich an

[25]ibid.[S. 489]

abstrakte Vorstellungen gewöhnen. Diese Episoden erscheinen mir wie Leitgedanken für die mathematische Ausbildung zu sein. Jetzt könnte man sagen, damit würde ich mich von der Praxis des mathematischen Lehrens weit entfernen, und vielleicht diese Einwände vorbringen:

Erstens: Die Lernprozesse in diesen drei Episoden sind doch nur etwas für die mathematisch sehr gut Begabten.

Zweitens: So viel Zeit, wie in diesen Episoden verwendet wird, hat man doch normalerweise nicht zur Verfügung.

Zum ersten Punkt möchte ich betonen, dass in einem ganz elementaren Sinne alle Menschen mathematisch sehr gut begabt sind. Man beachte nur, wie leicht die Menschen daran gewöhnt werden können, gewisse einfache mathematische Objekte gedanklich zu erfassen und mit ihnen zu arbeiten. Quadrat, Rechteck, Prisma, Kreis: Schon nach wenigen Monaten entsprechender intensiver Beschäftigung ist ein 10-jähriger Schüler, eine 10-jährige Schülerin mit diesen Objekten vertraut, erfasst sie in ihrer Abstraktheit und merkt nicht mehr, dass alle Zeichnungen und Modelle, die wir von ihnen anfertigen, ungenau sind. Ja, man mache einmal die Gegenprobe: Man spreche mit 14-jährigen Schülern darüber, dass es all diese Objekte in der Wirklichkeit gar nicht gibt und unsere Zeichnungen nur Annäherungen sind – die Schüler werden nur unwillig zuhören und sich nur mit Mühe auf eine Diskussion einlassen. Denn sie haben sich an diese Abstraktheiten gewöhnt und nehmen sie als konkret an. Sogar dieser Vorgang ist im Sinne des eingangs genannten Diktums von Laurent Schwartz, wenn auch Schwartz schwierigere Begrifflichkeiten der Mathematik vor Augen hatte. Übrigens ist diese Beobachtung auch eine Bekräftigung für den Platonismus, für Platons Theorie vom Lernen als ein seelisches Erinnern.

Oder, um das mathematische Begabtsein der Menschen weiter zu begründen, man gehe mit Kindern, bei denen man die Teilbarkeit der natürlichen Zahlen und das Phänomen der Primzahl behandelt hat, den Primzahlsatz an, also die Aussage, dass es unendlich viele Primzahlen gibt. Wenn man in einer 6. Klasse von Euklid erzählt und von der berühmten Idee, alle bekannten Primzahlen zu multiplizieren und zu diesem Produkt 1 zu addieren und so auf neue Primzahlen schließen zu können, und wenn man sich dafür eine Stunde Zeit lässt, dann werden einem die allermeisten Schüler und Schülerinnen folgen[26]. Von dem großen Mathematiker Paul Erdös wird berichtet, er habe als 10-jähriger von seinem Vater diesen Beweis vorgesetzt bekommen, und er habe sofort „angebissen“[27].

Zum zweiten Punkt, zu der Frage der Zeit, ist zu sagen, dass die Lehrer und Lehrerinnen natürlich Lernprozesse planen müssen, die schneller ablaufen als in den drei Episoden. (Auch die zweite Episode, die von Karl May, arbeitet indirekt mit dem Faktor ‚Zeit‘, indem sie Erinnerungen an die Bauwerke des Altertums einbezieht.) Doch es ist die Aufgabe des guten Unterrichtes, Denkvorgänge des Lernenden zu kanalisieren, zu konzentrieren, zu beschleunigen. Der Lehrer muss durch sein ‚Nachweisen‘, und ‚Erklären‘ (wie Karl May sagt) den Schülern Entwicklungszeit ersparen. Ganz modernistisch formuliert: Input ist auf dem Weg zur Bildung sehr wichtig, jedenfalls wichtiger, als manche Bildungstheoretiker meinen. (Zum Thema ‚Entwicklungszeit ersparen‘ sei auf die Erinnerungen des Essayisten und Kulturkritikers Hans Wollschläger verwiesen.)[28] Und in diesem Sinne können die drei Episoden vorbildlich sein.

[26] [Lowsky2005, S. 112-114]
[27] [Spektrum2009, S. 38]
[28] [Wollschläger2009, S. 39f.]

Dass nun genau diese mathematischen Probleme, die in den drei Episoden zur Sprache kommen, in unseren Schulen behandelt werden müssen, will ich nicht behaupten. Doch möchte ich drei Themen benennen, die meines Erachtens jedermann auf dem Wege zum Abitur kennen lernen sollte.

Das erste Thema ist die Problematisierung und der Beweis des erwähnten Primzahlsatzes. Das zweite ist, aus der Theorie der Vektorräume, der Steinitz'sche Austauschsatz, also die Einsicht, dass die Dimension eines endlich-dimensionalen Vektorraums eindeutig bestimmt ist. Der Beweis verläuft so: ‚Basis' definiert man als minimales Erzeugendensystem. Sind $A$ und $B$ zwei Basen eines solchen Vektorraums, so lässt sich der erste Vektor von $B$ als Linearkombination der Vektoren von $A$ darstellen. Folglich lässt sich einer der Vektoren von $A$, der in dieser Linearkombination auftritt, durch den genannten Vektor von $B$ ersetzen (‚austauschen'), ohne dass für $A$ die Eigenschaft, Basis zu sein, verloren geht. Sodann nimmt man den zweiten Vektor von $B$ und fährt entsprechend fort. Insgesamt ergibt sich, dass die Mächtigkeit von $B$ höchstens gleich der Mächtigkeit von $A$ ist, und schließlich, durch das umgekehrte Vorgehen, dass diese Mächtigkeiten gleich sind.[29] Dieser Beweis durch das geschickte Argumentieren mittels linearer Abhängigkeiten ist, meine ich, ein vorzügliches Mittel, die Schüler doch wenigstens einmal in ihrem Leben zu veranlassen, den n-dimensionalen Vektorraum abstrakt zu sehen – in der Hoffnung, dass dieser abstrakte Begriff für sie etwas Konkretes wird. Übrigens hat, diese Erfahrung habe ich gemacht, das Hantieren mit der ‚Dimension $n$' (statt speziell mit der ‚Dimension 3') für Jugendliche etwas Faszinierendes.

In den neueren Lehrplänen oder Orientierungshilfen für die Schule werden der allgemeine Vektorraum und der Steinitz'sche Austauschsatz nicht mehr erwähnt, aber die Lehrwerke, mit denen in der Schule gearbeitet wird, bieten weiterhin Ausblicke auf diese Gebiete. In einem ganz neuen Lehrwerk der Reihe ‚Lambacher-Schweizer' heißt es:

> „Allgemein gilt: Ist $n$ die maximale Anzahl linear unabhängiger Vektoren eines Vektorraums $V$, so bilden jeweils $n$ linear unabhängige Vektoren eine Basis von $V$."[30]

Der Beweis der Aussage wird, den neuen Lehrplänen entsprechend, nicht erbracht, aber diese Aussage, die nichts anderes als der berühmte Austauschsatz ist, ist doch ein Anlass, die Problematik der Vektorraum-Dimension und den vorhin genannten Beweis im Unterricht zu behandeln.

Das dritte Thema, das ich vorschlage, ist der Satz, dass die Menge der rationalen Zahlen abzählbar ist, ergänzt durch den Satz, dass die reellen Zahlen nicht abzählbar sind. (Für die Abzählbarkeit der rationalen Zahlen und das zugehörige Diagonalverfahren habe ich einen wunderbaren Vortrag von Lisa Hefendehl-Hebeker auf einer Tagung zur ‚Allgemeinen Mathematik' in Darmstadt in Erinnerung, ein Vortrag, der sich auf die 6. oder 7. Klasse bezog.)

Vorhin haben wir gesagt, der Lehrer, die Lehrerin müsse so unterrichten, dass dem Schüler Entwicklungszeit erspart wird. Freilich muss der Lehrer für dieses Vorgehen des Ersparens von Entwicklungszeit Geduld mitbringen, viel Geduld, und wohlgemerkt auch die Bereitschaft zum Pause-Machen. Der Mathematiker Erhard Schmidt, von dem das Orthogonalisierungsverfahren stammt, fiel bei seinen Nachbarn dadurch auf, dass er sehr viel spazieren ging, und wurde darauf

[29] Genaueres siehe etwa [Alpers u.a. 2003, S. 293-295] oder `http://www.mathemator.org/Media/Themen/Steinitz.html`

[30] [BrandtReinelt2007, S. 273]

hin angesprochen.[31] Er antwortete: „Die Mathematik ist so schwer, daß man immer nur ganz kurze Zeit mathematisch arbeiten kann.“

# Literatur

[Alpers u.a. 2003] Alpers, K. u. a.: Mathematik. Analytische Geometrie/Lineare Algebra. Hrsg. Jahnke, T. v.; Wuttke, H. Berlin: Cornelsen 2003.

[Beschlüsse2004] Beschlüsse der Kultusministerkonferenz. Bildungsstandards im Fach Mathematik für den Mittleren Schulabschluss. Hrsg. v. Sekretariat der Ständigen Konferenz der Kultusminister der Länder in der Bundesrepublik Deutschland. München: Luchterhand 2004.

[Blum2006] Blum, W. u. a. (Hrsg.): Bildungsstandards Mathematik: konkret. Sekundarstufe I: Aufgabenbeispiele, Unterrichtsanregungen, Fortbildungsideen. Berlin: Cornelsen Scriptor 2006

[BrandtReinelt2007] Brandt, D.; Reinelt, G.: Lambacher-Schweizer. Gesamtband Oberstufe mit CAS. Mathematisches Unterrichtswerk für das Gymnasium. Ausgabe B. Stuttgart/Leipzig: Ernst Klett 2007

[Claus1995] Claus, H. J.: Einführung in die Didaktik der Mathematik. Darmstadt: Wissenschaftliche Buchgesellschaft 1995.

[Fromm1981] Fromm, E.: Der kreative Mensch. In: Fromm, E.: Gesamtausgabe. Hrsg. Funk, R.; Bd. IX. Stuttgart: Deutsche Verlags-Anstalt 1981, S. 399-407

[Fuhrmann2002] Fuhrmann, M.: Bildung. Europas kulturelle Identität. Stuttgart: Reclam 2002

[Hersh1997] Hersh, R.: What is Mathematics, Really? London: Jonathan Cape 1997

[Heymann1996] Heymann, H. W.: Allgemeinbildung und Mathematik. Weinheim/Basel: Beltz 1996

[Jackson2001] Jackson, D. A.: Theodor Storm. Dichter und demokratischer Humanist. Eine Biographie. Berlin: Erich Schmidt 2001

[Krautz2009] Krautz, J.: Bildung als Anpassung? Das Kompetenz-Konzept im Kontext einer ökonomisierten Bildung. In: Fromm Forum 13/2009, S. 87-100

[Liessmann2006] Liessmann, K. P.: Theorie der Unbildung. Wien: Zsolnay 2006

[Lowsky2005] Lowsky, M.: Mathematik ist „die äußerste Grenze der physischen Realität“ (Leszek Kolakowski). Beobachtungen zum Thema Mathematik und Selbstbewusstsein. In: Lengnink, K.; Siebel, F. (Hrsg.): Mathematik präsentieren, reflektieren, beurteilen. (Darmstädter Texte zur Allgemeinen Wissenschaft Bd. 4.) Mühltal: Verlag Allgemeine Wissenschaft 2005, S. 111-118

[May1984] May, K.: Winnetou. 4. Band. Freiburg: Fehsenfeld [1910]. Reprint Bamberg: Karl-May-Verlag 1984

[Merchant1987] Merchant, C.: Der Tod der Natur. Ökologie, Frauen und neuzeitliche Naturwissenschaft. München: C. H. Beck 1987

[Meschkowski1964] Meschkowski, H.: Mathematiker-Lexikon. Mannheim/Zürich: Bibliographisches Institut 1964

[Schwartz1997] Schwartz, L.: Un mathématicien aux prises avec le siècle. Paris: Odile Jacob 1997

[Spektrum2009] Spektrum der Wissenschaft. Dossier 6/2009: Die größten Rätsel der Mathematik

[Steinitz2010] Der Austauschsatz von Steinitz. In: `http://www.mathemator.org/Media/Themen/Steinitz.html` (Stand 5.4.2010)

[31] [Meschkowski1964, S. 233]

[Storm1988] Storm, T.: Der Schimmelreiter. In: Storm, T.: Sämtliche Werke. Bd. 3. Frankfurt a. M.: Deutscher Klassiker-Verlag 1988, S. 634-756

[Wollschläger2009] Wollschläger, H.: „Wie man wird, was man ist“. Sinfonietta domestica für Kammerorchester. Autobiographische Schriften. Göttingen: Wallstein 2009

# 20 Zwischen Commonsense und Wissenschaft Mathematik in der Erziehungsphilosophie A. N. Whiteheads

DENNIS SÖLCH

## 20.1 Einleitung

Obwohl Whitehead heute wie selbstverständlich als Philosoph rezipiert wird, so hat er seine wissenschaftliche Laufbahn doch als Mathematiker begonnen. Lange Zeit war er gemeinsam mit Bertrand Russell als Autor der *Principia Mathematica* unter Mathematikern und mathematischen Logikern deutlich besser bekannt als unter Philosophen. Doch selbst von denjenigen, die sich mit Whiteheads Überlegungen zur Metaphysik, zur Wissenschaftsgeschichte und zur Theologie befassen, werden seine Schriften zur Philosophie von Erziehung und Bildung häufig kaum beachtet. So entgeht es leicht, dass Whitehead nicht nur ein auf theoretischem Gebiet brillanter Mathematiker war, sondern sein theoretisches Fachwissen im Hinblick auf pädagogische und didaktische Relevanz fortwährend reflektiert hat.

Eine intensivere Auseinandersetzung mit den Vorträgen und Aufsätzen, die unter dem Titel *The Aims of Education and Other Essays* erstmals 1929 veröffentlicht wurden, steht leider noch aus. Zwar gab es bereits in den sechziger Jahren erste Ansätze, die erziehungsphilosophische Konzeption Whiteheads für die Mathematikdidaktik fruchtbar zu machen, doch verloren diese sich in den damaligen bildungstheoretischen Kontroversen relativ bald. Einen guten Einblick in die damaligen Ansätze geben Walter Jung[1] sowie das eng an Whitehead angelehnte Werk von Alexander Israel Wittenberg[2]. Seit den neunziger Jahren befassen sich die Erziehungswissenschaften, und von dort ausgehend auch weitere akademische Fachbereiche, inzwischen wieder in konstruktiver Weise mit Whitehead.[3] Damit zeichnet sich eine bemerkenswerte Tendenz ab, Whitehead nicht nur in der Philosophie, sondern auch in der Pädagogik wieder systematisch fruchtbar zu machen. Wie der Titel der Essaysammlung treffend verkündet, beschäftigt ein überwiegender Teil der Essays sich in unterschiedlicher Hinsicht mit Überlegungen zu Erziehung und Bildung. Whitehead selbst hat kein explizit ausgearbeitetes System einer philosophischen Pädagogik formuliert. Doch auch wenn die Aufsätze keine dezidiert systematische Darstellung der zentralen Konzepte bieten, stehen sie untereinander in wechselseitigem Bezug. Einzelne Motive und Argumente früherer Vorträge werden von Whitehead in späteren Essays wiederaufgenommen, präzisiert und in neuen Kontexten vertieft, ohne dabei signifikante Brüche aufscheinen zu

[1] [Jung1962]
[2] [Wittenberg1963]
[3] [Riffert1994] und [Riffert2005]

lassen. Es scheint folglich plausibel und legitim, die einzelnen Beiträge und ihre unterschiedlichen Perspektiven auf eine Vielzahl pädagogischer und philosophischer Fragen zu einem organischen Ganzen zusammenzuführen, das von Whitehead selbst in dieser Form zwar nicht ausformuliert wird, dem er jedoch sicherlich nicht widersprechen würde. Gerade für eine konstruktive Fortführung der Rezeption von Whitehead ist es jedoch unerlässlich, seine vielfältigen und mitunter nur beiläufig formulierten Bemerkungen zur pädagogischen Theorie und Praxis zu systematisieren. Im Ausgang davon wird zugleich deutlich, welche methodologische Sonderrolle der Mathematik zugesprochen wird. Es soll also zunächst Whiteheads historische und sicherlich auch nicht unproblematische Position bezüglich Erziehung und Bildung sowie dessen Anwendung auf den Mathematikunterricht erläutert werden, bevor anschließend einige Bemerkungen über die spezifisch wissenschaftstheoretische Relevanz dieses Modells folgen. Whiteheads Überlegungen lassen sich durchaus an einigen Stellen kritisieren; der Artikel intendiert allerdings primär eine affirmative Rekonstruktion seiner Systematik, auf deren Grundlage dann konstruktive Kritik und Auseinandersetzung möglich werden.

## 20.2 Stadien der Erziehung und Bildung

Whiteheads normatives Erziehungskonzept gründet sich auf einer deskriptiven Theorie über den zyklischen Verlauf menschlichen Lebens im Allgemeinen. Wie unser tägliches Leben verschiedenste periodische Rhythmen kennt, etwa den von Wachen und Schlaf oder von Arbeit und Freizeit, so lassen sich auch unterschiedliche Stadien geistiger Entwicklung festmachen, die einem bestimmten Rhythmus unterliegen. Whitehead bezeichnet diese drei Entwicklungsphasen als die Stadien der *Schwärmerei*, der *Präzision* und der *Generalisierung*[4] – eine kognitionspsychologische Trias, die er gewissermaßen als pädagogisches Analogon zu Hegels Abfolge von These, Antithese und Synthese versteht und die bereits Teile des kognitiven Entwicklungsmodells von Piaget antizipiert.

Das Stadium der Schwärmerei ist das Stadium des aristotelischen *taumazein*, des Staunens über die Natur der Dinge und ihre vielfältigen Möglichkeiten. Es ist gekennzeichnet durch sein primär unstrukturiertes und unsystematisches Vorgehen, in dem das Kind lernt, die einzelnen Data der empirischen Welt miteinander zu verknüpfen. Das Experimentieren und Entdecken ist getrieben von Neugier, also weniger von einer bestimmten Methodik als von einem emotional geprägten, stückweisen Aufbau eines Netzes von Bedeutungsrelationen. Für die Mathematik mag diese erste Schwärmerei ganz basal übersetzt werden als das aufkeimende Verständnis der Möglichkeit, Zahlen auf beliebige Gegenstände zu beziehen, Addition und Subtraktion mit unterschiedlichsten Objekten oder Mengen durchzuführen und geometrische Formen zu verbinden oder im Konkreten wiederzuentdecken.

Das Stadium der Schwärmerei ist nicht bloß eine Phase besonderer Kreativität, sondern liefert zugleich das Rohmaterial für das sich anschließende Stadium der Präzision. Erziehung kann nicht im luftleeren Raum stattfinden. Sie erfordert notwendig das vorhergehende kognitive und emotionale Erfassen der Relationalität von Dingen und Vorstellungen. Das im zweiten Stadium erworbene Wissen ist von qualitativ anderer Natur als jenes der Schwärmerei – hier „wird

[4] [Whitehead1967, S. 17]

die Weite eines Beziehungsverhältnisses der Genauigkeit der Formulierung untergeordnet"[5]. Der Schüler lernt, die Vielfalt der Tatsachen anhand bestimmter Regeln zu strukturieren und konzentriert sich auf die geistige Aufnahme solcher neuer Tatsachen, die sich diesen Regeln fügen. Aber wenn mathematische Formeln und Gesetze nicht auf ein Vorverständnis stoßen, bleiben sie für den Schüler fremdartig und unverständlich. Wer keine Vorstellung von den Quantitäten, die den Zahlen zugrunde liegen, hat – wir sprechen heute vom Nominalismus des Zahlbegriffs – und wer bloß die Formel zum Ausrechnen des Zinssatzes pauken musste, ohne ein Verständnis der Situationen zu erlangen, in denen der Algorithmus angebracht ist, wird keine Fortschritte machen.

Das Stadium der Generalisierung, das den Zyklus des Lernens vorläufig abschließt, ist die eigentliche Entfaltung des Wissens. Sie bedeutet eine Rückkehr zur Schwärmerei, unterstützt durch geordnete Vorstellungen und die Kenntnis zielführender Methoden. Ein Wissen über abstrakte und allgemeine Ideen soll in diesem Stadium sozusagen aus der Vogelperspektive den Umgang mit jeweils konkreten Problemen ermöglichen.

Die Abfolge dieser Stadien ist keine lineare Sequenz, sondern ein im Großen und im Kleinen beständig wiederkehrender Zyklus, der für unterschiedliche Bereiche – also Sprache, Mathematik, Kunst – in unterschiedlichen Zeiträumen abläuft. Ein umfassender Zyklus mag sich demzufolge von einer vorwiegend schwärmerischen Kindheit und Grundschulzeit über die durch zunehmende Präzision geprägte Schulzeit bis hin zum generalisierenden Studium erstrecken. Zugleich soll sich das zyklische Muster in konzentrierter Form innerhalb dieser langen Stadien wiederholen, etwa in jeder Unterrichtssequenz, sodass der Prozess der Erziehung und Bildung in einer kontinuierlichen Abfolge solcher Zyklen besteht.

Mit dieser Theorie geht kein Anspruch auf besondere Originalität einher, und sowohl inhaltlich als auch terminologisch finden sich große Parallelen zu der Erziehungskonzeption John Deweys.[6] Wohl aber geht es um eine Kritik der impliziten Annahmen pädagogischer Praxis. Wenn auch niemand bezweifeln würde, dass bestimmte Gegenstände einer entsprechenden geistigen Reife bedürfen, bevor sie gelehrt und gelernt werden können, und dass geistige Entwicklung in den seltensten Fällen einer gleichförmigen linearen Progression gleicht, so scheinen doch die schulischen Curricula genau dies vorauszusetzen. Die Lehrpläne für einzelne Schuljahre gehen von bestimmten Zeiträumen aus, in denen eine entsprechende Menge an Inhalten, aufbauend auf dem Stoff vorheriger Schuljahre, vermittelt werden soll, und nehmen dabei keine Rücksicht auf Veränderungen des Tempos oder des Lerntyps. Zwar gibt es einige Ausnahmen – den Erfolg des Montessori-Systems zum Beispiel sieht Whitehead in dessen Betonung der anfänglichen Schwärmerei begründet, seinen Nachteil allerdings auch im Fehlen einer anschließenden präzisen Beherrschung – aber Whiteheads Gesamturteil bleibt niederschmetternd: „Wenn man die Bedeutung dieser Frage nach der Erziehung der Jugend einer Nation in ihrer ganzen Länge und Breite überdenkt, die gebrochenen Leben, die zerstörten Hoffnungen, die Fälle nationalen Scheiterns, welche aus der leichtfertigen Passivität resultieren, mit der diese Frage behandelt wird, ist es schwer, Wut und Zorn zurückzuhalten."[7]

[5] [Whitehead1967, S.18] Zum Zwecke der leichteren Verständlichkeit und Lesbarkeit sind alle Zitate im Fließtext bereits ins Deutsche übersetzt. Eine erste deutsche Übersetzung der Aufsätze Whiteheads über Erziehung und Bildung von Ch. Kann/D. Sölch ist in Vorbereitung und erscheint voraussichtlich 2010 im Suhrkamp Verlag.

[6] [Dewey1990, passim]

[7] [Whitehead1967, S. 14]

## 20.3 Umsetzung des Stadienmodells

Sehen wir uns nun im Detail an, wie sich dieses zyklische Modell in der pädagogischen Praxis niederschlagen soll. Für den Bereich der Sprache ist das relativ leicht zu skizzieren: So wie ein Kleinkind langsam lernt, Laute und Bedeutungen miteinander in Beziehung zu setzen, Worte und ihren Gebrauch dann zu präzisieren, um schließlich mit einem impliziten Verständnis grammatikalischer Regeln selbst sprachlich kreativ zu sein, soll auch die Schule verfahren. Geschichten und Erzählungen aller Art machen das Kind mit der Sprache als Ausdrucksform bestens vertraut. Damit es sich weiterentwickeln kann, ist der Übergang zum Stadium der Präzision erforderlich, bei dem das Erlernen der Grammatik im Vordergrund steht. Die Präzisierung mündet in einer kurzen Phase der Generalisierung als Zeit der Lektüre, in der es um die allgemeinen Ideen geht, die in der Literatur zum Ausdruck kommen, und ihre Einbettung in einem historischen und kulturellen Kontext.

Für die Mathematik scheint dieser Ablauf nicht ganz so selbstverständlich – Schwärmerei scheint in einer derart strengen Wissenschaft ein wenig deplatziert zu sein. Wie soll ein Kind rechnen können, bevor es eine präzise Kenntnis der Elemente der Arithmetik hat? Wie soll es ein Dreieck konstruieren, wenn es nicht weiß, was ein Winkel ist?

Wer etwa Whiteheads *Einführung in die Mathematik* – lange Zeit das meistverkaufte Mathematikbuch Englands – gelesen hat, wird bereits die paradox anmutende Feststellung gemacht haben, dass Mathematik keineswegs notwendigerweise durch Rechnen erlernt wird, und dass das Rechnen mit konkreten Zahlen auch in der Lehre mitunter nur sehr rudimentärer Bestandteil der Mathematik zu sein braucht. Das abschreckende Beispiel, das Whitehead vor Augen hat, ist der Unterricht sowohl an englischen als auch an amerikanischen Schulen und Universitäten zu Beginn des zwanzigsten Jahrhunderts, der die Schüler dazu anhielt, dutzende trigonomische Formeln für ihre Prüfungen auswendig zu lernen. Trotz des deutlichen Fortschritts in dieser Hinsicht mag der Ansatz Whiteheads jedoch auch für unsere Zeit noch relevant sein: Er besteht primär darin, Mathematik von ihrem Ruf als verstiegene, lebensfremde Wissenschaft zu befreien, indem sie gerade in der schulischen Erziehung und Bildung weniger eng gefasst wird als das üblicherweise der Fall ist.

Wenn alles Lernen auf Neugier und das schwärmerische Entdecken relevanter Zusammenhänge angewiesen ist, darf Unterricht nicht im Abstrakten beginnen, sondern muss seinen Ausgang in der jeweils konkreten Lebenswelt der Schüler nehmen. Damit ist jedoch nicht gemeint, dass Textaufgaben lediglich umformuliert werden sollen. Eine Aufgabenstellung, die vom Schüler verlangt, die zum Anstreichen eines Schiffsrumpfes benötigte Menge an Farbe auszurechnen, wird nicht alleine dadurch lebensnäher, dass der Schiffsrumpf durch eine Halfpipe ersetzt wird. Die Erfahrungsgebundenheit auch der Mathematik steht für Whitehead im Vordergrund. Dem durchschnittlichen Schüler ist mit der präzisen Vermittlung allgemeiner mathematischer Konzepte mehr gedient als mit einer Vielzahl von Rechenaufgaben zur Einübung eines bestimmten schematischen Ablaufs. Wir sprechen heute von einem Ende des Wissensparadigmas und dem Beginn des Konzeptparadigmas – bloßes Faktenwissen führt in einer Zeit rasant anwachsender Erkenntnisse schnell auf das geistige oder berufliche Abstellgleis, während die Beherrschung von Konzepten und Prinzipien den Umgang mit jeweils neuen Inhalten erlaubt. Whitehead spricht in diesem Zusammenhang von „passiven Ideen“[8] *(inert ideas)*, die isoliert und nutzlos im Gedächtnis abgelegt werden, im Gegensatz zu geistigen Gewohnheiten als die „Art und Weise, wie der Geist auf den entsprechenden Stimulus, in der Form von veranschaulichenden Umständen, reagiert“[9]. Solche Konzepte bietet die Mathematik mit den Vorstellungen der Zahl, der Quantität oder der Funktion, aber auch des Raumes, der Variablen oder der Deckungsgleichheit. Solche mathematischen Grundbegriffe sind sehr einfache, beinahe schon triviale[10] abstrakte Dinge, aber sehr effektiv als Werkzeuge für das Verständnis der quantitativen Aspekte der Welt. Bei der Ausarbeitung eines Curriculums darf nicht davon ausgegangen werden, welche Vielzahl von Aspekten die Mathematik – oder jede andere Wissenschaft – bietet, um dann eine Auswahl derer zu treffen, die in den 12 oder 13 Schuljahren untergebracht werden können. Vielmehr muss die Leitfrage lauten, welche im Leben wichtigen Aspekte mittels Mathematik sinnvoll erhellt werden können. Das Plädoyer für Interdisziplinarität ist kaum zu überhören: Diese darf jedoch kein Notbehelf sein, um grundsätzlich isolierte Fächer aus didaktischen Gründen punktuell thematisch zu verknüpfen, sondern kann in der tatsächlichen Verschmelzung von Fächern für einen bestimmten Zeitraum bestehen. Anstelle von Geschichte, Sozialkunde und Mathematik könnte ein einziges Fach den Schülern die Möglichkeit eröffnen, sich mit den demographischen Veränderungen eines historischen Zeitraums zu beschäftigen. Diese sollen dabei aus verschiedenen Perspektiven thematisiert werden, wofür zunächst empirisches Datenmaterial gesammelt wird, auf dessen Grundlage dann Veränderungsraten berechnet und entsprechende Diagramme gezeichnet werden. Unter Rekurs auf die berechneten und graphisch dargestellten Raten können dann Hypothesen darüber aufgestellt werden, welche Zusammenhänge sich als kausale Erklärung für Veränderungen der Bevölkerungsstruktur, der Arbeitsbedingungen oder der politischen Entscheidungen eignen. Die Betrachtung geschichtlicher Phänomene gewinnt so an Verständlichkeit, während die mathematische Vorgehensweise von zusätzlichem Alltagsbezug profitiert. Das Vorgehen, Hypothesen zu bilden, zu testen und unter Einbeziehung einer Vielzahl von empirischen Daten zu diskutieren, lässt sich auf unterschiedliche Fächer übertragen, sodass beispielsweise auch die Phänomene der Industrialisierung oder der globalen Erwärmung auf diese Weise behandelt werden können.

Eine der zentralen Aufgaben der Mathematik besteht für Whitehead in der Untersuchung von Quantitäten und Gesetzmäßigkeiten der Natur, wobei Natur im weitesten Wortsinne zu verstehen ist. „Sinnvoll zu reden bedeutet, in Quantitäten zu reden“[11], und es trägt wenig zu unserer Kenntnis der Welt bei zu sagen, dass Licht schnell oder Ressourcen knapp sind, wenn wir nicht ergänzen können, wie schnell oder wie knapp sie sind. Entsprechend korrespondiert der sprachlichen Schwärmerei kein rein mathematisches Stadium, sondern ein mathematisch-naturwissenschaftliches, das entdeckenden und experimentierenden Unterricht verlangt. Eine typische Aufgabe des ersten Stadiums könnte etwa in dem Vermessen des Schulhofs bestehen, verbunden mit einer knappen Behandlung der dafür notwendigen algebraischen und geometrischen Lehrsätze. Wir sollten nicht der Versuchung erliegen, Schemata zu vermitteln – beispielsweise die pq-Formel für quadratische Gleichungen. Stattdessen sollte von Beginn an gemessen, skizziert und eine Lösungsmethode direkt nutzbar gemacht werden. Die Anwendung des Gelernten darf nicht auf einen späteren Zeitpunkt verschoben werden, sondern muss unmittelbar mit der

[8] [Whitehead1967, S. 1ff.]
[9] [Whitehead1967, S. 27]
[10] [Whitehead1958, S. 65f.]
[11] [Whitehead1967, S. 7]

Theorie verbunden sein, sodass beide sich gegenseitig erhellen.

Dasselbe gilt für das Zeichnen von Graphen, zu denen Whitehead bemerkt, er sei durchaus „ein begeisterter Anhänger“[12] von ihnen. Das ändere jedoch nichts daran, dass graphische Darstellungen allein nicht zwingend förderlich für das Verständnis sind. Die in dem Stadium der Schwärmerei durchgeführten Aufgaben des Messens und Konstruierens sollen eine ungefähre Vorstellung von diesen Konzepten vermittelt haben, auf die im Stadium der Präzision aufgebaut wird. Die Schüler sollten bereits wissen, wie einfache algebraische Formeln oder geometrische Lehrsätze angewendet werden und ein wenig vertraut sein mit Formeln bzw. geometrischen Eigenschaften im Allgemeinen. Was an einfachen Beispielen erlernt wurde, kann dann bewusst gemacht werden. Zum einen geht es im zweiten Stadium um eine präzise Bestimmung der elementaren Lehrsätze und Gesetze, ihres Inhalts und ihres Anwendungsbereichs. Zum anderen sollen die Schüler erkennen, dass sie sich in den vergangenen Jahren tatsächlich bereits mit den Beziehungen von Zahl, Quantität und Raum befasst haben und verstehen, welche grundlegende Bedeutung diese Beziehungen haben. Um auch hier nicht isolierte Theoreme zu behandeln, lässt sich der Anwendungsbezug durch die Verzahnung von Mathematik, Physik und Werkunterricht herstellen, in denen physikalische und mathematische Konzepte sich wechselseitig veranschaulichen.

Wenden wir uns dem Abschluss des Zyklus im Stadium der Generalisierung zu, bevor das Augenmerk darauf zu richten ist, inwieweit sich eine derart vermittelte Mathematik als relevant für das weitere Leben erweisen kann: Der Schüler weiß nun um die Vorgehensweise bei der präzisen Formulierung von Gesetzmäßigkeiten und um vielfältige Möglichkeiten der Veranschaulichung von Theoremen. Formeln und Sätze stellen für ihn keine nackten Aussagen in einer fremden Sprache dar, sondern werden als abstrakte Formulierungen allgemeiner Ideen verstanden. Ideen sind genau das, was Whitehead für das Stadium der Generalisierung vorschwebt. An dieser Stelle seien zwei kurze Beispiele angeführt:

Die Schüler haben ein theoretisches und praktisches Verständnis von den grundlegenden Gesetzen der Mechanik gewonnen. Sie wissen gleichermaßen, wie sich die Geschwindigkeit eines Körpers auf der schiefen Ebene oder eine Veränderungsrate berechnen lässt. In der präzisen Formulierung haben wir dies als eine Art Naturgesetz eingeführt – aber lassen sich Naturgesetze in unserer Erfahrung tatsächlich mit derselben Präzision beobachten wie in der abstrakten Berechnung? Hier findet sich eine Einlassstelle für Diskussionen über den Status von präzisen Naturgesetzen, die empirisch niemals exakt verifiziert werden. Was sich jedoch anbietet, ist die Einführung statistischer Gesetze, also von Aussagen, die höchstwahrscheinlich für große Stichproben im Mittel gelten. Hier können wir also die Vorstellung mathematischer Gesetze erweitern und gleichzeitig mathematische Verfahren auf eine schier endlose Vielzahl von Phänomenen übertragen.

Das andere Beispiel rekurriert noch einmal auf die Vorstellung der Quantität. Whitehead schwebt hier etwa eine Behandlung des fünften Buchs von Euklids *Elementen* vor, dessen fehlende Berücksichtigung im Schulunterricht ein Merkmal für die von ihm immer wieder kritisch angesprochene „Verstiegenheit“[13] traditionellen Unterrichts sei. Es handelt von Ideen, nicht von Formeln, und führt uns zu der Frage, was mit Quantität gemeint ist und wie wir herausfinden,

[12][Whitehead1967, S. 8]
[13][Whitehead1967, S. 78ff.]

wann wir es mit Quantitäten zu tun haben. Indem die Schüler sich solchen Fällen zuwenden, in denen der quantitative Charakter offenkundig, verborgen oder sogar zweifelhaft ist – man denke an Temperatur, Elektrizität, aber auch Freude und Schmerz – reflektieren sie darüber, was genau die Mathematik und ihre grundlegenden Konzepte eigentlich zum Ausdruck bringen; sie denken also über die Mathematik nach und nicht bloß mathematikimmanent.

## 20.4 Mathematik als Schulung methodischen Forschens

Mit den Überlegungen zur Didaktik und Lehrplangestaltung ist die Behandlung der Mathematik in den Aufsätzen über Erziehung und Bildung bei Whitehead noch nicht erschöpft. Sie dient erstens der Illustration des allgemeinen Erziehungsprozesses, zeigt zweitens, wie die Entwicklungslogik der Mathematik für ihre Lehre fruchtbar gemacht werden kann, und verweist schließlich drittens auf eine über den schulischen Kontext hinausweisende Forschungsmethode, die „Logik des Entdeckens“[14]. Bevor wir allerdings abschließend die Leistung der Mathematik bei der Aneignung einer so verstandenen Forschungsmethode betrachten, ist das erklärungsbedürftige Konzept selbst zu analysieren. Der Begriff der *logic of discovery* verweist auf Charles Sanders Peirce, der neben der Induktion und der Deduktion die Abduktion als ein drittes Verfahren logischen Schließens einführte.[15] Während die Induktion den nur wahrscheinlichen, aber wissenserweiternden Schluss von Einzelfällen auf die Regel erlaubt, und wir mittels der Deduktion mit Notwendigkeit aus der Regel den Einzelfall ableiten, wird mittels der Abduktion von der Wirkung auf die Ursache geschlossen. Dabei gehen wir von einem beobachteten Phänomen aus und bilden eine Hypothese zur Erklärung dieses Einzelfalls, weswegen Peirce auch einfach von Hypothese, hypothetischer Ableitung oder qualitativer Induktion spricht. Grundsätzlich wird damit ein Vorgehen charakterisiert, das wir alle unbewusst anwenden – ein neues Faktum wird möglichst widerspruchsfrei durch allgemeinere Regeln und Prinzipien erklärt, die über das einzelne Faktum hinausgehen. Sofern wir nicht beschließen, bestimmte Phänomene vollkommen zu ignorieren, verfährt unser Commonsense auf genau diese Weise. Allerdings geben wir uns in wissenschaftlichen Kontexten nicht mit der Leistung des Commonsense zufrieden. Für Peirce ergibt sich die Möglichkeit abduktiven Schließens prima facie aus der Dreistufigkeit formaler Schlüsse – Obersatz (Regel), Untersatz (Einzelfall) und Resultat (Konklusion) sind untereinander austauschbar, sodass sich drei unterschiedliche Modi des Schließens ergeben: Bei der Deduktion werden allgemeine Regeln auf konkrete Fälle angewandt. Sofern der einzelne Fall sich unter die Regel subsumieren lässt, erfolgt der Schluss auf die Konklusion mit Notwendigkeit. Deduktive Schlüsse beinhalten mit der beobachteten Einzeltatsache ein empirisches Moment, sind jedoch selbst nicht empirisch, da der logisch-deduktive Schluss keine Aussage über die Wahrheit der Obersätze trifft. Wenn Regel und Einzelfall allerdings wahr sind, dann gilt auch der Schluss notwendigerweise. Deduktion bildet jedoch den Kern wissenschaftlicher Forschung, da die Regel einen Bezug zwischen einer Vielzahl von Einzeltatsachen herstellt.

Bei der Induktion wird aus empirisch beobachteten Einzelfällen ein Gesetz abgeleitet, das

[14] [Whitehead1967, S. 51]

[15] [CP, Bd 2, 619ff., S.372ff.] Da die kritische, chronologische Ausgabe der Peirce'schen Schriften von Moore, Fisch, Kloesel et al. noch nicht vollständig vorliegt, beziehen sich alle entsprechenden Verweise in diesem Artikel aus Gründen der Einheitlichkeit auf die Collected Papers der Ausgabe von Hartshorne, Weiss und Burke.

Vorhersagen über weitere Einzelfälle erlaubt. Insofern mit der induktiv erschlossenen Regel eine über die jeweiligen Einzelinstanzen hinausgehende Gesetzmäßigkeit aufgestellt wird, ist sie synthetisch, d. h. wissenserweiternd. Im Gegensatz zu deduktiven Schlüssen sind induktive grundsätzlich durch Unsicherheit gekennzeichnet; die Prämissen referieren auf bisherige Beobachtungen, während die Konklusion Aussagen über zukünftige Instanzen trifft, deren Eintreffen prinzipiell unsicher ist und nur durch Zusatzbedingungen garantiert werden kann.

Wissenschaftstheoretisch ergänzen Induktion und Deduktion einander wechselseitig, indem mittels der Deduktion von allgemeinen Gesetzen auf neue Beobachtungssätze geschlossen wird, während das Gesetz wiederum induktiv durch Einzelfälle bestätigt wird. Sie erweisen sich jedoch dann als problematisch, wenn es um das Aufstellen neuer Theorien oder Erklärungsmodelle geht. Formal kann durch Induktion und Deduktion nur auf Begriffe geschlossen werden, die in den Prämissen bereits enthalten sind. Nach Peirce wird die Abduktion in solchen Fällen relevant, in denen wir uns mit einem verblüffenden Phänomen konfrontiert sehen, das sich nicht mittels der gängigen Methoden erklären lässt.

Ausgehend von einer erklärungsbedürftigen Tatsache, die entweder in einem singulären oder einem generellen Faktum bestehen kann, soll abduktiv auf die plausibelste Erklärung für dieses Phänomen geschlossen werden. Abduktion nennt Peirce zuerst jenen Modus des Schließens, bei dem aus einem Resultat und einer Regel ein Einzelfall abgeleitet wird, also eine Hypothese darüber aufgestellt wird, ob ein Resultat Instanz eines bestimmten allgemeinen Gesetzes ist. Dieses Gesetz, das schon einen Induktionsschluss voraussetzt, muss nicht immer schon bekannt sein – Newton etwa hat in seinem Erstaunen über den fallenden Apfel eine Hypothese aufgestellt, die erst später induktiv verifiziert wurde, sodass Abduktion auch als wahrscheinlicher, synthetischer Schluss auf eine Regel und einen Einzelfall verstanden werden kann. Dabei kann das fragliche Phänomen selbst schon ein induktiv erschlossenes Gesetz sein, wenn eine Theorie etwa durch eine allgemeinere, von ihr verschiedene Theorie erklärt werden kann, wie im Fall der Erklärung des Boyle-Mariotte-Gesetzes durch die zu dem Zeitpunkt rein hypothetische kinetische Gastheorie. Insofern Induktion und Abduktion beide synthetisch sind, sprechen wir also im Peirce'schen Sinne von einer Logik des Entdeckens.[16] Dabei ergänzen sich Induktion, Deduktion und Abduktion derart, dass abduktiv auf eine Regel geschlossen wird, die induktiv gestützt wird und deduktive Schlüsse auf weitere Einzelfälle erlaubt.

Whitehead hat Peirce nicht gekannt und seine sichtbare Kenntnisnahme von dessen Werk beschränkt sich auf einige Verweise in dem frühen Werk über *Universal Algebra*. Die Abduktion wird an keiner Stelle explizit erwähnt und dort, wo Whiteheads Überlegungen Ähnlichkeiten mit Peirces Theorie aufweisen, scheint seine Position vergleichsweise ambivalent. Einerseits hält er fest, dass es genau zwei Arten von Logik gibt und stellt die Logik des Entdeckens der Logik des Entdeckten gegenüber, wobei die erste mit der Induktion und die zweite mit der Deduktion gleichgesetzt wird.[17] Für ein drittes Verfahren bleibt hier offensichtlich kein Platz. Andererseits weist seine Kritik an einer zu engen Interpretation des Induktionsprinzips, repräsentiert durch das Bacon'sche Insistieren auf reiner Beobachtung und das Newton'sche Diktum des *Hypotheses non*

[16] Peirces Interpretation der Verfahren von Induktion und Abduktion ist keineswegs konsistent, sondern variiert auf teils sehr subtile, teils sehr deutliche Weise. Insofern hier jedoch die Whitehead'sche Perspektive vorrangig ist, sei für den verwandten Charakter von Induktion und Abduktion bzw. Hypothese exemplarisch verwiesen auf [CP, Bd. 2, Paragraph 623, S.375]

[17] [Whitehead1967, S. 51]

*fingo*, in dieselbe Richtung wie die Hypothesenbildung nach Peirce. „Die wahre Forschungsmethode gleicht einer Flugbahn. Sie hebt ab von der Grundlage einzelner Beobachtungen, schwebt durch die dünne Luft phantasievoller Verallgemeinerung und versenkt sich dann wieder in neue Beobachtungen, die durch rationale Interpretation geschärft sind.“[18] Die formale Beschränktheit des Induktionsprinzips ist demnach keine zutreffende Charakterisierung tatsächlicher Forschung, bei der Erklärungsmodelle den Gehalt der einzelnen Beobachtungssätze übersteigen.

Darüber hinaus spricht Whitehead gerade im Zusammenhang mit dem Mathematikunterricht von einer Ausbildung in logischer Methode, die sich nicht in den zwei gängigen Schließverfahren erschöpft. „Logische Methode ist mehr als die bloße Kenntnis gültiger Formen der Schlussfolgerung und Übung in der geistigen Konzentration, die notwendig ist, um sie nachzuvollziehen.“[19] Diese beiden Aspekte allein seien zwar schon Grund genug, sich ihnen zu widmen, aber das Wesen logischer Methode umfasse noch mehr. Von der eigentlichen Kunst logischer Schlussfolgerung kann man erst dann sprechen, wenn man gelernt hat, logische Verfahren korrekt anzuwenden. Es ist vergleichsweise einfach, aus zwei gegebenen Prämissen eine Konklusion abzuleiten, aber die richtigen Prämissen für die Lösung eines Problems zu finden, erweist sich als ungleich schwieriger. Es erfordert den präzisen Gebrauch von Begriffen und von ihren Zusammenhängen sowie die Fähigkeit, von irrelevanten Details abzusehen und sich auf das Wesentliche zu konzentrieren. Das Herausgreifen der wesentlichen Faktoren – Whitehead spricht von großen bzw. intellektuellen Ideen – ist aber letztlich nichts anderes als die Bildung von Hypothesen. Um mich beispielsweise dem Phänomen der Sterblichkeit von Menschen logisch widmen zu können, muss ich zuerst einmal die Idee ergreifen, dass die Sterblichkeit mit dem Menschsein zu tun hat. Implizit verweist Whitehead genau auf den Punkt, den auch Peirce stark gemacht hat – im Vordergrund steht das methodisch geleitete Entdecken, nicht die logische Begründung.

Eine ausführlichere Behandlung der Thematik finden wir in *Die Funktion der Vernunft*, wo Whitehead den Ursprung eben dieser Logik des Entdeckens bei den alten Griechen verortet. „Glücklicherweise haben die Griechen die Logik im weitesten Sinne des Worts erfunden – die Logik des Entdeckens.“[20] Es ist interessant, dass Whitehead hier von Logik „im weitesten Sinne des Worts“ spricht. Das auf diese Äußerung folgende Schema gibt eine Hierarchie von fünf Kriterien vor, anhand derer unsere Vermutungen zu überprüfen sind. Sie umfassen im Einzelnen

1. Übereinstimmung mit der anschaulichen Erfahrung;
2. Klarheit des gedanklichen Inhalts;
3. innere logische Konsistenz;
4. äußere logische Konsistenz;
5. die Einordnung in ein *logisches* Schema, das
    - weitgehend mit der Erfahrung übereinstimmt,
    - nirgendwo mit ihr in Konflikt gerät,
    - auf kohärenten Grundbegriffen bzw. Kategorien *[categoreal notions]* beruht, und
    - bestimmte methodologische Konsequenzen hat.[21]

[18] [Whitehead1987, S. 34]
[19] [Whitehead1967, S. 84]
[20] [Whitehead1995, S. 55]
[21] [Whitehead1995, S. 55]

Das Schema kann weder als induktives, noch als deduktives Programm verstanden werden. Induktion würde die „Übereinstimmung mit der anschaulichen Erfahrung“ entweder voraussetzen, insofern die Einzelfälle, die einem Induktionsschluss zugrunde liegen, bereits Gegenstand meiner anschaulichen Erfahrung sind, oder als irrelevant einstufen, was etwa bei physikalischen Experimenten der Fall ist, deren Gegenstände häufig keineswegs anschaulich sind, und dennoch Induktionsschlüsse erlauben. Dass Whitehead sie hier jedoch als erstes und wichtigstes Kriterium einführt, deutet darauf hin, dass er etwas anderes im Sinn hat. Für die Deduktion ist andererseits schon in den Kriterien drei und vier gesorgt, die innere und äußere logische Konsistenz fordern, also die Stimmigkeit der Aussage selbst und ihre Übereinstimmung mit anderen, bereits als wahr akzeptierten Aussagen.

In der folgenden Erläuterung des Schemas moniert Whitehead gleichermaßen die einseitige Konzentration der Griechen und des Mittelalters auf die Deduktion sowie die Betonung der Induktion in der Neuzeit. Weder das Auffinden exakter Prämissen noch das Ableiten kohärenter Theorien sei so einfach, wie die Wissenschaft häufig angenommen hat. Whiteheads eigenes Beispiel macht deutlich, dass sein Vorgehen wesentlich auf die Abduktion rekurriert: „Nehmen wir an, wir kämen in ein fremdes Land und sähen dort als erstes einen Mann, der auf dem Kopf steht. Wenn wir vorsichtig sind, werden wir uns hüten, daraus auf eine allgemeine Neigung der Einwohner zu schließen, auf dem Kopf zu stehen.“[22]

Im Vordergrund steht nicht die Frage nach einer Begründung, sondern nach einer Erklärungsmöglichkeit für ein ungewöhnliches Phänomen. Prinzipiell gäbe es eine unendliche Vielfalt von möglichen Hypothesen, um den Kopfstand zu erklären, von denen die allgemeine Neigung der Einwohner sicher nicht die skurrilste ist. Um aber sinnvolle Hypothesen bilden zu können bzw. um Gründe zu haben, eine Hypothese als bestmögliche Hypothese anzunehmen, ist ein systematisch-methodischer Leitfaden erforderlich, den das spekulative Schema mit den genannten Kriterien liefert. Ein Erklärungsansatz muss sich zuerst daran messen lassen, ob er (1) grundsätzlich mit unserer Erfahrung korrespondiert und er muss (2) so formuliert sein, dass sein gedanklicher Inhalt klar erfasst werden kann. Gemeinsam bilden die Kriterien (1) und (2) die Grundlage dafür, eine Hypothese verifizieren oder falsifizieren zu können. Darüber hinaus muss eine Hypothese gemäß (3) logisch widerspruchsfrei sein und darf sich wegen (4) nicht im Konflikt mit anderen Aussagen befinden, die denselben Ansprüchen genügen und deshalb bereits als verifizierte, d. h. wahre Aussagen akzeptiert worden sind. Da sich insbesondere Kriterium (4), die äußere logische Konsistenz, als problematisch erweist, wenn wir es mit einer Vielzahl disparater Aussagensysteme zu tun haben, fordert Kriterium (5) schließlich die Einordnung in ein logisches Schema, das die wechselseitige Klärung der einzelnen Aussagensysteme ermöglicht. *Wissenschaft und moderne Welt* bietet viele exzellente Beispiele für die tatsächliche Wirksamkeit dieses Vorgehens, etwa hinsichtlich der Einordnung der Newton'schen Mechanik in das umfassendere Schema der Relativitätstheorie.[23] Dieses löst die Mechanik nicht vollkommen ab, beschränkt aber ihren Geltungsbereich auf einen bestimmten Bereich, wo sie tatsächlich mit unserer Erfahrung übereinstimmt, in sich schlüssig ist und einen Bestandteil einer kohärenten physikalischen Kosmologie bildet. Wenn eine Erklärung all diese Bedingungen erfüllt und gemäß (1) und (2) idealiter induktiv verifiziert werden kann, lassen sich aus dieser Erklärung deduktiv weitere Kon-

[22] [Whitehead1995, S. 58]
[23] [Whitehead1988, S. 78f. und S. 147f.]

sequenzen ableiten. Die spekulativen Kriterien aus *Die Funktion der Vernunft* lassen sich ebenso treffend als Abduktionskriterien bezeichnen – vielleicht hätte diese Bezeichnung die Skepsis ein wenig abgemildert, mit der Whiteheads spekulativem Vernunftbegriff häufig begegnet worden ist.

## 20.5 Mathematikunterricht und logische Methode

Peirce hat es in seinen späteren Werken vermieden, eine syllogistische Struktur für den Vorgang der Abduktion zu benutzen. Vielmehr spricht er von der Blitzartigkeit und dem überraschenden Moment der hypothetischen Erklärung. „The abductive suggestion comes to us like a flash."[24] Bei Whitehead hingegen wird die methodische Anleitung der Hypothesenbildung wesentlich stärker betont. Interessant ist allerdings, dass Whitehead die logische Methode keineswegs als ein rein wissenschaftstheoretisches Gebilde ansieht, sondern sie zu einem grundlegenden Bestandteil schulischer Erziehung und Bildung macht. Am besten geeignet dazu scheint ihm die Geometrie. Der abschließend von ihm skizzierte Geometriekurs fällt hinsichtlich der tatsächlich vermittelten Formeln und Deduktionen verhältnismäßig knapp aus, sein primäres Ziel besteht jedoch nicht in der Vermittlung der axiomatischen Methode, sondern darin, die logische Methode zu verinnerlichen. Dabei scheint das Studium von Kongruenz ein sinnvoller Einstieg, um eine über sie hinausweisende allgemeine Idee zu vermitteln. Die sie betreffenden Aussagen werfen Licht auf die wesentlichen Eigenschaften geometrischer Formen und lehren, nur die jeweils relevanten Merkmale eines Dreiecks, Parallelogramms oder Kreises zu untersuchen: „Unsere Wahrnehmung von Kongruenz ist in der Praxis abhängig von unseren Urteilen über die Unveränderlichkeit der intrinsischen Eigenschaften von Körpern, wenn ihre externen Gegebenheiten variieren."[25] Dem könnten dann etwa das Studium von Ähnlichkeit, grundlegenden Elementen der Trigonometrie verbunden mit Anwendungsbeispielen und die analytische Geometrie folgen. Auf diese Weise soll nicht nur eine präzise Kenntnis zugrunde liegender Ideen, Begriffe und Axiome vermittelt werden, sondern der Mathematikunterricht soll zugleich eine Ausbildung in logischer Methode sein, deren Anwendungsbereich den genuin mathematischen Gegenstandsbereich weit überschreitet.

An dieser Stelle lassen sich mit Whitehead die Bereiche von Unterricht und Wissenschaftstheorie zusammenführen: Einerseits lässt sich die logische Methode von dem rein mathematisch-abstrakten Kontext lösen und es lässt sich anhand von Beispielen aus anderen Fachdisziplinen verdeutlichen, auf welche Weise abduktiv auf die plausibelste Erklärung für ein bestimmtes Phänomen geschlossen werden kann. Damit wird zugleich die Möglichkeit einer Reflexion über die Wissenschaftspraxis eröffnet, indem der Nutzen der Einführung bestimmter Axiomatiken, etwa in der Geometrie oder der Mengentheorie, durch den Gedanken der bestmöglichen Hypothese erläutert wird. Mathematische Axiome sind, obwohl sie definitorisch eingeführt werden, zumindest ihrem Erklärungsanspruch nach sinnvolle Hypothesen, deren Plausibilität sich in ihrem Nutzen für eine Vielzahl mathematischer Probleme zeigt. So stellen euklidische und nicht-euklidische Geometrien lediglich unterschiedliche Strukturmodelle dar, deren jeweiliger Umgang mit dem Parallelenaxiom sie in unterschiedlicher Weise als solche Strukturmodelle qualifiziert, von denen

[24] [CP, Bd. 5, Paragraph 181, S. 113]
[25] [Whitehead1967, S. 85]

sich in plausibler Weise annehmen lässt, dass sie auf gewisse Bereiche der Realität anwendbar sein könnten. Andererseits ist gerade die Mathematik als nicht-empirische Wissenschaft dazu geeignet, die Fähigkeit der Hypothesenbildung zu schärfen und zu verbessern. In Absehung von den zahllosen potentiell relevanten Faktoren bei konkreten Problemstellungen erfolgt hier eine auf nahezu alle Phänomene übertragbare Methodenschulung. Diese knüpft für Whitehead an der präreflexiven Hypothesenbildung des Commonsense an, bedeutet jedoch de facto eine Übung in wissenschaftlicher Methodik, bei der ein Phänomen auf seine für den jeweiligen Kontext wesentlichen Merkmale reduziert wird, bevor eine (formale) Lösung erreicht wird. Im Vordergrund steht von dieser Perspektive aus die wissenschaftspropädeutische Funktion mathematischer Ausbildung im schulischen Unterricht, ohne dass dabei die Mathematik als wissenschaftliche Disziplin selbst zu einer Hilfswissenschaft erklärt werden soll.

In der Mathematikausbildung wird somit eine Methode trainiert, die den genuinen Bereich der Mathematik transzendiert und ebenso wie die phantasievolle Verallgemeinerung für Whitehead Methode der Philosophie ist. Die eigentliche Methode der Mathematik bleibt die Deduktion. Die mittels der Mathematik vermittelte Denkweise ist für Whitehead jedoch dazu geeignet, unser Commonsense-Denken zu disziplinieren und zur philosophischen Methode weiterzuentwickeln. Ein anderer Unterschied zwischen Mathematik und Philosophie wiegt nicht so schwer, mag jedoch nicht unerheblich dazu beigetragen haben, dass Whitehead selbst Philosoph geworden ist. Im Gespräch mit Lucien Price erklärt er: „Mathematics must be studied; philosophy should be discussed.“[26] In diesem Sinne werden sowohl die Mathematikdidaktik als auch die Philosophie von einer gezielten Auseinandersetzung mit Whiteheads Erziehungsphilosophie auch in Zukunft noch profitieren können.

# Literatur


[CP] Peirce, C. S.: The Collected Papers of Charles S. Peirce. C. Hartshorne, Weiss, P.; Burke, A. W. (Hrsg.): Harvard University Press. Cambridge 1931-1958.

[Dewey1990] Dewey, J.: The School and Society and The Child and the Curriculum. The University of Chicago Press. Chicago 1990.

[Jung1962] Jung, W.: A.N. Whitehead über den Sinn der Erziehung. In: Die Neue Sammlung Nr. 2/3 (1962), S. 247-257.

[Price1977] Price, L.: Dialogues of Alfred North Whitehead. Greenwood Press. Westport, Conneticut 1977.

[Riffert1994] Riffert, F.: Whitehead und Piaget – Zur interdisziplinären Relevanz der Prozessphilosophie. Lang Verlag. Wien 1994.

[Riffert2005] Riffert, F. (Hrsg.): Alfred North Whitehead on Learning and Education: Theory and Application. Cambridge Scholars Press. Newcastle 2005.

[Whitehead1958] Whitehead, A. N.: Eine Einführung in die Mathematik. Lehnen Verlag. München 1958.

[Whitehead1967] Whitehead, A. N.: The Aims of Education and Other Essays. The Free Press. New York 1967.

[Whitehead1987] Whitehead, A. N.: Prozeß und Realität. Suhrkamp. Frankfurt am Main 1987.


[26] [Price1977, S. 329]

[Whitehead1988] Whitehead, A. N.: Wissenschaft und moderne Welt. Suhrkamp. Frankfurt am Main 1988.

[Whitehead1995] Whitehead, A. N.: Die Funktion der Vernunft. Reclam. Stuttgart 1995.

[Wittenberg1963] Wittenberg, A. I.: Bildung und Mathematik. Mathematik als exemplarisches Gymnasialfach. Klett-Schulbuchverlag. Stuttgart 1963.

# 21 Der Begriff mathematischer Schönheit in einer empirisch informierten Ästhetik der Mathematik

EVA MÜLLER-HILL und SUSANNE SPIES

## 21.1 Einleitung

*„The mathematician's patterns like the painter's or the poet's, must be beautiful; the ideas like the colours or the words must fit together in a harmonious way. Beauty is the first test: There is no permanent place in the world for ugly mathematics.“*[1]

Dieses Zitat des britischen Mathematikers G. H. Hardy bringt pointiert die unter praktizierenden Mathematikern, aber auch unter Philosophen der Mathematik weithin akzeptierte Ansicht zum Ausdruck, dass mathematische Schönheit eine nicht zu vernachlässigende Rolle in der mathematischen Forschungspraxis spielt und sowohl interessante ästhetiktheoretische, epistemische als auch ontologische Aspekte aufweist. Danach beeinflusst also das Verständnis dessen, was mathematische Schönheit ist, auch das Verständnis dessen, was Mathematik ist: „Was sind die Träger mathematischer Schönheit?“ ist die Frage nach der Art der Gegenstände, für deren Schönheit Mathematiker sich begeistern und nach der sie streben. „Was sind die Kriterien für mathematische Schönheit?“ ist die Frage nach den Kategorien, unter denen Mathematiker ihre Arbeit bewerten. Egal, ob sich das Phänomen mathematischer Schönheit als Ausnahmemerkmal oder als ständiger Begleiter mathematischen Tuns erweist – ein adäquates allgemeines Mathematikverständnis sollte dieses Phänomen berücksichtigen und bestenfalls auch erklären können.

Das *Konzept* mathematischer Schönheit ist unter Philosophen wie auch unter philosophisch interessierten Mathematikern kontrovers, die *Beurteilung* bestimmter Entitäten der mathematischen Praxis *als schön* weist hingegen eine große Einhelligkeit auf.[2] Welche der zahlreichen theoretischen Konzeptionen mathematischer Schönheit ist aber „die der Praxis“, und kann man dieser ein theoretisches Fundament geben?[3]

---

[1] [Hardy1940, S. 85]

[2] Beispielhaft sind etwa die Signifikanz der Ergebnisse einer 1988 von David Wells unter den Lesern des *Mathematical Intelligencer* durchgeführten und 1990 publizierten Umfrage zum schönsten mathematischen Theorem („Which is the most beautiful?“, [Wells1990] und [Wells1988]), oder die Popularität von Werken wie das „Buch der Beweise“ [Aigner2002], welches eine umfangreiche Zusammenstellung der durch die *mathematical community* als besonders elegant und ästhetisch beurteilten mathematischen Beweise liefert: „Es sind Beweise, die Mathematiker als besonders „elegant“ empfinden. [...] Der Beweis selbst, seine Struktur, seine Ästhetik, seine Pointe geht ins Geschichtsbuch der Königin der Wissenschaften ein.“ (DIE ZEIT, 34/1998)

[3] Dabei betrachten wir die Frage nach einer Ästhetik der Mathematik zunächst relativ unabhängig von der allgemeinen Kunstästhetik.

Dieser Aufsatz will anhand unterschiedlicher theoretischer Ansätze zur mathematischen Schönheit eine erste philosophische Analyse des einen oder auch der vielen Schönheitsbegriffe der mathematischen Praxis versuchen. Dahinter steht der Gedanke, dass ein wichtiger Faktor einer adäquaten philosophischen Ästhetik der Mathematik, die sich in ein ganzheitlich gedachtes allgemeines Mathematikverständnis tatsächlich einbinden lässt, die *empirische Informiertheit* der entsprechenden Kriterien für das Vorliegen von mathematischer Schönheit ist. Der Versuch einer Definition des Schönheitsbegriffes für die Mathematik im Rahmen der Philosophie der Mathematik sollte insbesondere sowohl philosophische Intuitionen als auch die tatsächliche Verwendung des Begriffes in der mathematischen Praxis berücksichtigen. Methodologisch bedeutet dies das Streben nach einem reflexiven Gleichgewicht zwischen der intentionalen und der deskriptiven Adäquatheit möglicher Explikationen des Begriffes mathematischer Schönheit im Rahmen eines iterativen Prozesses. Der erste Iterationsschritt besteht in einer geeigneten Aufarbeitung verschiedener philosophisch-analytischer Konzepte mathematischer Schönheit. Damit werden wir uns in Abschnitt 21.2 befassen. Wir beschäftigen uns dort speziell mit den beiden oben bereits genannten Fragen:

1. Was sind die Träger mathematischer Schönheit?
2. Welches sind die Kriterien für das Vorliegen von mathematischer Schönheit?

Dabei konzentrieren wir uns allerdings auf (2.) und behandeln (1.) nur in dem Rahmen, der für eine Beschäftigung mit (2.) Voraussetzung ist. In einem zweiten Schritt ist das Hinzuziehen empirischer Untersuchungen der mathematischen Praxis im Hinblick auf tatsächliche ästhetische Zuschreibungen und die dabei verwendeten ästhetischen Kriterien nötig. Exemplarische Ergebnisse einer entsprechenden Studie stellen wir in Abschnitt 21.3 vor.

Ein systematischer Vergleich der analytischen und empirischen Ergebnisse sollte im Anschluss zeigen, welche philosophischen Konzeptionen mathematischer Schönheit überhaupt mit den tatsächlichen ästhetischen Kriterien der mathematischen Praxis vereinbar sind, und welche nicht. Die Ergebnisse eines solchen Vergleichs, die wir in Abschnitt 21.4 diskutieren, liefern eine erste empirisch informierte philosophische Analyse des Schönheitsbegriffs der mathematischen Praxis, und damit unseres Erachtens den geeigneten Ausgangspunkt für eine mögliche Einbindung des Konzeptes mathematischer Schönheit in ein Gesamtverständnis von Mathematik.

## 21.2 Theoretische Konzeptionen des Schönheitsbegriffs in der Mathematik

Wir stellen in diesem Abschnitt unterschiedliche, in erster Linie philosophische Positionen zum Schönheitsbegriff in der Mathematik gegenüber. Dabei beschränken wir uns auf bestimmte Trägertypen mathematischer Schönheit. Diese Einschränkung erscheint uns notwendig für eine gewisse Eingrenzung der Diskussion im Rahmen dieses Aufsatzes, denn die Frage danach, um welche Gegenstände es sich bei den Trägern der Eigenschaft mathematischer Schönheit handelt, wird in der breit gefächerten Debatte im Zusammenhang mit Mathematik und Ästhetik weder eindeutig noch einhellig beantwortet. Was genau bezeichnet etwa Hardy in obigem, einleitenden Zitat als „beautiful“ oder „ugly“, d. h. welcher Art sind Entitäten, die sich hinter den „Mustern der Mathematiker" verbergen? Die unterschiedlichen Antworten sind darüber hinaus auch nicht unbedingt miteinander vereinbar: Fraktale, Symmetrien, Analyse von Kunst mit geometrischen Mitteln, Verwendung der Mathematik in der Kunst usw. zeigen die Breite des Spektrums auf.

Wir möchten an dieser Stelle nur klären, welchen Standpunkt wir einnehmen wollen, ohne diesen jedoch selbst weiter zu diskutieren: Wir beschränken uns explizit auf Träger mathematischer Schönheit, die in der mathematischen *Wissenschaftspraxis* eine Rolle spielen, und deren Schönheit oder Häßlichkeit eine für die wissenschaftliche mathematische Arbeit relevante Funktion erfüllt.[4] Als Beispiele für solche Träger diskutieren wir mathematische Beweise und Theoreme.[5] In Bezug auf diese beiden Objekttypen scheint – zumindest laut Hardy – die Schönheit zum einen eine Art Testinstrument zu sein. Die „Muster der Mathematiker" werden ästhetisch evaluiert. Nur schöne Mathematik hat einen dauerhaften Platz in der Welt. Fehlende Schönheit – etwa in einem Beweis – motiviert dagegen dazu, nach weiteren (schöneren) Möglichkeiten zu forschen.

Uns geht es im Folgenden um eine detaillierte Diskussion der *Kriterien* für die mathematische Schönheit dieser beiden Trägertypen. Zunächst werden wir eine theoretische Klassifizierung von Kriterien vorschlagen, die sich an verschiedenen mathematikphilosophischen oder allgemein ästhetiktheoretischen Ansätzen orientiert. Anschließend werden wir Ergebnisse einer Umfragestudie unter Mathematikern zum Thema Schönheit in der Mathematik vorstellen und anhand der theoretischen Kriterienklassifikation analysieren.

## 21.2.1 Kriterien für mathematische Schönheit

Häufig werden in der Mathematik ästhetische Beurteilungen wie „schön", „elegant", „hässlich" usw. in Bezug auf Theoreme oder Beweise nur *abstrakt verwendet*, ohne konkrete Zuschreibungskriterien für diese Eigenschaften anzugeben. In selteneren Fällen werden die Urteile eher beiläufig begründet und noch seltener versuchen mathematikphilosophische Texte eine konkrete Charakterisierung der mathematischen Schönheit[6]. Eine erste Zusammenschau der Literatur zum Thema zeigt, dass bestimmte Eigenschaften immer wieder, aber in unterschiedlichen Kombinationen und mit unterschiedlicher Gewichtung genannt werden. Dazu zählen z. B. eine erstaunliche Kürze oder Ökonomie, eine besondere klare und einfache, harmonische Struktur, die unerwartete Einbettung in größere Zusammenhänge oder auch ein tiefer Erkenntnisgewinn, der mit einem schönen Stück Mathematik einher geht. Zusammengefasst lassen sich zunächst vier Eigenschaftskomplexe deutlich von einander unterscheiden: die *Ökonomie*, die *strukturelle Klarheit*, die *inhaltliche Tragweite* sowie die *emotionale und aufklärende Wirksamkeit*. Im Folgenden wird die Darstellung von einzelnen Autorenaussagen diese vier Bereiche zunächst getrennt von einander inhaltlich näher bestimmen und so zu einer ersten Annäherung an den verwendeten Schönheitsbegriff führen. Da der Komplex der emotionalen und aufklärenden Wirksamkeit quer

[4] Eine Analyse möglicher Funktionen der Schönheit oder der ästhetischen Kategorien allgemein in der Mathematik hat B. Heintz in [Heintz2000] zusammengestellt. Einen tieferen Einblick und eine genauere Grundlegung verschiedener Funktionen liefert N. Sinclair in [Sinclair2006].

[5] Dadurch kommt an einigen Stellen automatisch auch die *mathematische Theorie* als Träger mathematischer Schönheit mit ins Spiel. Vgl. hierzu Abschnitt 21.3.2.

[6] Im Folgenden wollen wir uns auf die Schönheit als besonders häufig verwendete ästhetische Kategorie in der Mathematik beschränken, obgleich auch andere Eigenschaften, wie etwa die Eleganz eine Rolle in der mathematischen Praxis spielen.

zu den vorher genannten liegt und eine große Vielfalt an Eigenschaften einschließt, wird seine Beschreibung den vergleichsweise größten Raum einnehmen.

#### 21.2.1.1 Ökonomie

In der Auswertung einer Umfrage in „The Mathematical Intelligencer" kommt Wells zu der Aussage, dass kein Kriterium häufiger mit mathematischer Schönheit assoziiert werde als eine besondere Kürze.[7] Gemeint ist damit aber keineswegs, dass die Schönheit von der für einen Beweis benötigten Schrittanzahl oder einer ähnlichen messbaren Größe abhängt. Vielmehr wird die Komplexität in Relation zur Bedeutung des Resultates beschrieben, so dass der Begriff Ökonomie die gemeinte Eigenschaft besser beschreibt. Als eher hässlich oder nicht schön gelten demnach Beweise, die z. B. durch das Abarbeiten vieler verschiedener Fälle eine Aussage bestätigen. Schöner dagegen gilt z. B. das ökonomischere Vorgehen über eine indirekte Argumentation. Auch ein Teil der häufig mit Einfachheit umschriebenen Eigenschaften ist unter den Begriff der Ökonomie zu fassen, da es auch hierbei häufig um besonders einfache Schlussweisen oder Darstellungen in Bezug auf das Gewicht des Resultates geht.

Schon Kant beschreibt in der Kritik der Urteilskraft diesen Zusammenhang als häufig anzutreffende Begründung dafür, von Schönheit in der Mathematik zu sprechen:

> „Man ist gewohnt, die erwähnten Eigenschaften, sowohl der geometrischen Gestalten, als auch wohl der Zahlen, wegen einer gewissen, aus der Einfachheit ihrer Konstruktion nicht erwarteten, Zweckmäßigkeit derselben *a priori* zu allerlei Erkenntnisgebrauch, Schönheit zu nennen [...]."[8]

Für Kant führt allerdings gerade diese Charakterisierung zu dem Schluss, im Falle der Mathematik könne nicht von Schönheit im eigentlichen Sinne gesprochen werden, sondern höchstens von „relativer Vollkommenheit"[9]. Der britische Mathematiker G. H. Hardy beschreibt die Ökonomie, der von ihm betrachteten Beispiele schöner Mathematik in „A Mathematician's Apology" plastischer: „[...] the weapons used seem so childishly simple when compared with the far-reaching results".[10] Auch Tymoczko beschreibt dies ähnlich, wenn er „the strongest results with the least means" zu den besonders schönen Gegenständen zählt.[11]

Die so verstandene Kürze oder Einfachheit scheint also für die mathematische Schönheit eine zentrale Rolle zu spielen. Selten jedoch werden diese Eigenschaften nicht in Kombination mit weiteren genannt, was darauf hinweist, dass Schönheit und Ökonomie auch in der Mathematik nicht synonym verwendet werden können.

#### 21.2.1.2 Klarheit

Vor allem schönen Beweisen wird immer wieder die Eigenschaft zugeschrieben, in ihrem strukturellen Aufbau durch eine besondere Klarheit zu überzeugen. Dazu gehört neben einer deutlich

---

[7] vgl. [Wells1990, S. 39]
[8] [KU, Par. 62]
[9] ibid.
[10] [Hardy1940, S. 113]
[11] vgl. [Tymoczko1993]

nachvollziehbaren Dramaturgie und durchschaubaren Schlüssen auch das Fehlen eines unnötigen technischen Überbaus.[12] In „The Art of Mathematics" fasst King dies unter „minimal completeness", welche er wie folgt konkretisiert:

> „A mathematical notion[13] *N* satisfies the principle of minimal completeness provided that *N* contains within itself all properties necessary to fulfill its mathematical mission, but *N* contains no extraneous properties."[14]

Damit wird der Aspekt der Klarheit neben dem Prinzip der maximalen Anwendbarkeit (s. u.) für King zu einer notwendigen Bedingung mathematischer Schönheit. Andere Autoren beschreiben diese Eigenschaft auch durch den Begriff der „Reinheit"[15] Hardy spricht im Zusammenhang mit der Schönheit seiner Beispiele von „simpel and clear-cut constellation".[16] Nicht nur in der Verwendung der beschreibenden Begrifflichkeiten, sondern auch im Stellenwert, der der Klarheit in Bezug auf die ästhetischen Bewertungen beigemessen wird, unterscheiden sich die Autoren. McAllister macht die Klarheit eines Beweises z. B. in gewissem Sinne zu einer Voraussetzung, um mathematische Schönheit erkennen zu können. Klassisch als schön bewertete Sätze und Beweise können ihm zu Folge in einem einzigen Akt mentalen Verstehens erfasst werden. [17] Weth dagegen sieht in der Klarheit einen von vier Teilaspekten der mathematischen Schönheit. Für ihn umfasst „Eleganz" das, was hier als Klarheit bezeichnet wird.[18] Für Hasse dagegen zeichnet sich die Schönheit der Mathematik, jedenfalls „im Kleinen" gerade durch „Klarheit und Durchsichtigkeit" aus. In größeren Zusammenhängen, Beweisen oder ganzen Theorien, kommen Hasse zufolge zu diesem Kriterium lediglich weitere hinzu.[19]

Eine gut überschaubare und klare Struktur scheint also ein integraler Bestandteil schöner Mathematik zu sein. Offen bleibt dabei die Frage, ob es sich um eine Voraussetzung oder um einen Teil der ästhetischen Bewertung handelt.

### 21.2.1.3 Tragweite

Im Zusammenhang mit der Schönheit eines Gegenstandes wird häufig auch auf seine Tragweite hingewiesen. Dabei spielt die Anwendbarkeit außerhalb der Mathematik eine Rolle. Viel häufiger aber wird das Potential in Bezug auf einen größeren innermathematischen Zusammenhang betont. Ein Beweis beispielsweise ist dann besonders schön, wenn er nicht nur die Wahrheit des zu beweisenden Satzes zeigt, sondern auch die Stellung des Satzes innerhalb einer bestimmten Theorie deutlich macht oder die Beweisidee in anderen Gebieten zu verwenden ist. Tymocko

[12] Insofern könnte hier auch von „struktureller Ökonomie" gesprochen werden.

[13] Der Begriff „mathematical notion" umfasst bei King explizit alles, was möglicherweise in der Mathematik mit ästhetischen Attributen belegt wird. Er weist aber gleichzeitig ausdrücklich darauf hin, dass dabei in den meisten Fällen an Beweise oder Theoreme zu denken ist (vgl. [King1992, S. 181f.]).

[14] [King1992, S. 181]

[15] Vgl. etwa [Devlin2002, S. 9] oder auch [Ruelle2007, S. 127f.].

[16] Vgl. [Hardy1940, S. 113]. Der Begriff der Einfachheit wird also zur Beschreibung schöner Mathematik sowohl im Bedeutungsumfeld der Ökonomie (s. o.) als auch dem der Klarheit verwendet.

[17] vgl. [McAllister2005, S. 19]

[18] vgl. [Weth2007, S. 69]. Die Klarheit mit Eleganz gleich zu setzen ist insofern problematisch, als dass häufig mit Blick auf die Präsentation der Mathematik von Eleganz die Rede ist. Rota schließt das Attribut „elegant" daher für die Mathematik selbst ganz aus (vgl. [Rota1997]).

[19] vgl. [Hasse1952, S. 24]

etwa betont, dass ein schöner Beweis die Grundlage für Weiteres legt und einen Bezug auf Früheres aufweist. [20] Auch King beschreibt dies als Eigenschaft schöner Mathematik und spricht von „maximal applicability“:

> „A mathematical notion $N$ satisfies the principle of maximal applicability provided that $N$ contains properties which are widely applicable to mathematical notions other than $N$.“[21]

Für ihn ist dies neben der bereits erwähnten „minimal completeness“ die einzige mathematische Schönheit ausmachende Eigenschaft. Der Mathematiker Hasse sieht in diesem Bereich dagegen das Kriterium für die „Schönheit im Großen“. Wenn es um die ästhetische Bewertung ganzer Theorien geht, spielen für ihn die gegenseitigen Beziehungen innerhalb der Theorie, die Tragweite, die Zielstrebigkeit, die Überzeugungskraft und die Verallgemeinerungsfähigkeit eine wichtige Rolle, so dass die Theorie als „lebendiger harmonischer Organismus“ wahrgenommen wird.[22] Für Hardy dagegen ist die Signifikanz oder die Tiefe eines Theorems ein Kriterium, das zwar häufig mit der Schönheit in Verbindung gebracht wird[23], eigentlich aber parallel zur ästhetischen Bewertung liegt.[24] Es bleibt also offen, ob nun die Tragweite eines Beweises verantwortlich für dessen Schönheit ist oder nur mit dieser einhergeht.

#### 21.2.1.4 Subjektive Wirksamkeit

Quer zum bisher Beschriebenen liegen besonders hervorgehobene, die emotionale Rührung, aber auch den Erkenntnisgewinn des Mathematikers betreffende Qualitäten schöner Mathematik, mithin die subjektive Wirksamkeit der als schön bezeichneten mathematischen Gegenstände. Dass die Gefühle, die Beweise oder Formeln in einem Mathematiker auslösen, für die ästhetische Bewertung von Bedeutung sind, zeigt sich in der Verwendung von Adjektiven wie „unerwartet“, „unausweichlich“, „erstaunlich“ oder „überraschend“. So gibt etwa Wells aus den Ergebnissen seiner Umfrage „surprise“ und „novelty“ als Kriterien der schönsten Formeln wieder und betont gleichzeitig, dass diese sowohl positive als auch negative Gefühle hervorrufen können.[25] Davis und Hersh beschreiben ein „Gefühl starken, persönlichen ästhetischen Vergnügens“,[26] das mit der Wahrnehmung mathematischer Ordnung einher geht. Hardy dagegen betont das Unerwartete der schönen Mathematik und genau wie Tymoczko ihre „inevitability“. Gemeint ist das Gefühl, dass das angestrebte Resultat, wie z. B. der Beweis einer Aussage, unausweichlich und ohne Umschweife erreicht werden muss.[27] Die inhaltliche „Zielstrebigkeit“, die Hasse schönen Beweisen zuspricht,[28] wird der Mathematiker wohl in einem ähnlichen Gefühl erkennen können. Chaitin verbindet in einem Interview zur Schönheit in der Mathematik diese beiden Aspekte:

---

[20] vgl. [Tymoczko1993]
[21] [King1992, S. 181]
[22] vgl. [Hasse1952, S. 24]
[23] Dies bestätigen auch die Ergebnisse der Umfrage von Wells in [Wells1990].
[24] vgl. [Hardy1940, S. 89]
[25] vgl. [Wells1990, S. 39]
[26] [Davis1994, S. 176]
[27] vgl. [Hardy1940], [Tymoczko1993]
[28] vgl. [Hasse1952, S. 24]

> „After the initial surprise it has to seem inevitable. You have to say, of course, how come I didn't see this!“[29]

Weth geht sogar darüber hinaus: Er führt nicht nur unterschiedliche Gefühle an, sondern nutzt die emotionale Wirksamkeit auch, um den Begriff der mathematischen Schönheit auszudifferenzieren. So unterscheidet er neben der bereits erwähnten Eleganz zwischen „Ergriffensein von Mathematik“ und ihren großen, weitreichenden und schwer fassbaren Resultaten, dem „Erstauntsein“ darüber, dass zunächst nicht Einsehbares durch die Mathematik Klarheit bekommt, und dem Gefühl, etwas besonders Intelligentes, nicht Naheliegendes, aber logisch Korrektes und insofern „Geniales in der Mathematik“ nachzuvollziehen.[30]

Hierbei wird deutlich, dass mit der emotionalen Wirksamkeit immer auch der Verweis auf eine besondere Art der Erkenntnis einhergeht. So führt ein schöner Beweis nicht allein dazu, die Wahrheit der bewiesenen Aussage anzuerkennen, sondern vielmehr die Aussage und ihre Zusammenhänge tiefer zu verstehen. Davis und Hersh behaupten z. B., dass von zwei Beweisen derjenige der schönere sei, der „den Kern der Sache“ zeige und den „wirklichen Grund“[31] aufdecke. Dies scheint eng mit „Tiefe“ als Kriterium für mathematische Schönheit zusammenzuhängen.

Für McAllister entsteht die Verbindung von Schönheit und Verstehen daraus, dass, wie oben bereits angemerkt, traditionell als schön geltende Gegenstände der Mathematik in einem „single act of mental apprehension“ gefasst werden können und somit auch zum Verstehen beitragen. Sehr lange Beweise, deren Richtigkeit nur durch kleinschrittiges Nachvollziehen erkannt werden kann, sind hierzu ungeeignet. Diese gelten demnach auch als eher hässlich.[32] Rota stellt sogar die Behauptung auf, dass die Schönheit in der Mathematik mit einem besonderen Grad an Einsicht und Verständnis gleichzusetzen ist. Er fasst seine Überlegungen zur Schönheit, die sich aus der Untersuchung verschiedener Beispiele ergeben, wie folgt zusammen:

> „We acknowledge a theorem's beauty when we see how the theorem 'fits' in its place [...]. We say that a proof is beautiful when it gives away the secert of the theorem, when it leads us to perceive the inevitablility of the statement being proved.“[33]

Doch gerade diese Eigenschaften führen ihn zu der Überzeugung, dass hier nur von Schönheit gesprochen wird, eigentlich aber „enlightment“ gemeint ist.[34] Für Rota ist also gerade das durch bestimmte Gegenstände der Mathematik ausgelöste Verstehen Kern der Bewertung „schön“. Auch diese besonders erhellende und aufklärende Wirkung der schönen Mathematik auf den Mathematiker liegt demnach quer zu Ökonomie, Tragweite und Klarheit, wobei die Verknüpfung zum Eigenschaftskomplex der Klarheit besonders stark zu sein scheint. Auch steht sie in enger Verbindung mit der emotionalen Wirksamkeit. So scheint in der Beschreibung dieses „besonderen“ und „tiefen“ Verstehens eben auch die Rührung über das eigene Erkenntnisvermögen und die

[29] [Chaitin2002, S. 6]
[30] vgl. [Weth2007, S. 69ff.]
[31] [Davis1994, S. 314]
[32] vgl. [McAllister2005, S. 29]
[33] [Rota1997, S. 132]
[34] Diese seiner Meinung nach falsche Begriffswahl begründet Rota damit, dass „enlightment“ ein Begriff mit graduellen Abstufungen ist, wogegen dies für die Schönheit nicht gilt, wodurch der Begriff der Schönheit für Mathematiker attraktiver wird (vgl. [Rota1997, S. 132f.]).

eigenen Fähigkeiten mitzuschwingen. Ein Selbstbekenntnis des Mathematikers Helmut Hasse illustriert dies:

> „Hierzu möchte ich aus meiner eigenen, tiefsten Erfahrung bekennen, dass ich in der Mathematik [...] in immer steigendem Maße die Merkmale einer Kunst und damit sehr viel für Herz und Seele sehe.“[35]

Die so umrissenen theoretischen Kriterien für das Vorliegen mathematischer Schönheit an den von uns betrachteten potentiellen Trägern, mathematischen Beweisen und Theoremen, sollen nun der tatsächlichen Funktionsweise ästhetischer Urteile in der mathematischen Praxis gegenübergestellt werden. Dazu stellen wir im Folgenden zunächst die Ergebnisse einer Umfrage unter praktizierenden Mathematikern zum Schönheitsbegriff in der mathematischen Praxis vor. Zwar werden wir bereits bei der Interpretation dieser Ergebnisse auf einige in Abschnitt 21.2.1 entwickelte Sprechweisen Bezug nehmen; ein detaillierter Vergleich der Ergebnisse aus 21.2 und 21.3 erfolgt jedoch erst in Abschnitt 21.4.

## 21.3 Eine empirische Umfragestudie zum Begriff „Schönheit“ in der mathematischen Praxis

Die Mathematik gilt in der allgemeinen Wissenschaftssoziologie als ein schwieriger Forschungsgegenstand. Dies mag zum Einen an ihrem zu unrecht bestehenden Ruf liegen, dass Forschungsmathematik von einzelnen Mathematikern, vornehmlich unter Ausschluss des Fachkollegiums, betrieben wird, und in einem jahrelangen Austüfteln möglichst lückenloser Beweise einzelner Theoreme besteht. Zum anderen scheint die Annahme, dass Mathematik in zu starkem Maße formal ist, um mit soziologischen Methoden behandelt zu werden, hinter der Zögerlichkeit der Wissenschaftssoziologen zu stecken.[36] Bettina Heintz hat in [Heintz2000] eine der ersten ausführlichen sozio-empirischen Studien zur mathematischen Praxis vorgestellt, in der sie auch die Möglichkeit einer Mathematiksoziologie an sich diskutiert. Ohne im Rahmen dieses Aufsatzes zu dieser Debatte beitragen zu wollen und zu können, gehen wir im Folgenden von der Annahme aus, dass die Behauptung, Mathematik sei in einem zu starken Maße formal, um sozio-empirischen Methoden zugänglich zu sein, zunächst ihrerseits nicht hinreichend gerechtfertigt ist. Tatsächlich ist es die Frage nach der (epistemischen) Rolle formaler Methoden in der mathematischen Praxis selbst, die unser Forschungsinteresse leitet.

In diesem Abschnitt möchten wir ein paradigmatisches Beispiel-Resultat einer größtenteils quantitativen, empirischen soziologischen Studie mit dem Titel „The concept of knowledge in mathematical practice“ vorstellen und diskutieren. Die Umfrage wurde 2006 mittels eines Online-Fragebogens anonym durchgeführt; teilgenommen haben mehr als 200 Leser dreier internationaler Mathematik-Newsgroups[37]. Die vorgestellten Ergebnisse basieren auf 62 Antworten

[35] [Hasse1952, S. 15]

[36] Da eine stark formalisierte Forschungspraxis nach klar definierten, expliziten Regeln funktioniert, wären die Methoden der Soziologie, die in erster Linie auf die Untersuchung von nicht vollständig explizierten und verbalisierten sozialen Mechanismen zugeschnitten sind, für (empirische) Studien einer solchen Praxis nicht geeignet.

[37] `sci.math`, `sci.math. research`, `de.sci.mathematik`

eines bereinigten Datensatzes, der nur noch Antworten von Teilnehmern umfasst, die der vordefinierten Zielgruppe (Mathematiker mit Lehr- oder Forschungserfahrung) angehörten, und die mindestens den ersten inhaltlichen Frageblock vollständig beantwortet haben. Die Umfragestudie beschäftigt sich im ersten Teil mit dem Wissens- und Beweisbegriff praktizierender Mathematiker, in einem zweiten Teil mit deren Schönheitsbegriff.[38] Wir werden uns hier zunächst nur auf den zweiten Teil der Studie beziehen.

## 21.3.1 Clusteranalyse einer Schlüsselsequenz des Fragebogens

In einer Clusteranalyse werden die einzelnen Antworten der Teilnehmer zu größeren Aggregaten (Clustern) mit möglichst aussagekräftigen Antwortprofilen zusammengefasst. Die Auswahl der Clustervariablen ist dabei theoriegesteuert. Für unsere Clusteranalyse haben wir die folgenden vier Fragen als Variablen ausgewählt:

1. *Please select to which degree you accept the following statement: "Mathematical beauty is objective".*
   (im Folgenden verwendete Abkürzung: objective)
   Antwortmöglichkeiten: *strongly agree, agree, disagree, strongly disagree.*

2. *Please select to which degree you accept the following statement: "Mathematicians can see mathematical beauty without checking correctness or truth."*
   (im Folgenden verwendete Abkürzung: checking)
   Antwortmöglichkeiten: *strongly agree, agree, disagree, strongly disagree.*

3. *Do you agree that if a mathematical theorem is beautiful, it must be true?*
   (im Folgenden verwendete Abkürzung: truth)
   Antwortmöglichkeiten: *strongly agree, agree, mostly agree, mostly disagree, disagree, strongly disagree.*

4. *Do you agree that if a mathematical proof is beautiful, it must be correct?*
   (im Folgenden verwendete Abkürzung: correctness)
   Antwortmöglichkeiten: *strongly agree, agree, mostly agree, mostly disagree, disagree, strongly disagree.*

Diese Auswahl hat folgende Gründe: Die allgemeine Motivation für die Wahl von Variable 1, also die Frage danach, ob mathematische Schönheit als objektive Eigenschaft angesehen wird, besteht in der Beobachtung, dass Mathematiker sich in der Regel darüber einig zu sein scheinen, welche Beweise und Theoreme schön sind oder nicht, was zumindest auf eine gewisse Intersubjektivität des Schönheitsbegriffes hindeutet. Fehlte dem mathematischen Schönheitsbegriff jedoch eine weitergehende Objektivität, etwa aufgrund von situativen oder zumindest subjektiv variierenden Kriterien für das Vorliegen von Schönheit, so könnte dies als Hinweis darauf verstanden werden, dass mathematische Schönheit eher als *extrinsische* Eigenschaft zu konzipieren ist, also einem mathematischen Beweis nicht allein von sich aus, sondern nur in Beziehung zu

[38] vgl. die Projekthomepage unter: `http://www.phimsamp.uni-bonn.de/ipf` sowie [MüllerHill2009a], [MüllerHill2009b] und [Loewe2009]. Die ausführlichste Darstellung der Ergebnisse erscheint in [MüllerHill2010].

anderen Dingen, Personen, mathematischen Strukturen oder Sachverhalten etc. zukommt. Hier würde sich dann gegebenenfalls die Frage nach einer Präzisierung der Träger mathematischer Schönheit stellen. Die allgemeine Motivation für die Auswahl von Variable 2, also der Frage danach, ob Mathematiker mathematische Schönheit eines Beweises bzw. eines Theorems erkennen können, ohne dessen Korrektheit bzw. Wahrheit zu prüfen, ist die Klärung der Zugriffsmöglichkeiten auf mathematische Schönheit. Wie erfassen Mathematiker die Schönheit eines Beweises, und sollte das Erkennen mathematischer Schönheit als eine besondere Erkenntnisstufe jenseits von Wahrheit und Korrektheit charakterisiert werden? Sowohl von berühmten Mathematikern als auch in der Mathematikphilosophie werden immer wieder sogenannte mathematische Aha-Erlebnisse angesprochen. Damit ist ein holistisches, plötzliches Erfassen weitreichender mathematischer Zusammenhänge gemeint, das häufig auch durch eine Bild-Metapher beschrieben wird. Spezielle Fragen wären, inwieweit auch das Erfassen mathematischer Schönheit einem solchen mathematischen Aha-Erlebnis gleicht, oder ob mathematische Schönheit eine notwendige Bedingung für das Hervorrufen eines solchen Erlebnisses, etwa durch das Nachvollziehen eines Beweises, ist.

Die Auswahl der Variablen 3 und 4 ist wesentlich durch die Verbindung zu Variable 1 bzw. 2 bestimmt: Die Frage danach, ob die Schönheit von Theoremen bzw. Beweisen hinreichend für deren Wahrheit bzw. Korrektheit, d. h. Wahrheit bzw. Korrektheit notwendig für das Vorliegen eines schönen Theorems bzw. Beweises ist, steht in folgender Verbindung zu Variable 2: Wenn Wahrheit bzw. Korrektheit nicht notwendig für das Vorliegen eines schönen Theorems bzw. Beweises ist, dann ist es auch nicht zwingend oder sogar nicht sinnvoll für das Erkennen der Schönheit, dessen Wahrheit bzw. Korrektheit zu überprüfen. Die Verbindung zu Variable 1 besteht in der Frage nach dem Ursprung der gegebenenfalls behaupteten Objektivität mathematischer Schönheit. Gemäß der oben angestellten Überlegungen kann Objektivität etwa durch das Erfülltsein des Ökonomiekriteriums gesichert werden – dafür ist aber gerade die Wahrheit bzw. Korrektheit notwendig.

Eine mögliche Clusterlösung zu diesen vier Variablen weist vier Antwortcluster aus. Jedem Cluster ist ein paradigmatischer Repräsentant zugeordnet, anhand dessen Antwortprofil wir im Folgenden die Cluster charakterisieren und analysieren wollen. Die Antwortprofile sind in Abbildung 21.1 dargestellt; dabei wurden nicht die Mittelwerte der einzelnen Cluster zugrundegelegt, sondern exemplarisch das Antwortprofil des jeweiligen Clusterrepräsentanten.[39] Auf der $x$-Achse sind die oben eingeführten Abkürzungen für die vier Clustervariablen aufgetragen, auf der $y$-Achse die den fünf Antwortmöglichkeiten zugeordneten numerischen Werte:

| | | objective, checking | truth, correctness |
|---|---|---|---|
| -4 | = | strongly disagree | strongly disagree |
| -3 | = | disagree | disagree |
| -2 | = | – | mostly disagree |
| 2 | = | – | mostly agree |
| 3 | = | agree | agree |
| 4 | = | strongly agree | strongly agree |

[39] Die genauen Antwortprofile einzelner Clustermitglieder können also ggf. in einzelnen Variablen von dem exemplarischen Profil abweichen. Auf relevante Abweichungen weisen wir im Folgenden ggf. ausdrücklich hin.

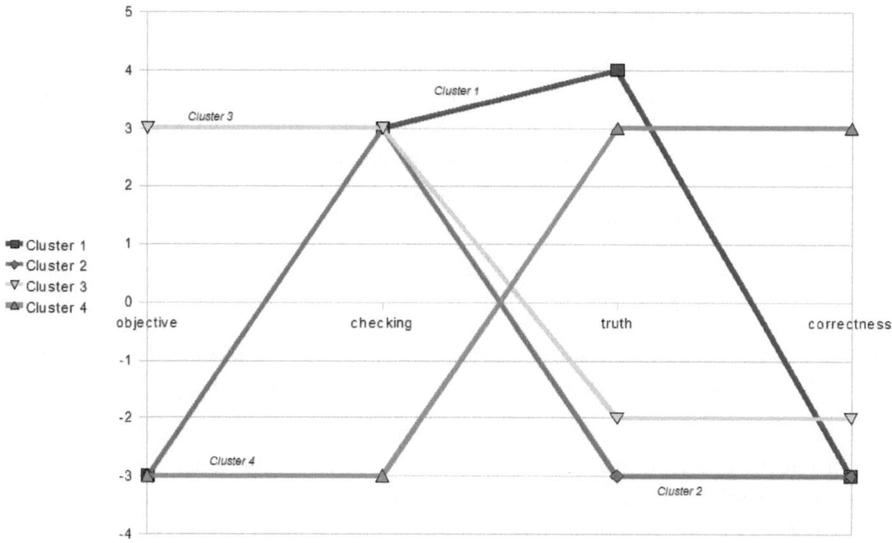


Abbildung 21.1: Antwortprofile der Clusterrepräsentanten

Die charakteristischen Antwortprofile lassen sich in Worten wie folgt beschreiben:

- **Cluster 1:** Mathematische Schönheit ist nicht objektiv, sie kann an einem Theorem bzw. Beweis erfasst werden, ohne dazu dessen Wahrheit bzw. Korrektheit zu überprüfen, die Wahrheit eines Theorems ist jedoch notwendig für seine Schönheit, die Korrektheit eines Beweises dagegen nicht.
- **Cluster 2:** Mathematische Schönheit ist nicht objektiv, sie kann an einem Theorem bzw. Beweis erfasst werden, ohne dazu dessen Wahrheit bzw. Korrektheit zu überprüfen, und Wahrheit bzw. Korrektheit sind auch keine notwendigen Bedingungen für die Schönheit eines Theorems bzw. Beweises.
- **Cluster 3:** Mathematische Schönheit ist zwar objektiv, dennoch kann sie an einem Theorem bzw. Beweis erfasst werden, ohne dazu dessen Wahrheit bzw. Korrektheit zu überprüfen, und Wahrheit bzw. Korrektheit sind auch keine notwendigen Bedingungen für die Schönheit eines Theorems bzw. Beweises.
- **Cluster 4:** Mathematische Schönheit ist nicht (unbedingt) objektiv, um sie an einem Theorem bzw. einem Beweis zu erfassen, müssen dessen Wahrheit bzw. Korrektheit gegebenenfalls konkret überprüft werden, Wahrheit bzw. Korrektheit sind aber in jedem Fall notwendige Bedingungen für die Schönheit eines Theorems bzw. Beweises.[40]

[40] In Cluster 4 sind auch die Fälle zusammengefasst, die neben truth und correctness auch die Fragen objective oder/und checking positiv beantwortet haben. Ausreißerprofile haben in Bezug auf truth und correctness das inverse Antwortverhalten zu Cluster 1, fordern also für Schönheit auch Korrektheit, nicht unbedingt aber Wahrheit.

### 21.3.2 Interpretation der Cluster

Eine Hilfestellung bei der Interpretation der verschiedenen Cluster sowie Ansatzpunkte für einen Vergleich der empirischen Ergebnisse mit den theoretischen Überlegungen in Abschnitt 21.2.1 geben nun qualitative Kommentare der Umfrageteilnehmer. Neben den Einstellungsfragen mit vorformulierten Antwortmöglichkeiten enthielt der Fragebogen auch Fragen, die im Freitext beantwortet werden konnten. Wir stellen hier zu jedem Cluster eine beispielhafte Auswahl von Schlüsselkommentaren zu den Fragen:

(A) *What else can mathematical beauty be a feature of, besides or instead of mathematical theorems, proofs, or theories?*

(B) *What else can be beautiful about mathematical theories, besides or instead of the consistency of the axioms, coherence of the theorems, clarity, or explanatory power?*

vor, die sich für die vorgeschlagenen Interpretationen bzw. für den späteren Vergleich als relevant erwiesen haben. Die Einbindung von Antworten zu der Frage nach den Kriterien für die Schönheit mathematischer Theorien anstelle von Beweisen ist dabei wie folgt zu begründen: den spezifischen Charakter eines mathematischen Beweises macht nicht nur das jeweils mit „Beweis" überschriebene konkrete Argument aus, sondern zu einem wesentlichen Teil auch die Wahl des *settings*, also des mathematischen Rahmens, der zu Formulierung des zu beweisenden Theorems verwendet wird, sowie die Auswahl und Formulierung eingehender Lemmata, der verwendeten Definitionen und Notationen. Es wäre also naiv anzunehmen, dass auf der Suche nach den Schönheitskriterien mathematischer Beweise nicht auch diese Bestandteile des notwendigen Rahmens eines konkreten mathematischen Beweises, der sich bereits als eine kleine mathematische Theorie auffassen lässt, herangezogen werden sollten.

**Zu Cluster 1:** Die charakteristischen Antwortprofile von Cluster 1 und 2 unterscheiden sich zunächst nur in Bezug auf die Frage truth; in Cluster 1 wurde sie positiv beantwortet. Dieser Unterschied hat interpretatorische Relevanz in Bezug darauf, ob die Mitglieder von Cluster 1, die im Unterschied zu truth die Frage correctness negativ beantwortet haben, dabei wirklich den Beweis, also das sprachlich verfasste Argument mit seinen einzelnen Schlussschritten, als Träger der Schönheit aufgefasst haben, oder nicht vielmehr die abstraktere Beweisidee, die z. B. auch in Form eines Bildes vorliegen kann. Im Sinne dieser Unterscheidung kann etwa die Beweisidee schön sein, ohne dass der konkrete Beweis formal korrekt ist. Offen bleibt der Grad, in dem die Beweisidee „zutreffen" sollte, um schön zu sein. Aufgrund der positiven Antwort auf truth ließe sich rückschließen, dass die Beweisidee trotz formaler Fehler in der konkreten Ausführung prinzipiell zielführend sein sollte. Der folgende Kommentar zur Freitextfrage (A) nach den Trägern mathematischer Schönheit stützt jedoch eine etwas andere Deutung, da er im strengen Wortsinn auch „falsche Beweise" als Träger mathematischer Schönheit zu identifizieren scheint, deren Konklusion, also das vermeintlich bewiesene Theorem, zufällig wahr ist:

> „Wrong proofs with accidentally correct conclusion, key ideas that strictly speaking don't make formal sense (yet)."

Diese strenge Deutung zumindest des ersten Satzteiles wird durch den zweiten Satzteil wiederum etwas abgeschwächt.

Cluster 1 umfasst darüber hinaus aber auch die Fälle, in denen sowohl truth als auch correctness positiv beantwortet wurden, also Schönheit als eine Eigenschaft interpretiert wird, die zu der Wahrheit bzw. Korrektheit eines Satzes bzw. Theorems hinzutritt, jedoch unabhängig davon erfasst werden kann. Als mögliche Kriterien für die Schönheit mathematischer Theorien werden in den Antworten auf Frage (B) überraschende bzw. unerwartete Ökonomie und Übertragbarkeit auf andere mathematische Theorien, Einfachheit der verwendeten Definitionen und darüber hinaus intuitive Erfassbarkeit genannt:

> „Simplicity of definitions; close connections with intuitions; surprising ability to shorten proofs or to give results in other areas.“

**Zu Cluster 2:** Das charakteristische Antwortverhalten von Cluster 2 ist mit der *Mainstream*-Konzeption in der allgemeinen Kunstästhetik verträglich, in der Schönheit als eine rein subjektive Eigenschaft, zu welcher der Rezipient in erster Linie einen emotionalen Zugang hat, aufgefasst wird. Als Träger mathematischer Schönheit wurden von Umfrageteilnehmern mit diesem Antwortverhalten vor allem explizite oder implizite konstruktive *Bestandteile* von Beweisen, Theorem oder mathematischen Theorien genannt:

> „Ideas or constructions, a picture.“
> „Formulas, germs of ideas, pictures.“
> „Structures, relationships among them, concepts.“
> „Definitions, concepts, notation.“

Wovon die Schönheit oder Häßlichkeit eines Theorems oder Beweises abhängt, ist also die Wahl des theoretischen Überbaus, in dessen Rahmen das Theorem formuliert bzw. der Beweis geführt wird.[41] Unter Mathematikern findet man häufig die Redeweise vom „richtigen *setting*“ für ein bestimmtes mathematische Problem, welches dann die unter Cluster 1 genannten Merkmale mathematischer Schönheit, also etwa erstaunliche Ökonomie oder unvermutet reichhaltige Querbezüge zu anderen mathematischen Resultaten, oder auch die Nähe zur Intuition, erst erzeugt. Die Zitate zeigen mit der Wahl des oder eines korrekten *settings* auch eine mögliche Marke für den oben angesprochenen Grad auf, zu dem etwa eine mathematische Beweisidee, unabhängig von der formalen Korrektheit der konkreten Ausführung, zutreffen muss, um schön zu sein. Bekannt ist, dass gerade die Wahl des *settings* eine stark subjektiv geprägte Angelegenheit, fast schon eine Frage des persönlichen Stils ist. Dies mag für einzelne der genannten Faktoren unterschiedlich stark zutreffen; in höchstem Maße vielleicht für die Notation. Ein solcher mathematischer Stil kann, wie im Falle der Kunst, durch Moden und Zeitgeist, oder auch spezielle Gewohnheiten innerhalb lokaler, zufälliger oder selbst gewählter sozialer Umfelder von Forschungsmathematikern, etwa der Arbeitsgruppe oder der Spezialistengemeinschaft des eigenen Fachgebiets, beeinflusst sein. Er kann aber auch davon abhängen, welches *setting* die intuitive Erfassbarkeit mathematischer Zusammenhänge für den einzelnen Mathematiker kognitiv begünstigt. Resultate, die innerhalb eines solchen *settings* formuliert sind, würden dann wohl auch eher als schön *empfunden*. Eine solche Interpretation, die das Zuschreiben von Schönheit

[41] Beispielhaft kann man hier nennen, dass etwa Resultate der Differentialgeometrie mit oder ohne Rückgriff auf den sogenannten Differentialformenformalismus formuliert und bewiesen werden können.

in Bezug auf mathematische Gegenstände als ästhetisches Urteil im engeren Sinne ausweist, stützt auch die folgende Antwort auf Freitextfrage (B) nach Eigenschaften, die für die Schönheit mathematischer Theorien verantwortlich sind:

> „Their beauty. Their pleasant effect upon the human soul when seen and understood."

Daneben werden, wie schon bei Cluster 1, die Beziehungen zu anderen, hier explizit inner- *und* außermathematischen Theorien genannt:

> „Ability to draw connections between disparate areas of knowledge. (I guess you could call this explanatory power, but I think it's more than that.)"

> „Connections to other theories."

**Zu Cluster 3:** Das Antwortprofil von Cluster 3 entspricht in gewisser Hinsicht der erwarteten Standard-Mathematiker-Sicht in Bezug auf mathematische Schönheit, welche man häufig sowohl in populär- als auch in fachwissenschaftlichen Diskussionen zum Thema vertreten sieht; umso erstaunlicher, dass nur knapp ein Drittel der Stichprobenteilnehmer diesem Cluster zuzuordnen sind. Der in Cluster 3 vertretenen Ansicht nach wird Schönheit in der Mathematik, wie dies auch in diversen Künsten der Fall ist, durch Ordnung und Struktur, etwa durch besondere Symmetrie, erzeugt. Insofern ist sie eine objektive Eigenschaft, ohne dass sie jedoch zwingend an Korrektheit bzw. Wahrheit gebunden wäre, und kann insbesondere unabhängig davon empfunden werden. Der folgende Kommentar zur Freitextfrage (A) nach Trägern mathematischer Schönheit stützt diese Interpretation:

> „Music, dance and ballet, theatrical performances, theatre props, fine arts, photography, ... in short, in all performing and fine arts, where ordering and structure make great art. And math is also about ordering and structure ..."

Als Kriterien für die Schönheit mathematischer Theorien werden auf Freitextfrage (B) hin darüber hinaus bemerkenswerte inner- und außermathematische Beziehungen zu anderen Theorien und Wissensbereichen genannt:

> „Unification of previous theories."
> „Similarities and differences with other fields of human activity as they emerge when constructing or just studying or applying a mathematical theory."

**Zu Cluster 4:** Das Antwortverhalten von Cluster 4 zeichnet sich durch die Forderung aus, dass schöne Theoreme bzw. Beweise notwendigerweise auch wahr bzw. korrekt sein müssen. Die in diesem Cluster zusammengefassten Antwortprofile unterscheiden sich allerdings hinsichtlich der Beurteilung der Fragen objective und checking; neben dem charakteristischen Antwortprofil treten auch Fälle auf, in denen die Frage objective oder auch alle vier Variablenfragen positiv beantwortet wurden. Interpetatorisch lässt sich dieses Antwortverhalten mit der Ansicht in Verbindung bringen, dass das Erfassen mathematischer Schönheit in erster Linie kein ästhetisches Urteil im eigentlichen Sinne darstellt, sondern eine zusätzliche Form des objektiven Erkenntnisgewinns.

Die hier ebenfalls zusammengefassten Antworten, die objective negativ bewerten, würden in diesem interpretatorischen Rahmen dadurch erklärt, dass es subjektiv variieren kann, *woran* die als schön beurteilte Eigenschaft erkannt wird. Dies lässt sich etwa mit Hilfe einer Antwort auf Freitext (A) verdeutlichen: Dort werden Beispiele als Träger mathematischer Schönheit genannt. Bestimmte Struktureigenschaften lassen sich besonders gut an Beispielen erkennen – es mag aber von Mathematiker zu Mathematiker variieren, welche Beispiele er hier als besonders einschlägig, und in diesem Sinne als „schöne Beispiele" betrachtet. Unter Schönheitsurteilen als zusätzlicher Form objektiver mathematischer Erkenntnis kann in erster Linie das Erlangen von Wissen um Wahrheit bzw. Korrektheit mathematischer Theoreme bzw. Beweise auf einem alternativen Weg, also nicht durch das deduktive überprüfen mathematischer Beweise, zu verstehen sein (checking positiv beantwortet). Diese Möglichkeit lässt auch Raum für zusätzlichen epistemischen Gewinn durch die alternative Technik. Es kann aber auch eine über die klassisch geprüfte Wahrheit bzw. Korrektheit hinausgehende, zusätzliche Erkenntnis gemeint sein (checking negativ beantwortet). Erstere Möglichkeit scheinen die folgenden Kommentare zu Freitextfrage (B) nach schönen Eigenschaften mathematischer Theorie auszudrücken:

> „The architecture of the theory – as concretely realized."[42]

> „It's probably related to clarity, but sometimes mathematical theories have a strong analogue in our intuitions about matter and space. This correspondence can be very pleasing."[43]

Wichtig ist beim ersten Zitat der nachgeschaltete Hinweis auf die alternative Erkenntnisform im Sinne eines ganzheitlichen Erfassens der Theoriearchitektur anhand ihrer konkreten Realisierungen, etwa in Form von Anwendungsbeispielen, im Unterschied zu rein schlussfolgerndem Denken auf symbolischer Ebene. Im zweiten Zitat wird dieser alternative epistemische Zugang als Übereinstimmung mit unseren räumlichen Intuitionen beschrieben.

Als möglicher *zusätzlicher* Erkenntnisgewinn durch die Schönheit einer mathematischen Theorie nach Prüfung ihrer Korrektheit wird von Mitgliedern dieses Clusters die Kohärenz zwischen verwandten Theorien und auch die unerwartete Fruchtbarkeit einer Theorie für fremde Theorien genannt:

> „Coherence with *other* theories; and/or unexpected relationships (not necessarily coherent!) with other theories."[44]

Im Folgenden soll nun der Frage nachgegangen werden, inwieweit die in Abschnitt 21.2.1 angebotene, aus der Theorie motivierte Klassifikation mathematischer Schönheitskriterien die gerade beschriebenen empirischen Ergebnissen abbildet.

---

[42] Diesem Kommentar ist allerdings das oben bereits angesprochene „Ausreißerprofil", nämlich (-3 -3 -2 2) zugeordnet. Es mag sein, dass hier die ontologische Einstellung zugrunde liegt, dass mathematische Korrektheit als theorierelative Eigenschaft eine in sich weniger problematische Schönheitsbedingung darstellt als mathematische Wahrheit, und die *Prüfung* mathematischer Wahrheit von $p$ in der Regel gerade mit der Überprüfung der Korrektheit eines Beweises für $p$ zusammenfällt.

[43] Diesem Kommentar ist das für Cluster 4 charakteristische numerische Antwortprofil (-3 -3 3 3) zugeordnet.

[44] Diesem Kommentar ist das numerische Antwortprofil (-3 3 2 4) zugeordnet.

## 21.4 Eine Analyse von Schönheitskonzeptionen in der mathematischen Praxis

Zunächst kann festgehalten werden, dass es Entsprechungen zwischen theoretisch motivierten Schönheitsbegriffen und dem der mathematischen Praxis, wie er in den obigen Ergebnissen abgebildet wird, in zwei Richtungen gibt. Zum einen können den charakteristischen Antwortprofilen der Cluster Repräsentanten auf Seiten der mathematikphilosophischen Positionen zugeordnet werden. Zum anderen werden sämtliche der Schönheit theoretisch zugeordneten Eigenschaftskomplexe auch in den Freitextkommentaren genannt. Dies ist insofern nicht verwunderlich, als die zu Grunde liegenden mathematikphilosophischen Theorien häufig von praktizierenden Mathematikern stammen, die eine Metaperspektive auf ihr Fach einnehmen. Durch die empirischen Befunde werden diese zunächst isoliert in die Theoriebildung einfließenden Einzelpositionen auf eine breitere Basis gestellt. Dennoch erweitern die empirischen Ergebnisse die vorgeschlagene Klassifikation auch, in dem sie etwa Verbindungen zwischen den oben vorgeschlagenen Eigenschaftskomplexen nahelegen, oder Antworten für noch offene Fragen andeuten. Mögliche Erweiterungen dieser Art sollen im Folgenden dargestellt werden, um so zu einem „empirisch informierten“ Schönheitsbegriff für die Mathematik zu gelangen.

### 21.4.1 Zur Wahl der Träger

In Abschnitt 21.2 haben wir die betrachteten Träger von Schönheit in der Mathematik auf für die mathematische Praxis relevante Gegenstände, und darunter explizit auf Beweise und Theoreme eingeschränkt. Oft werden die Explikationen von „Beweis“ und „Theorem“ sehr eng gefasst: Als Beweis wird etwa ein sprachlich verfasstes Argument in einem mathematischen Lehrbuch bezeichnet, dessen Beginn durch den Ausdruck „Beweis“ und dessen Ende durch den Ausdruck „q.e.d.“ markiert wird.[45] Die Ergebnisse der empirischen Untersuchung legen nun aber nahe, diese Begriffe hinsichtlich der tatsächlichen Träger mathematischer Schönheit deutlich weiter zu fassen: Zum einen ist es offensichtlich in besonderem Maße die *Beweisidee*, die der ästhetischen Bewertung unterliegt, so dass auch ein formal „falscher“ Beweis ästhetisch positiv bewertet wird (vgl. Cluster 1). Zum anderen legen Antwortmuster wie das für Cluster 2 charakteristische nahe, dass der Beweis immer gemeinsam mit dem zu Grunde liegenden mathematischen *setting* gesehen werden muss. Die Zusammenhänge der Problemstellung mit dem zur Lösung gewählten *setting* gehören demnach zum betrachteten schönen Gegenstand und fließen nicht nur durch das Kriterium der Tragweite in die ästhetische Wertung ein. Um wirklich dem zu entsprechen, was in der mathematischen Praxis mit ästhetischen Kriterien bewertet wird, muss also insbesondere der Begriff des Beweises als Träger mathematischer Schönheit liberalisiert werden, indem er explizit um die beiden Aspekte der Beweisidee und des zugehörigen mathematischen *settings*, in welches der Beweis eingebunden ist, angereichert wird.

[45] Eine solche Sicht wird auch in der Literatur zum Thema häufig implizit vorausgesetzt. Explizit machen dies Ansätze, die ästhetische Kriterien sehr eng am Text verorten, wie im Ansatz von R. Netz. Dort wird mit Methoden der Literaturwissenschaft gerade der Aufschrieb und Fortgang des argumentativen Beweistextes analysiert und so versucht, Hinweise für Schönheit zu finden (vgl. [Netz2005]).

### 21.4.2 Zur Tragweite

Die Auswirkung und Anwendbarkeit auf andere Theoriebereiche wird in den Freitextkommentaren zu fast allen der oben beschriebenen Cluster genannt. Damit wird der bereits zitierte Befund von Wells bestätigt, dass die Tragweite häufig in Verbindung mit mathematischer Schönheit gebracht wird.[46] Die Tatsache, dass dieses Schönheitskriterium sowohl mit Antwortprofilen einhergehen kann, bei denen Schönheit als Eigenschaft eher den Gegenständen selbst zugewiesen wird (Cluster 3 und in manchen Fällen 4), als auch mit solchen, bei denen die Schönheit vom „Auge des Betrachters" abhängig gemacht wird (Cluster 1 und 2), erzeugt eine gewisse Spannung. Diese Spannung könnte darauf hindeuten, dass Hardys Einwand ernstzunehmen ist und die Tragweite auch eine neben der Schönheit stehende Eigenschaft sein könnte. Zumindest legt sie aber eine Schwerpunktsetzung im unter 21.2.1.3 beschriebenen Tragweitebegriff nahe, wie sie bei Cluster 2 erkennbar ist. So scheint vor allem die vorher nicht geahnte Verbindung der Beweis*idee* oder der zu Grunde liegenden *Strukturen* mit anderen Gebieten der Mathematik von besonderer Bedeutung für das Urteil „schön" zu sein. Dabei handelt es sich zwar weiterhin um eine objektive Eigenschaft des betrachteten Gegenstandes, zum Erkennen einer so verstandenen Tragweite spielt aber, wie in der Interpretation zu Cluster 2 stark gemacht, die bildliche Intuition und damit die Perspektive des betrachtenden Subjekts eine wichtige oder sogar notwendige Rolle.

### 21.4.3 Zur aufklärenden Wirksamkeit

Ein Antwortverhalten, welches die Schönheit mit einem zusätzlichen Erkenntnisgewinn in Beziehung setzt, ist kein empirisches Einzelergebnis, sondern führt zu einer Clusterbildung (Cluster 4). Dies unterstreicht die Bedeutung der in Abschnitt 21.2.1.4 beschriebenen „aufklärenden Wirksamkeit" für den Schönheitsbegriff der mathematischen Praxis. Über den Vergleich des Antwortverhaltens der Cluster 2 und 4 können weiterhin die Unterschiede zwischen emotionaler und aufklärender Wirksamkeit schärfer gefasst werden: Um die aufklärende Wirksamkeit zu erfassen, ist eine Überprüfung von Wahrheit und Korrektheit vorausgesetzt, wohingegen die emotionale Wirksamkeit unabhängig von diesen Eigenschaften des betrachteten Gegenstandes zu sehen ist. Dennoch erschöpft sich die aufklärende Wirksamkeit nicht im reinen Wissen um Wahrheit und Korrektheit. So betont Cluster 4 noch einmal die besondere Rolle eines Erfassens der zu Grunde liegenden Strukturen *„auf einen Blick"*, was im Falle der aufklärenden Wirksamkeit jedoch nicht nur intuitionsgeleitet geschieht, sondern durch Beispiele oder ähnliches gestützt wird. Insofern wird die aufklärende Wirksamkeit eher mittelbar, die emotionale Wirksamkeit dagegen eher unmittelbar evoziert.

### 21.4.4 Zur Klarheit

Cluster 2 und 4 zeigen weiterhin, dass sowohl für die emotionale als auch für die aufklärende Wirksamkeit die Struktur oder die zu Grunde liegende Idee offenbar werden muss, das heißt, es muss Klarheit über Kern und Grundlagen des Beweises oder des Theorems bestehen. Ein Teilbereich dessen, was in 21.2.1.2 unter „Klarheit" gefasst wurde, wird damit zur Voraussetzung oder

[46] vgl. [Wells1990]

zum Bestandteil der emotionalen und aufklärenden Wirksamkeit. Der Teil des Eigenschaftskomplexes „Klarheit“, den King „minimal completeness“ nennt, spielt dabei aber keine Rolle. Wir schlagen daher eine Einteilung des Eigenschaftskomplexes „Klarheit“ in 1.) „minimal completeness“ oder „strukturelle Ökonomie“,[47] und 2.) „strukturelle Erfassbarkeit“ vor. Im ersten Fall geht es darum, die Argumentationsstruktur nicht unnötig zu verkomplizieren und das *setting* nicht unnötig aufzublähen, im zweiten Fall geht es um die epistemische Zugänglichkeit der verwendeten Argumentationsstruktur und des gewählten *settings*. Im Sinne dieser Unterscheidung wäre es sogar denkbar, den Komplex „Klarheit“ in den Eigenschaftskomplexen „Ökonomie“ und „Wirksamkeit“ als Unterpunkt bzw. Voraussetzung aufgehen zu lassen.

### 21.4.5 Zur Rolle der Intuition

Ein Aspekt, der in der Darstellung der theoretischen Diskussion zu mathematischen Schönheitskriterien noch keine Erwähnung fand, aber vor allem in Cluster 1 und 2 stark gemacht wird, ist die Rolle der Intuition. Für das Antwortmuster 2 spielt durch bildliche Vorstellung geleitete Intuition, eine Art Imagination also, eine große Rolle für die Wahrnehmung mathematischer Schönheit. Für die Relevanz eines solchen intuitiven Zugangs zur Schönheit spricht auch die durch mindestens drei der vier unterschiedlichen Antwortprofile[48] abgebildete Einschätzung, mathematische Schönheit sei unabhängig von der Prüfung von Wahrheit und Korrektheit erfassbar. Eine der Freitextantworten von Cluster 1 legt sogar nahe, dass mittels der Imagination über einen formal – also im eigentlichen Sinne – falschen Beweis hinweg auf eine schöne Kernidee geschaut werden kann. Der Intuition oder gar der Imagination kommt also den vorgestellten Ergebnissen zu Folge eine wichtige Rolle in der „Wahrnehmung“ der zur Schönheit zählenden Eigenschaften zu. Der durch den in 21.2.1 vorgeschlagenen Kriterienkatalog charakterisierte Schönheitsbegriff kann somit jedenfalls vorläufig durch die „intuitiven Zugänglichkeit“ erweitert werden.[49]

## 21.5 Ein empirisch informierter Schönheitsbegriff der Mathematik und seine Rolle für das Verstehen (in) der Mathematik

Zunächst kann die aus der Theorie entstandene, unter 21.2.1 vorgeschlagene Klassifizierung des mathematischen Schönheitsbegriffes durch die Befunde der empirischen Untersuchung zusammenfassend wie folgt modifiziert werden:

> Ein schönes Theorem oder ein schöner Beweis, mit besonderem Blick auf die Kernideen und das einbettende mathematische *setting*, zeichnet sich durch inhaltliche

[47] vgl. Abschnitt 21.2.1.2

[48] Cluster 1, 2 und 3, teilweise aber auch 4

[49] Inwiefern die Intuition auch in der Literatur thematisiert wird, wäre nun in einem weiteren Iterationsschritt des in der Einleitung beschriebenen Prozesses der empirisch informierten Explikation von „mathematischer Schönheit“ zu klären. Vorläufig kann die Intuition sicher mindestens als Voraussetzung für die emotionale Wirksamkeit geführt werden.

sowie strukturelle Ökonomie, die Tragweite der grundlegenden Ideen und Strukturen, eine mittelbare aufklärende Wirksamkeit sowie eine unmittelbare emotionale Wirksamkeit aus.

Den beiden letztgenannten Eigenschaftskomplexen können dabei die strukturelle Erfassbarkeit und intuitive Zugänglichkeit in obigem Sinne mindestens als Voraussetzung zugeordnet werden.

Die Analyse der Schönheitskonzeptionen in der mathematischen Praxis eröffnet dabei in zweierlei Hinsicht konkrete Bezüge zum „Mathematik-Verstehen". Wie in der Einleitung bereits diskutiert, trägt die Untersuchung dessen, was Mathematiker ästhetisch bewerten und welche Kriterien sie dabei verwenden, einerseits zu einem tieferen Metaverständnis der mathematischen Praxis bei. Andererseits aber weisen die Ergebnisse der empirischen Untersuchung auch darauf hin, dass eine besondere Art des Verstehens mathematischer Inhalte ein integraler Bestandteil deren ästhetischer Bewertung ist. Mathematisches Sachverständnis geht dabei auf verschiedene Weisen in das ästhetische Urteil ein, etwa durch ein ebenenübergreifendes mathematisches Verstehen sowie die Einsicht in mögliche Verbindungen der konkret ausgeführten Beweisidee und der grundlegenden Argumentationsstrukturen zu anderen mathematischen Problemstellungen und Gebieten der Mathematik. Die sich dadurch offenbarenden tieferen mathematischen Zusammenhänge und grundlegenden mathematischen Ideen ermöglichen ein Verständnis für das mathematische „Warum". Dieses tiefe und zugleich umfassende mathematische Verstehen führt letztlich zum mit der ästhetischen Bewertung verbundenen Gefühl der Unausweichlichkeit.

Verbleibende offene Fragen lassen sich nun im Wesentlichen zwei größeren Themenbereichen zuordnen: Zum einen stellt sich die Frage, welche Rolle der Intuition und der Imagination in einem Konzept von Schönheit in der Mathematik zukommen muss. Hierzu wären nun in einem nächsten Schritt des in der Einleitung beschriebenen Prozesses der empirisch informierten Explikation des mathematischen Schönheitsbegriffes zunächst die theoretischen Konzepte zum Thema herauszuarbeiten, um die bisherigen empirischen Befunde begrifflich fassbar zu machen und an die theoretische Diskussion anzubinden. Dazu wären sicher auch weitere empirische Studien nötig, um die Rolle der Intuition für ästhetische Bewertungen in der mathematischen Praxis weiter präzisieren zu können.

Zum anderen ist die Verwendung der Begriffe „Beweis" und „Theorem" im Zusammenhang mit der Frage nach Trägern mathematischer Schönheit genauer zu beleuchten. Auch hier ist zunächst vor allem eine detailliertere Diskussion der unter 21.2.1 besprochenen mathematikphilosophischen Positionen wichtig: Wo werden die Begriffe im engeren Wortsinn verstanden, und wo wird eine liberalere Lesart im Sinne der Einbeziehung der Kernidee oder des einbettenden *settings* verwendet,[50] wie sie die hier dargestellen empirischen Befunde nahelegen? Dabei stellt sich weiterhin die Frage, welche Auswirkungen die jeweiligen Konzeptionen von Trägern mathematischer Schönheit auf das Konzept einer mathematischen Schönheit allgemein haben.

Verbunden sind diese beiden offenen Themenfelder durch die übergreifende, in Bezug auf die empirischen Ergebnisse ebenfalls offene Frage nach der Verortung der ästhetischen Eigenschaften. Denkbar wäre einerseits, von Schönheit als einer dem Gegenstand anheftenden, also intrinsischen Eigenschaft zu sprechen. Dies legt mindestens implizit der Sprachgebrauch in Ansätzen nahen, in denen das Gewicht stark auf den Eigenschaftskomplexen „Ökonomie" oder „Tragweite" liegt. Auch die Einschätzung der Umfrageteilnehmer, die mathematische Schönheit als

[50] vgl. Abschnitt 21.4.1

objektive Eigenschaft bezeichnen (vgl. Cluster 3 und Ausnahmen in Cluster 4), unterstützt einen solchen Ansatz. Wie sich mathematische Schönheit, verstanden als intrinsische Eigenschaft, dem Rezipienten offenbart, bleibt allerdings weiter offen. Deutlich wird, dass Wahrheit und Korrektheit auch unabhängig von einer so verorteten Schönheit gesehen werden können und somit ein möglicher Raum für die Rolle der Intuition entsteht. Andererseits kann mathematische Schönheit auch als extrinsische, vom Betrachter abhängige Eigenschaft gedacht werden.[51] Eine solche Sicht ist besonders gut mit Ansätzen vereinbar, welche die subjektive emotionale und aufklärende Wirkung in den Vordergrund stellen. Auch Antwortmuster wie das für Cluster 2 charakteristische legen eine solche Sicht nahe, und stellen damit auch die imaginativ erfassbare Beweisidee sowie das einbettende mathematische *setting* als mögliche Träger ästhetischer Eigenschaften dar.

Weitere, aber wesentlich generellere offene Fragen beziehen sich zum einen auf die epistemische Relevanz und zum anderen auf die genuin *ästhetische* Natur der hier herausgearbeiteten Kriterien für mathematische Schönheit. Bereits ein flüchtiger Blick in die mathematische Praxis scheint auszureichen, um die Ähnlichkeit der hier beschriebenen Eigenschaften von schönen Beweisen und Theoremen mit solchen Eigenschaften festzustellen, die auch bei der Bewertung *epistemischer* Qualitäten wie der Vermittlung von mathematischer Erkenntnis oder mathematischem Verständnis eine Rolle spielen. Diese Verbindung, und damit letztlich die epistemische Relevanz mathematischer Schönheit, welche auch in der obigen Diskussion einige Male angeklungen ist, wäre noch genauer zu untersuchen. Außerdem müssten die hier zusammengefassten Befunde in einem nächsten Schritt auf die allgemeine philosophische Ästhetik und Kunsttheorie rückbezogen werden. Mit den vorliegenden Ergebnissen sind zumindest die Voraussetzungen zur Beantwortung der Frage geschaffen, inwiefern der Schönheitsbegriff der mathematischen Praxis dem der allgemeinen Ästhetik entspricht.

# Literatur

[Aigner2002] Aigner, M.; Ziegler, G. M.: Das BUCH der Beweise. Berlin, 2002.

[Birkhoff1933] Birkhoff, G.: Aesthetic Measure. Harvard University Press, Cambridge, 1933.

[Borel1981] Borel, A.: Mathematik: Kunst und Wissenschaft. (2. Aufl.) München, 1981.

[Chaitin2002] Chaitin, G.: Conversation with a Mathematician. Math, Art, Schience and the Limits of Reason. London, 2002.

[Davis1994] Davis, P. J.; Hersh, R.; Marchisotto, E. A. (Hrsg.): The Mathematical Experience. Boston, 1994 (1981).

[Devlin2002] Devlin, K.: Muster der Mathematik. Ordnungsgesetze des Geistes und der Natur. Heidelberg/ Berlin, 2002.

[Hardy1940] Hardy, G. H.: A mathematician's Apology. Campridge, 1940.

[Hasse1952] Hasse, H.: Mathematik als Wissenschaft, Kunst und Macht. Wiesbaden, 1952.

[Heintz2000] Heintz, B.: Die Innenwelt der Mathematik. Zur Kultur und Praxis einer beweisenden Disziplin. Wien, 2000.

[KU] Kant, I.: Kritik der Urteilskraft.

[51] Explizit vertritt McAllister eine solche Ansicht, wenn er in der Schönheit eines Beweises nicht eine Eigenschaft des Gegenstandes selbst sieht, sondern das Produkt einer Projektion (vgl. [McAllister2005, ]).

[King1992] King, J. P.: The Art of Mathematics. New York, 1992.

[Loewe2009] Löwe, B.; Müller, T.; Müller-Hill, E.: Mathematical knowledge: a case study in empirical philosophy of mathematics. Erscheint in: Van Kerkhove, B. et al. (Hrsg.): Philosophical Perspectices on Mathematical Practice. London, 2009.

[McAllister2005] McAllister, J. W.: Mathematical Beauty and the Evolution of Standards of Mathematical Proof. In: Emmer, M. (Hrsg.): The Visual Mind II. Cambridge (u.a.), 2005. S. 15-34.

[MüllerHill2009a] Müller-Hill, E.: Mathematisches Wissen, Beweise und *Degrees of Proofness*. In: Witzke, Ingo (Hrsg.): Mathematical Practice and Development Throughout History: Proceeding of the 18th Novembertagung on the History, Philosophy and Didactics of Mathematics. Berlin, 2009. S. 205-227.

[MüllerHill2009b] Müller-Hill, E.: Formalizability and knowledge ascriptions in mathematical practice. In: Philosophia Scientiae, 13 (2). S. 21-43.

[MüllerHill2010] Müller-Hill, Die epistemische Rolle formalisierbarer mathematischer Beweise. Formalisierbarkeitsbasierte Konzeptionen mathematischen Wissens und mathematischer Rechtfertigung innerhalb einer sozio-empirisch informierten Erkenntnistheorie der Mathematik. Dissertation, in Vorbereitung.

[Netz2005] Netz, R.: The Aesthetics of Mathematics: A Study. In: Mancosu, P.; Jorgensen, K. F.; Pedersen, S. A. (Hrsg.): Visualization, Explanation and Reasoning Styles in Mathematics. Dortrecht, 2005, S. 251-293.

[Rota1997] Rota, G.-C.: Indiscrete Thoughts. Boston, 1997.

[Ruelle2007] Ruelle, D.: The Mathematician's Brain. Princeton, 2007.

[Sinclair2006] Sinclair, N.: The Aesthetic Sensibilities of Mathematicians. In: Sinclair/ Pimm/ Higginson (Hrsg.): Mathematics and the Aesthetic. New Approaches to an Ancient Affinity. New York, 2006.

[Tymoczko1993] Tymoczko, T.: Value Judgments in Mathematics: Can We treat Mathematics as an Art? In: White, A. (Hrsg.): Essays in Humanistic Mathematics. Washington, 1993. S. 67-77.

[Wells1990] Wells, D.: Are These the Most Beautiful? In: The mathematical Intelligencer, 12/3. New York, 1990.

[Wells1988] Wells, D.: Which is the Most Beautiful? In: The mathematical Intelligencer, 10/4. New York, 1988.

[Weth2007] Weth, T.: Die Schönheit in der Mathematik. In: Lauter, M.; Weigand, H.-G. (Hrsg.): Ausgerechnet ... Mathematik und Konkrete Kunst. Würzburg, 2007. S. 68-72.

# 22 Wissen und Handeln der Mathematiker Philosophische Analyse und Betrachtung ihrer Relevanz für die Industrie

UWE V. RISS und VASCO A. SCHMIDT

## 22.1 Einführung

Die grundlegende Frage, mit der wir uns im Folgenden beschäftigen wollen, ist, welches die charakteristischen Fähigkeiten von Mathematikern sind und warum diese für die Industrie interessant erscheinen. Allgemein schreibt das Berufe-Lexikon über das Berufsbild des Mathematikers:[1]

> „Mathematiker befassen sich mit der Entwicklung und Weiterentwicklung mathematischer Formeln, Methoden und Theorien und übertragen diese auf praxisbezogene Fragestellungen aus Naturwissenschaften, Medizin, Ingenieur- oder Wirtschaftswissenschaften. Das Berufsbild des Mathematikers variiert sehr stark in Abhängigkeit vom Einsatzfeld. Die meisten Mathematiker übernehmen eine Lehrtätigkeit an Schulen oder Hochschulen. Weiterhin arbeiten Mathematiker in Wirtschaftsbranchen, die mathematische Grundsätze für ihre Entscheidungsfindung nutzen. Hervorzuheben sind hier insbesondere Versicherungen, Kreditinstitute, Unternehmensberatungen, Software-Unternehmen und Pharmahersteller."

In dieser Beschreibung wird allerdings offen gelassen, in welchem Maße und in welcher Form Mathematiker wirklich die im Studium erlernten Formeln und Theorien auf praxisbezogene Problemstellungen anwenden. Egal ob es sich dabei um Algebra, Topologie, Funktionalanalysis oder andere mathematische Theorien handelt, bleibt festzustellen, dass mathematische Theorien als solche im Berufsalltag der meisten Mathematiker eine eher untergeordnete Rolle spielen. Diese Feststellung führt allerdings zurück auf die anfängliche Frage, welche ihrer Fähigkeiten Mathematiker für die Industrie interessant machen.

Auch die Beschreibungen des Mathematikstudiums sind in der Regel recht vage und wenig hilfreich in dieser Hinsicht. So wird den angehenden Mathematikstudenten mitgeteilt, dass sie „lernen, die Mathematik zum Lösen von neuen Problemen einzusetzen und komplizierte Sachverhalte klar und strukturiert in der Sprache der Mathematik zu formulieren"[2]. Das Mathematikstudium wird beschrieben als ein Training in

[1] `http://www.berufe-lexikon.de/berufsbild-beruf-mathematiker.htm`

[2] `http://www.math.uzh.ch/index.php?id=waslerneich`

- Abstraktionsvermögen und strukturiertem Denken,
- schnellem Einarbeiten in Problemstellungen und Entwickeln von effizienten Lösungsmethoden und
- Erlernen von mathematischen Verfahren und Methoden zur Lösung praktischer Probleme.[3]

Als zentrale mathematische Fähigkeiten werden hierbei das Abstraktionsvermögen als Voraussetzung des strukturierten Denkens genannt sowie erneut die Anwendung mathematischer Theorien. Über das Studium der Mathematik selbst wird an anderer Stelle wiederum ausgesagt:[4]

- Es kommt vielmehr darauf an, die Inhalte (des Mathematikstudiums) wirklich zu verstehen und selbstständig in den begleitenden Übungen zu vertiefen. Ganz wichtig ist, dass vom ersten Tag an wirklich Mathematik betrieben wird.
- Viele Erstsemester finden es irritierend, dass es sich lohnt, mehrere Stunden Arbeit in die Lösung einer einzelnen Aufgabe zu stecken, deren Musterlösung manchmal nur wenige Zeilen umfasst.

Solche Beschreibungen sind nicht besonders hilfreich, um Studenten zu instruieren. Übungen werden hier explizit erwähnt, es wird jedoch nicht klar, welche Rolle sie in der Mathematik spielen. Was sollen wir in dieser Hinsicht unter Vertiefung verstehen? Die obige Bemerkung spielt auf die Erfahrung an, dass selbst Studenten, die mit dem Verstehen der Vorlesungsinhalte geringe Probleme haben, in den Übungen in der Regel höhere Hürden zu überwinden haben. Welche Rolle spielen die Übungen also und wie soll der Student Mathematik betreiben?

Die Klärung dieses Gegenstandes und der zugehörigen mathematischen Fähigkeiten werden im Zentrum der folgenden Untersuchung stehen. Eine Beschreibung, der wir immer wieder begegnen, ist, dass sich Mathematiker durch ihr logisch-abstraktes Denkvermögen auszeichnen, ohne dass allerdings erklärt wird, was wir darunter zu verstehen haben. Heißt dies, dass Mathematiker eine konkrete Situation anhand von Bedingungen $A_1, \ldots, A_n$ beschreiben können und dann eine richtige logische Schlussfolgerung $A_1 \wedge \ldots \wedge A_n \Rightarrow C$ ziehen können? Dies bleibt im Unklaren.

Diese Unbestimmtheit der mathematischen Fähigkeiten und des mathematischen Handelns führen häufig zu dem Problem, dass Mathematiker sich dieser spezifischen Fähigkeiten nicht bewusst sind. Genau dies wäre aber für ein erfolgreiches Berufsleben wichtig. Weiterhin erwachsen hieraus auch Kommunikationsbarrieren zwischen Nicht-Mathematikern und Mathematikern, da letzteren nicht bewusst ist, welche Beiträge sie in die gemeinsame Arbeit einbringen und wie sich diese von denen der Nicht-Mathematiker unterscheiden. Dazu kommt, dass beide Gruppen eine unterschiedliche Sprache verwenden, sodass eine Übersetzung nötig wird. Um eine solche Übersetzung jedoch leisten zu können, müssen die Unterschiede in der Sichtweise der Beteiligten klar sein und auch klar formuliert werden. Ein solches Verständnis der Unterschiede ist eine wesentliche Voraussetzung für die erfolgreiche Kommunikation.

---

[3] ibid.

[4] `http://www.math.uni-bayreuth.de/serv/studfuehr/Fragen/node4.html`

## 22.2 Abstraktes Denken

Da das so genannte logisch-abstrakte Denken an zentraler Stelle in Bezug auf die mathematischen Fähigkeiten genannt wird, wollen wir zunächst klären, was hierunter zu verstehen ist. Traditionell wird unter Abstraktion ein mentaler Vorgang verstanden, in dem einem konkreten Gegenstand aufgrund seiner wesentlichen Merkmale ein Begriff zugeordnet wird,[5] wobei sich der konkrete Gegenstand durch eine unübersehbare Mannigfaltigkeit solcher Merkmale auszeichnet. Bezeichnen wir mit $A_i$ die Äquivalenzklasse aller konkreten Gegenstände mit dem Merkmal $\mu_i$, wobei $i$ Element einer Indexmenge $I$ ist. Dann besagt diese Auffassung, dass sich ein Repräsentant $x$ eines konkreten Objekts gerade über die Schnittmenge der zugehörigen Äquivalenzklassen darstellen lässt:

$$x \in \bigcap_{i \in I(x)} A_i, \qquad (22.1)$$

wobei $I(x) \subset I$ die durch $x$ bestimmte Indexmenge ist, das heißt, es gilt $i \in I(x)$ genau dann, wenn $\mu_i$ ein Merkmal von $x$ ist. Dadurch erhalten wir eine vollständige Beschreibung von $x$, die $x$ darüber hinaus nach dem Leibnizschen Gesetz[6] eindeutig bestimmt, das heißt

$$\{x\} = \bigcap_{i \in I(x)} A_i. \qquad (22.2)$$

Entsprechend wird unter einem abstrakten Objekt ein Repräsentant einer endlichen Schnittmenge solcher Klassen $A_i$ verstanden,[7] beispielsweise der rote Apfel als Repräsentant der Klasse aller roten Gegenstände und aller Äpfel. Auf diese Weise können wir abstrakte Objekte oder Begriffe als endliche Schnittmengen solcher Äquivalenzklassen darstellen:

$$A = A_1 \cap \ldots \cap A_m, m \in \mathbb{N}, \qquad (22.3)$$

wobei $A_1, \ldots, A_m$ die zugrunde gelegten Äquivalenzklassen bezeichnen.

Ausgehend von dieser Sichtweise besteht die Abstraktion in nichts anderem als der korrekten Zuordnung eines Repräsentanten $x$ und einer Äquivalenzklasse $A$ gemäß

$$x \in \bigcap_{i \in I(x)} A_i \subset A. \qquad (22.4)$$

Das heißt, dass die Leistung der Abstraktion darin besteht, die wesentlichen Merkmale des konkreten Objekts zu bestimmen und dann ein abstraktes Objekt bzw. die zugehörige Äquivalenzklasse zu finden, die den Repräsentanten $x$ geeignet beschreiben. Ist es diese Bestimmung der wesentlichen Merkmale, die Mathematikern besonders gut gelingt? Es sind hier deutliche Zweifel anzubringen. In der Regel gehören die Objekte, um die es sich hier handelt, zu einer spezifischen Fachdomäne, die die entsprechenden Fachexperten wesentlich besser kennen als die Mathematiker. Die Fachexperten werden also in der Regel wesentlich besser geeignet sein, die spezifischen Merkmale der relevanten Objekte zu erfassen. Darüber hinaus ist festzustellen, dass die Fähigkeit zur Abstraktion eine allgemein menschliche Charakteristik ist, die nicht nur Mathematikern

[5] [Hoffmeister1955]
[6] [Macdonald2005]
[7] [Ruben1978]

eigen ist – alle Menschen abstrahieren ständig. Bereits die elementarsten Feststellungen, wie die Aussage "Dies ist ein Tisch", beruhen auf Abstraktion. Mehr noch, jeder Umgang mit Begriffen für konkrete Objekte beruht auf Abstraktionen.

Ein zweites Problem der traditionellen Abstraktionsauffassung ist die Reduktion der Abstraktion auf einen Merkmalsvergleich. Tatsächlich können wir jedoch feststellen, dass wir in der Regel gar nicht in der Lage sind zu sagen, welches die wesentlichen Merkmale eines Gegenstandes sind.[8] Wittgenstein hat dies anhand des abstrakten Objekts „Spiel“ beispielhaft erläutert:[9] Für jedes Merkmal des Spiels, das wir als wesentlich zu identifizieren glauben, findet sich ein Beispiel für ein Spiel, das dieses Merkmal nicht besitzt. Wittgenstein spricht in diesem Zusammenhang von *Familienähnlichkeit*, um den lockeren Zusammenhalt der zusammengehörigen Gegenstände zu beschreiben. Abstraktion lässt sich also nicht auf die Anwendung einfacher Regeln reduzieren. Insgesamt handelt es sich bei der Abstraktion um eine Wiedererkennungsleistung anhand der Bildung von Äquivalenzklassen.[10] Diese ist allerdings anderer Natur als die in (4) dargestellte Abstraktion. Wiedererkennen dient der Orientierung in einer sich ständig verändernden Umwelt.[11] Ohne sie wäre geplantes Handeln gar nicht möglich. Eine Definition abstrakter Objekte entsprechend (3) führt jedoch zu einer Verfestigung der Begriffe, die der Anforderung, immer neue Situationen bewältigen zu müssen, nicht genügen würde.[12] Orientierung in konkreten Situationen benötigt Spielräume, um mit der Kontingenz dieser Situationen umgehen zu können. Wittgensteins Begriff der Familienähnlichkeit beschreibt solche Spielräume. Die Mathematik scheint sich diesem Bedürfnis auf den ersten Blick jedoch zu widersetzen.[13] Damit scheint sie zunächst gar nicht in der Lage zu sein, auf die besonderen Bedürfnisse konkreter Situationen antworten zu können.

Man hat den Eindruck, dass in der Mathematik Spielräume durch die Vorgabe eindeutiger Axiome und Definitionen sowie formaler Ableitungsregeln auf ein Minimum reduziert sind. Die Mathematik distanziert sich damit soweit wie möglich von „Situationen und Nöten der jeweiligen Orientierung“[14]. Sie erscheint somit als Spiel formal-logischer Ableitungen, in denen der Bezug zu den realen Situationen verlorengegangen ist. Wie kann die Mathematik aber unter diesen Umständen einen Beitrag zur Bewältigung konkreter Probleme leisten? Um diese Frage beantworten zu können, müssen wir das Vermögen der Abstraktion im Folgenden genauer untersuchen.

## 22.3 Abstraktionsleistung als basale Fähigkeit

Wenn wir sagen, dass Abstraktion auf spezifischen basalen Fähigkeiten beruht, so beziehen wir uns damit auf den Begriff des impliziten Wissens, der von Polanyi eingeführt wurde und auf Ryles[15] Begriff des Knowing-how aufbaut. Mit dem Begriff des impliziten Wissens beschreibt Polanyi die Fähigkeit zum Wissensvollzug, ohne dass das dazu benötigte Wissen vollständig

[8] [Saab2010]
[9] [Wittgenstein1958]
[10] [Riedl1987]
[11] [Stegmaier2008]
[12] ibid.
[13] [Stegmaier2010]
[14] [Stegmaier2008]
[15] [Ryle1949]

expliziert werden kann. Im Fall des Spiels hat Wittgenstein gezeigt, dass wir zwar ex-post Gründe dafür angeben können, warum wir eine bestimmte Interaktion ein Spiel nennen, dass damit aber keine Definition des Spiels gegeben ist, sondern lediglich eine Erläuterung. Die Benennung lässt sich also nicht anhand eines gegebenen Regelsystems ableiten, so dass die Zuordnung nicht logisch-analytischer Natur ist.

Um dies besser zu verstehen, greifen wir auf ein Beispiel zurück, dass Polanyi[16] zur Erläuterung gegeben hat. Medizinstudenten, die zum ersten Mal das Röntgenbild einer Lunge sehen, erkennen darin wenig mehr als graue Schatten. Erst nach längerer Zeit, in der sie mit diesen Bildern arbeiten und sie sich erklären lassen, lernen sie diese Bilder zu interpretieren und Objekte darin zu erkennen. Das Erlernen eines solchen Wissens erfolgt nicht durch Definitionen, sondern durch konkreten Vollzug. Ähnlich ergeht es auch einem Mathematikstudenten, der in einem Lehrbuch die mathematische Theorie eines Gebiets erblickt, mit dem er sich bisher nicht beschäftigt hat. Er wird wenig Verständliches darin erblicken, so wie der mathematische Laie bereits komplizierten Integralen mit Unverständnis begegnet. Erst durch die mathematische Arbeit, das heißt den eigenen Umgang mit diesen Objekten und das Lösen ihnen innewohnender Probleme, können sich die Studenten ein Verständnis der Theorie erarbeiten. Sie sehen nicht mehr unverständliche Symbole, sondern erblicken direkt einen Sinn in diesen.

Polanyi führte in diesem Zusammenhang die Begriffe *focal awareness* und *subsidiary awareness* ein. Dabei beschreibt die *subsidiary awareness* das unterschwellige Wahrnehmen von Merkmalen „zum Zwecke der Wahrnehmung eines einheitlichen Ganzen“[17], auf das die *focal awareness* gerichtet ist. Auf das Beispiel des Röntgenbildes bezogen, bedeutet dies, dass die *subsidiary awareness* auf die Flecken und Schatten des Röntgenbildes gerichtet sind, während die *focal awareness* die sinnvolle Integration derselben zu einem aussagekräftigen Ganzen, zum Beispiel einer erkrankten Lunge, gewährleistet. Im Sinne der Orientierung können wir sagen, dass die *subsidiary awareness* uns Anhaltspunkte für unsere Orientierung liefert, während die *focal awareness* unsere Perspektive bezüglich des konkreten Objekts beschreibt.

Hierbei zeigen sich deutliche Beziehungen zur Gestalttheorie der Psychologie. Menschen erkennen ein Gesicht, ohne genau angeben zu können, an welchen Teilen des Gesichts sie dies festmachen. Auch wenn die einzelnen Teile zur Erkennung benötigt werden, kann man häufig ein Gesicht auch dann noch erkennen, wenn einzelne Teile nicht sichtbar sind. Wir können hierin sofort die Verbindung zu Wittgensteins Phänomen der Familienähnlichkeit erkennen. Ähnliches beschreibt Polanyi auch für den Vorgang des Lesens eines Wortes. Die einzelnen Buchstaben unterliegen der *subsidiary awareness*, während die *focal awareness* auf den Sinn des Wortes gerichtet ist. Dies lässt sich direkt auf den Fall der mathematischen Formel übertragen. Während Nicht-Mathematiker nur einzelne Symbole erblicken, sehen Mathematiker hinter den Symbolen direkt den mathematischen Inhalt.

Polanyi hat seine Einsicht in das Wechselspiel von *focal awareness* und *subsidiary awareness* auf eine ontologische Sichtweise gegründet, nämlich der einer ontologischen Schichtung. Was er darunter versteht, erläutert er an mehreren Beispielen. So nimmt er das Beispiel eines Frosches und erklärt, dass selbst wenn wir die Chemie und Physik des Frosches bis in alle Einzelheiten kennen würden, wir trotzdem noch nicht verstanden hätten, was ein Frosch ist. Dies heißt

[16] [Polanyi1962]
[17] [Mai2009]

natürlich nicht, dass die Prozesse, die im Körper des Frosches stattfinden, nicht mit Hilfe der chemischen und physikalischen Gesetze beschrieben werden könnten, sondern lediglich, dass sich daraus noch kein vollständiges Konzept des Frosches ergibt. In ähnlicher Weise bezieht er sich auch auf das Beispiel einer Uhr. Selbst wenn wir die Physik und Mechanik der Uhr verstehen, so können wir aus ihr allein nicht ableiten, dass es sich bei einem entsprechenden Instrument um eine Uhr handelt. Dazu müssen wir den Zweck des Instruments verstehen, der sich aber nicht direkt aus der Mechanik ableiten lässt. Polanyi spricht hierbei von operationalen Prinzipien (*operational principles*).[18] Da wir mit Uhren im täglichen Umgang vertraut sind, erscheint uns dies überraschend, aber, wenn wir zum Beispiel an die Probleme der Archäologie denken, bestimmte Fundstücke als Geräte zu einem bestimmten Zweck zu interpretieren, können wir verstehen, worauf Polanyi anspielt. Insbesondere leitet er hieraus eine allgemeine Reduktionismuskritik ab.[19]

Für Polanyi ist die Welt in ontologischer Hinsicht hierarchisch aufgebaut. So ist die Chemie an die Gesetzmäßigkeiten der Physik gebunden, lässt sich aber nicht vollständig aus dieser erklären. Eine entsprechende Schichtung, deren ontologische Interpretation an dieser Stelle jedoch irrelevant ist, finden wir auch in der Mathematik. So sind mathematische Theorien an die formale Logik gebunden, aber das, was ihren Inhalt ausmacht, lässt sich nicht aus dieser Logik ableiten. Polanyi[20] verweist in dieser Hinsicht auf Popper, der darauf hingewiesen hatte, dass auf jedes in der Mathematik als relevant betrachtete Theorem eine beliebige Anzahl trivialer oder irrelevanter Theoreme kommt.[21] Polanyi weist ferner darauf hin, dass die entsprechenden Theoreme nicht einfach aus dem Bestehenden abgeleitet wurden, sondern zunächst intuitiv von Mathematikern erkannt und dann erst bewiesen worden sind.

Betrachten wir das Beispiel der Stetigkeit in der Analysis, so können wir sagen, dass die Topologie zu einem bedeutenden Teil von dieser ausgegangen ist. Allerdings können die Grundaxiome der Topologie nicht aus dem Begriff der Stetigkeit in der Analysis ableiten werden, sondern müssen explizit gesetzt werden. In dieser Hinsicht können wir auch auf die begrenzten Möglichkeiten des automatischen Beweisens verweisen, dessen wesentliche Schwierigkeit nicht im Ableiten neuer (trivialer) Propositionen besteht, sondern im Erkennen relevanter Theoreme. In dieser Hinsicht können wir auch auf die bekannten Diskussionen zur mathematischen Praxis verweisen.[22]

Betrachten wir, was dies für das Konzept der Definition heißt, die in der Mathematik eine zentrale Rolle spielt. Obwohl wir auch in der Umgangssprache mit Definitionen arbeiten und zum Beispiel für den Begriff Tisch die Definition „Möbelstück aus waagerechter Platte mit einem oder mehreren Beinen“[23] finden, geben uns solche Definitionen nur einen vordergründigen Eindruck des Begriffs. Was wir tatsächlich unter einem Tisch verstehen, erlernen wir im alltäglichen Umgang mit Tischen und durch die Kommunikation mit anderen. Damit werden wir in die Lage versetzt, auch Tische zu erkennen, die nicht dieser Definition genügen. Kinder erlernen die meisten Begriffe sogar ohne jegliche Definition durch Beispiele. Wir verlassen uns hierbei auf unsere Intuition.

[18] [Mai2009]
[19] ibid.
[20] [Polanyi1962]
[21] [Popper1950]
[22] [Tymoczko1998], [Hersh2006]
[23] [Wahrig1994]

In der modernen Mathematik scheint dies zunächst völlig anders zu sein. Hier arbeiten wir nicht mit Intuitionen von Begriffen wie dem der Stetigkeit, sondern halten uns streng an die formale Definition. Aber auch hier erarbeiten sich Mathematiker ein intuitives Verständnis der Natur der Stetigkeit und nehmen dieses Verständnis beispielsweise als Anhaltspunkt, um in der Topologie einen erweiterten Stetigkeitsbegriff zu entwickeln. Im Sinne Polanyis erkennen Mathematiker in der Mannigfaltigkeit existierender Stetigkeitsbegriffe (*subsidiary awareness*) die zentralen topologischen Strukturen der Stetigkeit (*focal awareness*), den sie wiederum formalisieren.

Obwohl die Einführung neuer Begriffe einen zentralen Aspekt der mathematischen Wissenschaft ausmacht, spielt er doch im Mathematikstudium eine untergeordnete Rolle, d. h. die wesentlichen Definitionen werden den Studenten vorgegeben. Stattdessen befassen sich Mathematikstudenten eher mit der Technik des Beweisens. Wir wollen im Folgenden untersuchen, inwieweit wir auch beim Beweisen ähnliche Strukturen der mathematischen Arbeit finden.

## 22.4 Der mathematische Beweis als Handlung

Um die mathematische Fähigkeit besser verstehen zu können, wollen wir sie als Grundlage für die Handlung des Beweisens betrachten, einer Handlung, die von Mathematikern regelmäßig durchgeführt wird. Bei der Untersuchung der mathematischen Handlung folgen wir der Analyse Peter Rubens, die er im Rahmen der materialistischen Dialektik entwickelt hat.[24]

Zunächst ist jede Handlung, ob praktisch oder gedanklich, eine Tätigkeit, die sich an konkreten Gegenständen vollzieht. Dies wollen wir uns zunächst anhand des Beispiels eines mathematischen Beweises vergegenwärtigen. Bevor ein Mathematiker mit dem Beweisen beginnen kann, muss er zunächst die dazu notwendigen Hilfsmittel identifizieren (ordnende Tätigkeit). Hierzu muss er abstrahieren. Um den Beweis durchführen zu können, müssen zunächst bestimmte mathematische Objekte, wie beispielsweise eine Definition oder ein Theorem, in die Betrachtung eingeschlossen und andere ausgeschlossen werden. Dazu müssen Entscheidungen getroffen werden. Mathematiker setzen dabei gezielt die eine Art von Objekten gegen die andere. Dies können wir als eine Negation auffassen. Alle Objekte erhalten hierdurch eine Rolle innerhalb des Beweises; anders lässt sich die Handlung nicht beginnen. Dabei müssen Mathematiker den Zweck der Handlung, also den Beweis, natürlich im Blick behalten. Bestimmte Definitionen, der dem Beweis dienen, können in anderen Zusammenhängen unverständlich sein. Mathematiker müssen sich also entsprechend orientieren und eine geeignete Perspektive entwickeln.

Um den Beweis schließlich zu realisieren, müssen Mathematiker zur praktischen Tätigkeit übergehen und mathematische Objekte kombinieren. Erst in diesem praktischen Akt verwirklichen sie den Beweis. Dabei dürfen die mathematischen Definitionen und Sätze nicht mehr „in ihrer Objektivität erhalten bleiben, sondern müssen vielmehr als konstituierende Momente des [Beweisens] (des sich verwirklichenden Prozesses) behandelt werden. Das Zuordnen geht über in das Aufheben“[25], die mathematischen Objekte werden Momente des Beweisens. Sie gehen als solche in den Beweis ein, der als neues Objekt in Erscheinung tritt.

[24] [Ruben1966]
[25] ibid.

Bei diesem Vorgang tritt folgender Widerspruch in Erscheinung, der uns bereits in Platons Menon-Dialog begegnet. Einerseits werden die mathematischen Objekte lediglich kombiniert; es kommt also nichts Neues hinzu. Generell sei hierzu Folgendes angemerkt. Wenn wir von einer mathematischen Theorie $T$ ausgehen und sie als System aller zugehörigen Axiome, Definitionen und bisher bekannten Sätze auffassen, ergibt sich durch die Ableitung einer bisher unbewiesenen Proposition $P$ aus diesem System aus formal-logischer Sicht kein neuer mathematischer Inhalt, das heißt, dass sich aus dem um $P$ erweiterten System nicht mehr Sätze ableiten lassen als aus $T$ selber.

Andererseits ist aber ein neues Objekt, das bewiesene Theorem, entstanden, das vorher nicht existierte; es entsteht also doch etwas Neues. Im Sinne Polanyis gehört die formal-logische Umformung einer basalen Perspektive an, aus der heraus das Theorem nicht verstanden werden kann. Aus Sicht der logischen Ableitung sind alle abgeleiteten Propositionen gleichwertig, ob triviale Folgerung oder tiefgründiges Theorem. Das Theorem gehört somit einer höheren Perspektive, die zusätzliche operationale Prinzipien als Anhaltspunkte erfordert. Im konkreten Prozess des Beweisens, wird diese Trennung jedoch praktisch aufgehoben. Ohne formale Definitionen, Theoreme und Ableitungsregeln lässt sich der Beweis nicht erbringen und ohne zweckbestimmte Identifikation der mathematischen Objekte, die bereits die operationalen Prinzipien des Theorems voraussetzen, lassen sich die notwendigen Werkzeuge nicht bestimmen. Der Beweis entwickelt dabei nicht von allein, sondern durch die vermittelnde Tätigkeit der Mathematiker. Die Aufhebung des Widerspruchs ist also eine operationale.

## 22.5 Mathematik als praktisches Handeln

Die zentrale Tätigkeit der Mathematiker besteht im Beweisen und die Einübung dieser Tätigkeit nimmt einen überaus breiten Raum im Mathematikstudium ein. Das Neue, das entsteht, beruht auf der Einsicht in neue Prinzipien und Zusammenhänge, die sich nicht unbedingt aus dem Theorem selbst ergeben, sondern häufig aus dem konkreten Beweis dieses Theorems. Es entsteht neues mathematisches Wissen. Auch wenn sich aus formaler Sicht keine Erweiterung der Theorie folgt, ergibt sich durch den Beweis ein wesentlicher praktischer Unterschied im Prozess der mathematischen Wissenschaft; das neu bewiesene Theorem kann nun seinerseits zur Ableitung neuer Theorem verwendet werden.

Im praktischen Handeln der Mathematiker wird der beschriebene Widerspruch aufgehoben. Mathematiker müssen den logisch-formalen Apparat zwar beherrschen, dies allein reicht allerdings nicht aus. Das eigentliche Hauptproblem für Mathematikstudenten besteht daher auch nicht unbedingt im Anwenden dieses Apparats, sondern im Auffinden des richtigen Ansatzes zur Lösung eines mathematischen Problems. Solche Lösungsansätze können nicht *abgeleitet* werden, sondern müssen als die den mathematischen Problemen inhärenten Strukturen *entwickelt* werden. Auf diesen Umstand trifft man schon bei relativ einfachen Themen der Mathematikausbildung, wie zum Beispiel bei der vollständigen Induktion. Während die meisten Studenten in der Lage sind, bei vorgegebenem Ansatz den Induktionsbeweis durchzuführen, haben sie erheblich größere Schwierigkeiten beim Erkennen des Ansatzes einer solchen Induktion oder überhaupt beim Erkennen der induktiven Struktur des Problems.

Wir stoßen hierbei bereits auf den dialektischen Widerspruch. Zur Verdeutlichung können wir die Gleichung

$$a+b=b+a \tag{22.5}$$

betrachten, wobei wir annehmen, dass $a,b \in \mathbb{N}$ sind. Diese Beziehung kann aus den Peano-Axiomen abgeleitet werden, ist also nicht von vornherein klar. Aufgrund des existierenden Beweises von (5), können wir diese Gleichung als eine im gegebenen axiomatischen Rahmen wahre Aussage ansehen. Die Tatsache, dass ein Beweis (als Handlung) erforderlich ist, um die Gleichheit in (5) zu zeigen, besagt aber andererseits, dass gleichzeitig auch eine (operationale) Ungleichheit zwischen beiden Seiten der Gleichung besteht, also:

$$a+b \text{ „} \neq \text{“ } b+a \tag{22.6}$$

Dazu muss man bedenken, dass auf der linken Seite a in der Summe an erster Stelle steht, während es auf der rechten Seite an zweiter Stelle steht. Die Gleichheit erscheint lediglich aufgrund der vorgegebenen Abstraktion, die durch die Peano-Axiome beschrieben wird. Es ist gerade diese Differenz, die einen Beweis von (5) erforderlich macht. Dabei gilt (5) auf der logisch-formalen und (6) auf der operationalen Ebene als die zwei hier relevanten Perspektiven.

Es sei an dieser Stelle erwähnt, dass der Unterschied zwischen (5) und (6) Freges Unterscheidung von Bedeutung und Sinn wiederspiegelt.[26] So drückt (5) aus, dass $a+b$ und $b+a$ dieselbe Bedeutung haben, da sie auf dasselbe abstrakte Objekt referenzieren, während (6) auf den unterschiedlichen Sinn der beiden Ausdrücke verweist.

Es handelt sich aber nicht einfach um zwei verschiedene Formen der Gleichheit, also eine Ambiguität des Gleichheitsbegriffs, sondern (5) und (6) bedingen sich gegenseitig. Die Gleichheit in (5) kann nämlich nur aufgrund des Beweises gezeigt werden, der aber (6) voraussetzt; ansonsten wäre ein Beweis gar nicht notwendig. Andererseits wird aber die Ungleichheit in (6) erst durch die behauptete Gleichheit in (5) gesetzt; ohne das Ziel des Beweises von (5) würden wir die operationale Ungleichheit in (6) gar nicht betrachten und insofern den Beweis nicht in Angriff nehmen. Durch den konkret erbrachten Beweis wird der dialektische Widerspruch zwischen (5) und (6) aufgehoben. Dabei müssen Mathematiker erkennen, wie die Peano-Axiome die Gleichung (5) bedingen und damit einen Einblick in die Struktur der natürlichen Zahlen gewinnen. Mathematiker nehmen also $a+b$ und $b+a$ nicht als absolute abstrakte Ausdrücke, sondern betrachten sie als konkrete Objekte, die sich wiederum in verschiedener Weise abstrahieren lassen. Die Abstraktion besteht darin, dass sie erkennen müssen, welche strukturellen (wiederkehrenden) Eigenschaften der natürlichen Zahlen, wie sie in den Peano-Axiomen beschreiben sind, in (5) zur Geltung kommen.

## 22.6 Mathematische Fähigkeiten und didaktische Schlussfolgerungen

Mathematikstudenten, die sich einer solchen Aufgabe stellen, lernen zu erkennen, welche Prinzipien hinter einem Beweis verborgen sind. Man kann dies auch allgemeiner formulieren und

[26] [Frege1994]

sagen, dass sie lernen, hinter die Strukturen der formal-logischen Gegebenheiten zu schauen, wie die Medizinstudenten, die lernen Röntgenbilder zu verstehen. Und ebenso wie die Medizinstudenten diese Fähigkeit nur durch wiederholte Einarbeitung oder *Einverleibung* erlernen, können Mathematikstudenten auch nur durch eigenes Beweisen einen Blick für mathematische Strukturen aneignen.

Dabei dienen Übungen nicht primär der *Überprüfung* des erworbenen mathematischen Wissens, sondern dem *eigentlichen Erlernen* der mathematischen Fähigkeiten. Dies wird offensichtlich, wenn man erkennt, dass Mathematikstudenten relativ schwere Beweise in der Vorlesung (auf logisch-formaler Ebene) nachvollziehen können, aber bei einfacheren Übungsaufgaben später hart an Lösungen arbeiten müssen. Die dialektische Analyse erklärt dieses Phänomen und verweist auf die Notwendigkeit der eigenständigen mathematischen Arbeit.

Wenn wir von dieser Betrachtung ausgehen, können wir besser verstehen, welche Fähigkeiten Mathematiker im Studium tatsächlich erwerben. Während Physiker lernen in der materiellen Natur zu abstrahieren, d. h. wiederkehrende Strukturen zu erkennen, lernen Mathematiker höhere Strukturen in, oder besser hinter, anderen formalen Strukturen zu erkennen. Im Gegensatz zu den Naturwissenschaftlern führen Mathematiker dabei keine Experimente durch. Hinter der formallogischen Perspektive, die die Handlungsmöglichkeiten einschränkt, eröffnen sich die Mathematiker neue Perspektiven, indem sie zu einer Metaebene übergehen und die abstrakten Ausdrücke in ihrer konkreten Bedeutung erfassen. So erkennt man klare Unterschiede in der Arbeitsweise von Physikern und Mathematikern. Sowohl experimentelle als auch theoretische Physiker haben das primäre Ziel der strukturierten Beschreibung konkreter Objekte im Auge. In diesem Rahmen nutzen sie auch mathematische Werkzeuge. Ihr Standard einer erfolgreichen Anwendung dieser Werkzeuge besteht allerdings nicht in ihrer *korrekten* Verwendung, wie sie durch die Mathematik bestimmt wird, sondern in einer (für sie) adäquaten Beschreibung der empirisch wahrgenommenen konkreten Objekte. Mathematiker hingegen sind weniger an der Beschreibung konkreter Objekte interessiert, sondern an der *adäquaten* Beschreibung fundamentaler Strukturen.

Was dies im Einzelnen heißt, lässt sich an der Rolle des Beweises bezüglich der Erkenntnis zeigen. Beweise verweisen auf Strukturen, die unabhängig von jeweiligen kontingenten Situationen bestehen. So kann man zahlentheoretische Aussagen zwar mit dem Computer durch Nachrechnen *überprüfen*, erhält auf diese Weise aber keine genaue Information über die Sicherheit gegenüber Ausnahmen. Der Beweis schließt hingegen gerade solche Ausnahmen aus und erweist sich damit als nachhaltiger. In der praktischen Arbeit ist es dabei nicht einmal notwendig stets einen Beweis zu erbringen, sondern die mathematische Fähigkeit besteht häufig schon darin, die *höheren* Strukturen intuitiv zu erkennen, so wie auch in der mathematischen Arbeit eine Proposition zunächst intuitiv gesetzt werden muss, bevor ein Beweis in Angriff genommen wird.

## 22.7 Mathematiker in der Industrie

Wenn nach der obigen Analyse eine wesentliche Stärke der Mathematiker im intuitiven Erkennen systemimmanenter Strukturen besteht, stellt sich die Frage, wie sich diese Eigenschaft in der praktischen Arbeit der Mathematiker in der Industrie zeigt. Für innermathematische Zusammenhänge mag die philosophische Analyse bereits Auskunft geben, doch kann sie auch wesentliche Aspekte der Anwendung mathematischer Fähigkeiten außerhalb der eigenen Domäne beschreiben.

Ein wichtiges Berufsfeld für Mathematiker ist die industrielle Forschung und Entwicklung. Viele technische Produkte – vom Mikrochip über den CD-Player bis zum Navigationsgerät – sind ohne Mathematik nicht vorstellbar. Auch Studiengänge wie jene zur Techno- und Wirtschaftsmathematik, die ihren Schwerpunkt in der Vermittlung industriell verwertbarer Mathematik sehen, spiegeln den Bedarf an Mathematik in der Industrie wider. Die Mathematik wird zudem als Produktionsfaktor bezeichnet,[27] da ihre Beherrschung zu Wettbewerbsvorteilen führen kann und sie somit eine Schlüsselstellung in der Wertschöpfung innehat.

Allerdings wird die Mathematik nicht in allen Branchen gleichermaßen eingesetzt; so gibt es Wirtschaftszweige, in denen mathematische Instrumente, die anderswo erfolgreich eingesetzt werden, jahrzehntelang unbeachtet bleiben.[28] Hierfür werden verschiedene Gründe angeführt, darunter Sprach- und Terminologiebarrieren, Ausbildungsdefizite bei Ingenieuren und Mathematikern, auch Hierarchien und die Entscheidungsfindung in Firmen.[29] Wie die letzten Punkte dieser Aufzählung andeuten, geht es dabei nicht ausschließlich um das Anwenden mathematischer Instrumente. Darüber hinaus lassen sich mathematische Fähigkeiten auch in Bereichen anwenden, in denen mathematische Instrumente nicht vorrangig eingesetzt werden.

Die obige Analyse erlaubt bereits herauszuarbeiten, worin eine der Herausforderungen für Mathematiker liegt, die im industriellen Umfeld arbeiten. In den Entwicklungsabteilungen arbeiten diese in der Regel in interdisziplinären Teams, die beispielsweise aus Ingenieuren, Physikern und Informatikern bestehen. Jede dieser Gruppen nehmen verschiedene Perspektiven auf technische Probleme ein, woraus sich die Schwierigkeit der Vermittlung ergibt. Während Ingenieure, Physiker und Informatiker stets direkt auf das Problem verweisen können, das sie lösen wollen, verweisen Mathematiker häufig auf strukturelle Probleme, die mit bestimmten Lösungen verbunden sind. Doch die verborgenen Strukturen, die Mathematiker zu erkennen vermögen, sind für Ingenieure häufig nicht einsichtig, insbesondere ist häufig nicht klar, wie eine solche *theoretische* Betrachtung zu einer Lösung führen kann.

In der Regel sind die Lösungen der Mathematiker daher zwar aufwändiger, aber auch nachhaltiger. Die direkten technischen Lösungen von Ingenieuren sind meist nur auf ein lokales Problem konzentriert und können daher zu Strukturbrüchen und globalen Inkonsistenzen führen. Ein typischer Fall solcher struktureller Probleme sind beispielsweise in der Informatik die so genannten Seiteneffekte, das heißt, indem man ein Problem an einer Stelle beseitigt, verursacht man andere Probleme an anderen Stellen. Solche Seiteneffekte sind häufig auf strukturelle Defizite zurückzuführen, die Mathematiker leichter erkennen, deren Relevanz aber nicht immer offensichtlich ist. Hier müssen Mathematiker auf der Basis konkreter Objekte argumentieren und auf mögliche Probleme hinweisen.

## 22.8 Rolle der Sprache

Auf den ersten Blick mag es erscheinen, dass die Herausforderung, Mathematik im industriellen Umfeld anzuwenden, im Wesentlichen an der geeigneten Vermittlung mathematischen Wissens liegt. Die Mathematiker müssen vor allem ihre Perspektive auf die technischen Probleme und

[27] [Groetschel2008]
[28] ibid.
[29] ibid.

den mathematischen Lösungsansatz den anderen Beteiligten verständlich machen; es muss dafür aus dem Problem heraus eine gemeinsame Sprache entwickelt werden.

Neben das auf mathematischer Sichtweise beruhende fachliche Handeln der Mathematiker muss in der Industrie daher auch ein spezifisches sprachliches Handeln treten. Dieses sprachliche Handeln muss allerdings über die reine Vermittlung der eigenen Perspektive hinausgehen, denn die meisten Probleme in der industriellen Forschung und Entwicklung lassen sich auch ohne mathematische Kompetenz lösen. Diese Lösungen mögen nicht optimal sein, sind aber aus Sicht der Praktiker oftmals ausreichend.[30] Mathematiker müssen daher nicht nur ihre mathematischen Fähigkeiten einbringen und ihr Wissen darstellen, sie müssen ihr Umfeld auch von der Nützlichkeit des *mathematischen Ansatzes* überzeugen. Da der mathematische Ansatz in der Regel abstrakter und aufwändiger zu realisieren ist, müssen sie erst die Kollegen davon überzeugen, dass das Einnehmen einer mathematischen Perspektive vernünftig ist. Diese Argumentation hat weniger mit der Mathematik als solcher zu tun, als mit dem organisatorischen Rahmen, in dem Mathematiker mit anderen zusammenarbeiten, beispielsweise die für ein Projekt vorgegebene Zeit und das verfügbare Budget. So müssen Mathematiker ihre Kollegen überzeugen, dass sich die Investition in eine zunächst komplexere Lösung langfristig rentiert, etwa weil bei ihr Seiteneffekte auszuschließen sind und sich dadurch Wartungsaufwand vermeiden lässt. Dies verlangt von den Mathematikern daher, nicht nur das technische Problem zu erfassen, sondern ebenso die praktischen und organisatorischen Konsequenzen zu erkennen, um überzeugend zu kommunizieren und sich mit ihren Ideen durchzusetzen.[31]

Die Sprache steht hierbei aus zwei Gründen im Zentrum des Handelns: Zum einen dient sie der Dokumentation des mathematischen Ansatzes. Da sich Mathematiker in ihrer Sichtweise auf abstrakte Strukturen beziehen, lassen sich diese nur in sprachlicher Form vermitteln bzw. es werden diese erst durch Sprache konstituiert. Zum anderen verlangt der Versuch, seine Lösung gegenüber anderen durchzusetzen, den gezielten, strategischen Einsatz von Fachbegriffen und Argumenten, was über die einfache Darstellung der Sachverhalte hinausgeht. Es müssen vielmehr die eigenen Benennungen, Bedeutungen sowie die versprachlichten oder sprachlich konstituierten mathematisch motivierten Sichtweisen gegenüber anderen Darstellungen und Ansätzen durchgesetzt werden. Sie müssen deshalb um eine weitere Perspektive ergänzt werden, die nur auf die Durchsetzung dieser Sachverhalte und Bezeichnung abzielt. Dieses Phänomen ist in der Linguistik auch unter dem Begriff *semantische Kämpfe* bekannt und kann auch in anderen Wissensdomänen beobachtet werden.[32] Solche semantischen Kämpfe könnten auch ein Grund dafür sein, dass, wie oben geschildert, mathematisch motivierte Sichtweisen nicht in allen Branchen gleichermaßen zur Anwendung kommen. Auch wenn mathematische Ansätze nützlich sind, müssen die Mathematiker ihr Umfeld von deren Einsatz noch überzeugen. Dies scheint aber in einigen Branchen nur unzureichend zu gelingen.

---

[30] [Schmidt2009]

[31] ibid.

[32] [Felder2006]

## 22.9 Ausblick

Die obige Analyse hat gezeigt, worin eine wesentliche Fähigkeit von Mathematikern liegt. Die mathematische Arbeit besteht im Wesentlichen im intuitiven Erkennen verborgener, abstrakter Strukturen. Die dazu notwendige Fähigkeit wird durch das kontinuierliche Einüben und schließlich durch das Einverleiben der mathematischen Wahrnehmung erworben.

Es konnte verdeutlicht werden, dass diese Fähigkeit nicht nur innerhalb der Mathematik von Bedeutung ist, sondern auch ein wesentlicher Aspekt der Arbeit von Mathematikern in der industriellen Forschung und Entwicklung ist. Das intuitive Abstrahieren der Mathematiker kann letztlich als Grund dafür gelten, warum Mathematiker in der Produktentwicklung Mehrwerte schaffen können und mathematische Fähigkeiten einen hohen Stellenwert genießen.

In der Terminologie der Philosophie der Orientierung[33] können wir auch sagen, dass sich Mathematiker durch eine eigene Perspektive bezüglich vorliegender Probleme auszeichnen. Diese gewinnt ihre Anhaltspunkte nicht aus der direkten Problemlösungsperspektive, sondern aus formalen, strukturellen Gegebenheiten. Dadurch eröffnen sich häufig neue Horizonte, wenn zum Beispiel durch eine anvisierte technische Lösung bestimmte Anwendungsprinzipien verletzt werden, die eine spätere Weiterentwicklung behindern würden, und die mathematische Betrachtungsweise dies durch das Aufzeigen resultierenden Strukturbrüche deutlich machen kann.

Bei der angeführten philosophischen Argumentation handelt es sich jedoch zunächst um eine Rekonzeptualisierung des Begriffs der mathematischen Fähigkeit, verbunden mit dem Vorschlag einer neuen Sichtweise der Arbeit von Mathematikern in der Industrie. Ein solches Vorgehen kann aber nur als hypothetisch gelten und bedarf einer weiteren empirischen Überprüfung. Hierbei können wir nutzen, dass die semantischen Kämpfe, die für die Darstellung und Durchsetzung mathematisch motivierter Ansätze nötig sind, sich sprachwissenschaftlich erfassen lassen; sie materialisieren sich sozusagen in Gesprächen und Texten und sind dadurch beispielsweise einer Diskursanalyse und ethnographischen Feldforschung zugänglich.

Die industrielle Forschung und Entwicklung mit hohem Anteil an Mathematikern erscheint hier als ideales Feld für weitere Untersuchungen, da die hohe Komplexität der Produkte ein hohes Niveau von Abstraktion und Analyse verlangt, der organisatorische Rahmen ein zielorientiertes Arbeiten an Produkten erfordert und Mathematiker in interdisziplinären Teams arbeiten, was die Versprachlichung mathematischen Wissens notwendig macht.

Die sprachwissenschaftliche Analyse der Arbeit von Mathematikern in der Industrie lässt erhoffen, die philosophische Analyse zu konkretisieren und die offensichtlich vorhandenen Kommunikationsprobleme und Barrieren für die Anwendung von Mathematik herauszuarbeiten. Nicht zuletzt kann eine solche Analyse auch helfen, die eigentliche Leistung der Mathematiker stärker bewusst zu machen, auch innerhalb der mathematischen Gemeinschaft und für die Ausbildung an den Universitäten. Ebenso kann sie Anregungen liefern, wie Mathematiker ihr Wissen in Forschung und Entwicklung in der Industrie durch mathematisches und sprachliches Handeln möglichst gut einbringen können.

[33] [Stegmaier2008]

# Literatur


[Felder2006] Felder, E.: Semantische Kämpfe in Wissensdomänen. Eine Einführung in Benennungs-, Bedeutungs- und Sachverhaltsfixierungs-Konkurrenzen. In: Felder, E. (Hrsg.): Semantische Kämpfe. Macht und Sprache in den Wissenschaften. S. 13-46. Walter de Gruyter, Berlin/New York 2006.

[Frege1994] Frege, G.: Funktion, Begriff, Bedeutung. Vandenhoeck & Ruprecht, Göttingen 1994.

[Groetschel2008] Grötschel, M.; Lucas, K.; Mehrmann, V. (Hrsg.): Produktionsfaktor Mathematik. Wie Mathematik Technik und Wirtschaft bewegt. Springer Verlag, Berlin/Heidelberg/New York 2008.

[Hersh2006] Hersh, R.: 18 Unconventional Essays on the Nature of Mathematics. Springer Verlag, Berlin/Heidelberg/New York 2006.

[Hoffmeister1955] Hoffmeister, J.: Wörterbuch der philosophischen Grundbegriffe. Felix Meiner Verlag, Hamburg 1955.

[Macdonald2005] Macdonald, C.: Varieties of Things. Blackwell, Oxford 2005.

[Mai2009] Mai, H.: Michael Polanyis Fundamentalphilosophie. Verlag Karl Alber, Freiburg/München 2009.

[Polanyi1962] Polanyi, M.: Personal Knowledge. The University of Chicago Press, Chicago 1962.

[Popper1950] Popper, K. R.: Indeterminism in quantum physics and in classical physics. The British Journal for the Philosophy of Science 1(3), S. 117-133 & S. 173-195.

[Riedl1987] Riedl, R.: Begriff und Welt. Verlag Paul Parey, Berlin/Hamburg 1987.

[Ruben1966] Ruben, P.: Der dialektische Widerspruch. In: Hedtke, U.; Warnke, C. (Hrsg.): Peter Ruben – Philosophische Schriften. Online-Edition, Berlin 2006.

[Ruben1978] Ruben, P.: Dialektik und Arbeit der Philosophie. Pahl-Rugenstein, Köln 1978.

[Ryle1949] Ryle, G.: The Concept of Mind. The University of Chicago Press, Chicago 1949.

[Saab2010] Saab, D. J.; Riss, U. V.: Logic and Abstraction as Capabilities of the Mind: Reconceptualizations of Computational Approaches to the Mind. In: Vallverdu, J. (Hrsg.): Thinking Machines and the Philosophy of Computer Science: Concepts and Principles. Information Science Publishing, Hershey 2010.

[Schmidt2009] Schmidt, V. A. : Vernunft und Nützlichkeit der Mathematik. Wissenskonstitution in der Industriemathematik als Gegenstand der angewandten Linguistik. In: Felder,E.; Müller, M. (Hrsg.): Wissen durch Sprache. Theorie, Praxis und Erkenntnisinteresse des Forschungsnetzwerks „Sprache und Wissen", S. 451-475 Walter de Gruyter, Berlin/New York 2009.

[Stegmaier2008] Stegmaier, W.: Philosophie der Orientierung. Walter de Gruyter, Berlin/New York 2008.

[Stegmaier2010] Stegmaier, W.: Orientierung durch Mathematik. In diesem Band.

[Tymoczko1998] Tymoczko, T.: New Directions in the Philosophy of Mathematics. Princeton University Press, Princeton 1998.

[Wahrig1994] Wahrig, G.: Deutsches Wörterbuch. Bertelsmann Lexikon Verlag, Gütersloh 1994.

[Wittgenstein1958] Wittgenstein, L.: Philosophische Untersuchungen. Suhrkamp Verlag, Frankfurt 2003.

# Zusammenfassungen

**Mathematik als Geisteswissenschaft . Der Mathematikschädigung dialogisch vorbeugen**

PETER GALLIN – Institut für Gymnasial- und Berufspädagogik, Universität Zürich.

Die Mathematik ist eine Geisteswissenschaft im doppelten Sinn. Zum einen grenzt sie sich als Wissenschaft durch diese Bezeichnung von der Naturwissenschaft ab, zum anderen wird sie hier in der Rolle eines Unterrichtsfachs als „didaktische“ Geisteswissenschaft verstanden, bei der es wesentlich um die geistige Entwicklung der Schülerinnen und Schüler im Fachbereich Mathematik geht. Wie bei der körperlichen Entwicklung muss auch bei der geistigen Entwicklung beachtet werden, dass bei einem gegebenen Entwicklungsstand nicht alles jugendfrei ist, was die Didaktik anzubieten vermag. Ziel ist es also, die geistige Reifung zu fördern, ohne eine Schädigung zu bewirken. Eine bewährte Strategie dazu ist, dass die Lehrkraft den Lernenden mehr zutraut. Fehlendes Zutrauen in der traditionellen Didaktik äussert sich exemplarisch in vier Bereichen: Bei der Wissensvermittlung, beim Einsatz von Algorithmen, bei der Herstellung von Aufgaben und beim Einsatz von modernen Veranschaulichungsmitteln wie dreidimensionalen Modellen, computergestützten Animationen, interaktiven Wandtafeln usw. Das Dialogische Lernen, bei dem (im Mathematikunterricht) das Verstehen im Zentrum steht, gibt einen Rahmen, in welchem grösseres Zutrauen gegenüber den Lernenden realisiert wird und sich damit das Potential der geistigen Entwicklungsmöglichkeiten entfalten kann.

**Mathematisches Bewusstsein**

RAINER KAENDERS – Seminar für Mathematik und ihre Didaktik, Universität zu Köln.
LADISLAV KVASZ – Department of algebra and geometry, Comenius Universität Bratislava.

Was bedeutet es Mathematik gelernt zu haben? Sicherlich gehören Wissen und Fertigkeiten dazu. Aber wie können die Zielsetzungen von Mathematikunterricht präziser gefasst werden? Der übliche Weg besteht darin, bestimmte Kompetenzen zu formulieren. Da Kompetenzen für Tests antrainiert werden können, ist die Übertragbarkeit der getesteten operationalisierten Kompetenzen in andere Kontexte jedoch fraglich. Unser Konzept des mathematischen Bewusstseins ist ein Versuch, die Zielsetzungen des Mathematikunterrichts so zu formulieren, dass sie den Grad der mathematischen Durchdringung eines Stoffes widerspiegeln und linguistisch wahrnehmbar sind. Dies ermöglicht uns, die Unterscheidung verschiedener definierbarer Qualitäten von Werkzeugkompetenzen, Denkaktivitäten und Kenntnissen, die mehr oder weniger komplex oder schlicht sind.

**Fehler begehen – Mathematik verstehen . Über die Bedeutung von Fehlern für das Verstehen**

UDO KÄSER – Entwicklungspsychologie und Pädagogische Psychologie, Universität Bonn.

Bei systematischen Fehlern handelt es sich um Fehler, denen inadäquate Vorstellungen zugrunde liegen. Hierdurch unterlaufen sie dem Individuum, welches von der Richtigkeit dieser Vorstellungen überzeugt ist, bei vergleichbaren Aufgabenstellungen immer wieder. Daher sind sie wichtige Indikatoren für subjektive Fehlvorstellungen und zeigen Grenzen des individuellen Verstehens auf. Vor dem Hintergrund historisch-philosophischer Überlegungen zur Analyse der Bedeutung von Fehlern werden erste Ergebnisse einer empirische Studie vorgestellt, in deren Rahmen systematische Fehler bei elementaren mathematischen Operationen an einer Stichprobe von $N = 1151$ Schülerinnen und Schüler der fünften und sechsten Klasse der Hauptschule, Realschule und des Gymnasiums untersucht werden. Hierbei wird deutlich, dass die Grundkenntnisse deutscher Schülerinnen und Schülern mit Verlassen der Grundschule häufig Mängel aufweisen und ihr mathematisches Grundverständnis gerade hinsichtlich der Anordnung von Zahlen im dezimalen Stellenwertsystem oft defizitär und für zukünftiges Lernen an der weiterführenden Schule belastet ist. Zugleich liegen erhebliche Unterschiede in der Häufigkeit vor, mit der systematische Fehler in verschiedenen Klassen auftreten. Dies weist darauf hin, dass es sowohl Lehrpersonen gibt, bei denen es quasi zur Regel wird, dass Schülerinnen und Schüler systematische Fehler begehen, als auch Lehrkräfte, durch deren Unterricht das Auftreten systematischer Fehler weitgehend vermieden wird.

**Geometrie verstehen: statisch – kinematisch**

EKKEHARD KROLL – Institut für Mathematik, Universität Mainz.

An Hand einer Reihe von Beispielen aus der ebenen und räumlichen Geometrie soll gezeigt werden, wie geometrische Strukturen und Zusammenhänge (besser) verstehbar werden, wenn sie mit Hilfe von Systemen der „dynamischen“ Geometrie erzeugt und dadurch veränderbar sind.

**„Das Konkrete ist das Abstrakte, an das man sich schließlich gewöhnt hat.“ (Laurent Schwartz) . Über den Ablauf des mathematischen Verstehens**

MARTIN LOWSKY – Hans-Geiger-Gymnasium Kiel.

Der Übergang vom Konkreten zum Abstrakten ist einer der wichtigsten und oft einer der schwierigsten Momente bei der Beschäftigung mit Mathematik und in den mathematischen Lernprozessen. Die offiziellen ‚Bildungsstandards‘ (2004) der Kultusministerkonferenz mit ihrem ‚Kompetenz‘-Begriff beachten dies nicht. Vielmehr geht es ihnen vor allem um zu lösende Aufgaben, bei denen die Mathematik sich ‚passgenau‘ auf die Wirklichkeit anwenden lässt und die häufig nur den ‚homo oeconomicus‘ als Leitbild haben. Der Beitrag zeigt demgegenüber, wie die mathematische Abstraktion und die innere Gewöhnung an diese Abstraktion sich im engagierten und erlebnishaften und dabei doch alltäglichen Umgang mit der Mathematik vollziehen, und er wählt dafür drei Beispiele. Diese Beispiele sind Theodor Storms Novelle ‚Der Schimmelreiter‘ mit ihren Anspielungen auf Euklid, eine Passage aus Karl Mays Roman ‚Winnetou Band IV‘ mit ihren geometrischen Landschaftsformationen und die Erfahrung eines Mathematikstudenten bei der

Beschäftigung mit dem Vektorraum-Begriff. Schließlich gibt der Beitrag Anregungen dazu, entschieden abstrakte Themen auch im Schulunterricht zu behandeln – etwa den sog. Steinitz'schen Austauschsatz (aus der Theorie der linearen Räume).

**Philosophieren als Unterrichtsprinzip im Mathematikunterricht**

DIANA MEERWALDT – Fachbereich Erziehungswissenschaft, Universität Hamburg.

Es wird das Konzept des Philosophierens mit Kindern als Unterrichtsprinzip vorgestellt und diskutiert, inwieweit sich dieses im Mathematikunterricht anwenden lässt. Die Durchführbarkeit wird anhand von Methoden sowie einem Praxisbeispiel aufgezeigt. Ein Blick auf das mathematische Modellieren und die damit verbundenen Schülerschwierigkeiten soll Aufschluss über mögliche Auswirkungen philosophischer Gespräche auf das Modellierungsverhalten geben. Hierzu wird eine Unterrichtseinheit vorgestellt und analysiert.

**Der Begriff mathematischer Schönheit in einer empirisch informierten Ästhetik der Mathematik**

EVA MÜLLER-HILL – Seminar für Mathematik und ihre Didaktik, Universität zu Köln.
SUSANNE SPIES – Funktionalanalysis und Philosophie der Mathematik, Universiät Siegen.

Wir skizzieren eine Charakterisierung verschiedener mathematischer Schönheitsbegriffe und vergleichen diese Analyse mit Resultaten einer empirischen Studie. Unser Ziel ist es, philosophisch gut begründete Ästhetik-Theorien zu identifizieren, die – zumindest prinzipiell – in der Lage sind, den Schönheitsbegriff des ‚working mathematician' sinnvoll zu integrieren.

**Mathematik – die (un)heimliche Macht des Unverstandenen**

GREGOR NICKEL – Funktionalanalysis und Philosophie der Mathematik, Universität Siegen.

Der allergrößte Teil der Mathematik ist für den allergrößten Teil der Menschheit völlig unverständlich. Dies steht in scharfem Kontrast zu der Tatsache, dass Mathematik für die Lebenswelt der meisten Menschen in zunehmendem Maße relevant ist, dass moderne Gesellschaften durch Mathematik – indirekt via Technik, aber auch direkt als mathematisch implementierte soziale Regel – auf wesentliche Weise geprägt werden. Der vorliegende Aufsatz versucht, diese Problemkonstellation etwas genauer zu untersuchen.

**Sicherung mathematischer Grundkompetenzen am Beispiel des österreichischen Zentralabiturs**

WERNER PESCHEK – Institut für Didaktik der Mathematik, Universität Klagenfurt.

In vielen (europäischen) Ländern ist das Zentralabitur Normalität, in Deutschland beginnt man sich auch außerhalb von Bayern und Baden-Würtemberg langsam daran zu gewöhnen. In Österreich wird man sich, wie es derzeit aussieht, spätestens ab 2014 daran gewöhnen müssen. Wobei man in Österreich im Falle des Zentralabiturs Mathematik einen etwas ungewöhnlichen, konsequent zentralen Weg versucht, der partiell an das Zentralabitur in den Niederlande erinnert, weniger an die verschiedenen Konzeptionen in anderen europäischen Ländern.

Kernstück des österreichischen Wegs sind (vor allem) bildungstheoretisch begründete, grundlegende mathematische Kompetenzen, die von allen österreichischen Abiturient(inn)en in gleicher Weise, in hohem Maße und nicht durch andere Leistungen kompensierbar verlangt werden sollen. Mit dieser bildungstheoretischen Sicht ist ein verändertes Verständnis davon verbunden, was in der Schulmathematik grundlegend sein und von allen gelernt und verstanden werden soll. Konstitutiv für das österreichische Konzept ist schließlich auch die Einsicht, dass damit nur ein kleiner (wenn auch unverzichtbarer) Teil jener mathematischen Kompetenzen erfasst wird, die in einem guten Mathematikunterricht entwickelt werden (können). Für den anderen Teil sind Freiräume erforderlich, die durch die Verbindlichkeiten des Zentralabiturs nicht eingeschränkt, eher deutlicher und bewusster gemacht werden sollen.

### Änderungen besser verstehen – Mathematik besser verstehen

Franz Picher – Institut für Didaktik der Mathematik, Universität Klagenfurt.

Ausgangspunkt der im Folgenden vorgestellten Überlegungen ist die Fragestellung: „Was sollen unsere Schülerinnen und Schüler über die lokale Änderungsrate lernen?" Die Bearbeitung dieser Fragestellung hat im Hintergrund allgemeinere Problemstellungen wie: „Worüber sollte man sich im Rahmen der Beschreibung von Änderungen (in der Schule und im Speziellen in der Sekundarstufe II) Gedanken machen?" und „Welche Bedeutung kann dies für die Lernenden und insbesondere für deren Verständnis der Mathematik haben?" Der vorliegende Text geht von diesem weiteren Blick auf die Problemstellung aus und betont die Einordnung der Beschreibung von Änderungen durch die Analysis in den Umgang mit Änderungen in der Mathematik überhaupt. Es wird erläutert, wieso ein Nachdenken über obige Fragestellungen in der hier vorgestellten Art und Weise zu einem besseren Verständnis der Beschreibung von Änderungen wie auch der Mathematik führen kann. Die hier vorgestellten Überlegungen sind primär als Reflexionen des Autors zu sehen. Diese geben aber einen Hinweis darauf, worüber – wenn auch nicht in all den hier vorgestellten Details – Unterrichtende und Lernende in der Sekundarstufe II nachgedacht haben sollten. Im Text werden Ausblicke auf mögliche Konkretisierungen für den Unterricht gegeben, die es den Schülerinnen und Schülern ermöglichen können, an Reflexionen, wie den hier vorgestellten, teilzuhaben.

### Zeichen defizient verstehen . George Spencer Browns Zeichen sehen und mit Josef Simon verstehen

Martin Rathgeb – Funktionalanalysis und Philosophie der Mathematik, Universität Siegen.

George Spencer Brown hat in seinem mathematischen Essay *Laws of Form* die Gesetzmäßigkeiten zweiwertiger Unterscheidungen und einwertiger Bezeichnungen thematisiert; in der Instanz wahr/falsch ist das ein für Wissenschaft fundamentales Konzept. Die behandelte Mathematik ist zunächst die zu einer Booleschen Algebra gehörige Arithmetik, in der nur mit Konstanten gerechnet wird, und schließlich der Ansatz zu einer Theorie sog. paradoxer Gleichungen.

In vorliegendem Aufsatz wird mit der Zeichenphilosophie Josef Simons kleinschrittig auf die Interpretationsarbeit eingegangen, welche ein Leser der *Laws* zumeist unbemerkt vollzieht. Dabei wird ein duales Programm verfolgt, insofern dieser Text über Unterscheiden und Bezeichnen mit Blick auf Gleichsetzen gelesen wird. Für den Umgang mit *Demselben und Verschiedenem* ist die Symmetrie von '=' signifikant: Denn werden im Allgemeinen unbekannte Zeichen mittels bekannter nur erschlossen, so werden in der Mathematik solche Interpretationsbögen zudem gedreht und damit zu *Interpretationskreisen* geschlossen. Diese Symmetrisierung der Interpretation trägt wesentlich zur Beseitigung der Spielräume im Verstehen mathematischer Zeichen bei.

Auf welche Weise Brown in den *Laws* eine Sachebene etabliert und Signale als Zeichen darauf bezieht, bleibt zunächst außer Betracht. Stattdessen werden in der Zeichenebene die beiden sog. primitiven Gleichungen aus ihrem Kontext gelöst und aus der Perspektive Simons thematisiert. Rückblickend wird dann auf die Verbindung zwischen Zeichen und Sachen Einblick genommen und dabei das Grundzeichen der *Laws* in verschiedenen Lesarten gezeigt.

## Wissen und Handeln der Mathematiker . Philosophische Analyse und Betrachtung ihrer Relevanz für die Industrie

UWE V. RISS – SAP Research, SAP AG.
VASCO A. SCHMIDT – SAP Research, SAP AG.

Ausgehend von der Frage nach den charakteristischen Fähigkeiten von Mathematikern und deren Nützlichkeit in der Industrie wird der Begriff der mathematischen Fähigkeiten rekonzeptualisiert. Das Einüben mathematischer Arbeit, insbesondere des Beweisens, rückt dabei in den Vordergrund, da erst das durch Übung einverleibte Wissen ein eigenständiges, intuitives Erkennen mathematischer Strukturen ermöglicht. Genau diese Fähigkeit aber, die über das Anwenden mathematischer Theorien und Hilfsmittel hinausgeht, ist in der Industrie nötig. Allerdings ist die mathematische Sichtweise in der industriellen Forschung und Entwicklung nicht unumstritten. Mathematiker müssen sie gegenüber anderen Perspektiven durchsetzen, was sprachliches Handeln, insbesondere Strategien der Darstellung, Bewertung und Durchsetzung mathematischer Sachverhalte verlangt. Dieser mathematische Diskurs bietet einen empirischen Zugang zum impliziten, einverleibten Wissen der Mathematiker. Seine Analyse kann zudem Wege aufzeigen, um die Rolle der Mathematik in der Industrie präziser zu beschreiben, und damit zur Verbesserung der Ausbildung von Mathematikern beitragen.

## Zahlen und Rechenvorgänge auf unterschiedlichen Abstraktionsniveaus . Möglichkeiten der Entwicklung einer inklusiven Fachdidaktik auf der Grundlage historischer Perspektiven

KLAUS RÖDLER – Elsa-Brandström-Schule Frankfurt.

Wir sind gewohnt, Rechenvorgänge als ein Operieren mit Zahlen zu begreifen. Rechendidaktik scheint daher zwangsläufig mit der Entwicklung von Zahlverständnis zu beginnen. Ein Blick in die Kulturgeschichte lehrt uns jedoch, dass Zahlen vor allem als ein Kommunikationsmittel entstanden sind, als ein Vokabular, das bestimmte Aspekte der Wirklichkeit beschreibbar werden ließ. Und an diesem Vokabular lässt sich eine Entwicklung der zunehmenden Verschlüsselung beobachten, die sich als zunehmende Abstraktion niederschlägt. Strukturbedürfnisse bestimmen zunehmend die Gestalt der kulturell sich entwickelnden Zahl. Wenn wir diese historische Tatsache ernst nehmen, so sind wir in der Lage zu erkennen, dass die ‚*innere Zahl*' des Kindes nicht notwendig die gleiche Struktur besitzt wie die uns vertrauten Zahlen. Zentrale Bausteine müssen sich erst allmählich entwickeln. Zwischen der ‚*äußeren Zahl*', mit der in der Klasse sprachlich und symbolisch kommuniziert wird, und der ‚*inneren Zahl*', mit der ein Kind seinen Rechenvorgang faktisch steuert, ist deutlich zu unterscheiden. Dieses Verständnis erlaubt uns besser zu verstehen, wie ein rechenschwaches Kind denkt und warum es eventuell in seiner Entwicklung feststeckt. Wir sehen, dass der Veränderungsprozess, der aus dem Bedürfnis nach Strukturierung erwächst, die Erfahrung von Rechenhandlungen voraussetzt, die dem inneren Konzept entsprechen und daher reflektiert werden können, was unseren Fokus auf die unterschiedliche Qualität von Rechenmittel lenkt. Indem wir die Unterschiede im handelnden Rechnens besser verstehen und vor allem dieses von der Problematik der Zahlen entkoppeln, gewinnen wir einen inklusiven Ansatz des Rechnens, der bis in den Bereich des Vorschulalters und bei Geistigbehinderten trägt.

**Wie verstehen Schülerinnen und Schüler den Begriff der Unendlichkeit?**

TABEA SCHIMMÖLLER – IfD Mathematik, Universität Vechta.

Die Unendlichkeit ist besonders in der Mathematik von zentraler Bedeutung und auch im Schulalltag ist der Begriff, durch die Verankerung in vielen mathematischen Inhalten, ständig präsent. Dennoch wird der Begriff im Mathematikunterricht der Sekundarstufe I vernachlässigt, weil er keinen unmittelbaren Einfluss auf Anwendungsbereiche hat. Untersuchungen zeigen aber, dass der Unendlichkeitsbegriff durch seine Vielschichtigkeit ein sehr schwer zu fassender Ausdruck ist und die Vorstellungen der Probanden über die Unendlichkeit auffallend defizitär sind. Es wird über eine Erhebung im Rahmen eines Promotionsvorhabens berichtet in der untersucht wird, welches Verständnis Schülerinnen und Schüler der 8. Jahrgangsstufe der Realschule von Unendlichkeit haben und wie sich dieses auf das Verständnis von Zusammenhängen auswirkt. Ergebnisse der Untersuchung liegen noch nicht vor, daher wird ein erster Einblick in das Datenmaterial gegeben und Schüleraussagen exemplarisch auf ein mögliches Unendlichkeitsverständnis hin interpretiert.

**Verstehen verstehen**

OLIVER SCHOLZ – Philosophisches Seminar, Universität Münster.

Im ersten Teil des Vortrages skizziere ich die logische Geographie des Verstehensbegriffs. Dabei geht es sowohl um allgemeine Eigenschaften dieses Begriffs als auch um seine Beziehungen zu anderen Begriffen (etwa „Wissen" und „Können"). Im zweiten Teil wende ich ausgewählte Resultate auf Verstehensformen in der Mathematik an.

**Mathematikunterricht verstehen . Zur Akzeptanz didaktischer Theorien bei angehenden Lehrkräften**

SEBASTIAN SCHORCHT – Abteilung Didaktik der Mathematik, Universität Siegen.

Mathematikdidaktik kann aus zwei Sichtweisen betrachtet werden: einer bildungstheoretischen Sicht und aus einer Sicht der Umsetzungsmöglichkeiten; so die verbale Zusammenfassung der Tagung „Mathematik verstehen" durch Susanne Prediger und Matthias Wille. Übertragen auf den

Mathematikunterricht stellen sich somit zwei Fragen: Was soll Mathematikunterricht erreichen und welcher Weg führt zum Ziel? In der bildungstheoretischen Auseinandersetzung – die Bestimmung des Ziels von Mathematikunterricht – diskutiert die Fachdidaktik heute noch: Das Allgemeinbildungskonzept Heymanns steht unter anderem den drei Grunderfahrungen nach Winter gegenüber. Auch wenn sich die Fachdidaktik nicht einheitlich auf ein Ziel versteift und mehrere Möglichkeiten offen lässt, bleibt die zweite Frage bestehen: Welcher Weg führt zum Ziel? Diese Frage wird in der Mathematikdidaktik jeweils anders beantwortet und umgesetzt, denn vielseitige wissenschaftstheoretische Standpunkte der Lehrkräfte gestalten die Ausführungen des Mathematikunterrichts. Deswegen besitzt die Realität viele Ausdrucksmöglichkeiten einer scheinbar ‚einheitlich' methodischen Großform. Dieser Beitrag beschäftigt sich mit der Vielfalt der Vorstellungen von mathematikdidaktischen Unterrichtsformen bei angehenden Lehrkräften. Welche subjektiven Ausgestaltungen der didaktischen Theorien gibt es im Mathematikunterricht? Welche Aspekte methodischer Großformen sind Lehramtsstudierenden bewusst und werden akzeptiert oder abgelehnt? Die Hochschul- und Fortbildungsdidaktik profitiert von solch einem Verständnis-Bild, da sie vernünftig auf die Theorien der Lernenden – in dem Fall der Lehrenden im primären und sekundären Bildungssektor – eingehen kann. Die Repertory Grid Technik, als strukturiertes und voraussetzungsarmes Instrument, soll erste, von Theorien der Forscher unbeeinflusste Ergebnisse liefern. Das Vorhaben der Arbeit im Forschungsfeld ist die Verbindung von Ideal der Lehrenden und Ideal der Fachdidaktik in einem gegenseitigen Annäherungsprozess, um gemeinsam die Realität zu gestalten.

### Zwischen Commonsense und Wissenschaft . Mathematik in der Erziehungsphilosophie A. N. Whiteheads

DENNIS SÖLCH – Institut für Philosophie, Universität Düsseldorf.

In seinen erziehungsphilosophischen Schriften entwickelt Alfred North Whitehead ein Stadienmodell menschlichen Lebens und Lernens, zu dessen Erläuterung er überwiegend auf Beispiele aus dem Bereich der Mathematik zurückgreift. Als umfassende Theorie hat die zyklische Abfolge der drei Stadien von Schwärmerei, Präzision und Generalisierung den Anspruch, sich gleichermaßen für die Lehre aller Fächer fruchtbar machen zu lassen. Im Fall der Mathematik steht das verstehende Aneignen mathematischer Methodik im Vordergrund, der als Übung in logischer Methode eine zentrale wissenschaftspropädeutische Funktion zukommt. Inhaltlich und terminologisch weist die Konzeption Whiteheads große Ähnlichkeit mit der Peirce'schen Abduktion auf. Insofern Mathematik nicht zuletzt eine Ausbildung in eben diesem Modus des Schließens bedeutet, nimmt sie eine wesentliche Vermittlungsfunktion zwischen der Hypothesenbildung des Commonsense und der methodischen wissenschaftlichen Forschung ein.

### Orientierung durch Mathematik

WERNER STEGMAIER – Institut für Philosophie, Universität Greifswald.

Die alltägliche Orientierung arbeitet mit individuellen Standpunkten, Horizonten, Perspektiven, Anhaltspunkten, Wertungen, Spielräumen des Zeichengebrauchs u. a., um sich auf immer neue Situationen einstellen und sie bewältigen zu können. Die Mathematik dagegen gebraucht explizit definierte Zeichen nach explizit fixierten Regeln, um eine allgemein gültige Richtigkeit der

Orientierung zu erzielen; sie schließt alle Spielräume des Verstehens. Dazu sieht sie von den Bedingungen der alltäglichen Orientierung ab. Sie bleiben jedoch Bedingungen auch ihres Gebrauchs als Orientierungsmittel: ihre Anwendung ist wieder nur in Spielräumen möglich, und ihre Zusammenhänge sind individuell wiederum nur begrenzt nachvollziehbar. Im Folgenden wird in 12 Punkten dargestellt, was „Mathematik verstehen" in der Sicht einer Philosophie der Orientierung heißt. Die Punkte 1. – 10. führen die dafür relevanten Grundzüge der Orientierung ein, die Punkte 11. – 12. ziehen daraus die Konsequenzen für das Verstehen von Mathematik.

**Mathematik im Kontext . Bericht aus dem Projekt „Fächerkonzepte und Bildung"**

ANDREAS VOHNS – Institut für Didaktik der Mathematik, Universität Klagenfurt.

Ein (Schul-)Fach zu verstehen bedeutet u. a., es in einen größeren Kontext zu stellen. Zum Beispiel in den Kontext des Fächerkanons der Sekundarstufe I. So können Gemeinsamkeiten mit, vor allem aber Unterschiede zu anderen Fächern betrachtet und der „Rationalitätsmodus" eines Faches, seine Besonderheiten im Hinblick auf Menschen- und Weltbilder herausgearbeitet werden.

**Mathematik semantologisch verstehen**

RUDOLF WILLE – Fachbereich Mathematik, TU Darmstadt.

*Mathematik semantologisch zu verstehen* bedeutet, mathematische Strukturen als Abstraktion semantischer Strukturen aufzufassen, wobei das *Semantologische* als die Theorie der semantischen Strukturen und deren Zusammenhänge verstanden wird. Um solche semantische Strukturen und deren Bedeutungen allgemein deuten zu können, ist es nützlich, auf die Peircesche Klassifikation der forschenden Wissenschaften zurückzugreifen. Diese Klassifikation ordnet die Wissenschaften nach der *Abstraktheit* ihre Gegenstände, was auf der allgemeisten Ebene die Bereiche *I. Mathematik, II. Philosophie, III. Spezielle Wissenschaften* beinhaltet. Bei dieser Klassifikation wird die *Mathematik* als die abstrakteste aller Wissenschaften angesehen, die ausschließlich Hypothesen untersucht und sich dabei nur mit potentiellen Realitäten befasst; die *Philosophie* wird als die abstrakteste Wissenschaft angesehen, die sich mit aktualen Phänomenen und Realitäten befasst, während *alle andere Wissenschaften* konkreter sind und sich mit speziellen Typen von aktualen Realitäten beschäftigen. Das skizzierte dreifache semantologische Verständnis liefert den Rahmen für geeignete *Methoden der Wissensrepräsentation* und Wissensverarbeitung. Diese Methoden werden in sechs Abschnitten nach aufsteigender Komplexität ausgearbeitet, wobei auf vielfältige Literatur zurückgegriffen wird.

**Der Organismus der Mathematik – mikro-, makro- und mesoskopisch betrachtet**

REINHARD WINKLER – Institut für Diskrete Mathematik und Geometrie, TU Wien.

*Wesen und Wert der Mathematik – kennen wir sie wirklich, nur weil wir in der Mathematik forschen?* So lautete der Titel, unter dem ich meinen Vortrag bei der Tagung *Allgemeine Mathematik* im Dezember 2009 an der Universität Siegen ursprünglich angekündigt habe. Meine Antwort auf die Frage im Titel lautet, wenig überraschend, *nein*. Doch wer, wenn nicht einmal die mathematischen Forscher selbst, soll über ihren Forschungsgegenstand Bescheid wissen?

Im vorliegenden Artikel vergleiche ich die Mathematik mit einem Organismus, der mit einem makroskopischen Blick (auf die Teilgebiete der Mathematik und deren Entwicklung durch die Jahrhunderte und Jahrtausende) ebenso untersucht werden kann wie mit einem mikroskopischen (auf die axiomatische, logisch-deduktive Methode, nach der Mathematik auf der untersten, formalistischen Ebene voranschreitet). Beides wird von Historikern und Philosophen der Mathematik getan. Die Fachmathematiker selbst werden aber eher von Reizen angetrieben, die nur auf einer Ebene dazwischen, also mit einem mesoskopischen Blick wahrgenommen werden können. Naturgemäß erscheint auch mir diese Ebene besonders wichtig.

Ein organisches Bild der Mathematik strebt nach einem ausgewogenen Verhältnis dieser drei Betrachtungsweisen, die nicht strikt voneinander zu trennen sind. Geht eine verloren, so kommt es zu pathologischen Erscheinungen. Ich führe das für alle drei Ebenen aus, wobei selbst aktive mathematische Forschung nicht gegen Betriebsblindheit, vor allem auf makroskopischer Ebene, immun macht. Erfahrung in der mathematischen Forschung erweist sich also keineswegs als hinreichende Bedingung für ein umfassendes Verständnis, jedoch als kaum verzichtbar.

Gleichsam als Nebenprodukt meiner Betrachtungen ergeben sich Beiträge zu den Ausgangsfragen der Tagung und des vorliegenden Bandes. Diese Fragen betreffen verschiedene Facetten des Verstehens im mathematischen Kontext. Die Antwort auf die Frage, wie sich Mathematik als Ganzes verstehen lässt, inkludiert auch eine philosophische Haltung zur Mathematik, die ich als psychologischen Platonismus bezeichne und etwas eingehender beschreibe. Dabei handelt es sich um ein ganz bestimmtes Verhältnis von Objektivem und Subjektivem, wie es nicht nur die Mathematik kennzeichnet, sondern wie es die kognitiven Aspekte des Menschseins schlechthin bestimmt.

**Ebenen des Verstehens: Überlegungen zu einem Verfahren zum Wurzelziehen**

MARTIN WINTER – IfD Mathematik, Hochschule Vechta.

In einem „verstehensorientierten“ Mathematikunterricht wollen wir uns nicht zufrieden geben mit der Vermittlung von Verfahren mit dem Ergebnis, dass ein Algorithmus erfolgreich abgearbeitet werden kann. Wir wünschen uns darüber hinaus, dass die Lerner etwas von dem *verstehen*, was sie tun. Worin aber besteht das „Verstehen“, das über die Beherrschung einer Fertigkeit hinaus geht?

Am Beispiel des unterschiedlichen Umgangs mit einem Verfahren zum Wurzelziehen soll versucht werden darzustellen, auf welch unterschiedlichen Ebenen Verstehensprozesse zum Ausdruck kommen können. Das Verfahren selbst soll dabei weder hinterfragt noch legitimiert werden, es dient lediglich exemplarisch als verbindender Gegenstand in den betrachteten Lernprozessen.

Die folgenden Überlegungen sind nicht das Ergebnis einer empirischen Studie. Gleichwohl knüpfen sie an Beobachtungen in der Praxis an. Akteure der reflektierten Lernprozesse sind zum Einen Kinder in der Praxis der Montessori-Pädagogik, zum Zweiten Lehramtsstudierende einer Einführungsveranstaltung zur Didaktik der Mathematik und schließlich Studierende, die sich im Rahmen von Bachelorarbeiten mit dem Verfahren beschäftigt haben.

# Register

# Lebensnahe statistische Phänomene im Unterricht

Andreas Eichler / Markus Vogel

**Leitidee Daten und Zufall**

Von konkreten Beispielen zur Didaktik der Stochastik

2009. XIV, 262 S. mit 133 Abb. Br. EUR 24,90

ISBN 978-3-8348-0681-9

Planung statistischer Erhebungen - Systematische Auswertung statistischer Daten - Zusammenhänge in statistischen Daten - Vernetzungen zur Leitidee Daten - Zufall und Wahrscheinlichkeit - Abhängigkeit und Unabhängigkeit - Mustersuche - das Konzept der Verteilung - Vernetzungen zur Leitidee Daten und Zufall

Die Leitidee „Daten und Zufall" stellt einen der fünf Inhaltsbereiche dar, die für den Mathematikunterricht in der Sekundarstufe I maßgeblich und aufgrund der Bildungsstandards bundesweit verbindlich sind. Wie aber kann man diese Leitidee mit Leben füllen? Wie kann man Statistik und Wahrscheinlichkeitsrechnung zu der einen Leitidee Daten und Zufall für die Schule verknüpfen? Das Buch "Leitidee Daten und Zufall" für die Sekundarstufe I gibt hierauf unterrichtspraktische und didaktisch-methodische Antworten. Es geht von konkreten unterrichtsrelevanten Problemstellungen aus und entfaltet an diesen die aktuellen Fragen der Stochastikdidaktik. Über tragfähige Beispiele werden inhalts- und prozessbezogene Standards zur Stochastik vernetzt, um lebensnahe statistische Phänomene im Unterricht erfahrbar werden zu lassen.

Abraham-Lincoln-Straße 46
65189 Wiesbaden
Fax 0611.7878-400
www.viewegteubner.de

Stand Juli 2010.
Änderungen vorbehalten.
Erhältlich im Buchhandel oder im Verlag.